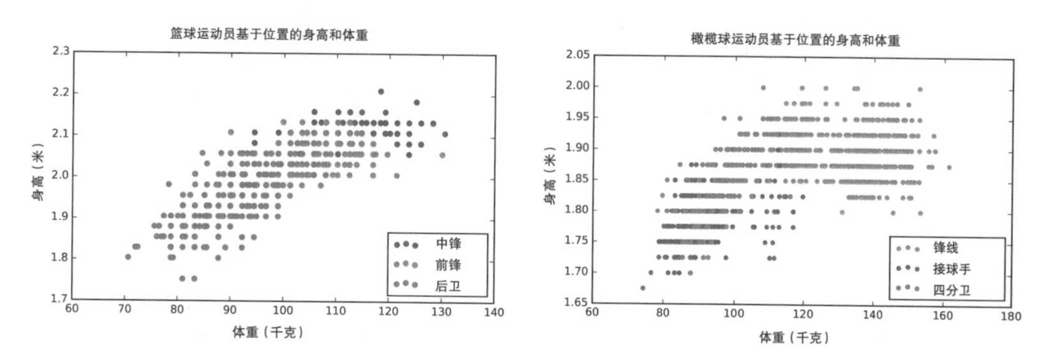

图 4.3　篮球（左）和橄榄球（右）运动员的位置很大程度上取决于身材尺寸

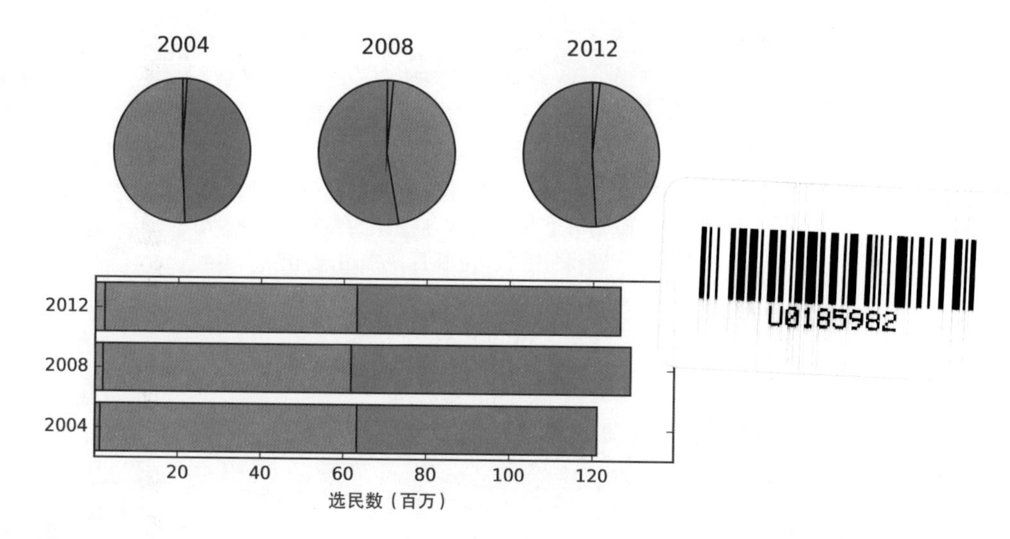

图 6.16　三次美国总统选举的选民数据。条形图和饼图显示分类变量的比例频率。时间序列中的相对幅值可以通过调整直线或圆的面积来显示

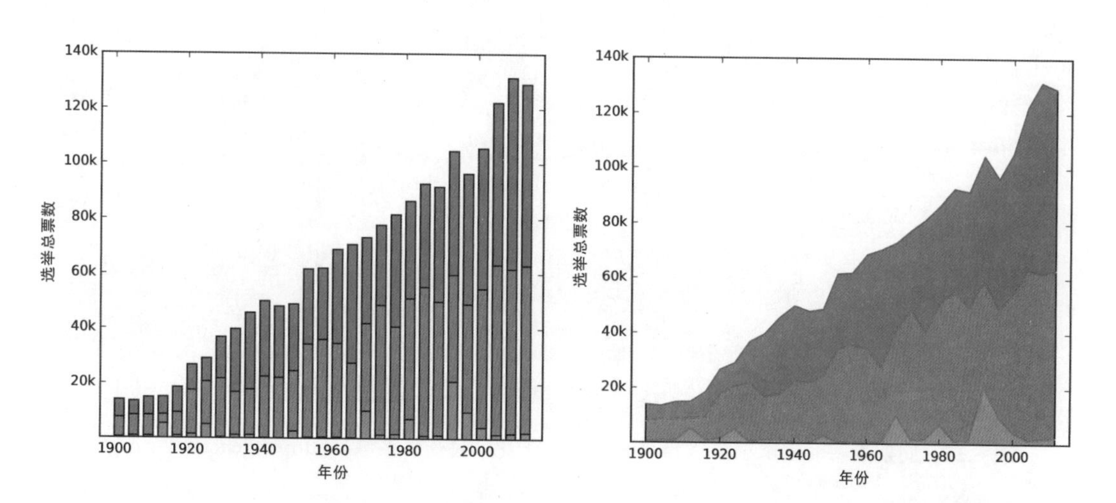

图 6.20　按党派划分的美国总统选举总票数的时间序列使我们能够看到其规模和分布的变化。民主党人用蓝色表示，共和党人用红色表示。肉眼很难看到变化，特别是在堆栈的中间层

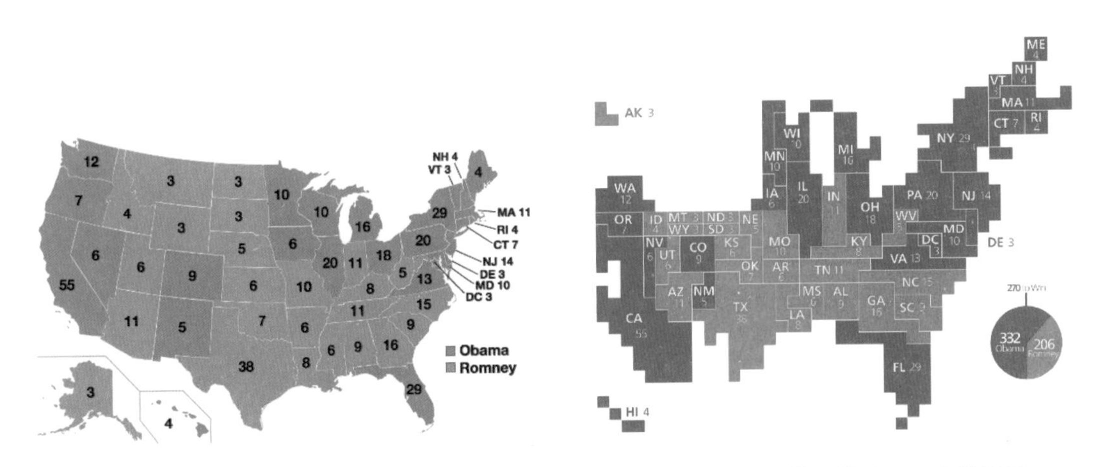

图 6.24　总结 2012 年美国总统选举结果的地图。每个州的选举人票数有效地显示在数据图上（左），而使每个州的面积与选票数量成比例的制图（右）更好地反映了奥巴马获胜的程度（资料来源：维基百科中的图片）

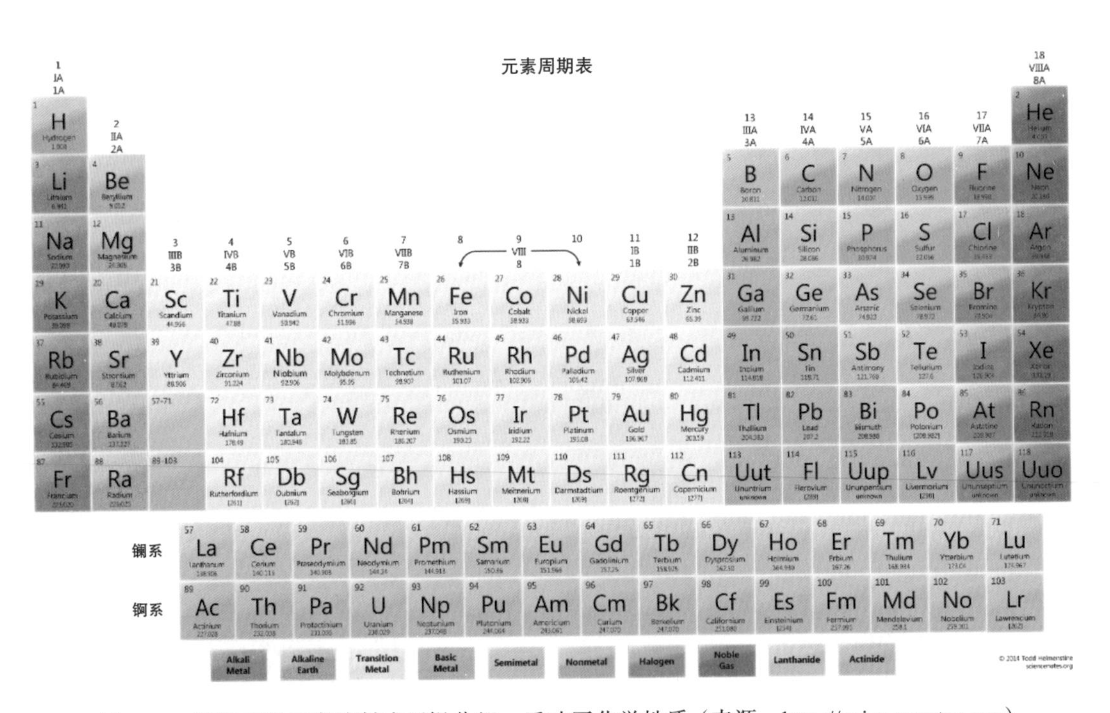

图 6.25　周期表将元素映射成逻辑分组，反映了化学性质（来源：http://sciencenotes.org）

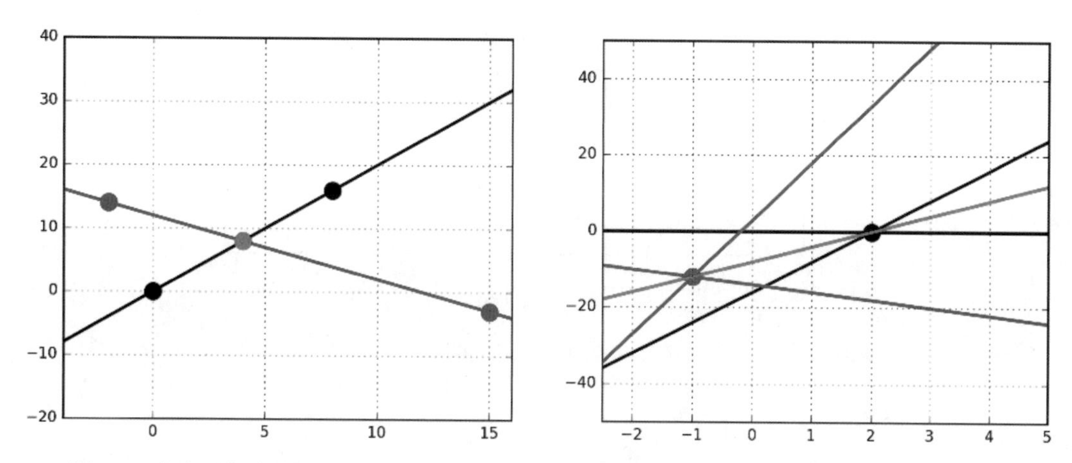

图 9.2　点在对偶变换下等价于线。左图中红色的点（4，8）映射到右图中的红线 $y = 4x-8$。左图三个共线点的两组对应于通过右图同一点的三条线

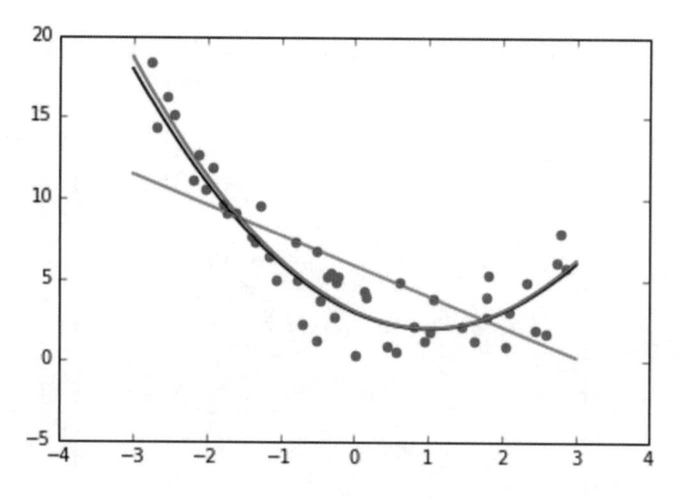

图 9.5　高阶模型（红色）比线性模型（绿色）拟合得更好

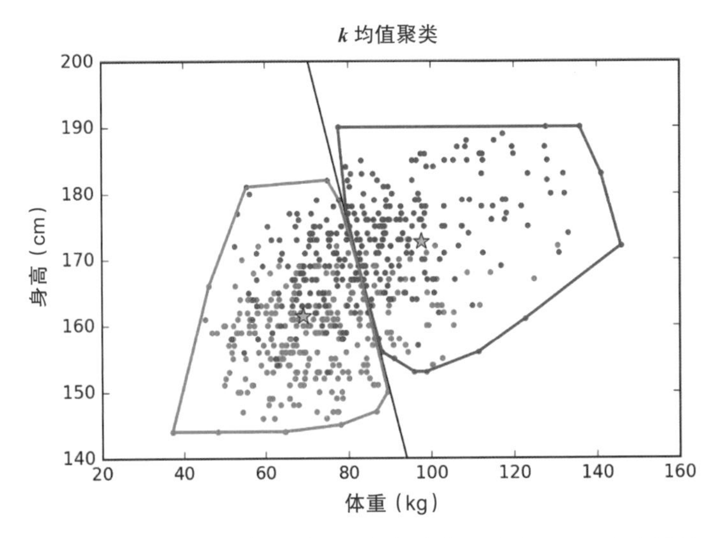

图 10.11　在权值高的空间进行聚类，采用 2 均值聚类。左边有 240 名女性和 112 名男性，右边有 174 名男性和 54 名女性。将其与在同一数据集上训练的 logistic 回归分类器进行比较，如图 9.17 所示

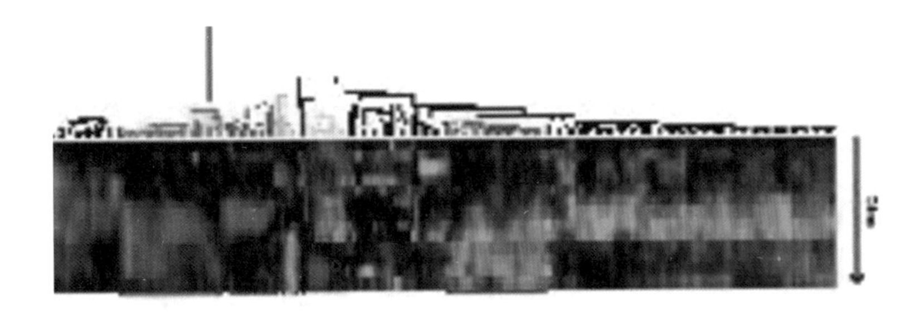

图 10.17　基因表达数据的凝聚聚类

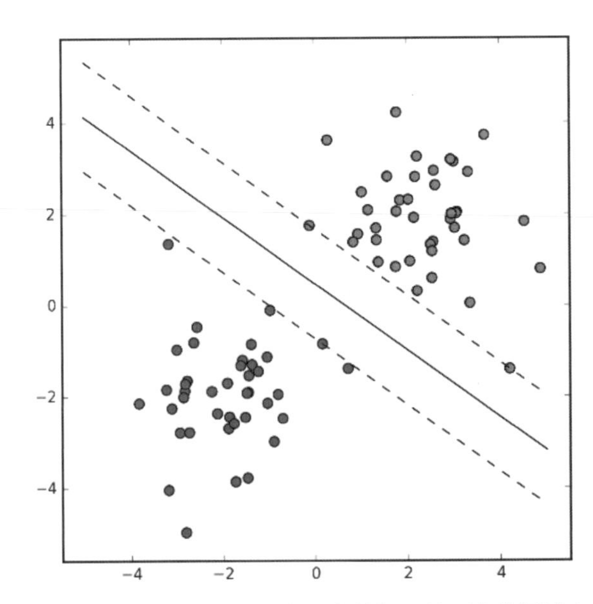

图 11.8　支持向量机力求最大限度地分离两类数据，从而在分隔线上创建一个通道

数据科学与工程技术丛书

THE DATA SCIENCE DESIGN MANUAL

大数据分析

理论、方法及应用

[德] 史蒂文·S. 斯基纳（Steven S. Skiena）著

徐曼 译

机械工业出版社
China Machine Press

图书在版编目（CIP）数据

大数据分析：理论、方法及应用 /（德）史蒂文·S. 斯基纳（Steven S. Skiena）著；徐曼译. -- 北京：机械工业出版社，2022.3
（数据科学与工程技术丛书）
书名原文：The Data Science Design Manual
ISBN 978-7-111-70347-1

I. ①大… II. ①史… ②徐… III. ①数据处理 IV. ①TP274

中国版本图书馆 CIP 数据核字（2022）第 043083 号

北京市版权局著作权合同登记 图字：01-2018-8785 号。

Translation from the English language edition:
The Data Science Design Manual
by Steven S. Skiena

本书对迅速兴起的数据科学跨学科领域提供必要的介绍，内容引人入胜，叙述条理清晰，特别强调分析数据时什么是真正重要的内容，使读者直观地理解如何使用这些核心概念。具体内容主要包括数据科学是什么、数据整理、得分和排名、统计分析、数据可视化、数学模型、线性代数、线性回归、logistic 回归、距离和网络方法、机器学习、大数据等。

本书特别适合作为数据科学和大数据相关专业本科生和低年级研究生的教材，也非常适合作为该领域和相关领域从业者的自学参考书。

出版发行：机械工业出版社（北京市西城区百万庄大街 22 号 邮政编码：100037）
责任编辑：王春华 责任校对：殷 虹
印 刷：三河市宏图印务有限公司 版 次：2022 年 4 月第 1 版第 1 次印刷
开 本：185mm×260mm 1/16 印 张：21 插 页：2
书 号：ISBN 978-7-111-70347-1 定 价：129.00 元

客服电话：（010）88361066 88379833 68326294 投稿热线：（010）88379604
华章网站：www.hzbook.com 读者信箱：hzjsj@hzbook.com

译 者 序

非常高兴这本 *The Data Science Design Manual* 的中文版即将与国内的读者见面了。能够翻译这本书，我感到十分荣幸。感谢机械工业出版社华章分社在本书版权引进以及出版和推广工作上做出的努力。

移动互联、智能传感器、云计算、量子通信等新一代信息技术以及 Web 2.0 社交媒体的发展带来了全新的产业生态。大数据分析是第三次计算革命、人工智能 2.0 及模式识别、认知科学等技术的发展为产业发展所带来的伟大变革。人类在计算机商品化之前的整个历史过程中积累了约 12 艾字节的数据，2011 年数据总量已超过 1 600 艾字节，2015 年破 8 泽字节。伴随着数据量的激增，数据也正在被逐步开放，在应用领域，大数据驱动的智能决策开始涵盖更多方向。大数据已成为公认的资源，成为继劳动力、土地、资本、企业家之后的第五大生产要素。将数据压力转变为动力成为未来 20 年全球性智能时代的重要驱动力，大数据分析也将在金融、制造、医疗、交通、教育等产业扮演重要角色，同时大数据服务本身也将独立出来，成为智能产业生态的重要组成部分。

大数据具有多源、异构、实时处理的特征，为此，面向大数据处理的数据科学不仅包括基于关系型数据库的传统数据挖掘方法，更包括基于互联网数据的网络数据挖掘方法、数据融合方法等高维度、多模态数据处理方法。

本书重点介绍了收集、分析和解释数据所需的技能和原理。作者由浅入深地介绍了数据科学的概念、所需的数学基础、数据整理方法、数据分析方法（统计分析、可视化、数学模型、线性回归、logistic 回归、机器学习算法等）以及学习大数据分析的意义。作者结合应用领域的大量数据分析案例解释大数据分析所需的技能与原理，帮助读者快速理解和掌握大数据分析的理论与方法，并将这些技能的实际应用方式展现得淋漓尽致，具有很强的可操作性。

由于大数据分析的方法和技术种类多样，且随着技术的不断发展，算法在不断迭代，因此本书从大数据分析的底层逻辑出发，全面讨论众多方法背后的原理和实现思想。近年来，关于大数据分析应用的研究如火如荼，在面对实际问题时，研究人员都希望通过新颖有效的方法和技术快速解决问题，得到结论。本书以领域背景中的问题为导向来介绍一系列方法和技术，这些方法和技术将足以应对实际中遇到的大部分数据分析与应用问题，并取得满意效果。譬如结合第 6 章提出的多种数据可视化形式，读者在实际应用中能够更轻松地选择特征，以更加容易理解的方式展示分析结果。第 7 章的数学模型评估理论能帮助读者在实际应用中更好地确认建立的分析模型的效果。

本书对大数据分析方法的数学原理进行了详细的介绍，对读者的知识背景没有过高的要求，非常适合入门学习。在本书的基础上，读者可以通过深入阅读相关材料进一步深入了解专业性更强的理论与技术。

翻译本书是一项艰巨任务，其工作量远超预期：将中英文两种语言进行贴切的转换所需的远不止语言技术，而更像是一种需要斟酌推敲的文学艺术。经常出现的情况是：虽然我已完全明白作者试图表达的内容，但无论如何也无法将其组织成贴切、得体的中文语句。翻译本书牵扯到的知识也远不止专业知识本身，书中涉及的众多案例和范例都需要相当广泛的领域知识。例如第 12 章开头提到的 Bupkis，是意第绪语单词，属于西日耳曼语支，意为“太小而无关紧要”（后文中也提到了在英语中的同义表达词汇）。同时，书中的案例涉及人文、政治、金融等领域知识，这也是对数据分析从业者知识素养的考验。幸运的是本书在翻译过程中得到大量他人的帮助，包括天津大学刘福升博士以及南开大学硕士生卢奕杉和王欣怡。在此向他们的慷慨帮助表示由衷的感谢。同时，感谢我的家人和同事在本书翻译过程中提供的支持与帮助。

囿于个人水平和精力，译文难免有错漏之处，请读者不吝指正，以便进行修订，改善本书质量。最后，祝愿各位读者能够从本书中获益，在今后的工作和学习中一切顺利。

徐曼

2020 年于南开园

前　言

为了了解我们周围的世界，我们需要从环境中获取和分析数据。最近，一些技术的发展为我们提供了新的机会，使我们能够将数据分析知识应用到比以往任何时候都更大的挑战中。

计算机存储容量呈指数级增长。确实，存储已经变得如此廉价，以至于几乎不太可能需要计算机系统刻意删除某些数据。传感设备越来越多地监控所有可以观察到的东西：视频流、社交媒体互动以及任何移动的东西的位置。云计算使我们能够利用大量机器来处理这些数据。事实上，每次当你在谷歌上进行搜索的时候，都会调用上百台计算机，对你之前的所有搜索活动仔细检查，以决定下一个推荐给你的最佳广告。

所有这一切的结果就是*数据科学*的诞生。数据科学是一个致力于从海量信息中获取最大价值的新领域。作为一门学科，数据科学融合了统计学、计算机科学和机器学习，同时它也正在逐渐显露出自己独有的特点。这本书是对数据科学的一个介绍，重点介绍构建用于收集、分析和解释数据的系统所需的知识和原则。

作为一名研究人员和讲师，我的专业经验使我确信，数据科学的一个主要挑战是它实际上要比看起来微妙得多。任何一名曾经计算过自己平均成绩（GPA）的学生都可以说自己掌握了最基本的统计知识，就像绘制一个简单的散点图可以让你在简历中增加数据可视化的经历一样。但想要有意义地分析和解释数据则需要专业的技术和知识。有太多人对这些基础知识掌握得十分糟糕，这促使我撰写这本书。

致读者

我的另一本书 *The Algorithm Design Manual* [Ski08] 自 1997 年首次出版以来受到了很多读者的喜爱，我对此感到十分欣慰。该书被认为是使用算法技术来解决实践中经常遇到的问题的独特指南。而现在呈现在你面前的这本书虽然在内容上与上一本截然不同，但是写作目的却是相似的。

在这里，我特别强调以下几个基本原则，它们对于成为一名优秀的数据科学家至关重要：

- *重视做好简单的事情*：数据科学不是一门十分高深的学科。学生和实践者经常在技术的道路上迷失了方向，他们一味地追求最先进的机器学习方法、最新的开源软件库或最炫目的可视化技术。然而，数据科学的核心在于正确地做一些简单的事情——理解与应用相关的领域，清洗和集成相关的数据源，并将你的结果清晰地呈现给其他人。

  然而，简单并不意味着容易。事实上，提出正确的问题并感知自己是否正在朝着正确的答案和可行的方案迈进，需要相当敏锐的洞察力和丰富的经验。我在本书中克制住了深入探讨清洗数据这种技术性问题的冲动，因为它是可以教授的。市面上有很多其他书籍涵盖了机器学习算法或统计假设检验的复杂性。而我在本书中的任务是为分析数据中真正重要的事情打下基础。

- 培养数学直觉：数据科学建立在数学基础之上，特别是统计学和线性代数。从直观的角度理解这些材料是很重要的——为什么要开发这些概念，它们为什么有用，以及使用它们的最佳时机。我展示了一些线性代数中的运算，呈现了当你操作矩阵时矩阵会发生什么情况的图片，并且通过示例解释了一些统计概念。我的目标是让读者培养出这种直觉。

  但我在书中尽量减少对于这些知识的相关数学表达。实际上，在这本书中我只给出一个形式证明——一个其中的相关定理显然不当的不正确证明。这里的寓意不是说数学上的严谨不重要，因为它显然很重要，但是真正的严谨是在理解之后才可能实现的。

- 像计算机科学家一样思考，但像统计学家一样行动：数据科学将计算机科学家、统计学家和领域专家联系成一个整体。但是每个团体都有自己独特的思维和行为风格，这些风格已深深烙印在其成员的灵魂之中。

  在这本书中，我强调了计算机科学家最自然的方法，特别是关于数据的算法处理、机器学习的使用，以及数据规模的掌握。但我也试图传达统计推理的核心价值观：理解应用领域的必要性，对小领域的正确认识，对重要性的追求和对探索的渴望。

  没有任何一门学科能够揭示全部真理。最好的数据科学家会整合多个领域的工具，而这本书力求提供一个相对中立的场所，在这里，对立的哲学可以一起推理。

本书没有提及的内容也同样重要。我没有强调任何特定的语言或数据分析工具。相反，本书对重要的设计原理进行了高层次讨论。我试图在概念层面而不是技术层面上操作。本书的目标是让你尽可能快地朝着正确的方向前进，使用你认为最便利的软件工具。

致讲师

这本书涵盖的内容足够为刚开始上“数据科学导论”这门课程的本科生和低年级研究生提供帮助。我希望读者至少完成了一门与编程相关的课程，并且掌握一些概率和统计方面的知识，当然，多多益善。

我制作了一套完整的教学幻灯片，并上传到了 http://www.data-manual.com 上。项目和作业的数据资源也可用于帮助讲师。

本书的教学特色包括：

- 实战故事：为了更好地了解数据科学技术如何应用于现实世界，我收集了一些“实战故事”，或者我们处理实际问题的经验。这些故事的寓意在于，这些方法不仅是理论，而且是重要的工具，可以根据需要使用。
- 错误的开始：大多数教科书将方法作为既成事实来呈现，模糊了设计方法所涉及的思想，以及其他方法失败的原因。实战故事说明了我对某些应用问题的推理过程，但我也将这些内容编入了核心材料。
- 课后拓展：突出强调了每一章中需要特别注意的一些概念。

- 练习：我提供了一系列的作业和课后习题。很多是传统的考试题，但也有不少实验挑战和少量学生在寻找工作时可能遇到的面试问题，而且对所有练习都进行了难度等级评定。

  我建立了解决方案 Wiki 而非直接给出答案，该解决方案 Wiki 将通过众包服务寻求所有偶数号习题的解答。有人告诉我，一个类似的系统和我的 *The Algorithm Design Manual* 产生了一致的解答。原则上我拒绝查看它们，所以请买家当心。
- Kaggle 挑战：Kaggle（www.kaggle.com）为数据科学家提供了一个参与竞争的论坛，其特色是在引人入胜的数据集上挑战现实世界中的问题，并通过评分来评估你的模型相对于其他模型的表现。每章的练习包括三个相关的 Kaggle 挑战，可为读者做其他项目和调查带来灵感，也可以自学或作为数据源。
- 数据科学电视：数据科学仍然神秘，甚至威胁到广大公众。*The Quant Shop* 是一个业余的数据科学真人秀节目，学生小组可在这里处理各种各样的现实世界预测问题，并试图预测未来事件。请访问 http://www.quant-shop.com。

  我们准备了 8 集 30 分钟的内容，每个内容围绕一个特定的现实世界预测问题。挑战包括在拍卖会上为艺术品定价、挑选环球小姐大赛的获胜者，以及预测名人的死亡时间。对于每一种情况，我们都观察学生小组会如何处理这个问题，并在他们建立预测模型时与他们一起学习。他们做出了预测，我们与他们一起观察这些预测是对还是错。

  在这本书中，*The Quant Shop* 用于提供预测挑战的具体例子，从数据获取到评估，系统讨论数据科学建模过程。我希望你觉得它们很有趣，它们会鼓励你思考，让你接受建模挑战。
- 章节注释：最后，每章都会给出一个简短的注释，向读者指出主要的资源和其他参考。

献词

我聪明开朗的女儿 Bonnie 和 Abby 现在都已成年，这意味着她们处理统计数据的速度并不总是如我所愿。我将这本书献给她们，希望她们的分析能力有所提高，从而总是同意我的观点。

我将这本书献给我美丽的妻子 Renee，即使她不同意我的观点，最终也会和我达成一致，并且一切迹象表明她十分爱我。

致谢

我要感谢的人太多了，可能有一些没有被提及。我会尽可能地将他们列举出来，但请那些我不小心遗漏的人对此表示谅解。

首先，我感谢那些为我整理这本书做出具体贡献的人。Yeseul Lee 曾担任该项目的学徒，在 2016 年夏季这段时间帮助处理图表、练习等。你会在本书几乎每一页上看到她的手工制作成果，我非常感谢她的帮助和奉献。Aakriti Mittal 和 Jack Zheng 也参与了一些图的制作。

上我 2016 级秋季“数据科学概论”课程（CSE519）的学生帮助修正了手稿，他们发现了很多需要修正的内容。我特别感谢 Rebecca Siford，她提出了一百多条修正意见。几个数据科学的朋友帮我审阅了特定的章节，我感谢 Anshul Gandhi、Yifan Hu、Klaus Mueller、Francesco Orabona、Andy Schwartz 和 Charles Ward 在这里所做的努力。

我感谢 2015 年秋季所有参与 *The Quant Shop* 节目的学生，他们的视频和建模工作成果显著。我特别感谢 Jan（Dini）Diskin-Zimmerman，他的编辑工作远远超出了其职责范围。

很高兴 Springer 的编辑 Wayne Wheeler 和 Simon Rees 能够一如既往地与我合作。我也感谢最终将这本书呈现在你面前的所有生产和营销人员，包括 Adrian Pieron 和 Annette Anlauf。

一些练习是由同事原创的，或是受到其他资源的启发。几年后重建原始资源可能是一个挑战，但每个问题的记录（据我所知）都会出现在网站上。

通过与其他人的合作，我了解到了很多关于数据科学的知识。这些人包括我的博士生，特别是 Rami al-Rfou、Mikhail Bautin、Haochen Chen、Yanqing Chen、Vivek Kulkarni、Levon Lloyd、Andrew Mehler、Bryan Perozzi、Yingtao Tian、Junting Ye、Wenbin Zhang 和博士后 Charles Ward。我深深地记得这些年来我所有的 Lydia 项目硕士生，并提醒大家：第一个将其女儿命名为 Lydia 的人将获大奖，这项奖励至今仍然无人认领。我要感谢我的其他合作者提供的故事，包括 Bruce Futcher、Justin Gardin、Arnout van de Rijt 和 Oleksii Starov。

我记得 General Sentiment/Canrock universe 的所有成员，特别是 Mark Fasciano，我和他分享了创业梦想，并体验了数据进入现实世界时的变化。我感谢在我 2015～2016 年公休假期间的雅虎实验室 / 研究部同事，正是在那段时间我构思了这本书的大部分内容。我特别感谢 Amanda Stent，他让我在公司历史上特别困难的一年进入了雅虎。我从其他教过数据科学相关课程的人那里学到了宝贵的东西，包括 Andrew Ng 和 Hans-Peter Pfister，并感谢他们的帮助。

如果你有一个带 10 个参数的程序，那么你很可能还遗漏了一些参数。

——Alan Perlis

警告

对于作者而言，无论存在什么不足，一般都要宽容地接受责备。但是我们并不认同这种观点。本书中的任何错误、不足或问题都可能是其他某个人的错，但我仍然很高兴知道哪些内容有问题，以便确定应归咎于谁。

Steven S. Skiena

石溪大学计算机科学系

http://www.cs.stonybrook.edu/~skiena

skiena@data-manual.com

2017 年 5 月

目　录

第 1 章

什么是数据科学

计算的目的是洞察，而不是数字。

——Richard W. Hamming

什么是数据科学？正如其他新兴领域一样，数据科学还没有一个准确的定义，但我们对它已有的一些了解已经足以让我们产生兴趣，这正是编写本书的目的。

数据科学处于计算机科学、统计学和实质性应用领域的交叉点。计算机科学为处理大规模数据带来了机器学习和高性能计算技术。统计学带来了探索性数据分析、显著性检验和可视化等经典方法。在商业和科学领域的应用也带来了值得应对的挑战，当克服了这些挑战之后，也产生了评估这些大规模数据的标准。

但计算机科学、统计学以及其应用方面的研究均已相对成熟。那么为什么数据科学现在又突然兴起进而爆发？主要原因体现在三个方面：

- 新技术使得获取、注释和存储大量的来自社会媒体、日志和传感器数据成为可能。当这些数据被采集之后，我们就会思考能用这些数据做什么。
- 计算技术的进步使得以新的方式处理规模不断增长的数据成为可能。即便是普通人，只要有需要，云计算架构就能够帮助他们获得巨大能力。机器学习的新方法在解决长期存在的难题中取得了惊人的进展，如计算机视觉和自然语言处理。
- 那些知名的科技公司（如谷歌和 Facebook）和定量对冲基金（如 Renaissance Technologies 和 TwoSigma）的商业实践都已经证明现代数据分析的威力。将数据分析应用于体育管理（*Moneyball*[Lew04]）和选举预测（Nate Silver[Sil12]）等不同场景的成功案例已经成为普通大众了解数据科学的重要方式。

本章介绍数据科学概况：首先介绍数据科学家与传统程序员和软件开发人员迥异的思维方式；其次解释数据集的潜在用途，并学习如何根据这些潜在用途提出更具发散性的研究方向；最后介绍一些数据分析的挑战性问题，这些挑战性问题将作为激励性示例贯穿全书。

1

1.1 计算机科学、数据科学和真正的科学

计算机科学家天生就不是很重视数据。他们一直深受算法才是问题的本质这种思想的熏陶，而数据只是通过香肠研磨机传送的肉。

因此，要想成为一名真正的数据科学家，必须首先学会像真正的科学家一样思考。真正的科学家致力于了解纷繁复杂的自然世界。相比之下，计算机科学家倾向于建立他们自己干净而有序的虚拟世界，并在其中舒适地生活。科学家专注于发现事物，而计算机科学家则是发明而不是发现。

人们的思维模式会对自己的想法和行为产生强烈的影响，这使得我们在试图与外界交流时，会引起误解。很多时候这些偏见根深蒂固，以至于我们常常感觉不到它们的存在。计算机科学和真正的科学之间的文化差异包括：

- 数据中心论与方法中心论：科学家是由数据驱动的，而计算机科学家是由算法驱动的。真正的科学家会花费大量精力收集数据来回答他们感兴趣的问题。他们发明了特别的测量装置，不分昼夜地做实验，并且把大部分的时间花在了思考如何获得他们需要的数据上。

  相比之下，计算机科学家关注的方法是：哪种算法比其他算法更好，哪种编程语言最适合工作，哪种程序比其他程序更好。与方法相比，研究需要的数据集就变得黯然失色。

- 对于结果的关注：真正的科学家关心答案。他们分析数据以发现世界是如何运作的。优秀的科学家关心结果是否合理，因为他们关心答案的含义。

  相比之下，计算机科学家担心会产生看似合理的数字，一旦这些数字看起来不再大错特错，就被认为是正确的。这是因为他们自己并没有在计算过程上下功夫，相反，他们关注的是快速有效地处理数字。

2

- 鲁棒性：与计算机科学家不同，真正的科学家会欣然接受“数据存在错误”这种观点。科学家会对他们的数据中可能存在的偏差或错误的来源进行大量的思考，并且逐步找到那些可能会对结论产生影响的问题所在。而优秀的程序员使用鲁棒性的数据分类和解析方法来防止格式化错误，但这里关注的问题是不同的。

  对“数据可能有错误”的逐步认识，是自主权的增强。作为一种抵御外界批评的方式，计算机科学家会将“垃圾进，垃圾出”作为口头禅，以此说明对数据进行正确性的甄别并不是他们的工作。而真正的科学家离他们的数据足够近，以至于能够洞察数据，通过取样测试来判断这些数据是否可能是垃圾。

- 精确性：在科学中，没有什么是完全正确或错误的，而在计算机科学或数学中，则认为一切事物非对即错。

  一般来说，计算机科学家很热衷于尽可能多地写浮点数：8/13=0.61 538 461 538。而真正的科学家仅将结果保留小数点后两位有效数字：8/13≈0.62。计算机科学家关心数字是什么，而真正的科学家关心数字背后的含义。

有抱负的数据科学家必须学会像真正的科学家一样思考。他们的工作是将数字转化为洞察力，将了解为什么和如何做视为同等重要的任务。

公平地说，像数据科学家一样思考也会使真正的科学家受益。新的实验技术使得测量系统的规模比以往任何时候都要大得多，例如，生物学中的全基因组测序技术和天文学中的全天空望远镜测量技术。更宽广的视野带来了更高层次的见解。

传统假设驱动的科学建立在对世界提出特定问题假设的基础上，然后找到能够支持或否认这些问题所需的特定数据。现在，数据驱动的科学更加强化了这一点。由于相信“只要能看到，就有新发现”，因此数据驱动的科学侧重于以前所未有的规模或分辨率生成数据。这两种思维方式对我们都很重要：

- 给定问题，哪些可用的数据可以帮助我们回答问题？
- 给定数据集，我们可以将它应用到什么有趣的问题当中？

另一种可以区分软件工程和数据科学间的方式是：聘请软件开发人员的目的是构建系统，而聘请数据科学家的目的是洞察与发现。

这可能是一些开发人员争论的焦点。因为有一类重要的工程师，他们会争论在整个 Facebook 或 Twitter 层面上存储和分析金融交易或社交媒体数据所必需的大规模分布式基础设施建设。在第 12 章中会专门讨论大数据基础设施建设的特殊挑战。这些工程师尽管不会亲自挖掘他们所争论的数据，但是他们正在构建支持数据科学的工具和系统。那么他们有资格成为数据科学家吗？ [3]

这是一个值得研究的问题，我会稍微处理得巧妙一些，以最大限度地提高这本书的潜在读者。我相信，工程师对于数据分析流程的理解越全面，就越有可能构建极富内涵的强大工具。这本书的一个主要目标是为大数据工程师提供像大数据科学家一样思考的智能工具。

1.2 从数据中提出有趣的问题

优秀的数据科学家对他们周围的世界有一种与生俱来的好奇心，特别是对于他们正在研究的相关领域和应用。数据科学家喜欢与合作者交谈，向他们提问：你在这个领域学到的最酷的东西是什么？你为什么对它感兴趣？你希望通过分析数据集了解到什么？数据科学家总是问问题。

优秀的数据科学家有广泛的兴趣。他们每天都读报纸，以便可以更全面地看待那些令人兴奋的事情。他们知道这个世界很有趣。对每件事都略知一二使他们有能力跟各种人进行交谈。他们有足够的勇气走出自己的舒适区，而一旦到达了新的环境，他们就会继续学习，继续突破。

虽然不鼓励软件开发者提问，但数据科学家却不同。他们总会提出如下问题：

- 你能从已知的数据集中学到什么？
- 你到底想从数据中了解什么？
- 一旦从数据中得到新发现，这对你意味着什么？

传统的计算机科学家并不真正欣赏数据，他们更关注算法性能的实验测量方法。计算机科学家们通常会选择在“随机数据”上运行程序，以观测程序运行时长。他们很少关心计算结果，“跑”数据只是为了验证算法的正确性和有效性。既然“数据”本身毫无意义，那么计算结果自然不重要了。相比之下，真实的数据集是一种稀缺的资源，需要付出努力和想象力才能获得。

成为一名数据科学家需要学会对数据进行提问，所以在这里，我们练习一下。

下面每小节都将介绍一个有趣的数据集。在了解了可用的信息类型之后，我们尝试提出 5 个有趣的问题，可以通过访问下面的数据集来探索与回答。 [4]

广泛地思考是关键：重大的、一般性问题的答案往往隐藏在极度特殊的数据集中，而这些数据集却绝不是为了回答这些问题而设计的。

1.2.1 棒球百科全书

棒球运动在数据科学领域一直以来都有着极其重要的地位。这项运动被称为美国的全国性娱乐。法国历史学家 Jacques Barzun（雅克・巴祖恩）曾指出：“任何想了解美国思想的人最好去学习棒球。”虽然许多读者并不是美国人，甚至很多读者对体育完全没有兴趣，但还是请继续跟随本书一起了解一下数据科学在棒球运动中发挥的作用。

棒球对数据科学的重要性可以追溯到一百多年前的大量比赛统计记录。棒球运动具有离散事件的特征：投手投球，击球手试图击球——这个过程中自然会产生信息性统计数据。粉丝们从小就沉迷于这些统计数据，并且逐步建立了对定量分析的优势和局限性的直觉。其中一些孩子长大后成为了数据科学家。事实上，在电影 *Moneyball* 中，Brad Pitt 的棒球队依靠统计思想取得的成功仍然反映了美国人与数据科学最生动的接触。

这些棒球历史记录在 http://www.baseball-reference.com 上可以查到。在那里，可以找到关于每一个上场球员表现的完整统计数据，既包括了每个赛季的击球、投球和外勤记录的汇总统计，也有球队及其所获奖项的信息，如图 1.1 所示。

5

Babe Ruth Player Page » Batting | Pitching | Fielding | Minors | News Archive (1456) | Bullpen | Oracle

Fan EloRater　Fine Details · Last updated Jun 3, 2014 9:17AM

All-Time Rank (among batters): #1. BABE RUTH... #2. Lou Gehrig... #3. Ted Williams... #4. Honus Wagner... Vote

Standard Batting　More Stats　Glossary · Show Minors Stats · SHARE · Embed · CSV · PRE · LINK · ?

Minors | Game Logs ▾ | Splits ▾ | HR Log | Finders ▾

Year	Age	Tm	Lg	G	PA	AB	R	H	2B	3B	HR	RBI	SB	CS	BB	SO	BA	OBP	SLG	OPS	OPS+	TB	GDP	HBP	SH	SF	IBB	Pos	Awards
1914	19	BOS	AL	5	10	10	1	2	1	0	0	0	0	0	0	4	.200	.200	.300	.500	49	3		0	0			/1	
1915	20	BOS	AL	42	103	92	16	29	10	1	4	20	0	0	9	23	.315	.376	.576	.952	188	53		0	2			1	
1916	21	BOS	AL	67	152	136	18	37	5	3	3	16	0		10	23	.272	.322	.419	.741	121	57		0	4			1	
1917	22	BOS	AL	52	142	123	14	40	6	3	2	14	0		12	18	.325	.385	.472	.857	162	58		0	7			1	
1918	23	BOS	AL	95	382	317	50	95	26	11	***11***	61	6		58	***58***	.300	.411	***.555***	***.966***	192	176		2	3			O7138	
1919	24	BOS	AL	130	543	432	***103***	139	34	12	***29***	***113***	7		101	58	.322	***.456***	***.657***	***1.114***	***217***	***284***		6	3			*O71/38	
1920	25	NYY	AL	142	616	458	***158***	172	36	9	***54***	***135***	14	14	***150***	80	.376	***.532***	***.847***	***1.379***	***255***	388		3	5			*O978/31	
1921	26	NYY	AL	152	693	540	***177***	204	44	16	***59***	***168***	17	13	***145***	81	.378	***.512***	***.846***	***1.359***	***238***	***457***		4	4			*O78/31	
1922	27	NYY	AL	110	496	406	94	128	24	8	35	96	2	5	84	80	.315	.434	***.672***	**1.106**	**182**	273		1	4			*O79/3	
1923	28	NYY	AL	152	697	522	***151***	205	45	13	***41***	***130***	17	21	***170***	***93***	.393	***.545***	***.764***	***1.309***	***239***	***399***		4	3			*O97/83	MVP-1
1924	29	NYY	AL	153	681	529	***143***	200	39	7	***46***	124	9	13	***142***	***81***	***.378***	***.513***	***.739***	***1.252***	**220**	***391***		4	6			*O97/8	
1925	30	NYY	AL	98	426	359	61	104	12	2	25	67	2	4	59	68	.290	.393	.543	.936	137	195		2	6			O97	
1926	31	NYY	AL	152	652	495	***139***	184	30	5	***47***	***153***	11	9	***144***	76	.372	***.516***	***.737***	***1.253***	***225***	***365***		3	10			*O79/3	
1927	32	NYY	AL	151	691	540	***158***	192	29	8	***60***	165	7	6	***137***	***89***	.356	***.486***	***.772***	***1.258***	***225***	417		0	14			*O97	
1928	33	NYY	AL	154	684	536	***163***	173	29	8	***54***	146	4	5	***137***	***87***	.323	.463	***.709***	***1.172***	***206***	***380***		3	8			*O97	
1929	34	NYY	AL	135	587	499	121	172	26	6	***46***	154	5	3	72	60	.345	.430	***.697***	**1.128**	***193***	348		3	13			*O97	
1930	35	NYY	AL	145	676	518	150	186	28	9	***49***	153	10	10	***136***	61	.359	***.493***	***.732***	***1.225***	***211***	379		1	21			*O97/1	
1931	36	NYY	AL	145	663	534	149	199	31	3	***46***	162	5	4	***128***	51	.373	***.495***	***.700***	***1.195***	***218***	374		1	0			*O97/3	MVP-5
1932	37	NYY	AL	133	589	457	120	156	13	5	41	137	2	2	***130***	62	.341	***.489***	.661	1.150	201	302		2	0			*O97/3	MVP-6
1933 ★	38	NYY	AL	137	576	459	97	138	21	3	34	104	4	5	***114***	90	.301	.442	.582	1.023	176	267		2	0			*O97/31	AS
1934 ★	39	NYY	AL	125	471	365	78	105	17	4	22	84	1	3	104	63	.288	.448	.537	.985	160	196		2	0			*O97	AS
1935	40	BSN	NL	28	92	72	13	13	0	0	6	12	0		20	24	.181	.359	.431	.789	119	31	2	0	0			O7/9	
22 Yrs				2503	10622	8399	2174	2873	506	136	714	2214	123	117	2062	1330	.342	.474	.690	1.164	206	5793	2	43	113				
162 Game Avg.				162	687	544	141	186	33	9	46	143	8		133	86	.342	.474	.690	1.164	206	375		3	7				
				G	PA	AB	R	H	2B	3B	HR	RBI	SB	CS	BB	SO	BA	OBP	SLG	OPS	OPS+	TB	GDP	HBP	SH	SF	IBB	Pos	Awards
NYY (15 yrs)				2084	9198	7217	1959	2518	424	106	659	1978	110	117	1852	1122	.349	.484	.711	1.195	209	5131		35	94				
BOS (6 yrs)				391	1332	1110	202	342	82	30	49	224	13	0	190	184	.308	.413	.568	.981	190	631		8	19				
BSN (1 yr)				28	92	72	13	13	0	0	6	12	0		20	24	.181	.359	.431	.789	119	31	2	0	0				
AL (21 yrs)				2475	10530	8327	2161	2860	506	136	708	2202	123	117	2042	1306	.343	.475	.692	1.167	207	5762		43	113				
NL (1 yr)				28	92	72	13	13	0	0	6	12	0		20	24	.181	.359	.431	.789	119	31	2	0	0				

图 1.1　Babe Ruth 绩效的统计信息（来源：http://www.baseball-reference.com）

除了上述的统计数据，棒球比赛数据还包括所有曾参加过大联盟棒球比赛的球员的生活和职业生涯的元数据，如图 1.2 所示。网站上可以查到每个球员的重要统计数据（身高、体重、惯用手）和生辰（出生和死亡的时间 / 地点），以及球员的工资信息（每个球员每个赛季的工资）和交易数据（球员是如何成为他们所效力的球队的财产）。

虽然现在许多人对棒球没有丝毫的了解或兴趣。但如果能够帮助大家认识这项运动，尽可以把棒球当作板球。但请记住，作为一名数据科学家，保持对周围世界的好奇心和兴趣是你的工作。所以请把这当作学习的机会。

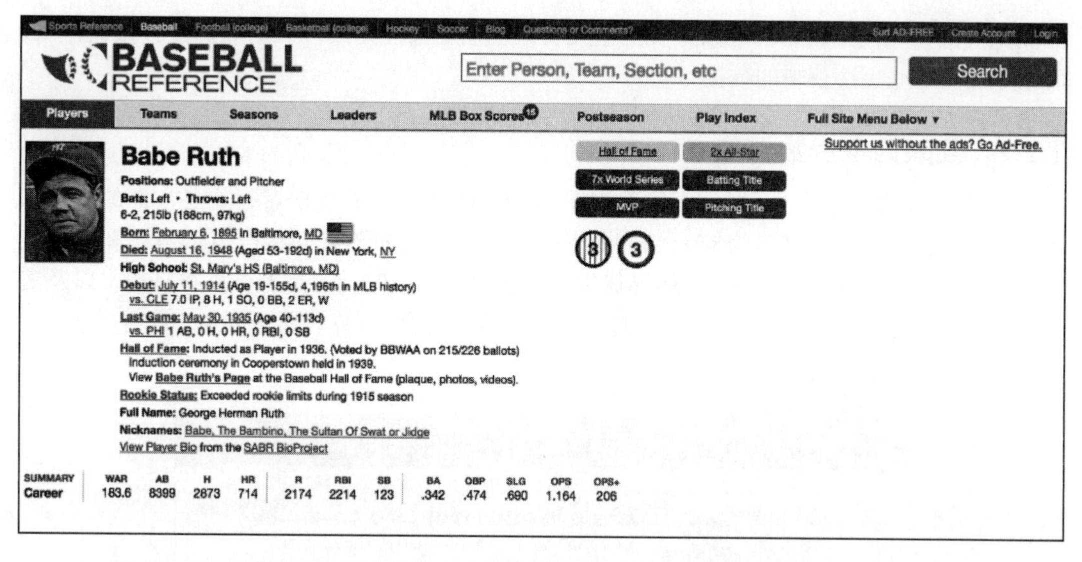

图 1.2　各大联盟棒球运动员的个人信息（来源：http://www.baseball-reference.com）

那么采用这个棒球数据集可以回答什么有趣的问题呢？在继续之前，试着写下 5 个问题。别担心，我会在这里等你完成的。

这些数据中，直接与棒球运动产生关联的最显而易见的问题包括：

- 我们如何才能最好地衡量球员个人的技能或价值？
- 球队间如何才能实现公平交易？
- 随着球员的成熟和年龄的增长，他们的表现水平的总体运动轨迹是什么？
- 击球的表现在多大程度上与击打位置有关？例如，外野手真的比内野手打得更好吗？

这些都是很有趣的问题。而更有趣的是其背后关于人口统计学信息和社会事件的问题。在过去的 150 年里，近 2 万名职业棒球大联盟的球员加入这项比赛，他们提供了一个庞大的并且被广泛记载的男性群体的人口数据档案，而他们也成为更大规模但缺乏可查询人口统计数据档案的人群的代表。事实上，我们可以使用这些棒球运动员的数据回答如下问题：

6

- 左撇子的寿命比右撇子的寿命短吗？在大多数人口统计数据中并没有捕捉到用手习惯的数据，但此类数据在棒球球员的数据里却被进行了认真的整理。对这组数据的分析表明，惯用右手的人比左撇子活得长 [HC88]！
- 人们多久会回到他们出生地居住一次？在这个数据集中已经广泛记录了球员们出生地和死亡地。此外，几乎所有球员职业生涯的某一阶段都会到远离家乡的球队效力，这使得球员得以在自己年轻时职业生涯的关键时刻接触到更广阔的世界。
- 球员的工资是否反映了他们过去、现在或将来的表现？
- 总体上，对于大规模的人口而言，人们的身高和体重增加到了什么程度？

这里有两个特别的主题需要注意。第一，在数据集中，标识符和引用标签（即元数据）通常比我们所猜想的更有趣。在这个数据集里是比赛的统计记录。

第二是统计性代理的概念。在这个概念中，我们必须使用数据集中的数据来替换自己真正想要的数据。我们理想中的数据集可能并不存在，即使存在，也是被“锁”在组织内部而无法得到。优秀数据科学家是实用主义者，他们更关注采用现有的数据能够做些什么，而不是哀叹那些无法获得的数据。

1.2.2 互联网电影数据库

所有人都喜欢电影。互联网电影数据库（IMDb）提供了有关电影行业各方面的众包和策划数据（见图 1.3），网址为 www.imdb.com。IMDb 目前拥有超过 330 万部电影和电视节目的数据。对于每部电影，IMDb 能够提供包括名称、上映时间、类型、发布日期，以及演员和剧组的完整数据清单，清单里还包括了每部电影的制作预算、票房表现等财务数据。

图 1.3 互联网电影数据库（IMDb）中的代表性电影数据

网站上还显示了观众和影评人对每部电影的大量评分数据。评分区间从零到十星级，按发表评论用户的年龄和性别生成交叉表再计算平均值，而评论中的文字内容通常显示了影评人或观众给予电影星级评分的理由。网站上还显示了电影之间的联系。例如看了 *It's a Wonderful Life* 的观众通常还会看其他哪些电影。

此外，IMDb 也显示了与某部电影有关的每位演员、导演、制片人和剧组成员的全部记录，如图 1.4 所示。现在 IMDb 已经拥有 65 万人的资料。

7

这里恰巧包括我的兄弟、表弟和嫂子。每位演员都可以链接到他们所出演过的电影，并描述了他们在这些影片中出演的角色与片尾字幕中的顺序。网站中提供了所有电影人的详细个人数据，这些数据包括了他们的出生 / 死亡日期、身高、获奖情况和家庭关系等。

那么，我们可以用电影数据回答哪些问题呢？

或许对于 IMDb，最可能被提出的问题就是关于电影和演员之“最”的问题：

- ❑ 哪些演员出演电影的次数最多？收入最多的演员是谁？哪些演员出现在了评级最低的电影中？谁的职业生涯最长或者谁的寿命最短？
- ❑ 历年票房最高的电影是哪部？每种电影类型中最好的电影是哪些？哪部电影投资亏损最多？哪部电影拥有最强大演员阵容？哪部电影获得的评价最差？

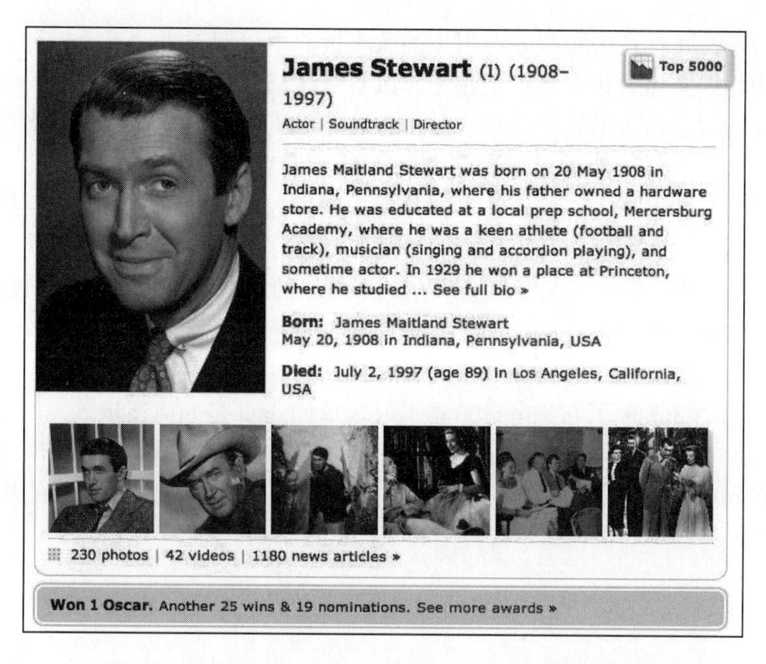

图 1.4　互联网电影数据库（IMDb）的代表性演员数据

之后，我们还可以提出一些关于电影行业本质性的更大范围的宏观性问题：

- 电影总收入与观众评分或其所获得奖项有多大关联？观众是本能喜欢那些拙劣的电影，还是那些有创意的团队吸引了更多的观众？
- 好莱坞电影与宝莱坞电影相比，在电影评级、预算和总收入方面表现如何？美国电影比其他外国电影更受欢迎吗？美国影评人和非美国影评人之间有什么不同？
- 电影中男女演员的年龄分布情况是什么样的？女演员扮演妻子的平均年龄比扮演丈夫的演员年龄小多少？这种差异随着时间的推移是增加还是减少？
- 生活放纵，英年早逝，最终仅仅留下一具好看的尸体，与小演员相比，电影明星的寿命是更长还是更短？而与普通大众相比，电影明星的寿命又处于什么水平呢？

假设一部电影的合作者因拍摄电影而相互认识，那么演员和剧组的数据可以构建起一个电影行业的社交网络。演员的社交网络是什么样的呢？ The Oracle of Bacon 网站（https://oracle of bacon.org/）将 Kevin Bacon 定位为好莱坞世界的中心，并生成了其他全部演员与 Bacon 相连接的最短路径。其他演员中，比如 Samuel L. Jackson，在这个网络中距离 Bacon 的路径最短，这表明 Jackson 也是个非常重要的演员。

更重要的是，电影网站能否通过对这些数据的分析，确定某位用户是否会喜欢某部电影？协同过滤技术可以帮助我们找到具有相同偏好的其他用户，即和我们喜欢同一部电影的其他用户，并且将那些被其他用户喜欢的电影也推荐给我们。2007 年 Netflix 奖给出了 100 万美元的奖金，旨在通过比赛，找到比目前在用的 Netflix 系统效率高出 10% 的评级引擎。最终的获奖者（BellKor）使用了各种数据源和包括链接分析 [BK07] 在内的各种技术。

8~9

1.2.3　Google Ngrams

自从古登堡 1439 年发明铅活字印刷术以来，纸质书籍一直是人类记录、储存知识的主要方式。以物理形式存在的实体要在当今的数字世界中保存下来并不太容易，而技术提供了可以将一切物理实体转化为数据的途径。以对全球信息进行组织为使命的谷歌，一直致力于抓取全球所有已出版书籍的信息。虽然谷歌还没有实现这个目标，但迄今为止，已经有 3000 万本书籍被数字化，这已占到了全球所有已出版书籍的 20% 以上。

谷歌使用这些数据来改善搜索结果，并使人们可以阅读到绝版书籍。但最酷的产品也许是 Google Ngrams，这是一种监测文化随时代变化的神奇资源。它提供了每年出版的书籍中关键词出现的频率。每一个关键词必须在其所抓取的书籍语料库中至少出现 40 次。这样可以消除晦涩的单词和短语，但留下超过 20 亿个时间序列可供分析。

这组丰富的数据显示了过去 200 年间语言使用的变化，并被广泛应用于文化趋势分析中 [MAV+11]。图 1.5 表明了在思考计算技术时，单词 data 是如何逐步被人们抛弃的。数据处理是 20 世纪 50 年代的穿孔卡和旋转磁带时代与计算领域相关的流行术语。Ngrams 数据显示，计算机科学的迅速发展直到 1980 年才使得“数据处理”这个词汇使用频率逐渐降低。即使在今天，数据科学在这个规模上几乎仍然看不到。

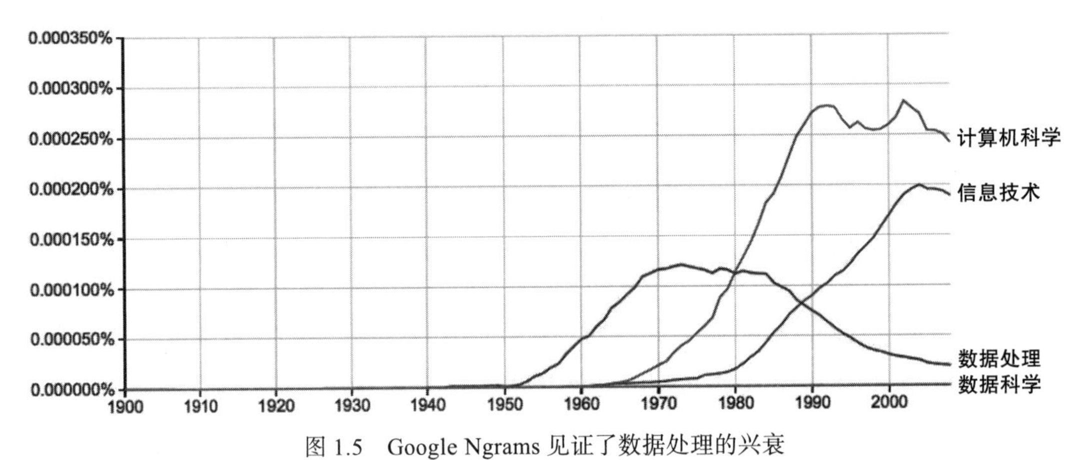

图 1.5　Google Ngrams 见证了数据处理的兴衰

在 http://books.google.com/ngrams 上查看 Google Ngrams。你一定会喜欢上和它一起“玩”的过程。比较一下“热狗”和“豆腐”、“正义”和“自由”、“性”与“婚姻”，也可以看看“科学”如何反驳“宗教”。这些“游戏”可以更好地帮助我们了解透过这台神奇的“望远镜”如何让我们从现在穿越回过去。

一旦完成了上面的游戏，想象一下，如果掌握了这些数据你是不是就可以做更大的事情呢？假如可以免费获取过去 200 年所出版书籍中所有单词或短语的每年使用数据，那么你打算怎么处理呢？

10

使用 Ngrams Viewer 观测与特定关键词相关的时间序列很有趣。而将多个时间序列聚合在一起则可以捕捉到更复杂的历史趋势。下面的问题对我来说特别有趣：

- 那些数量庞大的“诅咒”的词如何随着时间的推移而变化？我最熟悉的脏话的使用似乎自 1960 年以来就已爆炸式增长，虽然我们并不十分清楚这一现象是否反映出了越来越多的诅咒或更低的出版标准。
- 新词多久出现一次并流行起来？这些词是经常使用还是很快就消失了？随着时间的推移，我们能否发现词汇的含义会发生变化，比如 gay 这个词的含义从“快乐”演变成了“同性恋”。

- 拼写标准是否随着时间的推移而提高或退化，特别是现在我们已经进入了自动拼写纠错的时代。从常用单词中删除一个字母从而生成极少见的单词很可能存在拼写错误（例如，algorithm 与 algorthm）。在大量不同的拼写错误中，这类错误是增加了还是减少了？

我们还可以使用 Ngrams 语料库构建一个语言模型，抓取指定语言中单词的含义和用法。我们将在 11.6.3 节中讨论单词嵌入，这是构建语言模型的强大工具。词频统计显示了哪些单词最受欢迎。相邻词的出现频率可以用来改进语音识别系统，帮助区分说话者说的是"that's too bad"还是"that's to bad"。这些数以百万计的书籍提供了一个丰富的数据集，可以用来构建具有代表性的模型。

1.2.4　纽约出租车记录

今天，每一笔金融交易都会留下数据痕迹，遵循这些路径可以得到很多有趣的发现。

出租车是城市交通网络的重要组成部分。出租车在城市的街道上穿梭寻找乘客，然后把乘客送去目的地，车费与行驶时间成正相关关系。每辆出租车都装有一个计量装置，以根据时间计算行程成本。它是一种记录保存装置，也是一种确保驾驶员每次行程能正确收费的设备。

目前纽约出租车使用的计价表除了计算车费外，还可以提供很多功能。它们可以用作信用卡终端机，为客户提供一种无须现金的车费支付方式。计价表内置全球定位系统（GPS），记录了每一次出发地和目的地的准确位置。由于这些设备在无线网络上运行，因此可以将出租车所有行车数据传回中央服务器。 11

在重要服务商最终形成了一个数据库，记录了这个世界上最大城市之一的所有出租车的每次出行数据，其中一小部分数据如图 1.6 所示。由于纽约出租车和豪华轿车委员会是一个公共机构，根据美国《信息自由法》(Freedom of Information Act, FOA)，其非机密数据可供所有人使用。

Vendor ID	passenger_count	trip_distance	pickup_longitude	pickup_latitude	dropoff_longitude	dropoff_latitude	payment_type	tip_amount	total_amount
2	1	7.22	−73.9998	40.74334	−73.9428	40.80662	2	0	30.8
1	1	2.3	−73.977	40.7749	−73.9783	40.74986	1	2.93	16.23
1	1	1.5	−73.9591	40.77513	−73.9804	40.78231	1	1.65	9.95
1	1	0.9	−73.9766	40.78075	−73.9706	40.78885	1	1.45	8.75
2	1	2.44	−73.9786	40.78592	−73.9974	40.7563	1	2	16.3
2	1	3.36	−73.9764	40.78589	−73.9424	40.82209	1	3.58	17.88
2	2	2.34	−73.9862	40.76087	−73.9569	40.77156	1	1	13.8
2	1	10.19	−73.79	40.64406	−73.9312	40.67588	2	0	32.8
1	2	3.3	−73.9937	40.72738	−73.9982	40.7641	1	2	21.3
1	1	1.8	−73.9949	40.74006	−73.9767	40.74934	1	1.85	11.15

图 1.6　来自纽约市出租车数据的代表性字段：上下车点、距离和车费

乘客每次乘坐出租车都会生成两个记录：一个记录行程数据，另一个记录车费的详细信息。每次行程都与每辆车的许可证（行车证）相关联，并附有每个驾驶员的身份证。每次行程，都会获取上车和下车的时间 / 日期，以及出发地点和目的地的 GPS 坐标（经度和纬度）。虽然无法获取车辆在起始点之间行驶的路线的 GPS 数据，但在某种程度上可以通过起始点之间的最短路径推断出来。

对于车费数据，可以获取每趟行程的成本，包括税、附加费和通行费。作为一种惯例，支付给司机的小费也会被记录下来。

所以，出租车数据很容易被获取。在过去几年里，积累了超过 8000 万次的出行记录。那么我们可以怎么利用这些数据来回答问题呢？

任何有趣的数据集都可以用来回答不同维度上的问题。出租车的车费数据可以帮助我们更好地了解交通行业，也可以使我们更好地了解城市背后的运行规律，以及如何改进才能使城市运行得更好。关于出租车行业的常见问题包括：

12

- 司机平均每晚赚多少钱？分布情况是什么样？司机在晴天赚得多还是雨天赚得多？
- 在这个城市里，为获取最大的利润，哪里是司机的最佳等客地点？在一天中的不同时间节点，这个最佳等客地是否会发生变化？
- 由于数据不提供每次行程的 GPS 路线数据，所以无法准确地回答：工作一个晚上，司机行驶的里程数是多少？但我们可以知道前一次的下车地点和后一次的出发地点，以及从中间所经历的时长，依据这些数据完全可以对未知数据做出合理的估计。
- 哪些司机会带着毫无戒心的乘客去“兜风”，在本可以短得多、便宜得多的路程故意绕远？
- 乘客会为司机付多少小费，为什么会这样？更快将乘客送达目的地的司机会得到更高的小费吗？不同地区给司机的小费有什么不同，是富人区还是穷人区给的更多？

我承认，我们确实对这些问题进行了分析，并且在 9.3 节的“实战故事”中将进一步描述。通过这些分析，我们发现了各种有趣的情况 [SS15]。图 1.7 显示，与布鲁克林、皇后区和史坦顿岛的大片区域的人相比，曼哈顿人通常很小气，而曼哈顿出租车行程更长，并且街上的出租车成了一种稀少却备受欢迎的景观。

13

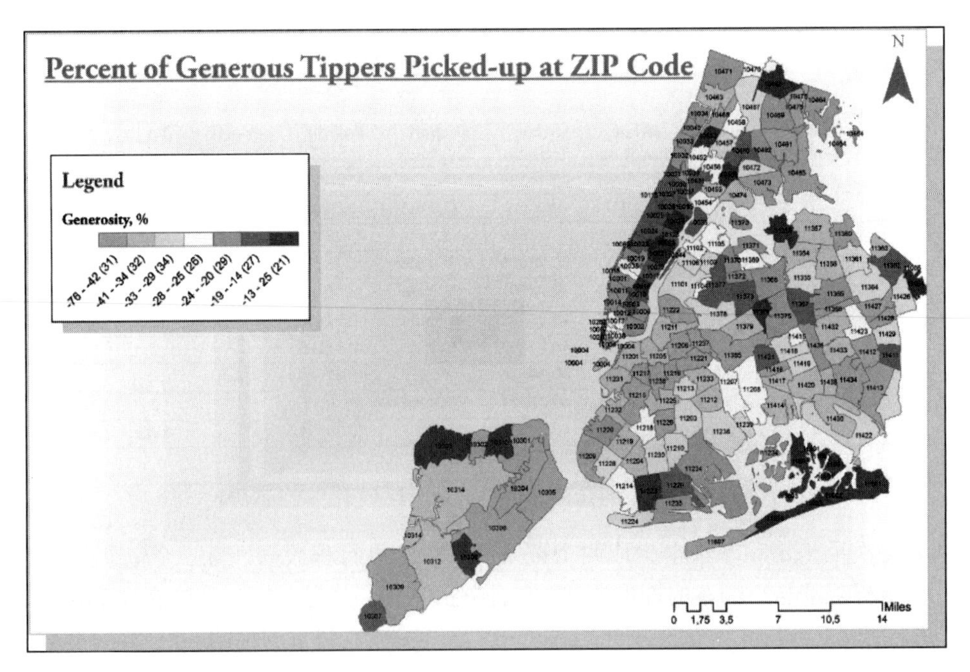

图 1.7　纽约市的哪些地方给小费最慷慨？布鲁克林和皇后区相对偏远的外围行政区，行程最长而且供应相对稀少

但更大的问题与理解城市交通有关。我们可以将出租车的行驶时间作为传感器，从而更精细地测量城市的交通水平。高峰时间的交通比其他时间慢多少，最严重的延误在哪里？确定产生交通问题的区域是提出解决方案的第一步，之后可以通过改变交通灯的计时模式，增加公共汽车的行驶量，或创建高占用率专用车道等方法进行改善。

同样，还可以使用出租车数据来测量整个城市的交通流量。人们在一天中不同的时间出行的地点相同吗？这里能够挖掘的将不仅仅是交通拥堵情况，通过查看出租车数据，我们可以分辨从酒店到景点的游客、从高档社区到华尔街的高管，以及酒后从夜总会回家的酒鬼。

这些数据对于设计更好的运输系统是必不可少的。例如，当在 $a+\varepsilon$ 点有司机准备去 b 点时，另一个司机从 a 点行驶到 b 点就是多余的。通过对出租车数据的分析，可以准确地模拟出一个共享系统，这样我们就可以准确地评估这种服务的需求和成本降低的方法。

1.3 数据的属性

这是一本关于数据分析技术的书，那么我们首先要学习的基础内容是什么呢？本节主要说明了数据属性的一般分类，以便我们可以更好地认识和理解后面的内容。

1.3.1 结构化与非结构化数据

某些数据集具有很好的结构性，就像数据库中的数据表或电子表程序中一样。而其他的数据以更多样的形式记录着有关世界状况的信息。它们可能是像维基百科这样包含图像和超级链接的文本语料库，也可能是个人医疗记录中出现的复杂的注释和测试结果的混合数据。

总而言之，这本书将聚焦于处理结构化数据。数据通常由一个矩阵表示，矩阵的行表示不同的条目或记录，列则表示这些条目的不同属性特征。例如，关于美国的城市数据集中每一行代表一个城市，每列则代表州、人口和地区等特征。

当面对一个非结构化数据源时（例如一组来自 Twitter 的推文集合），我们通常首先要构建一个矩阵以使这些数据结构化。词袋模型可以构建一个矩阵，每条推文对应矩阵中的一行，每个常用词汇对应矩阵中的一列。矩阵项 $M[i, j]$ 则表示推文 i 中单词 j 出现的次数。这种矩阵公式将扩展到第 8 章中对线性代数的讨论。

14

1.3.2 定量数据与类别数据

*定量数据*由数值组成，如高度和重量。这些数据可以被直接带入代数公式和数学模型，也可以在传统的图表中进行表示。

相比之下，*类别数据*则由描述被调查对象属性的标签组成，如性别、头发颜色和职业。这种描述性信息可以像数值型数据一样精确而有意义，但不能使用相同的方法进行处理。

类别数据通常可以进行数字化编码。例如，性别可以表示为男 =0 或女 =1。但如果每个特性包含两个以上字符，尤其当它们之间没有隐序时，事情会变得更加复杂。我们可以对头发的颜色进行数字化编码，即为不同颜色匹配不同的数值，如灰色头发 =0、红色头发 =1 以及金色头发 =2。然而，除了单纯地进行特征识别之外，我们并不能真正将这些值视为数字。讨论头发的最大或最小颜色有什么意义呢？又如何解释我的头发颜色减去你的头发颜色的含义呢？

这本书中的大部分内容都将围绕数值型数据展开。但要重视类别特征和适用于它们的方法。

分类和聚类方法可以被看作从数值型数据中生成类别标签的过程，这也是本书的首要关注点。

1.3.3 大数据与小数据

在大众眼中，数据科学已经与大数据混为一谈，数据科学以计算机日志和传感器设备产生的海量数据集为分析对象。原则上，拥有更多的数据总是比数据少要好，因为如果有必要，可以通过抽样来舍弃其中的一些数据，从而得到一个更小的数据集。

拥有大数据是件令人兴奋的事，我们将在第 12 章进行讨论。但在实践中，处理大数据存在一定的困难。在本书中，我们将研究数据分析算法和最佳方案。一般来说，一旦数据量过大，事情就会变得更困难。大数据的挑战包括：

- *一个分析周期所用的时间随着数据规模的增长而变长*：对数据集的计算性操作会随着数据量的增加而花费更长的时间。电子表格可以提供即时响应，允许用户进行实验测试以及验证各种假设。但计算大型电子表格时，会变得笨拙而缓慢。处理大规模数据集可能需要数小时或数天才能得到结果。为了处理大数据，要采用高性能算法，这些算法也已展现出惊人的优越性。但是绝不能为了获得更快的计算速度而将大数据拆分为小数据。
- *大型数据集复杂的可视化过程*：在计算机屏幕或打印的图像上不可能将大数据中的数百万个要点全部绘制出来，更不要说对这些数据进行概念性的理解了。我们无法满怀希望地去深入理解一个根本无法看到的东西。

15

- *简单的模型不需要大量的数据来匹配或评估*：典型的数据科学任务是基于一小部分变量做出决策，比如，根据年龄、性别、身高、体重以及现有的医疗水平来决定是否应该为投保人提供人寿保险。

  如果有 100 万人的生活相关数据，那么应该能够建立一个具有较好保险责任的一般模型。但是当数据量扩充到几千万人时，可能对于优化模型就不再产生作用了。基于少数几个变量（如年龄和婚姻状况）的决策准则不能太复杂，而且在覆盖大量的保险申请人数据时呈现出鲁棒性。那些不易被察觉的发现，需要大量数据才能被巧妙地获得，而这却与数据体量的大小无关。

*大数据*有时被称为*坏数据*。它们作为已有系统或程序的副产品被收集起来，而不是为了回答我们手头已经设计好的问题而有目的地收集来的。这就使得我们可能不得不努力去解释一些现象，仅仅是因为我们拥有了这些数据。

总统候选人如何从分析选民偏好中获得收益？大数据方法可能会分析大量的 Twitter 或 Facebook 上的网络数据，并从文本中推测出选民的观点。而小数据方法则通过民意调查，对特定的问题询问几百人，并将结果制成表格。哪种方法更准确呢？正确的数据集与要完成的任务具有直接相关性，而不一定是那个数量最大的数据集。

课后拓展：*不要盲目地渴望分析大型数据集。寻找正确的数据来回答给定的问题，而不是做没有必要参与的“大事情”。*

1.4 分类与回归

在传统的数据科学和模式识别应用中，有两类问题反复出现，即数据的分类和回归。

随着这本书的逐渐深入，解决这些问题的算法将在后面的章节介绍，这样读者就可以巩固对数据整理、统计、可视化和数学建模等核心内容的理解，从而更好地理解后面内容。

尽管如此，在讲到与分类和回归相关的问题时，这里还是会介绍一下，以帮助大家在初遇它们时就对它们有一些概括性的了解。

- 分类：通常我们试图为一个离散的可能性集合中的一个条目分配一个标签。诸如预测某项体育比赛的获胜者问题（A 队或 B 队），或者判断某一部电影的类型（喜剧、剧情或动画）都是分类问题，因为每个问题都需要从可能的选择中选择一个标签。

16

- 回归：另一个常见的任务是根据已知的数量进行预测。预测一个人的体重或者今年下多少雪就是回归问题，以历史数据和其他相关特征预测一个数值函数的将来值。

也许，发现预期特性的最好方法就是考虑各种数据科学问题，并给它们打标签（分类），以作为回归或分类。解决这两类问题时使用了不同的算法，尽管有时同一个问题通常分类和回归都可以解决：

- 明天某只股票的价格会涨还是跌？（分类）
- 明天某只股票的价格是多少？（回归）
- 向某人出售保险单的风险是否很大？（分类）
- 我们预计某人能活多久？（回归）

在生活中如果遇到了这本书中所阐述的分类和回归问题，请特别注意这些问题。

1.5 关于数据科学的电视节目：*The Quant Shop*

亲自动手的实践经验是将基本原理内化的必要条件。因此，当我教授数据科学时，我喜欢给每个学生团队一个有趣但不复杂的预测任务作为挑战，要求学生为这个任务构建一个预测模型并对其进行评估。

为完成这些预测任务，学生必须给出可测试预测结果。学生从零开始：找到相关数据集，构建自己的评估环境，设计模型。最后，学生随着事件发展的进程见证事态的发展，以验证预测结果的对错。

作为一个实验，我在 2014 年秋季的视频中记录了每个小组项目的进展情况。经过专业的编辑，这成为 *The Quant Shop*，一个面向大众的电视类数据科学系列节目。第一季的 8 集可在 http://www.quant-shop.com 找到，包括：

- 寻找环球小姐——一年一度的环球小姐比赛的目的是找出世界上最美丽的女人。数学模型能预测出谁将赢得选美比赛吗？美只是主观的吗？或者算法可以分辨出谁是最美的吗？

17

- 电影建模——电影制作涉及高风险数据分析业务。是否能够建立一个电影制作模型来预测哪部电影在圣诞节最不讨人喜欢？如何确定哪些演员会因为他们的表演而获得奖项？
- 赢在起跑线——出生体重是评估新生儿健康状况的一个重要因素。在出生前，我们能否准确预测新生儿的体重？在孕期，数据是怎样做到分清环境风险的？
- 拍卖艺术——世界上最有价值的艺术品在拍卖会上卖给出价最高的人。是否可以预测一幅 J. W. Turner 的作品能拍出多少钱？能否让计算机具有一种艺术感，让我们知道什么样的艺术品值得买？

- 白色圣诞节——天气预报可能是最为人们熟知的预测模型。短期预测通常是准确的，但长期预测呢？你能提前一个月告诉我今年有哪些地方会在圣诞节期间下雪吗？
- 预测季后赛——体育赛事总有赢家和输家，博彩公司很乐意让人们对每一场比赛的结果下注。统计数据能在多大限度上帮助预测哪支足球队将赢得超级碗？谷歌的 PageRank 算法能像在网络上一样准确地预测出比赛中的赢家吗？
- 食尸鬼池——所有人都会死亡，但什么时候会死亡？我们能把精算模型应用到名人身上，来判断下一个死的人是谁吗？类似的分析是人寿保险业工作的基础，在该行业中，需要对寿命进行准确的预测，以设定可持续和负担得起的保费。
- 投机倒把——对冲基金定量投资者在对明天的价格进行正确猜测时会变得富有，而在错的时候却会变得贫穷。利用价格历史数据，我们如何准确预测黄金和石油的未来价格？建立成功的价格预测模型还需要什么信息？

18

我鼓励大家在阅读本书的同时看几期 *The Quant Shop* 节目，如图 1.8 所示。虽然节目里会有很多内容让你觉得难以理解而心生畏惧，但我们已经尽量让节目变得有趣。每期节目 30 分钟，这些节目也许会激发你去完成预测任务的勇气。

图 1.8　电视类数据科学系列节目的精彩场景

这些节目肯定会让你更深入地了解这 8 个挑战任务。这些专题研究项目将贯穿本书，以说明如何进行数据科学研究。这里包括正面和负面的例子。这些专题研究项目提供了一个实验室，用来观察那些聪明但缺乏经验的人是如何思考数据科学问题的，以及当他们着手做时会发生什么，而这些人其实与你并没有什么不同。

1.5.1　Kaggle 挑战赛

另一个灵感来源是 Kaggle（www.kaggle.com）挑战赛，它为数据科学家提供了一个富有挑战性的论坛。这里会定期发布新竞赛，提供问题的定义、训练数据以及针对隐藏评估数据的评分函数。领先选手积分榜会显示得分最高的参赛者的分数。这样就可以看到自己的模型与其他参赛者模型的对比情况。获胜者在赛后采访中会分享一些建模秘诀，这会帮助参赛者提高自己的建模水平。

在 Kaggle 挑战赛上的出色表现能够很好地证明参赛者的能力，也可以写在简历上，以获得一份作为数据科学家的好工作。事实上，如果你是一个真正 Kaggle 挑战赛的明星，一定会引来潜在雇主的关注。这些都是大家参与 Kaggle 挑战赛的原因，而最重要的是，挑战赛里的问题很有趣，也很有启发性，这些实践将帮助参赛者成为一名更好的数据科学家。

每一章结尾的练习都附有已经结束的 Kaggle 挑战赛的内容，并与该章内容相联系。事先说明一下，Kaggle 提供了一个极具误导性却很有吸引力的观点，即视数据科学为应用机器学习，因为它在为你完成数据收集和清洗的艰苦工作提出了非常明确的问题。尽管如此，我还是希望你能查看它以获取灵感，并作为新项目的数据源。

1.6　关于实战故事

天才和智慧是两种截然不同的智力天赋。天才能够发现正确的答案，具有富有想象力的跳跃思维，能够克服困难和迎接挑战。智慧可以帮助我们避开障碍，为我们照亮前进的方向，使我们能够在正确的方向上稳步前进。

19

在技术上，天才拥有绝对的实力与深度，他们能够发现别人无法洞察的情况，具有别人无法企及的能力。相比之下，智慧来自经验和常识，来自对别人的倾听。智慧也来自谦逊，智者会观察一个人过去犯错误的频率，找出他犯错的原因，以便可以更好地识别并避开未来的陷阱。

数据科学，像生活中的大多数事物一样，受益于智慧而非天才。本书将以实战故事中积累的智慧作为案例，这些有关智慧的故事来自我所研究的一系列不同的项目：

- *大规模文本分析和自然语言处理*：我在石溪大学的数据科学实验室从事各种大数据项目，包括社会媒体的情感分析、历史趋势分析、自然语言处理（NLP）的深度学习方法和网络特征提取。
- *初创公司*：我曾担任两家数据分析公司（General Sentiment 和 Thrivemetrics）的联合创始人和首席科学家。General Sentiment 分析新闻、博客和社会媒体的大规模文本流，以确定与人、地点和事物相关的（积极或消极）情感趋势。Thrivemetrics 将这种类型的分析应用于公司内部沟通，如电子邮件和消息传递系统。

  虽然这些尝试并没有为我带来足够的财富而让我放弃这本书的版税，但它们确实为我提供了基于云计算系统的经验，以及如何在行业中使用数据的洞察力。
- *与真正的科学家合作*：我与生物学家和社会科学家进行了几次有趣的合作，提升了我对所要处理真实数据的复杂性的理解。实验数据噪声很大，存在大量错误，但是我们必须竭尽所能去发现其内部的运行规律。
- *开发赌球系统*：通过建立计算机系统来预测回力球比赛结果是一个非常有趣的项目，系统可以帮助不懂比赛的人下注。我在 *Calculated Bets: Computers, Gambling, and Mathematical Modeling to Win* [HS10] 这本书中讲述了相关经历。赌球系统依靠网络爬取来进行数据收集、统计分析、模拟 / 建模和详细评估。此外还利用社会媒体的分析数据开发和验证了预测电影票房 [ZS01]、股票价格 [ZS10] 和足球比赛 [HS10] 的数学模型。
- *历史人物排名*：通过分析维基百科，从 80 多万历史人物身上提取有意义的特征变量，开发了一个评分函数，该函数以这些历史人物对重要历史事件的影响力进行排名。这个排名可以将最伟大的人（耶稣、拿破仑、莎士比亚、穆罕默德和林肯排在前五位）与名气较小的人区分开，这也是 *Who's Bigger?: Where Historical Figures Really Rank* [SW13] 这本书的基础。

20

我在本书中所教的很多内容都受益于这些经历，尤其是“实战故事”那部分内容。所有这些实战故事都是真实的。当然，为使故事读起来更有趣，在讲述这些故事时用了一定的语言修饰，并且对话也做了拆分。我尽力实事求是地记录从提出原始问题到获得解决方案的过程，以清晰地展现全部的进展过程。

1.7 实战故事：回答正确的问题

我在石溪大学的研究小组开发了一个基于 NLP 的系统，用于分析数以百万计的新闻、博客和社会媒体消息，并从中抽象出与研究对象相关的趋势。从理论上来说，计算文本流（卷）中每个关键词的出现频率（词频）很容易，而确定文本内容中表达的情感是积极的还是消极的（情感分析）却很困难。但我们的 NLP 系统在情感分析上表现得非常好，尤其是要聚合多个文本时。

该技术是 General Sentiment 公司的核心技术。创业是一件令人兴奋的事情，要面对筹集资金、招聘员工和开发新产品的挑战。

或许我们面临的最大问题是为正确的提问找到答案。General Sentiment 系统记录了新闻、博客和社会媒体中出现过的关于所有人、所有地点和事件的数量和情绪的发展趋势，其涵盖的人物和事件的总量超过了 2000 万。通过系统，我们监测了名人和政治家的声誉，还监测了公司和产品的命运，跟踪了运动队的表现，以及电影产生的轰动效果。我们可以做任何事！

但实际上，没有人会付钱让你把所有的事情都做了。他们只会付钱让你做某一些事情，解决他们遇到的特殊问题，或者消除他们业务中的某个难题。“什么都能做”是一个糟糕的销售策略，因为这需要重新挖掘所有客户的需求。

Facebook 直到 2006 年 9 月才开始对全球开放使用。所以，2008 年 General Sentiment 公司成立时，社会媒体时代刚刚开始。我们和知名品牌及广告公司有很多利益联系，这些品牌和广告公司知道社会媒体的爆发已箭在弦上。他们知道这个新奇的事物很重要，他们必须紧跟潮流。对社会媒体数据的正确分析可以让他们对客户的想法有全新的洞察，但他们并不准确地知道什么是他们真正想了解的。

飞机发动机制造商很想知道有多少孩子在 Facebook 上讨论他们，但我们不得不委婉地告诉他们并没有人关注他们。其他潜在客户要求证明我们的系统分析的结果比尼尔森电视收视率更准确。当然，如果想要“尼尔森收视率”数据，要付钱购买才行。我们的系统从完全不同的视角，提供了完全不同的洞察 。但是使用系统之前必须首先清楚任务和目标。

21

我们确实设法从各种各样的客户群中获得了大量合同，包括丰田和黑莓等消费品牌、夏威夷旅游局等政府组织，甚至共和党提名人 Mitt Romney 2012 年的总统竞选。分析师帮助他们更深入地了解各种业务问题：

- 人们对夏威夷有什么看法？（回答：他们认为这是一个旅游胜地。）
- 在爆出丰田汽车存在严重刹车问题的消息后，消费者情绪最快多久能恢复？（回答：大约 6 个月。）

- ❑ 人们认为黑莓的新型号手机怎么样？（回答：他们更喜欢 iPhone。）
- ❑ Romney 在一次录音演讲中侮辱了 47% 的选民，他用了多久才恢复情绪？（回答：从未恢复。）

每一笔销售业务都意味着要进入一个全新的世界，这就需要销售员和数据分析员付出相当大的努力并发挥足够的想象力。每一个客户都来自完全不同的行业，这使我们可以从这些不同的行业中学到新的东西，积累更多的智慧。

当然，客户总是对的。必须让客户清楚地理解我们技术的最佳使用法。需要记住的是，不会仅仅因为有了一个新数据源世界就向你敞开了大门。将数据转化为财富之前，必须首先提出正确的问题。

1.8　章节注释

Halpern 和 Coren[HC88,HC91] 提出了利用棒球运动员的历史记录来确定左撇子寿命较短的想法，但他们的结论仍然存在争议。随着左撇子在总体中的比例迅速增长，研究的结果可能存在幸存者偏差的函数 [MCM04]。

量化分析棒球比赛的学科有时被称为赛伯计量学，代表人物是 Bill James。建议年轻的数据科学家阅读一下他的 *Historical Baseball Abstract*[Jam10]，这样你会知道如何将数字转化为知识和理解力。*Time Magazine* 杂志曾经这样评价 James："很大程度上，阅读他的作品的乐趣来自一个一流的头脑浪费在了棒球上的奢侈场面。"我感谢 http://sports-reference.com 允许本书使用网站上的图片，同样还要感谢 IMDb 的所有者 Amazon。 22

Santi 等人 [SRS+14] 研究了纽约拼车系统的潜力，他们发现，接近 95% 的行程可以共享，拼车后每次行程延迟不超过 5 分钟。

舆情分析系统 Lydia 会在文献 [GSS07] 中阐述。通过对历史文本语料库（如 Google Ngram）的分析，识别语义变化的方法详见文献 [KARPSI5]。

1.9　练习

识别数据集

1-1　[3] 确定在哪些网站或网页上可以找到与以下领域相关的有趣数据集：

(a) 书。

(b) 赛马。

(c) 股票价格。

(d) 疾病风险。

(e) 学院和大学。

(f) 犯罪率。

(g) 观鸟。

对于每一个数据源，要说明如何将这些数据转换为可用的格式，以使其可以在计算机上进行分析。

1-2　[3] 为以下 *The Quant Shop* 预测挑战提出相关数据来源，并区分出别人一定拥有的数据源和你显然可以获得数据的数据源。

(a) 环球小姐。

(b) 电影总量。
(c) 新生儿体重。
(d) 艺术品拍卖价格。
(e) 白色圣诞节。
(f) 足球冠军。
(g) 食尸鬼池。
(h) 黄金 / 石油价格。

1-3 [3] 访问 http://data. Gov，并找出 5 个感兴趣的数据集。为每个数据集写一个简短的描述，提出 3 个用这些数据集可以解决的有趣的问题。

1-4 [3] 以下每个数据集，提出 3 个有趣的问题，并通过分析这些数据集来回答这 3 个问题：

23

(a) 信用卡账单数据。
(b) http://www.amazon.com 上的数据。
(c) 住宅 / 商业电话簿黄页。

1-5 [5] 访问美国国家生物技术信息中心（NCBI）门户网站 Entrez。调查哪些数据集可用，特别是 Pubmed 和 Genome 资源。提出 3 个有趣的项目并逐个解决。

1-6 [5] 通过实验来确定你的朋友喜欢普通可乐还是无糖可乐。简要概述实验的设计过程。

1-7 [5] 通过实验看看学生在哪种环境下学习效果更好：没有任何音乐、只有乐器伴奏的音乐或者听歌曲。简要概述实验设计过程。

1-8 [5] 盖洛普这样的传统民意调查公司，使用一种名为随机数字拨号的程序，该程序会自动拨打随机数字串而不是从电话簿中挑选电话号码。解释使用随机数字拨号进行民意调查的原因。

项目实施

1-9 [5] 编写一个程序，爬取亚马逊网站上的畅销书排名。用这个程序绘制出 Skiena 的所有书籍在全部时间轴上的排名情况。下一次，你会购买这些书中的哪一本？把这些书当作礼物，你有朋友会喜欢吗？

1-10 [5] 对于你最喜欢的运动（棒球、足球、篮球、板球或足球），找一个包含所有主要球员历史统计记录的数据集。设计并实施一个可以确定每个位置最佳球员的排名系统。

面试问题

1-11 [3] 对于下面的每个问题请进行如下操作：（1）根据你对世界的理解做出一个快速的猜测；（2）使用谷歌找到的可靠的数字，根据这些数字得出一个更具合理性的估计。评估一下这两个估计值相差多少？

(a) 全世界有多少钢琴调音师？
(b) 冰球场的冰有多重？
(c) 美国有多少加油站？
(d) 每天有多少人进出 LaGuardia 机场？
(e) 美国每年销售多少加仑冰淇淋？
(f) 全国篮球协会（NBA）每年购买多少个篮球？
(g) 全世界的海洋里有多少鱼？
(h) 此时此刻，全世界有多少人在空中飞行？
(i) 一架大型商用飞机能装多少个乒乓球？

24

(j) 你最喜欢的国家铺好的路有多少英里？
(k) 石溪大学所有人的钱包里有多少美元？
(l) 一个普通的加油站每天销售多少加仑汽油？
(m) 这本书有多少字？

(n) 纽约市有多少只猫？

(o) 用星巴克的咖啡加满一辆普通汽车的油箱要多少钱？

(p) 中国有多少茶？

(q) 美国有多少个支票账户？

1-12　[3] 回归和分类有什么区别？

1-13　[8] 如何构建数据驱动的推荐系统？这种方法的局限性是什么？

1-14　[3] 你是如何对数据科学产生兴趣的？

1-15　[3] 你认为数据科学是一门艺术还是一门科学？

Kaggle 挑战赛

1-16　谁在泰坦尼克号的沉船中幸存了下来？

https://www.kaggle.com/c/titanic

1-17　出租车去哪？

https://www.kaggle.com/c/pkdd-15predict-taxi-service-trajectory-i

1-18　出租车一次出行要花多长时间？

https://www.kaggle.com/c/pkdd-15-taxi-trip-time-prediction-ii

25～26

第2章 数学基础

数据科学家比计算机科学家懂得更多的统计学知识，比统计学家懂得更多的计算机科学知识。

——Josh Blumenstock

在学会跑之前必须要先学会走。同样，在别人相信你可以对数值型数据进行有意义的分析之前，精通相关的数学知识是很有必要的。

本书假设读者对概率和统计学、线性代数和连续数学有一定程度的了解，而读者也可能忘记了这些数学知识中的大部分内容，或者可能有时会一叶障目（定义、证明和操作中的所有细节）不见泰山（为什么问题很重要，以及如何使用数据解决问题）。

本章将刷新读者对某些基本数学概念的认知。跟紧我，必要时可以拿出旧课本作为参考。本章所涉及的那些更深层次的概念，会在后面章节进行介绍。

2.1 概率

概率论为推理某些事件发生的可能性提供了一个形式框架。因为它是一个正式的学科，因此有一大堆盘根错节的相关定义可以精确地将所推理的内容实例化：

- 每一次实验都会生成所有可能的结果中的一个。正如这个常用的例子：考虑掷两个六面骰子的实验，一个是红色的，一个是蓝色的。骰子落下后，最上面露出来的总会是从1到6之中的一个不同的整数。

27

- 样本空间S是实验当中所有可能结果的集合。在这个例子中，一共会产生36种可能的结果，即

$$S=\{(1,1),(1,2),(1.3),(1,4),(1,5),(1,6),(2,1),(2,2),(2,3),(2,4),(2,5),(2,6),\\ (3,1),(3,2),(3,3),(3,4),(3,5),(3,6),(4,1),(4,2),(4,3),(4,4),(4,5),(4,6),\\ (5,1),(5,2),(5,3),(5,4),(5,5),(5,6),(6,1),(6,2),(6,3),(6,4),(6,5),(6,6)\}$$

- 事件E是实验结果的指定子集。如果第一轮掷出的两个骰子点数之和等于7或11，则玩家获胜。这一事件的子集为

$$E=\{(1,6),(2,5),(3,4),(4,3),(5,2),(6,1),(5,6),(6,5)\}$$

- 一个结果 s 出现的概率表示为 $p(s)$，该数值具有两个性质：
  — 对于样本空间 S 中的每一个结果 s，$0 \leqslant p(s) \leqslant 1$。
  — 所有结果的概率之和等于 1，即 $\sum_{s \in S} p(s)=1$ 。
  假设两个骰子除了颜色不同，其他全一样，那么对于所有 $s \in S$ 的概率值都是 $p(s)=(1/6)\times(1/6)=1/36$。
- 事件 E 的概率是所有实验结果的概率之和。因此，
  $$p(E)=\sum_{s \in E} p(s)$$
  另外一种是以 E 的补集 $\bar{E}$（不发生事件 E 的集合）来表示的，即 $P(E)=1-P(\bar{E})$。这个公式十分有用，因为通常计算 $P(\bar{E})$ 比计算 $P(E)$ 更加容易。
- 随机变量 V 是概率空间结果的数值型函数。函数“两个骰子的值之和”（$V((a,b))=a+b$）会得到 2 到 12 之间的整数结果。这意味着随机变量值的概率分布。如前所示，概率 $P(V(s)=7)=1/6$，而 $P(V(s)=12)=1/36$。
- 定义在样本空间 S 中的随机变量 V 的期望值表达式为
  $$E(V)=\sum_{s \in S} p(s) \cdot V(s)$$

这些内容大家之前应该就已经有所了解了，它为我们提供了用于连接概率与统计的语言。我们所看到的数据通常来自对观测事件性质的测量，概率论与统计学为分析这些数据提供了工具。

28

2.1.1 概率与统计

概率论和统计学是数学中分析事件相对发生频率的相关领域。尽管如此，这两种方法看待世界的方式仍存在根本性差异：

- 概率用来预测未来事件发生的可能性，而统计则是指分析过去事件发生的频率。
- 概率论是数学中一个主要的理论分支，研究数学定义的因果关系；统计学是数学最重要的应用分支，它试图解释现实世界中所呈现的事件。

这两个学科是相关的，都很重要，同时也都很有用。但它们又是不同的，理解它们的差别对于正确解释数学证据的相关性至关重要。许多赌徒就是因为未能正确区分概率和统计而走向冷寂的坟墓。

如果我们追踪数学家第一次玩掷骰子游戏时的思维过程，这种差别会变得更清楚：

- 如果这位数学家是一位概率专家，当他看到骰子后会想“是六个面的骰子吗？骰子的每一面大概都会以相等的概率朝上。现在假设每面朝上的概率都为 1/6，就可以算出游戏失败的机会有多少了。”
- 相反，如果是一位统计学家看到骰子，他会想：“我怎么知道这些骰子没有被灌铅呢？我需要先观察一会儿，记下每个数字出现的频率。然后就可以判断观察结果与等概率面的假设是否一致。一旦有足够的信心相信骰子本身是没有问题的，我就会打电话给概率学家，让他告诉我该如何下注。”

总之，概率论让我们能够发现给定的理想世界中的结果，而统计学让我们能够衡量我们的世界在多大程度上是理想状态的。理论和实践之间的这种持续的紧张关系，说明了为什么那群遭受折磨的人是统计分析员，而不是那些无忧无虑的概率论研究者。

现代概率论最早出现于1654年法国的骰子表。一个法国贵族，Chevalier de Méré，想知道在一个特定的赌博游戏中是玩家占优势还是庄家占优势[⊖]。在基础版本中，玩家掷四个骰子，如果没有一个点数是6，就赢了。如果至少有一个6出现，庄家就按平均赌注收钱。

De Méré的这个问题引起了法国数学家布莱斯·帕斯卡（Blaise Pascal）和皮埃尔·德·费马（Pierre de Fermat）的注意，这个问题最出名的地方是其成为费马大定理的来源。他们一起研究了概率论的基本原理，同时证明了庄家会以概率 $p=1-(516)^4\approx0.517$ 赢得这个掷骰子游戏，当概率 $p=0.5$ 时，表示在一个公平的游戏中，庄家有一半的时间都会赢。

29

2.1.2 复合事件与独立事件

我们感兴趣的是如何基于同一结果集上简单事件 A 和 B 计算出的复杂结果。也许事件 A 表示两个骰子中至少一个的点数是偶数，而事件 B 表示总点数为7或11。注意，存在 A 的可能结果并不属于 B 的结果，准确地表示为

$$\begin{aligned}A-B=\{&(1,2),(1,4),(2,1),(2,2),(2,3),(2,4),(2,6),(3,2),(3,6),(4,1),\\&(4,2),(4,4),(4,5),(4,6),(5,4),(6,2),(6,3),(6,4),(6,6)\}\end{aligned}$$

这里进行的是差集运算，注意这里表示为 $B-A=\{\}$，因为要想两个数字相加为7或11，那么这两个数字必然由一个奇数和一个偶数组成。

事件 A 和 B 的共有部分称为交集，表示为 $A\cap B$。可以写成

$$A\cap B=A-(S-B)$$

或者出现在 A 或者出现在 B 中的结果称为并集，表示为 $A\cup B$。通过补集运算 $\bar{A}=S-A$，就有了用于表示结果组合的丰富数学表达方式，如图2.1所示。这样就可以通过对已定义的集合中结果的概率求和，快速计算出任何一个集合的概率。

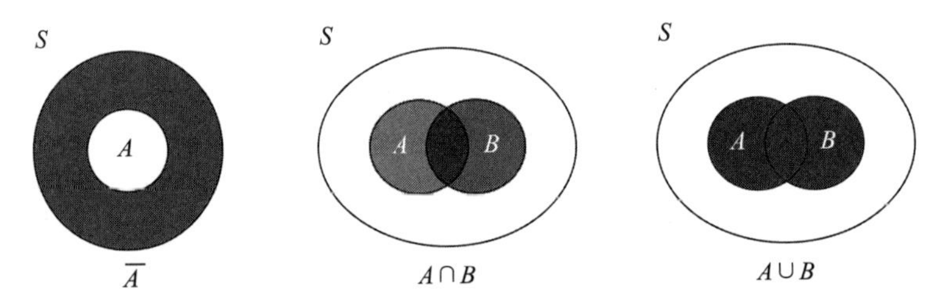

图2.1 差集（左）、交集（中）和并集（右）的维恩图

事件 A 和 B 是独立的，当且仅当 $P(A\cap B)=P(A)\times P(B)$。这意味着 A 与 B 之间没有特殊结构来共享结果。假设班级一半的学生是女生，同时班级一半的学生高于平均水平，如果这两个事件是独立的，那么可以预测到班级中高于平均水平的女生占总人数的 $\frac{1}{4}$。

30

概率论学者喜欢独立事件，因为这简化了计算。但是数据科学家通常不会这样做，当通过建立模型预测未来某个事件 B 的可能性时，考虑到之前对于事件 A 的了解，我们希望 B 对 A 有尽可能强的依赖性。

假设：当且仅当下雨天才会使用雨伞。假设下雨的概率（事件 B）是 $p=1/5$。这意味着

⊖ 他真的不该怀疑。庄家总是有优势的一方。

带伞的概率（事件 A）是 q=1/5。但更重要的是，如果知道是否下雨，就知道是否带雨伞。这两个事件是完全相关的。

相反，如果事件是独立的，则

$$P(A|B)=(P(A\cap B))/(P(B))=(P(A)P(B))/(P(B))=P(A)$$

此时是否下雨对是否带雨伞完全没有影响。

相关性是预测模型背后的驱动力，2.3 节将讨论如何度量它们以及它们有哪些含义。

2.1.3 条件概率

当两个事件相关时，它们之间存在相互依赖的关系，这使得计算更加困难。已知事件 B 发生，则事件 A 发生的条件概率 $P(A|B)$ 的表达式为

$$P(A|B)=(P(A\cap B))/(P(B))$$

回顾 2.1.2 节中的掷骰子事件，即

- 事件 A 是两个骰子的点数至少有一个是偶数。
- 事件 B 是两个骰子点数之和是 7 或 11。

注意，$P(A|B)=1$，因为只有一个奇数和一个偶数求和，才可以得到一个奇数。因此 $A\cap B=B$，这与前面提到的雨伞的例子类似。对于 $P(B|A)$，由于 $P(A\cap B)=9/36$，$P(A)=25/36$，所以 $P(B|A)=9/25$。

条件概率对我们很重要，因为我们感兴趣的是事件 A（可能某封邮件是垃圾邮件）作为已知事件 B（可能是文档中单词的分布）的函数的可能性。分类问题通常以某种方式归结为计算条件概率。

计算条件概率的主要工具是贝叶斯定理，它可以将相反的依赖关系表述在一个表达式中：

$$P(B|A)=(P(A|B)P(B))/(P(A))$$

正如在这个问题中，通常在一个方向上计算概率会比在另一个方向上计算更加容易。通过贝叶斯定理计算 $P(B|A))=(1\times 9/36)/(25/36)=9/25$，与前面得到的结果相一致。我们在 5.6 节中将再次讨论贝叶斯定理，它为根据已知条件计算条件概率提供了基础。 31

2.1.4 概率分布

随机变量是数值函数，其函数值与发生的概率相关。在掷骰子的例子中，$V(s)$ 是投掷的两个骰子点数之和，这个函数会得到一个介于 2 到 12 之间的整数。特定值 $V(s)=X$ 的概率就是所有相加结果等于 X 的概率之和。

这些随机变量可以用*概率密度函数*（pdf）表示。图 2.2 中的 x 轴表示随机变量的取值范围，y 轴表示取到相应值的概率。图 2.2 左图为两个骰子点数之和的概率密度函数。观察当 $X=7$ 时的峰值对应于出现频率最高的骰子点数之和，概率为 1/6。

这种概率密度函数图与数据频率直方图有很强的关系，x 轴都表示取值范围，但在概率密度函数中，y 轴表示的是观察到的频率，确切地说，是每个给定值 X 出现的事件次数。通过将每组的数值除以所有数值总和，可以将直方图转换为概率密度函数图。转换以后所有 y 值之和变为 1，就得到了一个概率分布。

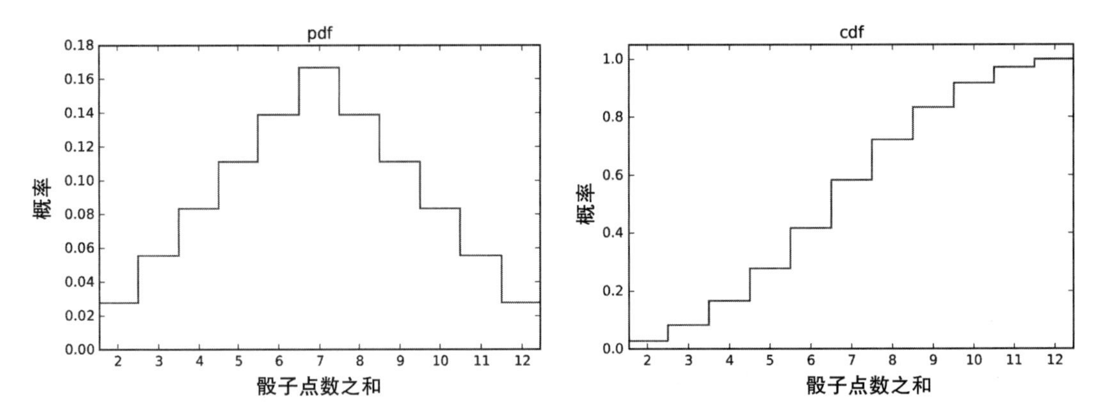

图 2.2　两个骰子点数之和的概率密度函数（pdf）恰好包含与累积密度函数（cdf）相同的信息，但看起来却非常不同

直方图是统计学经常使用的：它反映了对结果的实际观测。相反，pdf 是概率论中使用的：表示下一次观测值为 X 的潜在可能性。实际上，我们经常对观测值 $h(x)$ 的直方图进行归一化处理以估计概率[⊖]：

32

$$P(k=X)=\frac{h(k=X)}{\sum_{x}h(x=X)}$$

另一种行之有效地表示随机变量的方法叫作*累积密度函数*（cdf）。累积密度函数是概率密度函数（pdf）中概率的累积和。作为 k 的函数，它反映了 $X \leqslant k$ 的概率，而不是 $X=k$ 的概率。图 2.2 右图表示了骰子点数之和的 cdf 分布。这些值从左到右单调递增，因为每一项的值都是在上一个总数中加上一个正概率而得的。最右边的值是 1，因为所有概率值之和不会大于最大值。

给定随机变量 V 的概率密度函数 $P(V)$ 和累积密度函数 $C(V)$ 包含完全相同的信息，需要认识到这一点非常重要。这样就可以在它们之间随意转化，因为

$$P(k=X)=C(X \leqslant k+\delta)-C(X \leqslant k)$$

这里对于整数分布，$\delta=1$。cdf 是 pdf 的累积和，因此，

$$C(x \leqslant k)=\sum_{x \leqslant k}P(X=x)$$

只需要知道研究的是哪一种分布就可以了。随着 x 轴向右移动，累积分布值逐渐增加，当 X 为无穷大时，概率值达到最大 $C(X \leqslant \infty)=1$。相比之下，概率密度函数曲线下的总面积等于 1，因此分布中任何一点的概率通常都很小。

33

图 2.3 显示了累积分布和增量分布之间差异。发布的两个版本的 iPhone 销售数据完全相同，但苹果公司 CEO 蒂姆•库克在一次大股东大会上展示的曲线是哪条呢？累积分布（上面的曲线）显示销售正在爆炸式增长，对吧？但它对增长率造成误导，因为增量变化是这个函数的导数，很难想象。事实上，每季度的销售额曲线图（下面的曲线）显示：实际上 iPhone 的销售率，在演示之前的最后两个时期一直在下降。

⊖　一种称为折扣（discounting）的技术提供了一种更好的方法来估计罕见事件的频率，将在 11.1.2 节中讨论。

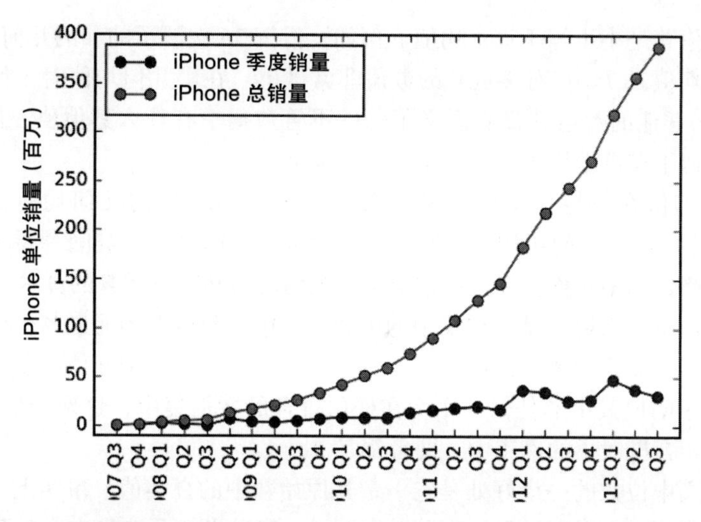

图 2.3 iPhone 季度销售数据呈现为累积和增量（季度）分布。苹果首席执行官蒂姆·库克展示的是哪条曲线

2.2 描述性统计

描述性统计提供了获得给定数据集或样本的属性的方法。该方法可以对观察到的数据进行概述，并提供了一种描述它们的语言。用新的衍生元素（如 mean、min、count 或 sum）代表一组元素会将一个大型数据集缩减为一个小的概括性统计：聚合作为数据归约（data reduction）。

当替代了完整数据集中的自然组或集群时，这些统计量本身就能成为它的一种特征。描述性统计主要有两种类型：

- 中心趋势度量：它捕获数据分布的中心。
- 变异或变异性度量：描述数据分散情况，例如，度量距离中心有多远。

综合这些统计量，就可以了解分布情况。

2.2.1 中心性度量

我们在学校所接触到的第一个统计要素是基本的中心性度量：均值、中位数和众数。对于初学者，用一个数字来描述一个数据集是一个不错的选择。

- 均值：你可能对算术均值的使用十分熟悉，就是将所有数的总和除以总个数，即 $\mu_X = \frac{1}{n}\sum_{i=1}^{n} x_i$。我们可以很容易地通过增加或者删除一些数来保持均值不变，方法是将数值和与频率计数分开考虑，并且只根据需要进行分割。

  均值对于描述没有离群值的对称分布（如高度和权重）是非常有意义的。对称就意味着均值以上的数量应该与均值以下的数量大致相同，没有离群值意味着值的范围非常集中。请注意，当一组数中加入一个很大的数时，会使得均值发生很大的变化。由于中位数是一种中心性度量，所以在这种情况下，中位数被证明更适合描述这种不正常的分布。

- 几何均值：几何均值是 n 个值乘积的 n 次方根，即 $\left(\prod_{i=1}^{n} a_i\right)^{1/n} = \sqrt[n]{a_1 a_2 \cdots a_n}$。

34

几何均值总是小于等于算术均值。例如，投掷 36 次骰子的和的几何均值是 6.5201，而算术均值是 7。它对接近 0 的数值非常敏感。在求几何均值时，如果某一个值为 0，那么其他的数值就没有意义了——不管数据中有什么其他值，最终都是 0。这有点类似于在算术均值中有一个 ∞ 的离群值。

但几何均值在平均比率中意义更大。比如 1/2 和 2/1 的几何均值是 1，而均值是 1.25。比率小于 1 的可用“空间”比比率大于 1 的可用“空间”要小，从而造成算术均值高估的不对称。在这些情况下，几何均值和比率对数的算术均值更有意义。

- 中位数：中位数恰好是数据集中的中间值，中位数以上的元素与中位数以下的元素一样多。当元素的数量为偶数时，有一个关于如何选取中间值的争论。你可以选择两个正中间值其中的任何一个，在任何合理的数据集中，这两个值应该大致相同。实际上，在掷骰子的例子中，两者都是 7。

  如此定义中位数的一个好处是它一定是原始数中的真实值。事实上，你可以举出一个中等身高（身高中位数）的人作为例子，但世界上可能没有人的身高刚好等于平均身高。如果对正中间的两个数取平均值作为中位数将会丢失此属性。

  哪一个中心性度量方法最适合具体应用？在对称分布中，中位数通常与算术均值非常接近，但通常更感兴趣的是，它们之间相差了多少，中位数位于均值的哪一边。对于偏态分布或带有离群值的数据（如财富和收入），中位数通常被证明是一个更好的统计量。比尔·盖茨的个人财富使得美国的人均财富值增加了 250 美元，但对于中位数却并没有影响。如果他让你觉得自己更富有，那你就继续用均值吧。但中位数是信息量更大的统计数据，因为它适合任何幂律分布。

35

- 众数：众数是数据集中最常见的统计数。在掷骰子示例中，众数是 7，因为它在 36 个元素中出现 6 次。坦率地说，我从来没有看到过众数会比中心性度量提供更多的有用信息，因为众数通常不靠近中心。大范围内测量的样本在任何特定值下都应该很少有重复的元素，这使得众数成为一个偶发事件。事实上，最频繁出现的数值通常是数据集中人为设置或者出现异常的数，例如默认值或错误代码，它们并不真正表示潜在分布的数值。

  虽然频率分布（或直方图）中峰值的相关概念是有意义的，但峰值的意义只有通过适当的挖掘才能被揭示出来。目前美国年薪分布的最高点在每年 3 万到 4 万美元之间，但众数可能为 0。

2.2.2 变异性度量

最常见的变异性度量是标准差 σ，它表示每个元素与均值之间的平方差之和：

$$\sigma = \sqrt{\frac{\sum_{i=1}^{n}(a_i - \bar{a})^2}{n-1}}$$

相关的统计量方差 V 是标准差的平方，即 $V=\sigma^2$。它们度量的是完全相同的东西。

举个例子，考虑一个不起眼的灯泡，它通常有一个预期的工作寿命，比如 μ=3000 小时，可以从图 2.4 所示的分布中看出来。通常来说，灯泡中使用时间比 μ 长的可能性与使用时间不足 μ 的可能性大致相同，这种不确定性的程度由 σ 来衡量。或者，想象一下“打印机墨盒灯泡”，这里制造商制造了一个非常坚固的灯泡，但也安装了一个计时器以保证灯泡只

36

能使用 3000 个小时。这里 μ=3000，σ=0。两种分布都有相同的均值，但方差很大。

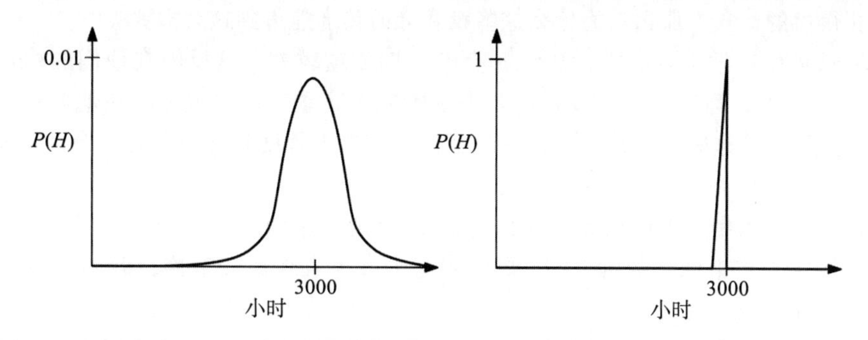

图 2.4 灯泡寿命 μ=3000 的两种不同的概率分布：正态分布（左）和零方差分布（右）

公式中 σ 的平方和惩罚表明来自均值的一个离群值 d 对方差的作用与来自均值的每一个点的平方 d^2 的作用一样大，因此方差对离群值非常敏感。

一个经常令人困惑的问题是标准差公式中的分母的取值，我们应该取 n 还是 n–1？这里的区别是技术上的。全总体的标准差除以 n，而样本的标准差除以 n–1。问题是，如果仅仅抽样一个点，那么对任何总体的潜在方差都毫无意义，在这种情况下，可以完全合理地说，只有一个人的岛上的总体权重的方差是零。但是对于足够大的数据集 $n\approx(n-1)$，这个并不重要。

2.2.3 解释方差

由于随机噪声或误差，导致对同一现象的重复观测并不总产生相同的结果。当我们的观测捕捉到一些不具代表性的情况时，例如测量周末和工作日的高峰交通量，就会产生*抽样误差*。*度量误差*反映了任何传感设备固有的精度限制。*信噪比*的概念反映了人们对于一系列观测值的感兴趣程度，而不是数据方差。作为数据科学家，我们关心的是信号的变化，而不是噪声，这种变化往往使问题变得十分困难。

我认为方差是任何事物的固有属性，类似于光具有速度或金钱具有时间价值。每天早晨，你在秤上称体重，你一定会得到一个不同的数字，变化反映了你最后一次吃饭的时间（抽样误差）、地板的平整度或秤的使用时间（这两个都是度量误差）以及你的体重变化（实际变化）。那么你的真实体重究竟是多少呢？

每一个被度量的量都会受到某种程度方差的影响，但这种现象的影响要远大于此。世界上发生的许多事情都是随机波动或任意偶然事件引起的方差，即使在形势不变的情况下。数据科学家试图通过数据来解释世界，但令人不安的是，往往没有现象可以真正被解释，有的只是由各种方差产生的诡异事件。示例包括：

- *股票市场*：考虑衡量不同股票市场投资者相对"技能"的问题。我们知道沃伦·巴菲特比我们更擅长投资。但很少有专业投资者能证明自己始终优于其他投资者。某些投资工具在任何特定时间段内的表现都远远超过市场预期。然而，热门基金一年后的表现通常不如一年后的市场，如果这种出色的表现是由于技术而不是运气，那么就不应该发生这种情况。

  基金经理们通常会把某年中的盈利归功于他们自己的天赋，而把亏损归功于不可预见的情况。然而，有几项研究表明，专业投资者的表现基本上是随机的，这意味着

37

他们在技能上没有什么实质性的差别。大多数投资者都是在向经理人兜售自己过去获得过的运气，那么，为什么这些投资者的读者能得到这么多钱呢？

- 运动成绩：学生有的学期成绩好有的学期成绩较差，这反映在他们的绩点平均值（GPA）上；运动员有表现好以及表现糟糕的赛季，这些也反映在他们的表现和统计数字上。这些变化是否真正反映了他们在努力程度和能力上的差异，或者仅仅是方差？

  在棒球运动中，击球指数为 0.3 的击球手（成功率为 30% 的球员）代表了整个赛季平均水平。击球指数为 0.275 则说明这个赛季表现比较糟糕，但如果是 0.3 的话，那么你的表现就堪比明星。如果指数为 0.325，你很可能成为冠军。

  图 2.5 显示了一个简单的模拟结果，其中随机数用来决定每次击球的效果（每赛季的击球总次数超过 500 次）。我们的合成球员是一个真正击球指数为 0.3 的击球手。因为在编程过程中设定的击球成功率为 300/1000（0.3）。结果表明，一个击球指数为 0.3 的击球手有 10% 的机会命中率为 0.275 或以下，这只是偶然出现的。出现这种表现时，通常是由于受到伤病或者年龄的影响。但这可能只是自然方差。当球员价格更便宜的时候，聪明的球队会试图利用这种方差优势而在一个糟糕的赛季过后签下一名好的击球手。合成的指数为 0.3 的击球手也有 10% 的机会击球超过 0.325，

38

  但你可以肯定的是，他们会把这样一个超常发挥的赛季归因于他们状态的调整或训练方法的改进，而不是他们的运气好。赛季中表现是好是坏，或者运气的好坏是很难从噪声中分辨出来的。

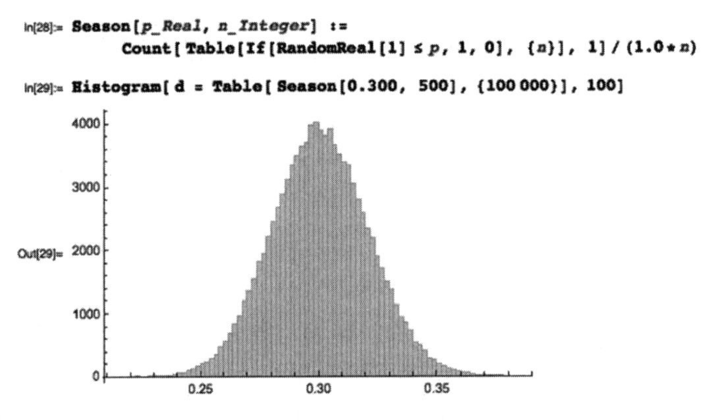

图 2.5　对成功率为 30% 的击球手进行样本方差分析，结果显示，即使每个赛季有超过 500 次的试验，也能观察到广泛的表现

- 模型性能：作为数据科学家，我们通常会为每个预测挑战开发并评估几个模型。这些模型中有非常简单的也有复杂的，不同模型在训练条件或参数选择上有所不同。通常，会选择在训练集中准确率最好的模型作为最终的使用模型。但是，模型之间的性能差异很可能是由一些简单的方差引起的，而并不是模型本身，比如：选择了哪些训练数据或者评估指标、参数优化的效果如何等。

  在训练机器学习模型时要记住这一点。事实上，当需要在性能差异较小的模型之间进行选择时，我更倾向于选择较简单的模型，而不是表现得更好的那个。假设 100 个人尝试预测多次投币的正反结果，肯定会有人全部猜对。但是我们没有理由相信

这个人比其他人有更强的预测能力。

2.2.4 描述分布

在均值处，分布不一定有很大的概率质量。想象一下，假设你借了1亿美元，你的财富会是什么样子，然后把所有的钱都押在一枚硬币上。正面朝上的话你会获得这1亿美元，反之，你将会欠债1亿美元。这种情况下，你的财富期望值是0，但是这个均值并没有很好地说明你的财富分布的形状。

然而，将均值和标准差结合起来，就可以很好地描述任何一种分布。在远离均值的地方，即使相对较小的数值也会使标准差增加很多，所以σ较小意味着大部分质量一定分布在均值附近。

准确地说，不管你的数据是如何分布的，至少第$\left(1-\left(\frac{1}{k^2}\right)\right)$的质量必须分布在均值的$\pm k$标准差范围内。这意味着对于任何分布，至少75%的数据必须在均值的2σ范围内，几乎89%的数据必须在3σ范围内。

当我们知道分布是很均匀的时候，如高斯分布或正态分布，我们将会看到更明显的界限划分。但这就是为什么每当你谈论平均数时都说出μ和σ是一个很好的做法。美国成年女性的平均身高为63.7±2.7英寸（1英寸=0.0254米），即μ=63.7，σ=2.7。佛罗里达州奥兰多的平均气温是华氏60.3度。然而，在迪士尼乐园里，华氏100度的日子比身高为100英寸来迪士尼游玩的女性要多得多。

39

课后拓展：用均值和标准差描述你的分布，写成$\mu\pm\sigma$的形式。

2.3 相关性分析

假设我们已知两个变量x和y，用n个样本点（x_i, y_i）的样本表示，其中$1 \leqslant i \leqslant n$。当$x$的取值对$y$的取值有一定的预测能力时，我们就说$x$和$y$是相关的。

相关系数$r(X, Y)$是一个统计量，用来衡量X对Y的影响程度，反之也可以。相关系数的取值范围是−1到1，其中1表示完全相关，0表示没有关系或者说是独立变量。负相关意味着变量是反相关的（anti-correlated），也就是说，当X上升时Y下降。

完全反相关的变量的相关系数为−1。注意，对于预测来说，负相关和正相关的效果没有区别。教育程度越高，失业的可能性越小，这就是一个负相关的例子，因此教育程度确实有助于预测工作状态。数值在0左右的相关系数对于预测毫无用处。

观测到的相关性对于我们在数据科学中建立许多预测模型很有帮助。相关性的代表性优势包括：

- 高个子的人更容易保持苗条吗？身高与BMI（体重指数）之间观测到的相关系数为r=−0.711，因此身高确实与BMI呈负相关[⊖]。
- 标准化考试能预测大学生的成绩吗？SAT分数与大学新生GPA之间观测到的相关系数为r=0.47，说明其具有一定的预测能力。但社会经济地位与SAT分数同样有

⊖ https://onlinecourses.science.p su.edu/stat500/node/60。

较强的相关性（r=0.42）[一]。

- 经济状况会影响健康吗？家庭收入与冠心病患病率之间观测到的相关系数为 r=-0.717，具有很强的负相关性。所以，是的，你越富有，患心脏病的风险就越低[二]。
- 吸烟影响健康吗？一群人的吸烟倾向与死亡率之间观测到的相关性为 r=0.716，因此为了健康，请不要吸烟[三]。
- 暴力类电子游戏会增加攻击性行为吗？玩这种游戏与发生暴力之间观测到的相关性为 r=0.19，因此存在显著的弱相关性[四]。

40

本节将介绍相关性的主要测量方法。此外，我们还会研究如何正确地确定观察到的相关性的强弱和正负，以帮助我们了解变量之间的关系何时是真实存在的。

2.3.1　相关系数：皮尔逊和斯皮尔曼秩

事实上，用来衡量相关性的统计量主要有两个。幸运的是，这两种方法的操作范围是相同的，都是 -1 到 1，尽管它们测量的东西有些不同。这些不同的统计数据适用于不同的情况，因此这两种方法你都应该掌握。

皮尔逊相关系数

这两个统计量中较为常用的是皮尔逊相关系数，定义为：

$$r=\frac{\sum_{i=1}^{n}(X_i-\bar{X})(Y_i-\bar{Y})}{\sqrt{\sum_{i=1}^{n}(X_i-\bar{X})^2}\sqrt{\sum_{i=1}^{n}(Y_i-\bar{Y})^2}}=\frac{\mathrm{Cov}(X,Y)}{\sigma(X)\sigma(Y)}$$

我们来对这个方程进行分析。假设 X 与 Y 之间具有很强的相关性，那么当我们认为 x_i 的值大于 $\bar{X}$ 时，y_i 的值也应该大于 $\bar{Y}$。当 x_i 的值小于 $\bar{X}$ 时，y_i 的值也应该小于 $\bar{Y}$。再来看看分子，当两个变量的取值分别大于各自的均值（此时为 1×1）或小于均值（此时为 -1×-1）时，分子为正；如果一个大于均值，一个小于均值，那么分子为负（此时为（-1×1）或（1×-1）)，此时表示为负相关。如果 X 和 Y 之间没有相关性，那么 r 为正或者为负的可能性应该相同，然后它们相互抵消，最终为 0。

通过分子确定正负相关性的操作非常有用，因此我们给它命名为*协方差*，计算公式为：

$$\mathrm{Cov}(X,Y)=\sum_{i=1}^{n}(X_i-\bar{X})(Y_i-\bar{Y})$$

请记住协方差的表达式，我们将在 8.2.3 节中再次看到它。

皮尔逊公式的分母反映了这两个变量的方差，用它们的标准差来衡量。X 和 Y 之间的协方差会随着这两个变量的方差的增加而增加，这个分母具有一个神奇的作用，可以使相关性的取值为 -1 到 1。

41

斯皮尔曼秩相关系数

皮尔逊相关系数定义了形如 $y=m\cdot x+b$ 的线性预测因子能够拟合观测数据的程度。这

[一] https://research.collegeboard.org/sites/default/files/publications/2012/9/researchreport-2009-1-socioeconomic-status-sat-freshman-gpa-analysis-data.pdf。

[二] http://www.ncbi.nlm.nih.gov/pmc/articles/PMC3457990/。

[三] http://lib.stat.cmu.edu/DASL/Stories/SmokingandCancer.html。

[四] http://webspace.pugetsound.edu/facultypages/cjones/chidev/Paper/Articles/Anderson-Aggression.pdf。

通常可以很好地度量变量之间的相似性，但是它可能会得到 X 和 Y 之间的相关系数为 0 这种不合理的结果，但实际上 Y 是完全依赖于 X 的，因此完全可由 X 预测。

考虑形如（x, $|x|$）的点集，其中 x 是从区间 [-1, 1] 均匀（或者对称）采样的，如图 2.6 所示。它的相关性为 0，因为对于任何点（x, x），都存在一个点（$-x$, x）与之抵消，但是 $y=|x|$ 则是一个很好的预测器。皮尔逊相关系数衡量了最好的线性预测器的工作效果，但是它没有考虑到类似绝对值这样的特殊函数。

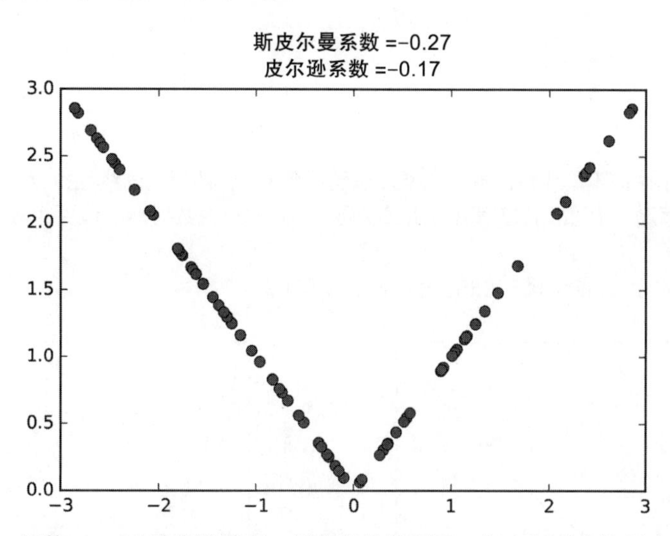

图 2.6 函数 $y=|x|$ 不是线性模型，尽管相关性很弱，但它似乎应该很容易拟合

斯皮尔曼秩相关系数（Spearman rank correlation coefficient）本质上是计算出无序输入点的对数。假设我们的数据集包含点（x_1, y_1）和（x_2, y_2），其中 $x_1 < x_2$，$y_1 < y_2$。这表明值之间是正相关的，如果 $y_1 > y_2$，则是负相关。

通过对所有点求和并且进行标准化，我们就得到了斯皮尔曼秩相关系数。如果 $\mathrm{rank}(x_i)$ 表示 x_i 在所有点中的排序位置，那么最小为 1，最大为 n。所以，

$$\rho = 1 - \frac{6\sum d_i^2}{n(n^2-1)}$$

其中，$d_i = \mathrm{rank}(x_i) - \mathrm{rank}(y_i)$。

图 2.7 很好地描述了这两个相关系数之间的关系。除了在非线性单调函数中结果准确外，斯皮尔曼相关性对极端离群值的敏感性比皮尔逊低。设 $p=$（x_1，$y_{\max}$）为给定数据集中 y 值最大的数据点。假设我们用 p' =（x_1，∞）代替 p，皮尔逊相关性将变得十分不可思议，因为最佳拟合会变成垂线 $x=x_1$。但斯皮尔曼相关性将保持不变，因为所有的点都在 p 的下面，就像现在低于 p' 一样。 [42]

2.3.2 相关的强弱与显著性

相关系数 r 反映了给定点样本 S 中 x 能预测 y 的程度，当 $|r|\to 1$ 时，预测的效果会越来越好。

但真正的问题是，在样本之外的现实世界中，这种相关性将如何维持。相关性越强，$|r|$ 值越大，但这也需要有足够多的样本点使其显著。一种讽刺的说法，如果你想用直线拟合数据，最好仅用两点取样。包含的点越多，相关性的真实度就会越高。

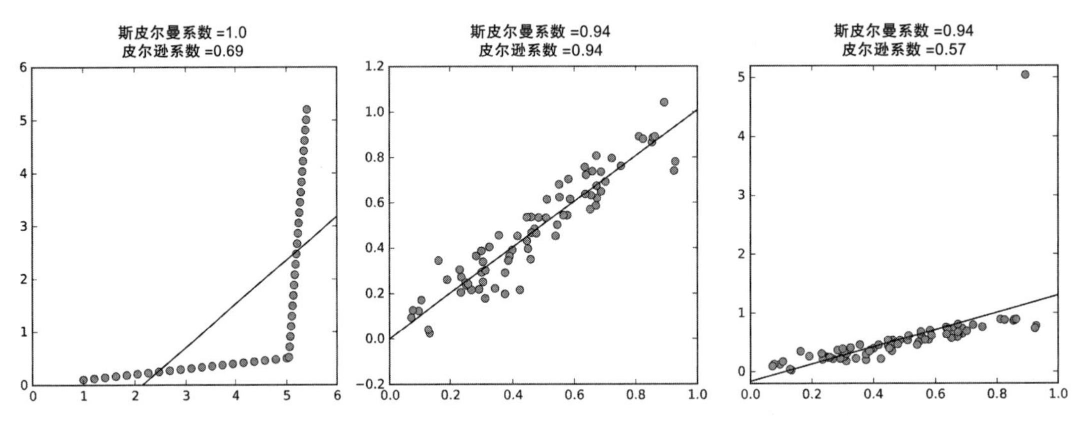

图 2.7　一个单调但不是线性的点集的斯皮尔曼系数 r=1，即使它的线性拟合不是很好（左）。两个系数（中）都能识别出高相关序列，但皮尔逊系数对离群值更为敏感（右）

根据强度和大小，解释相关性的统计限制如图 2.8 所示。

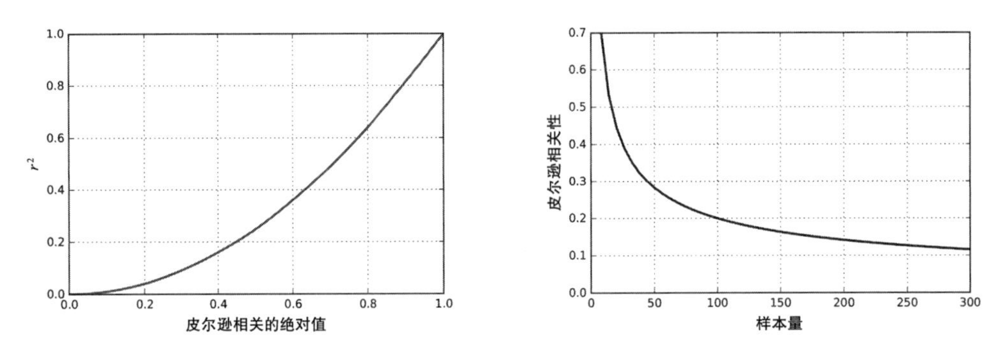

图 2.8　解释显著性的局限性。r^2 值曲线说明了弱相关性只解释了一小部分方差（左）。统计显著性所需的相关性水平随样本量 n 的增加迅速降低（右）

- 相关强度：r^2——样本相关系数的平方值 r^2 可以估计简单线性回归中 X 对 Y 中方差的解释程度。身高和体重之间的相关性约为 0.8，这意味着它解释了大约 2/3 的方差。

  图 2.8 中的左图显示了随着 r 的减小，r^2 的下降趋势，我们可以看出下降的速度十分快。所以当我们准备建立弱相关性时，我们不应该对预测结果抱太大的期望。相关系数为 0.5 时，预测能力仅为最大预测能力的 25%；相关系数 r=0.1 时，预测能力仅为最大预测能力的 1%。因此，相关系数的预测值 r^2 随着 r 的减小而迅速减小。

  43

  “解释方差”是什么意思？假设 $f(x)=mx+c$ 是 x 对 y 的预测值，并且参数 m 和 c 对应于最佳拟合情况。那么残差 $r_i = y_i - f(x_i)$ 的均值为 0，如图 2.9 所示。进一步来说，如果 $f(x)$ 是一个很好的线性拟合的话，那么数据集中 $V(Y)$ 应该远大于 $V(r)$。如果 x 和 y 完全相关，则不应存在残余误差，并且 $V(r)$=0。如果 x 和 y 完全不相关，那么拟合将完全没有意义，并且 $V(y) \approx V(r)$。一般来说，$1-r^2 = V(r)/V(y)$。

  图 2.9 中的左图是一组可以很好进行线性拟合的点，得到的相关系数为 r=0.94。相应的残差 $r_i=y_i-f(x_i)$，如右图所示，左侧的 y 值的方差为 $V(y)$=0.056，远远大于右侧的方差 $V(r)$=0.0065。事实上，

$$1-r^2=0.116 \leftrightarrow V(r)/V(y)=0.116$$

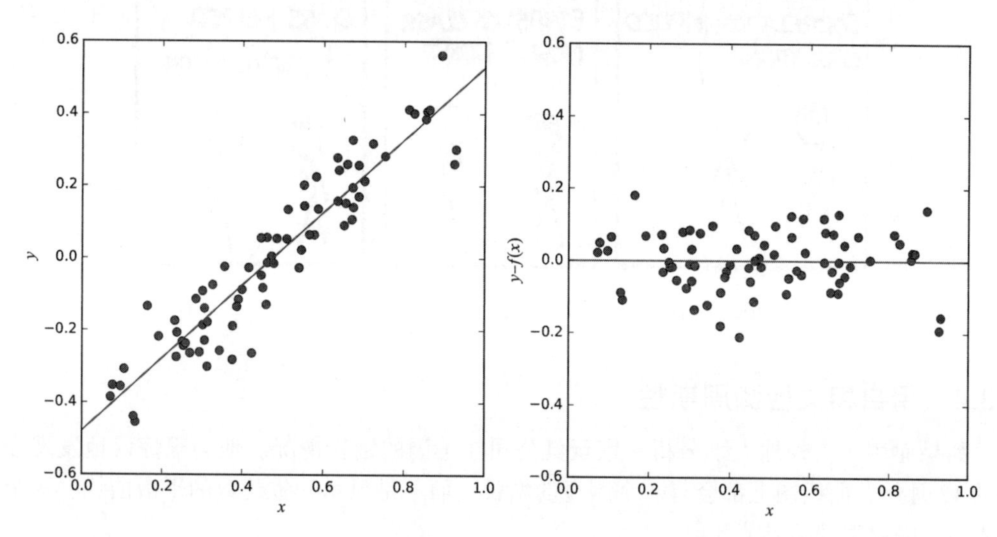

图 2.9 原始数据点在左边，相应的残差在右边。结果表明，残差的方差较小，均值为 0

- 统计显著性：一个相关性的统计显著性取决于它的样本量 n 以及相关系数 r。传统上，我们认为，如果在任意一组 n 个随机点中有 $\alpha \leqslant 1/20=0.05$ 的可能性观察到和 r 一样强的相关性的话，那么 n 个点的相关性是显著的。

  这不是一个很严格的标准。如果样本量足够大，即使是很小的相关性也会在 0.05 水平上变得显著，如图 2.8 的右图所示。$r=0.1$ 的相关性在 $\alpha=0.05$ 及大约 $n=300$ 变得显著，尽管这样的因子只能解释 1% 的方差。

弱但显著的相关性在包含大量特征的大数据模型中可能有用处。任何单一的特征 / 相关都可能只可以解释 / 预测很微弱的影响，但是综合大量的微弱而独立的相关性则可能变得具有很强的预测能力。我们将在 5.3 节中更详细地讨论显著性的重要性。

2.3.3 相关性并不意味着因果关系

你以前应该听说过：相关性并不意味着因果关系（见图 2.10）：

- 警察在辖区内的活动人数与当地的犯罪率密切相关，但警察并没有造成犯罪。
- 人们服用的药物数量与他们生病的可能性有关，但药物不会引起疾病。

充其量，这种暗示可以增加我们的判断依据。但许多观测到的相关性是完全不准确的，事实上，两个变量之间任何一个对另一个都没有任何实际影响。

同时，相关性意味着具有因果关系是思维中的一个常见错误，即使那些理解逻辑推理的人也会出现这个问题。一般来说，很少有统计工具可以用来梳理 A 是否真的会导致 B。如果我们能够操纵其中一个变量并观察其对另一个变量的影响，我们就可以进行对照实验。例如，大家都会相信通过节食的方法可以使人们在身高不变的前提下减轻体重，但是，用其他方法进行这些实验往往比较困难，例如，如果想使人们变矮，除了砍掉四肢之外好像没有什么更好的办法。

44~45

图 2.10 相关性并不意味着因果关系（来源：https://www.xkcd.com/552）

2.3.4 用自相关检测周期性

如果雇用一个外地人来分析一家玩具公司在美国的销售情况。他会很惊讶地发现在每年的 12 月份，曲线图上都会有一个明显的增长，而不是显示一致趋势的平滑曲线。这个外地人就会因此发现圣诞节现象。

季节趋势反映的是一个以固定周期有规律地上升和下降的循环。许多人类活动都是以 7 天作为一个工作周期来进行的。一种叫蝉的昆虫会以 13 年或 17 年的周期而大规模出现，以防止捕食者吃掉它们。

46

我们如何识别序列 S 中的循环模式？假设我们将 S_i 和 S_{i+p} 的值关联起来，其中 $1 \leqslant i \leqslant n-p$。如果值与特定周期长度 p 同步，则相对于其他可能的滞后值，这种与自身的相关性将非常高。将序列与自身进行比较称为自相关，所有 $1 \leqslant k \leqslant n-1$ 的相关性序列称为自相关函数。图 2.11 显示了每日销售额随时间变化情况，以及该数据的自相关函数。每 7 天出现一个峰值（7 天的倍数）可以看出销售周期：周末会卖出更多的商品。

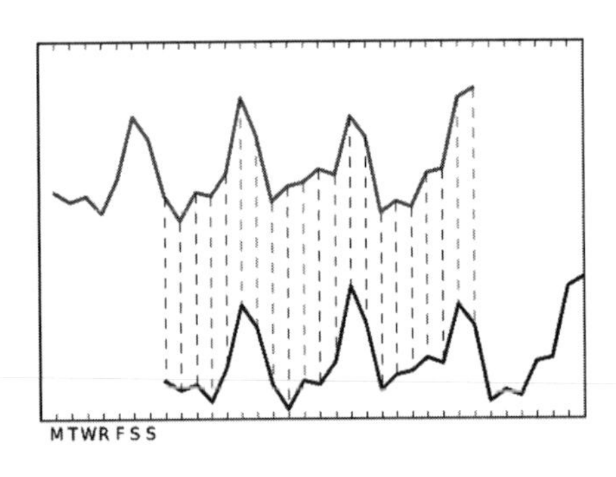

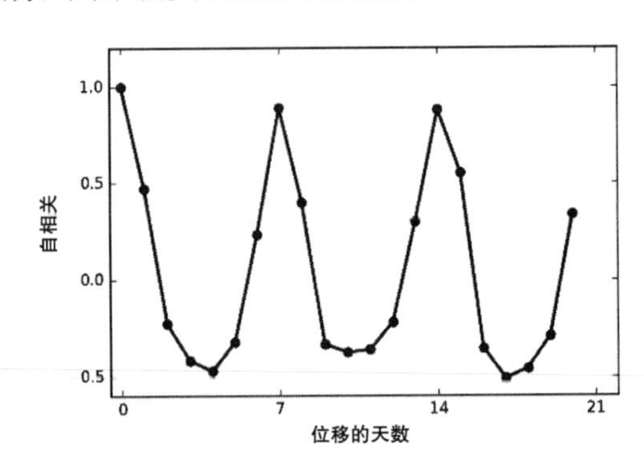

图 2.11 时间序列的循环趋势（左）是通过将其与自身的位移相关（右）来揭示的

自相关是预测未来事件的一个重要概念，因为它意味着我们可以在模型中使用以前的观测值作为特征进行预测。根据这个概念，我们可以知道明天的天气会与今天的天气差不多，滞后 p=1 天。当然，我们希望这个模型会比使用 6 个月以前（滞后 p=180 天）的天气数据进行预测的结果更准确。

一般来说，包含大量数据的自相关函数值在很短的滞后时间内会趋于最大。这就是为什么长期预测不如短期预测准确：长期预测的自相关通常要弱得多。但如果具有周期性，那就可以将滞后时间延长很多。事实上，由于季节性的影响，基于滞后 p=365 天的天气预

报要比 p=180 的好得多。

计算完整的自相关函数需要在时间序列的点上计算 n–1 个不同的相关性，当 n 很大时，会使工作量变得很大。幸运的是，有一种基于快速傅里叶变换（FFT）的有效算法，使得构造自相关函数成为可能，即使对于很长的序列也同样适用。

2.4 对数

对数是指数函数 $y=b^x$ 的反函数，可以表示为：$x=\log_b y$。该定义的另一种表达方式为：

$$b^{\log_b y}=y$$

指数函数的增长速度很快，比如 $b=\{2^1, 2^2, 2^3, 2^4, \cdots\}$。相比之下，对数增长的速度非常慢：对刚才的 b 集合元素取对数后得到的序列为 $\{1, 2, 3, 4, \cdots\}$。对数与重复乘以 b 或除以 b 的过程有关。记住定义：

$$y=\log_b x \leftrightarrow b^y=x$$

对数是非常有用的方法，并且经常在数据分析中使用。这里我详细介绍了对数在数据科学中的三个重要作用。令人惊讶的是，其中只有一个与我在 *The Algorithm Design Manual* [SKI08] 中提出的对数的七个算法应用相关。但无论如何，对数都是非常有用的方法。 47

2.4.1 对数与乘法概率

对数最初是作为计算的辅助手段发明的，它把乘法问题简化为加法问题。特别是计算乘积 $p=x\cdot y$，我们可以首先计算 $\log_b x$ 和 $\log_b y$ 的对数和，然后取对数的反函数（即把 b 放到表达式中幂的位置）得到 p，这是因为：

$$p=x\cdot y=b^{(\log_b x+\log_b y)}$$

这个规则也被用在了人们之前使用的袖珍计算器中的机械计算尺当中。

然而，这个想法在今天依旧很重要，特别是在多个概率相乘时。概率是很小的数字。因此，将多个概率相乘会产生非常小的数字，从而来表示非常罕见事件发生的可能性。在当前的计算机中，浮点乘法存在着严重的数值稳定性问题。数值误差会逐渐增加，当数字小到一定程度时，稳定性就会出现问题。

概率的对数求和在数值上要比概率相乘稳定得多，但并不影响结果的准确性，因为

$$\prod_{i=1}^{n} p_i=b^P\text{，其中 } P=\sum_{i=1}^{n}\log_b(p_i)$$

如果需要得到准确的概率，我们可以对相加之后的和取对数，但通常这是不必要的。当我们只需要比较两个概率的大小时，我们就不需要对对数进行处理，直接用对数进行比较就可以，因为较大的对数对应着较大的概率。

但是有一个地方需要注意一下，回想一下对数 $\log_2\left(\frac{1}{2}\right)=-1$。概率的对数中除了 log(1)=0 以外，其余的都是负数。这就是为什么带有概率的对数方程经常会在一些奇怪的地方出现负号。在进行相关计算时要注意它们。

2.4.2 对数和比率

比率是形如 a/b 的值。它们经常出现在数据集中，要么作为基本特征，要么作为来自

特征对的衍生值。比率会很自然地出现在条件（即经过某种处理后的重量超过初始重量）或者时间（即今天的价格超过昨天的价格）的归一化数据中。

但比率在反映增加与减少时的表现会有所不同。比率 200/100 是基准线高的 200%，但比率 100/200 仅是基准线的 50%。因此，将比率取平均这种做法是犯了统计错误的。你真的需要这种对平均值先翻倍，再减半导致数值增加的变化，而不是持平的变化吗？

48

其中的一个解决方案是使用几何均值。但最好是取这些比率的对数，这样它们产生的位移相等，因为 $\log_2 2=1$， $\log_2\left(\frac{1}{2}\right)=-1$ 。这样做的好处是单位比率映射为零，因此正数和负数分别对应于不当比率和适当比率。

我的学生经常犯的一个没有经验的错误是直接绘制比率值的图，而不是它们的对数值的图。图 2.12 的左图是一个学生论文中的图，图中显示了四个不同数据集（每一行）24 小时内数据的新分数与旧分数的比率（每个红点为 1 个小时的测量值）。实心黑线表示数值为 1 的比率，左右两边表示的是相同的结果。现在试着阅读左边这个图：这并不容易，因为直线左侧的点被挤在一个狭窄的条带中。离开你的视野的点就是离群值。当然，新算法在最上面一行的 7UM917 上做得很糟糕：最右边的那个点才是一个真正的离群值。

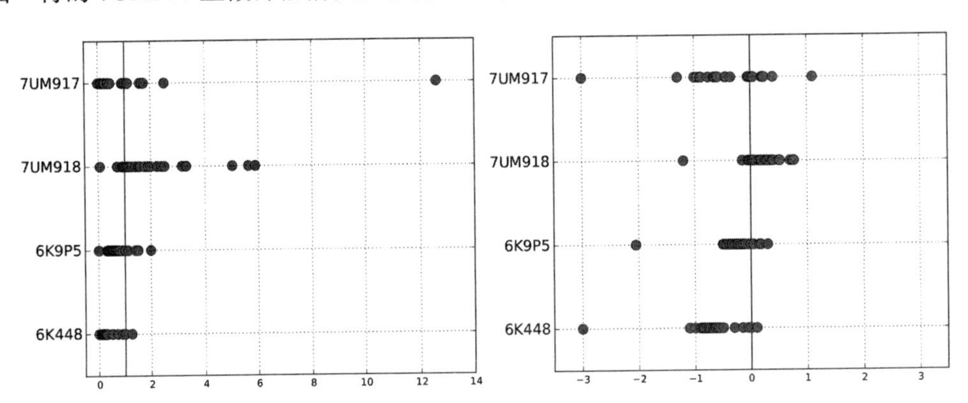

图 2.12　在比例尺上绘制比率会缩小相对于大比率分配给小比率的空间（左），绘制比率的对数可以更好地展示数据源（右）

但事实并非如此。现在看看图 2.12 中右边的图，这里绘制的是比率的对数值。在这里，黑线的左右两边的空间变得相等了，同时我们发现最右边的那个点并不是真正的离群值。右图中对左边图中黑线左侧部分的改善效果要好于右侧。这个图说明了新算法通常会使事情变得更好，只是因为我们显示的是比率的对数，而不是比率本身。

2.4.3　对数与正规化偏态分布

遵循对称钟形分布的变量往往很适合作为模型中的特征。它们显示出巨大的变化，因此可以用来区分事物，但是当较大范围内的离群值非常多时，就不再适用。

49

但并不是每个分布都是对称的。考虑图 2.13 中的左图，曲线右侧平稳段明显比左侧更长。在 5.1.5 节讨论幂律时，我们一定会看到更加不平衡的分布。财富是这种不均衡分配的代表，在这种分配中，最贫穷的人身无分文或负债累累，普通人（乐观地说）仅拥有数千美元，当我在写本书的时候，比尔·盖茨正在创造上千亿的收入。

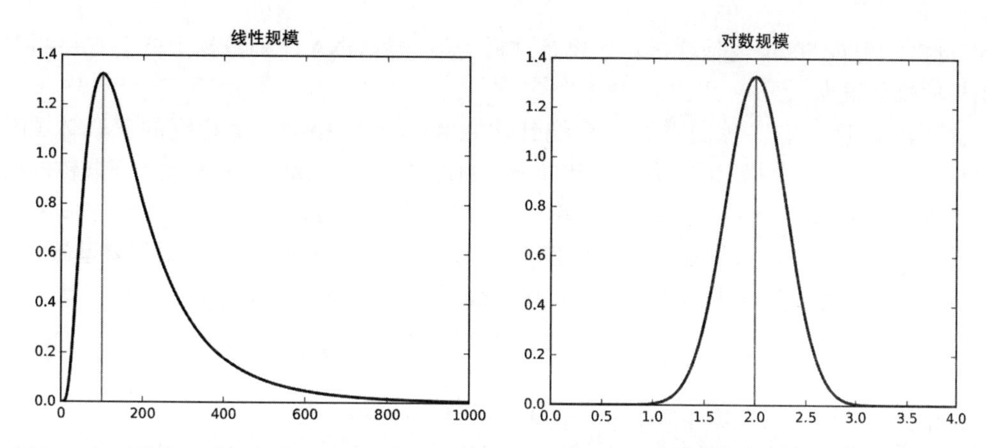

图 2.13 对分布不均匀的数据（左）进行取对数处理后通常会得到一个更类似钟形的分布（右）

我们需要一个正规化方法来将这些分布转换成更容易处理的形式。为了满足幂律分布的要求，与更合适的数值相比，我们更需要那些将较大的值减少到不相称的程度的非线性方法。

对数是幂律变量的选择变换。如果使用对数使其落在曲线右侧的分布中，通常都会有好事发生。图 2.13 中的分布恰好是对数正态分布，所以取对数右侧的曲线得到一个完美的钟形曲线。对变量的对数采用幂律分布，可以使其更符合传统分布。例如，比尔·盖茨的财富和我的财富比值的对数值与我和我的那些条件不好的学生财富的对数值基本相同。

有时取对数证明是太过激进的行为，这种时候，如平方根这种不太剧烈的非线性变换可以更好地将分布正规化。酸碱试验需要绘制变换值的频率分布，并看它是否看起来是钟形：大体对称，中间有凸起。此时你就知道你得到了正确的函数。

2.5 实战故事：契合设计师基因

生物信息学家这个词是生命科学中“数据科学家”的代名词，他们是这门新兴学科中的实践者，该学科主要研究大量的 DNA 序列数据。研究序列数据是非常有趣的工作，从人类基因组项目的一开始，我就在研究项目中扮演生物信息学家的角色。 50

DNA 序列是由 4 个字母 $\{A, C, G, T\}$ 组成的字符串。我们的身体本质上是由蛋白质组成的，蛋白质又是由 20 种不同类型的分子单元组成，这些分子单元叫作氨基酸。DNA 序列中的基因可以决定特定蛋白质的生成，基因上每一个单元是由多肽链组成的，多肽链由 $\{A, C, G, T\}$ 构成的密码三联体构成。

就目的而言，我们只要知道对于一个特定的蛋白质序列，可能会有很多 DNA 序列基因进行编码就足够了。但我和我的生物学家合作者想知道为什么在这么多的组合当中只有一种被使用了。

最初，人们认为所有可以达到同样效果的不同的编码在本质上是没有区别的，但序列数据的使用统计表明，某些密码子比其他密码子使用得更频繁。生物学上的结论是，这些是“重要密码子”，这是有足够的生物学根据的。

我们开始对“相邻的密码子对是否重要”这个问题感兴趣。也许某些三联体对就像油和水一样，彼此很难融合。英语中的某些字母组合有顺序上的偏好：在你看到的组合中 *gh*

远比 hg 多。也许 DNA 也是这样？如果是这样的话，在 DNA 序列数据中就会有一些三联体出现的机会很少。

为了测试这一点，我们需要一个统计次数来将我们看到一个特定的三联体（比如 $x=CAT$）紧挨着另一个特定的三联体（比如 $y=GAG$）出现的次数同挨着其他的三联体的次数进行比较。设 $F(xy)$ 为 xy 组合出现的频率，表示在 DNA 序列数据库中 x 密码子和 y 密码子的紧接着出现的次数。这些密码子分别编码特定的氨基酸，比如 a 和 b。对于氨基酸 a，它被 x 编码的概率为：$P(x)=F(x)/F(a)$。类似地，$P(y)=F(y)/F(b)$。那么预期看到 xy 的次数是：

$$\text{Expected}(xy)=\left(\frac{F(x)}{F(a)}\right)\left(\frac{F(y)}{F(b)}\right)F(ab)$$

基于此，我们可以计算任意给定六联体的密码子对得分，如下所示：

$$\text{CPS}(xy)=\ln\left(\frac{\text{Observed}(xy)}{\text{Expected}(xy)}\right)=\ln\left(\frac{F(xy)}{\frac{F(x)F(y)}{F(a)F(b)}F(ab)}\right)$$

取这个比率的对数产生了非常好的效果。最重要的是，分数的符号可以将高代表序列对从低代表序列对中区分出来。因为幅度是对称的（+1 和 –1 的效果是相同的），所以我们可以通过合理的方式添加或平均这些分数，以给出每个基因的分数。我们利用这些得分来设计可以杀死病毒的基因，为制作疫苗提供了令人兴奋的新技术。更多详细信息，请参见章节注释（2.6 节）。

51

仅仅知道某些密码子是不好的，并不能解释为什么它们会这样。但是，通过计算两个密码子组成的序列对的分数（细节不重要），并根据它们三联体对进行排序，如图 2.14 所示，某些模式就会出现。你注意到这些图案了吗？左边所有的错误序列都包含 TAG，这是一个特殊的密码子，会告诉基因停止编码。右边所有的不好的序列都是由 C 和 G 组成的，都是非常简单的重复序列。这些从生物学上解释了为什么这些组合方式在进化过程中被淘汰，这意味着我们发现了一些关于生命非常有意义的东西。

Fr. Dep.	Score		Fr. Ind.	Score
CA**TAG**G	-1.74		GGGGGG	-1.01
TC**TAG**C	-1.61		CCCCCC	-0.95
GT**TAG**G	-1.58		GGCGCC	-0.66
GC**TAG**T	-1.48		GGGGGT	-0.63
CC**TAG**T	-1.44		CGGGGG	-0.59
GG**TAG**G	-1.41		AGGGGG	-0.58
CT**TAG**G	-1.40		CACGTG	-0.58
AC**TAG**C	-1.38		ACCCCC	-0.56
GC**TAG**C	-1.37		GGGCCC	-0.56
GC**TAG**A	-1.36		CCCCCT	-0.53
CC**TAG**C	-1.35		CGCCCC	-0.52
GA**TAG**G	-1.35		CCCCCG	-0.51

图 2.14　在检测中，密码子对得分最低的 DNA 序列具有明显的特征。仔细观察，可以发现停止编码的序列对（左）。基因中极少出现的是那种排列复杂性很低的组合，比如仅由一个碱基组成（右）

通过这个故事，给你们留两个课后拓展。首先，开发数字评分函数，用来突出组合方式的特性。事实上，第 4 章将着重介绍此类系统的开发。其次，使用对数处理这些数可以使它们变得更加有用，使我们能够见微知著。

2.6 章节注释

关于概率论，市面上有很多很好的介绍性书籍，比如文献 [Tij12, BT08]。基础统计学也是如此，较好的介绍性书籍包括文献 [JWHT13, Whe13]。本章的概率论简史部分是基于 Weaver 的论文 [Wea82] 写的。

有效市场假说以其最有力的形式指出，利用公共信息，股票市场本质上是不可预测的。我个人的建议是，你应该投资那些没有积极尝试预测市场方向的指数基金。Malkiel 的 *A Random Walk Down Wall Street* [Ma199] 对这种投资思维有很好的说明。

52

快速傅里叶变换（FFT）提供了 $O(n\log n)$ 时间算法来计算 n 元素序列的完全自相关函数，其中 n 个相关的直接计算采用 $O(n^2)$。Bracewell[Bra99] 以及 Brigham[Bri88] 对傅里叶变换和 FFT 有很好的介绍，参见 [PFTV07]。

图 2.10 中的连环画来自 Randall Munroe 的线上漫画 *xkcd*，网址是 https://xkcd.com/552，经许可后进行转载。

2.5 节的实战故事围绕我们关于密码子对偏好现象如何影响基因翻译的工作进行展开。图 2.14 来自我的合作者 Justin Gardin。对于如何利用密码子对的偏好来设计病毒性疾病（如小儿麻痹症和流感）疫苗请见文献 [CPS+08, MCP+10, Ski12]。

2.7 练习

概率

2-1 [3] 假设 80% 的人喜欢花生酱，89% 的人喜欢果冻，78% 的人两者都喜欢。假设随机抽取的一个人喜欢花生酱，那么她也喜欢果冻的可能性有多大？

2-2 [3] 假设 $P(A)=0.3$，$P(B)=0.7$。

(a) 如果只知道 $P(A)$ 和 $P(B)$，你可以得到 A 和 B 同时发生的概率吗？

(b) 假设事件 A 和 B 来自独立的随机过程：

- ❑ $P(A \cap B)$ 的值是多少？
- ❑ $P(A \cup B)$ 的值是多少？
- ❑ $P(A \mid B)$ 的值是多少？

2-3 [3] 考虑一个游戏，游戏中你的得分是两个骰子中的最大值，计算每个事件的概率 $\{1, \cdots, 6\}$。

2-4 [8] 证明：在随机变量 X 中得到的两个值中的最大值的累积分布函数是 X 的原始累积分布函数的平方。

2-5 [5] 如果两个二元随机变量 X 和 Y 是相互独立的，那么 $\bar{X}$（X 的补集）和 Y 也是独立的吗？提供证据或举出反例。

统计

2-6 [3] 比较每一对分布，以决定哪一对分布的均值和标准差较大。不需要计算 μ 和 σ 的实际值，只需要对它们的大小进行比较。

(a) i. 3, 5, 5, 5, 8, 11, 11, 11, 13

ii. 3, 5, 5, 5, 8, 11, 11, 11, 20

(b) i. −20, 0, 0, 0, 15, 25, 30, 30

53

ii. −40, 0, 0, 0, 15, 25, 30, 30

(c) i. 0, 2, 4, 6, 8, 10

ii. 20, 22, 24, 26, 28, 30

(d) i. 100, 200, 300, 400, 500

ii. 0, 50, 300, 550, 600

2-7 [3] 构造一个概率分布，其中所有质量都不在 1σ 的均值内。

2-8 [3] 随机整数的算术均值和几何均值如何进行比较？

2-9 [3] 证明当所有项都相同时，算术均值等于几何均值。

相关性分析

2-10 [3] 判断正误：相关系数为 −0.9 时要比相关系数为 0.5 时具有更强的线性关系。解释原因。

2-11 [3] 公司中的大学毕业生和高中毕业生的年薪之间的相关系数是多少？如果对于每个可能的职位，大学毕业生总是

(a) 比高中毕业生多 5000 美元。

(b) 比高中毕业生多 25%。

(c) 比高中毕业生少 15%。

2-12 [3] 如果男人总是会同下面这些条件的女人结婚，那么丈夫和妻子的年龄之间会有什么相关性？

(a) 比自己小 3 岁。

(b) 比自己大 2 岁。

(c) 年龄比自己小一半。

2-13 [5] 使用谷歌搜索中的数据或文献估计 / 衡量以下两者之间的相关性强度：

(a) 棒球中击球手的安打和保送得分。

(b) 棒球中投球手的安打和保送得分。

2-14 [5] 计算均匀抽取的点 (x, x^k) 样本的皮尔逊和斯皮尔曼等级相关系数。这些值是如何随着 k 的增加而变化的？

对数

2-15 [3] 证明：小于 1 的任何数字的对数都为负。

2-16 [3] 证明：零的对数没有意义。

2-17 [5] 证明：$x \cdot y = b^{(\log_b x + \log_b y)}$。

54

2-18 [5] 证明公式的正确性：$\log_a(x) = \log_b(x) / \log_b(a)$。

实施项目

2-19 [3] 找到一些有趣的数据集，比较它们的均值和中位数的相似程度。均值和中位数相差最大的分布是什么？

2-20 [3] 找到一些有趣的数据集，并找到那些具有有趣的相关性的数据对。也许可以从 http://www.data-manual.com/data 上的内容开始。你发现了什么？

面试问题

2-21 [3] 抛 n 次硬币，其中 k 次正面朝上的概率是多少？其中，硬币每次正面朝上的概率是 p。如果是大于等于 k 次呢？

2-22 [5] 假设在第 i 次投掷硬币时正面朝上的概率是 $f(i)$。你如何准确地计算出 n 次投币中有 k 次正面朝上的概率？

2-23 [5] 在篮球比赛的中场休息时，你将面临两个可能的挑战：

(a) 投 3 次篮，并且至少命中其中的 2 次。

(b) 投 8 次篮，并且至少命中其中的 5 次。

你会选择哪一种方式来赢得比赛？

2-24 [3] 掷 10 次硬币，结果是 8 次正面朝上，2 次反面朝上。你如何分析这枚硬币是否均匀？p 值是多少？

2-25 [5] 给定 n 个数，说明如何仅使用常量存储均匀随机地选择一个数。如果你事先不知道 n 怎么办？

2-26 [5] 当第 i 次的投掷结果与接下来的第 k–1 次投掷结果相同时，一个周期总包含 k 个元素的数量为 n 的投掷序列开始于 i。例如，序列 HTTTHH 包含从第二次、第三次和第五次开始投掷的 2 个元素。在一枚硬币的 n 次投掷中，你将看到的 k 值的预期数量将是多少？

2-27 [5] 一个人在袖珍计算器中随机输入一个八位数的数字。如果计算器把输入的数字反过来输入进去了，那么这两个看起来一样的概率是多少？

2-28 [3] 你玩掷骰子游戏，有两种选择：

(a) 掷骰子一次，获得与得到数字相等的奖品（例如，数字“3”为 3 美元），然后停止游戏。

(b) 你可以根据第一个奖励的结果拒绝第一个奖励，并再次掷骰子，以同样的方式获得奖励。

你应该选择哪种策略来最大化你的收益？也就是说，对于第一轮的结果，你应该选择玩第二轮游戏吗？如果你选择第二种策略的话，对回报的统计期望是多少？

2-29 [3] 什么是 A/B 测试？它是如何工作的？

2-30 [3] 统计独立性和相关性有什么区别？

2-31 [3] 我们常说相关性并不意味着因果关系，这是什么意思？　55

2-32 [5] 偏态分布和均匀分布的区别是什么？

Kaggle 挑战

2-33 因果对：相关性与因果关系。

https://www.kaggle.com/c/cause-effect-pairs

2-34 预测序列中的下一个“随机数”。

https://www.kaggle.com/c/random-number-grand-challenge

2-35 在宠物收容所预测动物的未来。

https://www.kaggle.com/c/shelter-animal-outcomes　56

第 3 章

数 据 整 理

人们曾经不止一次地问我："Babbage 先生，如果你把错误的数字输入机器，会得到正确的答案吗?"……我不是很能理解能够想出这种问题的人的思维。

——Charles Babbage

大多数数据科学家会花大量时间对数据进行清洗以及格式化，而其他人大部分时间都在抱怨没有可用的数据来做他们想做的事。

在这一章中，我们将学习数据计算的一些基本原理。它不像统计学或机器学习那样难度很高，而是要对数据进行寻找并进行筛选，这些都是较为烦琐的工作。

对于一些现实的问题，如"哪本书最有用或者哪种编程语言最实用?"，虽然问题本身很有意义，但是由于时代变化太快，任何一个答案都可能是过时的。因此，我将介绍那些通用的基本方法，而不是专门针对一个特定的软件来编写这本书。不过，我们将在本章中讨论可用资源的情况：它们存在的原因、它们的用途以及它们的最佳使用方式。

任何数据科学项目的第一步都需要获得正确的数据，但这往往十分困难。本章将介绍一些可以获得丰富数据的相关资源，然后阐述对这些数据进行处理的技术方法。对数据进行清洗后，可以更加放心地进行分析，这对结果的好坏有着十分重要的影响。Babbage 本人可能说得更简洁："输入进来的是糟糕的数据，得到的结果也必定不会令人满意。"

3.1 数据科学语言

从理论上讲，任何一种足够强大的编程语言都可以表达任何想要进行计算的算法。但在实际中，在特定的任务上，某些编程语言会比其他语言更好。这里所说的更好是指程序员使用起来更容易上手或者计算效率更高，这取决于任务本身。

目前值得关注的数据科学编程语言是：

- Python：这是当今数据科学中应用很广的编程语言。Python 包含各种语言功能，可以使原始数据整理变得更容易，比如正则表达式。它是一种解释性语言，会使开发过程更快、更有乐趣。Python 由各种各样的库提供支持，从数据爬取到可视化再到线性代数和机器学习，可谓应有尽有。

也许 Python 的最大毛病就是它的运算效率：解释性语言在速度上无法与编译语言竞争。但是 Python 编译器以一种特殊的方式存在，它支持调用高效的 C / 汇编语言库中的语句来计算密集型任务。总而言之，Python 应该是你处理本书中介绍的材料的主要工具。

- Perl：在 Python 出来之前，它曾经是网络上进行数据整理的通用语言。在 TIOBE 编程语言受欢迎指数（http://www.tiobe.com/tiobe-index）中，Python 在 2008 年的受欢迎度首次超过了 Perl，且至今仍处在领先地位。其成功主要有以下几个原因：Python 对面向对象的编程支持更强，可用的数据库更好，但最重要的一点是，目前可用 Perl 进行的工作不是很多。不过，如果你在一些过去的项目中见到它，不要感到惊讶。
- R：这是统计学的编程语言，有涵盖最广的库函数可用于数据分析和可视化。数据科学领域分为 R 和 Python 两个阵营，R 可能更适合用于探索挖掘，Python 更适合用于实际工作。使用 R 语言需要后天的学习，所以我鼓励你稍微接触一下它，看看你是否觉得它很适合你。

  R 和 Python 之间可以相互调用，因此可以方便地在 Python 代码中调用 R 语言库函数。这提供了对原生 Python 库可能不支持的高级统计方法的访问。
- Matlab：这里的 Mat 代表矩阵，因为 Matlab 是一种专为快速有效地处理矩阵而设计的语言。正如我们将要看到的，许多机器学习算法减少了对矩阵的操作，使得 Matlab 成为工程师在高级抽象编程中的最佳选择。

  Matlab 是一个专门的软件。然而，它的许多功能都可以在 GNU Octave 中使用（GNU Octave 是一种开源的替代方案）。

58

- Java 和 C/C++：这些用于开发大型系统的主流编程语言在大数据应用中非常重要。Hadoop 和 Spark 等并行处理系统分别是基于 Java 和 C++ 来实现的。如果你研究的是分布式计算，那么你的生活将会被 Java 和 C++ 包围，而不会接触到这里列出的其他语言。
- Mathematica/Wolfram Alpha：Mathematica 是一种建立在非专有编程语言 Wolfram 之上的专有系统，为数值和符号数学提供全面的计算支持。它是 Wolfram Alpha 计算知识引擎的基础，它通过混合算法和简化的数据源来处理自然语言类查询。具体参见 http://www.wolframalpha.com。

  我承认 Mathematica 的确非常好用[⊖]，当我对少量数据进行分析或模拟时，我倾向于使用它，但使用它的成本超出了很多用户的承受能力。现在，Wolfram 语言的发布也许会让这个编程系统吸引更多人使用。
- Excel：像 Excel 这样的电子表格程序是用于探索性数据分析的强大工具，例如，使用给定的数据集查看它包含的内容。这些功能值得我们对其重视。

  功能齐全的电子表格程序为高级用户提供了大量隐藏的功能。我的一个学生现任微软的高管，他告诉我，人们对于 Excel 功能提出的新的需求中，有 25% 是 Excel 早已具备的功能。如果你仔细寻找，可能就会在 Excel 中找到你想要的特殊函数和数据操作功能，就像当你搜索 Python 库函数时可能会找到你所需要的一样。

⊖ 独家披露：我认识 Stephen Wolfram 已经 30 多年了。事实上，我们一起发明了 iPad[Bar10, MOR+88]。

3.1.1 notebook 环境的重要性

数据科学研究的主要成果不应该是一个程序，也不应该是一个数据集或者是在程序上运行数据的结果，同样也不应该只是一份书面报告。

每个数据科学项目的可交付结果都应该是一个可计算的 notebook，里面是对代码、数据、计算结果以及读者在这个过程中所学到的知识的一种整合。图 3.1 展示了 Jupyter/IPython 编写代码时的一部分 notebook，这里展示了如何将代码、图形和文档集成到描述性文档中，这个文档可以像程序一样执行。

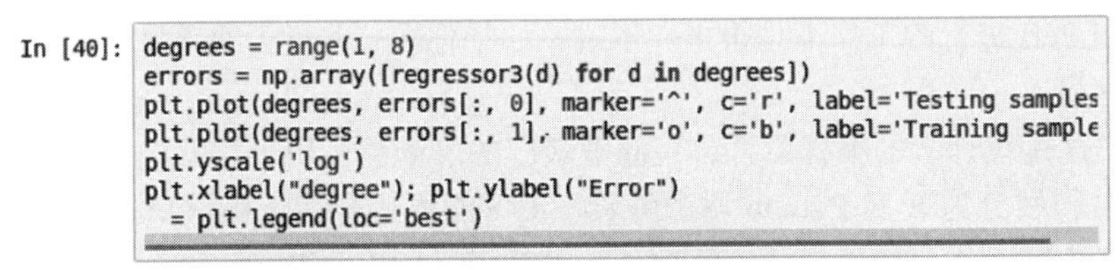

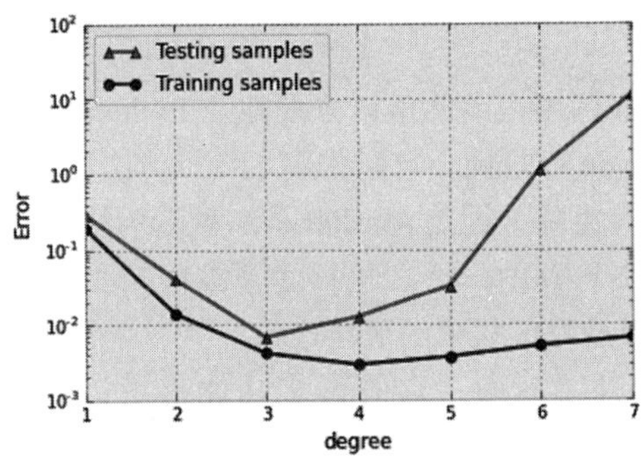

By sweeping the degree we discover two regions of model performance:

- **Underfitting** (degree < 3): Characterized by the fact that the testing error will get lower if we increase the model capacity.
- **Overfitting** (degree > 3): Characterized by the fact the testing will get higher if we increase the model capacity. Note, that the training error is getting lower or just staying the same!.

图 3.1　Jupyter/IPython 把代码、计算结果和文档整合在一起

之所以如此重要，是因为计算结果是参数选择和设计决策等一系列过程的最终产物。这会产生一些问题，notebook 计算环境可以解决这些问题：

59

- 计算必须具有可重复性。我们必须能够从头开始运行相同的程序，并得到完全相同的结果。这意味着数据管道必须是完整的：从获取原始输入到生成最终输出。从一个原始数据集开始，如果在中间环节中进行了一些人工处理，比如手工编辑 / 格式化数据文件，这是非常糟糕的事情。因为当用到其他的数据集时，手动操作的工作很难进行复制，或者当你意识到自己可能已经搞错了之后很难被撤回。
- 计算必须是可调整的。通常，重新考虑或评估需要对一个或多个参数、算法进行修正。这需要重新运行 notebook 中的程序来生成新的计算。如果一个大数据产品没有出处说明，并告诉我们得到的结果就是最终结果，不能进行任何修改了，没有什么比这更让人沮丧了。所以，直到整个项目完成，notebook 才会结束。
- 数据管道需要被记录下来。notebook 可以将文本、可视化产品以及代码集成在一起，

这提供了一种很有效的方式来表达你所做的事情以及这样做的原因，这是传统编程环境无法比拟的。

课后拓展：使用像 IPython 或 Mathematica 这样的 notebook 环境来构建和报告任意一个数据科学项目的结果。

3.1.2 标准数据格式

数据可能会以各种各样的格式出现在任何一个地方。根据使用者的不同，最佳的数据表现方式也不尽相同。图表和曲线图是向人们传达数值数据含义的绝妙方式。事实上，第 6 章将集中讨论可视化数据的技术。但这些图片基本上不能作为计算数据的来源。从印刷地图到制成谷歌地图之间还有很长的路要走。

通常，最好的可计算数据格式具有如下几个特性：

- 它们很容易被计算机解析：以规范的格式对数据进行编写，这样方便以后再次使用。复杂的数据格式通常由管理技术细节的 API 提供服务支持，以确保格式正确。
- 它们对人们来说具有很好的可读性：在许多情况下，对数据进行观察是一项必不可少的操作。这个目录中的哪个数据文件适合我使用？我们对这个文件中的数据字段了解多少？每个特定字段的值的总范围是多少？
  这些情形说明在文本编辑器中打开数据文件并进行查看具有巨大的价值。通常，这意味着以人们可读的文本编码格式显示数据，其中记录由分割线划分，而字段由分隔符号分隔。
- 它们在其他工具和系统中被广泛使用：企业中的每个人都想要发明一套自己专有的数据格式标准，而大多数软件开发人员宁愿共享牙刷，也不愿共享文件格式。但这些行为恰恰是需要避免的，数据的强大之处在于将其与其他数据资源混合并匹配，而通过大家都认可的标准格式会将这个效果发挥到最大。

60 ~ 61

在上面的特性中，我省略了简洁性这个特征，因为它通常不是在现代计算系统上运行的大多数应用程序的主要关注点。一味地降低数据存储成本往往会使其违背其他目标。巧妙地将多个字段打包到整数的高阶位中可以节省空间，但代价是使其不兼容且不可读。

像 gzip 这种通用的压缩工具在消除人性化格式设计冗余性上表现得非常出色。磁盘价格非常便宜：在我写这篇文章的时候，可以用大约 100 美元买一个 4TB 的驱动器，这意味着它比开发人员花费一小时来编写一个更紧凑的格式的成本更低。除非在 Facebook 或 Google 这样的数据规模下进行操作，否则简洁性对你来说基本可以忽略[⊖]。

下面将讨论最重要的数据格式 / 表达方式：

- CSV（逗号分隔值）文件：这些文件提供最简单、最通用的格式，用于在程序之间交换数据。通过查看文件可以知道，文件中每一行代表一条记录，字段之间用逗号分隔。但是对于那些特殊字符和文本字符串，比如输入的名称数据中包含逗号，如“Thurston Howell，Jr.”，csv 格式虽然提供了转义这些字符的方法来避免将它们视为分隔符，但会显得很混乱。此时，更好的选择是使用一些不常用的其他文件格式，如 tsv（tab 分隔值）格式的文件。

⊖ 事实上，我在 Google 的朋友说过，他们基本不会在意占用的空间大小，即使是在千万亿字节的级别上。

测试 csv 格式文件是否保存正确的最佳方法是看看 Microsoft Excel 或其他电子表格软件是否可以正确读取它。确保每个项目的结果在第一个 csv 文件编写完成就可以通过此测试，以避免以后出现问题。

- XML（*可扩展标记语言*）：结构化但非表格形式的数据通常被写成带注释的文本。文本的命名实体标签的自然输出将文本的相关子字符串包含在括号中，用来表示人、地点或事物。我是用 LaTex 写这本书的，LaTex 是一种格式化语言，里面具有的括号功能可以用来编辑公式以及输入斜体字。所有网页都是用 HTML 编写的，这是一种超文本标记语言，它使用括号命令（如 `<b>` 和 `</b>`）将**粗体文本**括起来以组织文本。

  XML 是一种用来编写此类标记语言的规范语言。正确的 XML 使用户能够分析任何符合该规范的文档。虽然我们必须完全遵从这种规范，但这是值得的。在 Lydia 文本分析系统的第一个版本中，用一个“假的 XML”对标记进行编写，由专门的解析器读取，该解析器正确地处理了 99% 的文档，但是每当我们试图扩展它们时就会中断。当我们将其正确地编写成 XML 格式后，虽然过程比较辛苦，但是后续的一切工作都变得更加可靠和高效，因为我们可以使用快速、开源的 XML 解析器来处理所有需规范化的烦琐工作。

62

- SQL（*结构化查询语言*）*数据库*：电子表格是围绕单个数据表而构建的。相比之下，关系数据库非常适合操作多个不同但相关的表，使用 SQL 提供一种烦琐但功能强大的查询语言。

  任何一个正常的数据库系统都会将记录以 csv 或 XML 格式进行输入和输出，同时将内部内容进行转存。数据库中的内部表示是看不到的，因此将它们描述为数据格式实际上并不准确。不过，我在这里强调它们，是因为 SQL 数据库通常比以临时方式操作多个数据文件更好，更强大。

- JSON（JavaScript *对象表示法*）：这是一种在程序之间传输数据对象的格式。它是将变量 / 数据结构的状态从一个系统传递到另一个系统的很自然的方式。下面的语句是与变量 / 字段名对应的属性值以及相关值的基本列表：

```
{"employees":[
    {"firstName":"John", "lastName":"Doe"},
    {"firstName":"Anna", "lastName":"Smith"},
    {"firstName":"Peter", "lastName":"Jones"}
]}
```

  由于支持读取和写入 JSON 对象的库函数在所有现代编程语言中都很容易获得，因此它已成为存储数据结构供以后使用的非常方便的方法。与 csv 文件相比，JSON 的对象表示记录数组，虽然可以看明白，但是内容的表达显得很混乱。它们一般用于复杂的结构化对象，而不是简单的数据表。

- *协议缓冲区*：这是一种与语言 / 平台无关的方式，用于跨应用程序通信和存储结构化数据。它们本质上是 XML（定义结构化数据的格式）的轻量级版本，旨在通过 JSON 等程序传递少量数据。这种数据格式在 Google 的大部分机器间的通信中都会使用。Apache Thrift 是一个适用于 Facebook 的标准。

63

3.2 数据收集

在任何数据科学或建模问题中，最关键的一点是找到正确的数据集。确定可行的数据来源是一门艺术，它围绕三个基本问题展开：

- 谁会有我需要的数据？
- 他们为什么会决定把数据提供给我？
- 我如何才能拿到它？

在本节中，我们将对这些问题进行探讨。我们会查找一些常见的数据源，同时还会帮助你分析可能找到的内容以及原因。然后我们会回顾获取访问的主要机制，包括API、爬取和记录。

3.2.1 搜索

谁有数据？你怎么得到？下面将回顾一些潜在的目标。

公司和专有数据源

像Facebook、Google、Amazon、American Express和Blue Cross的这样的大公司，用户数据和交易数据数量惊人，这些数据可以用来改善世界的运转方式。但问题是，这些数据通常不可能通过外部访问而获得。公司不愿共享数据有两个原因：

- 商业方面，担心这些数据会增强商业对手的竞争力。
- 隐私方面，这样会泄露用户隐私，可能会因此失去客户。

当美国在线（AOL）为学者提供其搜索引擎上数百万次查询的数据集时，会小心地删除辨识性信息。学者们发现的第一件事是，在查询过程中，经常还要不得不借助其他的搜索引擎（如谷歌）来完成任务。这无助于提高公众对AOL搜索质量的信心。

学者们的第二个发现是，事实证明，匿名进行搜索查询要比想象中困难得多。当然，你可以用ID号替换用户名，但想要弄清楚长岛上是谁在反复检索Steven Skiena-Stony Brook以及https://twitter.com/search?q=Skiena&src=sprv不会很困难。事实上，一旦数据发布者的身份暴露了，他就会因此而被解雇，数据集也会随之消失。用户隐私很重要，关于数据科学的伦理问题将在12.7节中讨论。

64

所以不要指望你可以通过甜言蜜语而获得公司内部用户的机密数据。然而，许多负责任的公司，如纽约时报、Twitter、Facebook和谷歌，确实发布了某些数据，但通常通过速率受限的应用程序接口（API）进行发布。这些公司通常有两个动机：

- 为客户和第三方提供能够增加销售的数据。例如，发布关于查询频率和广告定价的数据可以鼓励更多的人在给定平台上投放广告。
- 对于公司来说，提供性能良好的API通常比让奸商反复进入和搜索其网站要好。

所以在阅读3.2.2节中关于爬取内容之前，先寻找一个公共API。你不可能找到一个完全契合需求的内容或者数据量，但是作为开始，只需要少量的数据就够了，但要注意里面的限制和使用条款。

其他组织确实提供了大量有趣的数据下载，用于离线分析，如第1章中讨论的Google Ngrams、IMDb（互联网电影数据库）和出租车费用数据集。大数据集通常带有有价值的元数据，如书名、图像标题和修订记录，可以通过适当的想象重新调整它们的用途。

最后，大多数组织都有与其业务相关的内部数据集。作为一名员工，在那里工作时应该能够获得特殊访问权。请注意，公司有内部数据的访问规定，因此你仍将受到某些限制。如果不想被解雇，那么请遵守这些条款。

政府数据来源

收集数据是政府的重要工作之一。事实上，美国对其人口进行人口普查的要求是由美国宪法规定的，自1790年以来，每十年按计划进行一次。

城市、州和联邦政府越来越支持数据开放，以促进应用程序的更新，并改进政府完成其任务的方式。网站 http://data.gov 是联邦政府为集中收集数据源而发起的一项倡议，最终收集到了超过10万个数据集！

政府数据不同于产业数据，原则上属于人民。FOI法案（*Freedom of Information Act*）允许任何公民对任何政府文件或数据集提出正式申请。这样的申请会触发一个过程来确定在不损害国家利益或侵犯隐私的前提下，哪些数据可以被公开。

州政府内部会根据50套不同的法律运作，因此在一个司法管辖区内严密保存的数据可能在其他司法管辖区内是可以公开获取的。像纽约这样的大城市的数据处理任务比许多州都要多，限制也同样因为不同的州而有所不同。

65

我建议用以下方式来思考政府记录。如果在网上找不到你需要的东西，那就弄清楚哪个机构有可能拥有它。打电话给相关人员，看看他们是否能帮你找到想要的数据。但如果被政府部门拒绝了，你可以试着提出一个FOI法案中的请求。保护隐私通常是决定公布特定政府数据集的最大顾虑。

学术数据集

学术界有着广阔的舞台，这里涵盖了人类认为值得了解的一切。越来越多的学术研究涉及大数据集的创建。许多期刊现在要求在发表前需要向其他研究人员提供原始数据。如果你足够努力的话，很有可能会找到大量的经济、医疗、人口、历史和科学数据。

找到这些数据集的关键是找到相关的论文，任何感兴趣的话题都有相关的学术文献。谷歌学术搜索是最容易获得研究类出版物的地方。根据主题进行搜索，主题也许是“开放科学”或“数据”。出版物中通常会提供数据的来源，如果没有，可以直接与作者联系，应该很快就能得到答复。

使用已发布的数据集的最大问题是，在获得数据集之前，其他人一直在努力分析它们。因此，这些已经使用过的数据对于已有的问题来说，可能已经不会再带来什么新的结论。但是在新的问题中使用旧数据通常会产生新的发现。

通常，有趣的数据科学项目需要社会科学和自然科学等不同学科的研究人员之间的合作。这些人使用的语言可能与你使用的并不相同，乍一看似乎令人生畏。但他们往往很喜欢合作，一旦你不再受困于语言的框架，即使没有专门进行研究，也可以理解他们所描述的问题。请放心，其他学科的人不见得比你聪明。

人力资产投入

有时，你将不得不处理数据，而不仅仅是从他人那里获取数据。许多历史资料只存在于书籍或其他纸质文件中，因此需要人工录入和整理。图表或表格中可能包含我们需要的信息，但是很难从锁定的PDF（可移植文档格式）文件中获取数字。

我发现，以计算为导向的人大大高估了手工输入数据所需的工作量。按照每分钟一条记录来算，只需两个工作日就可以轻松输入1000条记录。相反，计算人员倾向于投入大量的精力来避免这种烦琐的工作，比如徒劳地寻找不会把文件弄乱的光学字符识别（OCR）系统，或者花更多的时间清洗噪声过大的扫描，实际上只需重新输入就可以了。 66

一个折中的办法是付钱给别人帮你做这种辛苦活。像 Amazon Turk 和 CrowdFlower 这样的众包平台可以让你花钱雇一大群人来帮助你提取数据，甚至在第一时间收集数据。需要人工注释的工作，如标记图像或问答调查，特别适合远程工作者。3.5 节将更详细地讨论众包。

许多令人惊叹的开放数据资源都是由一些团队构建的，比如维基百科、Freebase 和 IMDb。但需要记住很重要的一点：人们通常在付钱给他们时工作得更好。

3.2.2 爬取

网页通常包含有价值的文本和数值数据，我们希望可以通过自己动手操作来获取这些数据。例如，我们有个项目是为回力球运动建立博彩系统，这需要向系统提供昨天比赛的结果和今天比赛的日程安排。解决方案是爬取回力球投注机构的网站，这些网站为球迷发布了相关的信息。

要做到这一点，有两个不同的步骤——检索和爬取：

- *检索*是下载正确页面集进行分析的过程。
- *爬取*是一门精细的艺术，它可以从每一页网页中剥离相关的内容，为计算分析做准备。

首先要认识到的是，网页通常采用简单易懂的格式语言编写，如 HTML 和 JavaScript。浏览器可以识别这些语言，并将这些语言当作一种程序来显示其中的内容。通过调用一个模拟 / 自称为 Web 浏览器的函数，爬取程序可以下载任何网页内容并对内容进行解释以供分析。

一般来说，爬取程序是用于给定网站的脚本，可能会被黑客利用，查找他们感兴趣内容的特定 HTML 模式。这充分说明了一个事实，即网站上的大量页面是由程序本身生成的，因此其格式具有高度可预测性。但这样的程序代码丑陋而脆弱，每当目标网站存在漏洞，这些程序代码就会通过网站的内部结构来摧毁它。

如今，Python 等语言库（参见 BeautifulSoup）的出现使得编写具有鲁棒性的网络爬取程序和抓取器变得更加容易。实际上，其他人可能已经为每个热门网站编写了一个检索 / 爬取程序，并且将其发布在 SourceForge 或者 Github 上面，所以在编写代码之前先查找一下。

某些爬取任务可能很简单，例如，以固定的时间间隔找到单个 URL(统一资源定位符)。这种方法最初用于监测任务，例如，一本书在亚马逊页面上的销售排名。更深奥复杂的爬取方法是基于底层 URL 的命名规则性。如果站点上的所有页面都是由日期或产品 ID 号指定的，例如 http://www.amazon.com/gp/product/1107041376/，那么遍历所有感兴趣的范围就变成一个计数问题。 67

最高级的爬取形式是*网络爬虫*，它可以系统地遍历来自给定根页面的所有开放链接，并持续递归，直到访问了目标网站上的全部页面。这就是谷歌在索引网络方面所做的事情。你也可以这么做，只要有足够的耐心，并借助 Python 中易于找到的网络爬虫函数库。

请一定要懂礼貌，这会加快你爬取给定网站的速度。访问一个网站每秒超过一次会被认为是一种不好的行为，事实上，实践表明，网站运营人员会阻止那些访问网站过于频繁的用户。

每一个大型网站都包含一个*服务条款文档*，它限制了用户处理相关数据的行为，即便这些行为是合法的。一般来说，如果用户不停地恶意访问，大多数网站就会剥夺该用户的访问权利，同时不会重新分配被其爬取过的任何数据。但是要知道，这只是一种个人理解，而不是法律所允许的。事实上，Aaron Schwartz 这一著名的案例极具教育意义。Aaron Schwartz 因为在爬取网站上的期刊文章时违反服务条款而受到严重的犯罪指控，最终导致死亡悲剧。如果你正在尝试一个专业的网络爬取项目，在你想要通过别人的财产来激发自己的创造力之前，请务必让管理员了解相关服务条款。

3.2.3 网络日志

如果你有一个潜在的数据源，请将其视为你自己的。内部访问 Web 服务、通信设备或实验室仪器会赋予你记录所有活动以顺势进行数据分析的权利和责任。

可以通过 Weblog 和传感设备采集环境数据来完成惊人的工作，这些数据注定会随着即将到来的“物联网”而呈爆炸式增长。手机中的加速器可用于测量地震强度，而某一区域内事件的相关性数据足以将人们在颠簸的路上驱车行驶或者将手机遗落在干洗机中这类情况排除在外。监视出租车队的 GPS 数据可用于了解城市街道上的交通拥堵情况。图像和视频流的计算分析为无数应用打开了大门。另一个很酷的想法是使用相机作为气象传感器，通过用户每天上传到摄影网站上的数百万张照片的背景来观察天空的颜色。

促成系统去收集数据的主要原因是你可以做到这一点。可能现在还不能准确地知道该如何处理这些数据，但是任何构造良好的数据集一旦达到某个关键规模时，就可能变得很有价值。

当前的存储成本清楚地表明，对系统进行检测的障碍有多低。我所居住地方的 Costco 超市目前以不到 100 美元的价格出售 3TB 的移动硬盘，这真的是非常便宜了。如果每个交易记录需要 1000 字节（1000 个字符），那么这个设备理论上可以记载 30 亿条记录，相当于地球上大约每两个人就有一条记录。

68

设计日志系统时，需要着重考虑的因素是：

- 构建系统时要使其可以容忍有限的系统维护。一旦设置好，就不需要进行其他后续操作，只需要为它提供足够的存储空间来不断地进行扩展和备份。
- 存储所有可能有价值的字段，而不会失灵。
- 使用一个用户可读的格式或交易数据库，这样就可以确切地预见到几个月或几年后出现的情况，以便后续进行数据分析。

3.3 数据清洗

“输入的是垃圾，输出的也是垃圾”，这是数据分析的基本定律。将原始数据变为干净的、可分析的数据集，中间需要走过一段很漫长的路。

在为了分析而对数据进行清洗的过程中可能会出现很多潜在的问题。在本节中，我们将讨论如何对伪影进行处理并将其集成各种数据集。这里的重点是在进行真正的数据分析之前进行预处理，以确保垃圾数据不会首先进入。

课后拓展： 精明的绘画修复者只对原作进行可逆的修复，不会对其进行破坏。同样，数据清洗一定要在原始数据的副本上完成，理想情况下是通过一个管道以系统和可重复的方式进行更改。

3.3.1 错误与伪影

根据古代犹太法，如果犯罪嫌疑人被所有法官一致认定有罪，那么这个犯罪嫌疑人将被无罪释放。法官注意到，一致同意往往表明司法程序中存在系统性错误。按他们的推断，当事情看起来太过完美以至于显得不真实的时候，很可能是在某个地方犯了错误。

如果将数据项视为对世界某个方面的测量，那么数据错误就表现为从根本上丢失了获取的信息。高斯噪声将我们传感器的分辨率降低，就会产生误差，那么精度也随之永远消失。因服务器崩溃而丢失两个小时的日志就是数据错误：这是无法再重新构造的信息。

相比之下，伪影通常是由于对用于构建数据集的原始信息的处理而产生的系统性问题。好消息是，只要原始数据集可用，就可以对伪影的处理进行纠正。坏消息是，这些伪影必须在纠正之前被检测出来。

检测处理伪影的关键是“取样测试”，即对产品进行足够仔细的检查，以发现一些有问题的东西。因为人们天性乐观，所以坏事总是出人意料。令人惊讶的观察发现是数据科学家赖以生存的东西。事实上，具备这样的洞察力是去做我们正在做的事情的主要原因。但根据我的经验，必须辩证地看待那些令人惊喜的发现，因为往往它们大多数是伪影。

图 3.2 显示了一个项目的计算结果，该项目调查了科学文献的出版过程。图中显示了10 万位最多产的作家在 *PubMed* 上发表的第一篇论文的年份的分布情况，这实质上就形成了一份生物医学文献的完整书目。

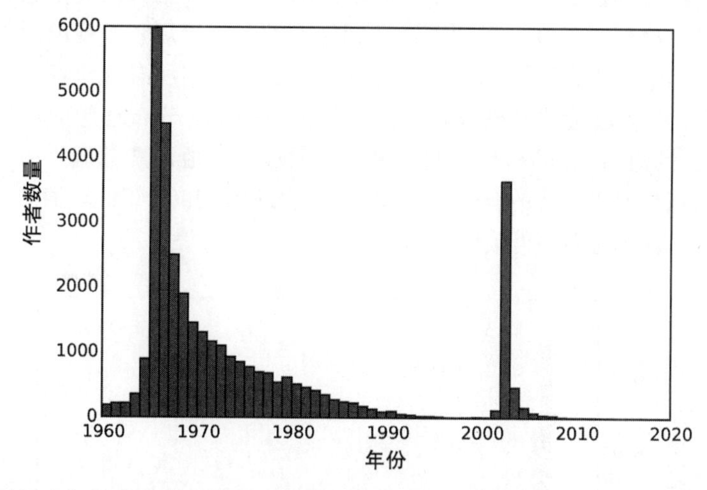

图 3.2　通过算出每年在科学文献中首次出现的作者名字的数量，在这个时间序列中，你能发现哪些伪影

仔细研究这些数字，是否能从中发现任何值得说明的伪影。我至少看到两个。如果你能弄清楚是什么引起了这个问题，就会得到额外的加分。

找到伪影的关键是找到数据中的离群值，这些离群值和我们期望看到的结果相矛盾。处女作家人数的分布可能是什么样的？随着时间的推移其数量分布可能发生什么变化？首先，构建你期望看到的先验分布，这样就可以正确地评估潜在的异常。

直觉告诉我，新的顶尖科学家的数量分布应该是相当平缓的，因为每届优秀的研究生班都会诞生新的科研明星。我还猜想，随着人口的增长，会有越来越多的人进入科学界，所以分布可能会有逐渐上升的趋势。但这些假设与图 3.2 显示的并不吻合。所以要试着列

举出什么是异常 / 潜在的伪影。

70 图 3.2 中显示了两个比较大的波动：左边的波动是 1965 年左右开始出现的；另一个峰值产生于 2002 年。在这个图中，最左边的峰值是有意义的。这个峰值产生的年份刚好也是 *PubMed* 初次系统性地收集书目记录的年份。尽管 1960～1964 年有一些非常不完整的数据，但大多数发表论文数年之久的老科学家只在 1965 年期刊开始系统性记录时才“出现”。所以这就解释了左峰出现的原因，然后在 1970 年达到我们预期的平坦分布。

但是 2002 年出现的峰值又如何解释呢？在这之前的几年里，新出现的作者数量几乎为零？同样，在峰值右侧也出现了大幅度下降。难道世界上所有的杰出科学家都注定要在 2002 年出生吗？

对峰值处的记录进行仔细检查后发现了异常的原因：作者姓名。*PubMed* 在早期时，作者是通过名字的首字母和姓氏来识别的。但是在 2001 年末，SS Skiena 变成了 Steven S.Skiena，所以他看起来像是一个突然不知从哪里冒出来的新作者。

但是为什么在峰值左右两边的数值都几乎为零呢？回想一下，我们把这项研究局限于 10 万名最多产的科学家。1998 年出现的一位科学明星不太可能出现在这个排行榜上，因为他们的名字在几年后注定要发生改变，这会导致他们没有足够的时间来积累足够多的文章。类似的事情也发生在分布的右边：2010 年新涌现出的科学家在短短几年内不可能发表足够多的文章。所以这两种现象都可以用“作者姓名识别”的原因来解释。

清洗这些数据，统一作者姓名，需要多次迭代才能得到正确的结果。即使消除了 2002 年的峰值，仍然会看到在 20 世纪 90 年代中期，那些刚刚开始自己学术生涯的杰出科学家的人数大幅下降，这是因为许多科学家在期刊作者姓名表示规则改变前后都没有发表足够多的论文。因此，在确定谁是前 10 万名科学家之前，必须将所有的作者姓名重新匹配。71

图 3.3 显示了作者数量的最终分布情况，与我们期望的分布理想的柏拉图式理想相吻合。不要为了使计算机计算的结果看起来合理，而过快去地清洗数据。由于研究经费的增加或新的科学期刊的创建，我的合作者一度准备试图消除 2002 年的峰值。要始终怀疑数据是否足够干净，以至于它们值得被信任。

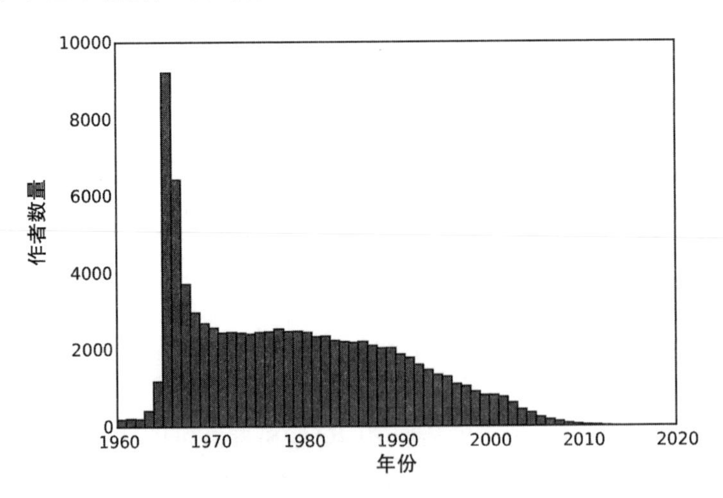

图 3.3 对数据进行清洗后会清除掉那些伪影，此时结果分布看起来是正确的

3.3.2 数据兼容性

通常来说，在一个公平的对比中，可以把两个项目看作“苹果与苹果”，在这个比较中，

所涉及的项目是足够相似的，这样才可以有意义地彼此较量。相比之下，“苹果与橙子”的比较就显得毫无意义。例如：

- 当单位不相同时（一个是磅，一个是千克），将数值为123.5的重量与78.9的重量进行比较是没有意义的。
- 将《乱世佳人》的票房和《阿凡达》的票房直接进行比较是没有意义的，因为1939年1美元的价值相当于2009年的15.43美元的价值。
- 对今天中午纽约和伦敦两地的黄金价格比较是没有意义的，因为两地有5个小时时差，而价格会受到干预事件的影响。
- 把2003年2月17日的微软股价与2003年2月18日的微软股价进行比较是没有意义的，因为在这期间会发生股票分股（一分二），使得微软股价减半，但实际价值不发生改变。

每当融合多个数据集时，就要解决不同类型数据可比性问题。在这里，我要展示给大家的是，这种可比性问题有多么隐晦，以使大家对于为什么需要了解它们具有足够的敏感度。此外，我也指出了某些重要的转换类型问题的处理方法。

课后拓展：检查你使用的每一个数据中每个字段的含义。如果你不了解每个字段表达的含义，那么很难正确地使用它们。

单位的转换

在物理系统中量化观测需要将测量单位标准化。不幸的是，实际测量中存在许多功能相当但不相容的测量系统。比如我和我12岁的女儿体重都大约为70，但其中一个体重是磅，另一个是千克。

72

如果使用错误的测量单位将测量数据输入计算机系统时，就会发生诸如火箭爆炸之类的灾难性事件。特别是在1999年9月23日，由于公制转换为英制的问题，美国航天局在一个太空任务中失去了价值1.25亿美元的火星气候轨道器。

解决这些问题的一个很好的方法是选择一个一致的测量单位并一直使用它。与传统的英制单位相比，公制单位具有一些优点。特别是，每一个的测量值都会以浮点数表示（比如3.28米），而不是很难进行对比的数量对（如5英尺8英寸）。在测量夹角（弧度或度/秒）和重量（千克或磅/盎司）时也会出现同样的问题。

使用公制单位本身并不能解决所有的可比性问题，因为即便这样你可能也会在测量高度时将米和厘米用混。但这是一个好的开始。

在合并数据集时，如何防止不兼容单位的出现？这就要时刻保持警惕。确保数据集中每列数值的预期单位，并在合并时验证兼容性。任何没有相关单位或对象类型的列数据都应该引起你的警觉。

当合并来自不同来源的记录时，最好创建一个新的“来源”或“出处”字段来标识每个记录的来源。这至少提供了一种可能，即通过系统地对问题来源的记录进行操作，可以在以后纠正单位转换错误。

可以从统计显著性检验中设计出一种用于检测此类问题的部分自动化程序，这将在5.3节中进行讨论。假设我们要在一组英制（英尺）和公制（米）测量数据中绘制人类身高的频率。我们会看到一个峰值在1.8左右，另一个峰值在5.5左右。一个分布中存在多个峰值应该会让我们产生怀疑。对两个输入样本进行显著性检验得到的p值为证实我们的猜疑提供了强有力的方法。

数值表示转换

数值特征最容易融入数学模型。事实上，某些机器学习算法，如线性回归和支持向量机，只适用于数字编码的数据。但即使把数字变成数字也可能是一个微妙的问题。数值字段可以用不同的方式表示：整数（123）、小数（123.5），甚至分数（123 1/2）。数字甚至可以表示为文本，需要从“一千万”转换为 10 000 000 以进行数值处理。

数值表示出现问题足以摧毁一个火箭飞行器。1996 年 6 月 4 日，耗资 5 亿美元的阿丽亚娜 5 号火箭在升空仅仅 40 秒后发生爆炸，最终发现是因为在将 64 位浮点数转换为 16 位整数时出现了错误。

弄清楚整数和浮点数（实数）之间的区别很重要。整数是计数数字（自然数）：真正离散的数量应该用整数表示。我们生活在一个连续的世界里，所以无法精确地量化物理测量的数量。因此，所有测量值都应以实数来表示。有时会误用实数的整数近似值来节省空间。千万不要这么做：舍入或截断后的量化效果会产生伪影。

73

在我们遇到的一个表达特别烦琐的数据时，如婴儿体重被表示为两个整数字段（磅和剩余的盎司），最好是把它们合并成一个十进制数。

名称统一

想要集成来自两个不同数据集的记录，需要在它们之间共享公共的关键字段。名字经常被视为关键字段，但实际上经常会发现有好几个版本。José 和 Jose 是同一个人吗？在美国几个州的官方出生记录中是严格禁止名字中带有这种变音符号的，以便让名字保持一致。

另一个例子是，数据库显示我的出版物署名是由我的名字（Steve、Steven 或 S.）、中间名（Sol、S. 或空白）以及姓氏（Skiena）的笛卡儿乘积所组成的，这里面会有 9 种不同的组合。如果再将我们的拼写错误考虑进去，情况就会变得更糟。我在 Google 上可以找到自己的名字，在这里我的名字是 Stephen，姓氏为 Skienna 以及 Skeina。

通过关键字进行统一记录是一个非常棘手的问题，因为它并不是灵丹妙药。这就成为发明 ID 号码的原因，因此请尽量多使用 ID。

最有效的通用技术就是进行统一：执行简单的文本转换，将每个名称简化为一个规范版本。如果将所有字符串转换为小写会增加（通常是正确的）被误解的次数。如果消除中间名或将中间名简化为缩写则会产生更多的名称匹配 / 冲突，而在将名字统一为规范版本时（比如将所有 Steves 都转换为 Stevens）也会出现上述问题。

任何这样的转化都会冒着创造弗兰肯斯坦式的怪人的风险，它们是由多个主体组合而成的单体。使用时的区别在于在进行合并的过程中，你是更为激进还是更为保守。根据你的工作所需要达到的程度，来采用相应的方式。

合并数据集的一个关键问题是*字符代码的统一*。文本字符串中的字符由数字表示，符号和数字之间的映射由标准字符编码表示。不幸的是，有不止一套标准字符编码被人们使用，这意味着虽然从网页上获取了字符，但处理这些字符的系统可能并不认为它们就是字符代码。

从历史上看，好用的旧 7 位 ASCII 代码标准扩展为 8 位 ISO 8859-1 拉丁字母代码，它添加了几种欧洲语言的字符和标点符号。UTF-8 是使用可变数量的 8 位块对所有 Unicode 字符进行编码的代码，它向后兼容 ASCII。尽管其他系统仍在使用，但是它主要用于网页的编码。

74

合并后再将规范标准进行正确地统一几乎是不可能的。必须提前将一个规范作为标准的规程，并且在预处理时检查每个输入文件的编码，在下一步工作之前将其转换为已经被选定的标准格式。

时间/日期统一

数据/时间标记用于推断事件的相对顺序，并通过相对同时性对事件进行分组。对不同来源的数据进行整合时，需要仔细清洗数据以确保获得有意义的结果。

首先让我们思考一下测量时间的问题。两台计算机的时钟永远不会完全一致，因此想要精确地对齐来自不同系统的记录需要复杂的工作和猜测。在处理来自不同地区的数据时，还存在时区问题，还要面对不同地方对于夏令时的不同规定而带来的问题。

这里的正确解决办法是将所有时间测量值校正为*世界标准时间*（UTC），世界标准时间是包含传统*格林尼治标准时间*（GMT）的现代标准时间。一个相关的标准是 UNXI 时间，以 1970 年 1 月 1 日星期四 00:00:00（世界标准时间）以来经过的秒数来报告事件的精确时间。

尽管在其他国家也会使用很多不同的历法体系，但纵观整个科技世界，公历计时仍然是通用的计时方式。如文献 [RDO1] 中所述，必须使用巧妙的算法在日历系统之间进行转换。统一日期的另一个更大问题是对时区和国际日期线的正确理解。

时间序列的统一常常因商务日程本身的特性而变得复杂。金融市场在周末和节假日期间休市，当股票价格与当地温度关联起来时，会产生一些解释问题。周末什么时候测量气温，以便与一周中的其他几天保持一致？像 Python 这样的语言包含大量的库函数，可以用于处理金融时间序列数据，从而解决这样的问题。类似的问题出现在每月的数据上，因为月份（甚至年份）的长度也不同。

金融统一

金钱使世界运转，这就是为什么许多数据科学项目都围绕着金融时间序列展开。但是钱可能不是很“干净”，所以需要对这些数据进行清洗。

我们这里要说的问题是*货币换算*，即用标准化的金融单位表示国际价格。一天中的货币汇率可能会发生百分之几的变化，因此某些应用程序需要在转换过程中对时间足够敏感。转换率并不是真正的标准化。不同的市场会有不同的利率和*利差*，即买入和卖出之间的差价（涵盖转换成本）。

75

另一个重要的修正是通货膨胀。*货币的时间价值*意味着今天的一美元（通常）比一年后的一美元更有价值，而利率为未来美元的折扣提供了正确方法。通货膨胀率是通过跟踪一系列商品的价格变化来估计的，它提供了一种随时间推移，对单位美元购买力进行标准化的方法。

在动荡的时期内，如果在模型中使用未经调整的价格无疑是自找麻烦。我的一组学生曾经对 30 年来观察到的股价与油价间的强相关性感到非常兴奋，因此尝试将股价用于商品预测模型。但这两种商品都是以美元计价的，而在通货膨胀时期也并没有对价格进行任何调整。当不对通货膨胀进行修正时，任何商品时间序列上的价格都会随着时间的推移表现出强烈的相关性。

事实上，表示价格随时间变化的最有意义的方法可能不是差异，而是*回报*。通过初始价格将差异标准化：$r_i = \frac{p_{i+1} - p_i}{p_i}$。这种做法更类似于百分比变化，该方法的优点是对它取对数后，可以使损益变得对称。

金融的时间序列还包含许多其他需要清洗的细节。许多股票在每年的特定日期给股东派发预定的股息。比如说，微软将在1月16日支付2.50美元的股息。如果你在当天开盘时拥有微软的股份，那么你会收到一张股息支票，因此在分红发放后，这些股份的价值会立即下降2.50美元。价格下跌没有给股东带来实际损失，但清洗数据时需要将股息计入股价。很容易想象，一个使用了未被校正过的数据而进行训练的模型，一定会在派发股息前将股票抛售，并为自己这样做感到盲目的自豪。

3.3.3 处理缺失值

并非所有数据集都是完整的。数据清洗的一个重要方面是识别缺失数据的字段，然后对其进行适当补充：

- 一个人会在哪年死亡？
- 对于调查问卷中的缺失项或者那些填写明显有问题的数值，怎么处理？
- 在有限大小的样本中，过于罕见事件的相对频率是多少？

人们总是期望数据集矩阵中每个元素都有与之相对应的数值。将缺失值视为零来处理，的确相当诱人，但这通常是错误的，因为对于这些空缺值是否应该被当作数据一直存在一些争执。一个人的薪水到底是因为失业而变为零，还是因为他没有回答这个问题而被认为是零呢？

76

使用无意义值作为非数据符号的危险在于，在构建模型时，它们可能会被误解为数据。线性回归模型经过训练可以根据年龄、文化程度和性别来预测工资，但是对于那些拒绝回答这些问题的人来说，预测就会遇到麻烦。

使用像–1这样的值作为无数据符号的缺点与使用0作为符号的缺点完全相同。确实，就像害怕负数的数学家一样：竭尽全力地避免它们。

课后拓展：分别对原始数据以及清洗后的版本进行维护。原始数据是最基本的事实，必须保存完整以备将来分析之用。利用填补缺失数据的插补方法可以改进清洗后的数据。但是要将原始数据与清洗后的数据分开保存，这样就可以研究不同的猜测方法。

那么应该如何处理缺失数据呢？最简单的方法是删除包含缺失数据的所有数据。如果缺失数据是非系统性原因产生的，可以将这些缺失数据删除，删除后如果仍有足够多的数据可以作为训练数据，那么可以选择删除缺失数据这个方法。如果拒绝公布薪水的人一般都高于平均水平，那么丢掉这些记录将导致结果产生偏差。

但通常我们希望使用缺少字段的记录。在使用时，最好是对缺失数据进行估算，而不是将其留空。那么我们就需要通过某种方法来填充缺失数据。这些方法包括：

- *启发式插补法*：在充分了解基础领域背景的情况下，应该能够对某些领域的数值做出合理的猜测。如果需要填写一个去世的年份值，那么平均来说，出生年份上加80很可能是正确的，这比等待最终答案要快得多。
- *均值插补法*：使用变量的均值来代替缺失数据通常也是合理的。首先，在均值不变的情况下增加更多的值，这样就不会因为这样的估算而使统计数据产生偏差。其次，具有均值的数值对大多数模型来说不会改变其最终训练结果，因此这种方法对所使用的数据进行任何预测都没有多大影响。

但是，如果是因为系统问题而导致数据丢失，那么就不适合使用平均值了。假设用维基百科中的平均死亡年龄来估算所有活着的人的缺失值，这将是灾难性的，因为许多人在出生前就被记录为将要死亡。

- 随机值插补法：另一种方法是从数据列表中随机选择一个数值来替换缺失值。这似乎会使得对缺失值的猜测变得十分糟糕，但事实上这正是关键所在。反复选择随机值可以使我们对插值的影响进行统计评估。如果用 10 个不同的插补值运行模型 10 次，得到的结果差异很大，那么我们可能就会对模型本身产生怀疑。当数据集中缺少的数据较多时，这种准确度检验就变得尤其重要。 77
- 近邻插补法：如果我们识别出与所有呈现出的数据字段最匹配的完整记录，并使用这种最近邻方法来推断缺少的值，结果会怎样？当误差是由于系统原因产生时，这种预测应该比均值法更准确。

  这种方法需要一个距离函数来识别最相似的记录。最近邻方法是数据科学中的一项重要技术，将在 10.2 节中详细介绍。
- 插值插补法：通常，当给定记录中的其他字段时，可以使用线性回归法（见 9.1 节）来预测目标列的值。这样就可以使用完整的数据集来训练模型，然后将其应用在那些不完整的数据集中。

  当每条记录只有一个字段丢失时，使用线性回归来预测缺失值是最有效的。这里存在的潜在风险是如果回归预测很差就会产生显著的离群值。回归模型可能会用特别高或特别低的值来填充缺失数据，这样做可能会将不完整记录变成离群值。这将导致在随后的分析中会把更多的精力放在具有缺失值的记录上，而这与我们真正想做的恰恰相反。

这些关注点强调了离群值检测的重要性，这也是数据清洗的最后一步，将在接下来进行说明。

3.3.4 离群值检测

数据收集中发生的错误很容易产生干扰正确分析的离群值。有一个关于迄今为止发现的最大恐龙椎骨的有趣例子。最大的恐龙椎骨高 1500 毫米，表明恐龙的高度为 188 英尺（1 英尺 =0.3048 米）。这是非常惊人的发现，因为目前已知的第二大标本仅有 122 英尺高。

这里最合理的解释（见文献 [GO116]）是这一巨大的化石其实从未真正出现过：它已经从美国自然历史博物馆消失了一百多年。也许最初的测量是在一块正常大小的骨头上进行的，但是中间的两个数字由于意外而被弄反了，所以椎骨的实际长度是 1050 毫米。

离群值元素通常是由数据输入错误导致的，显然上面的例子就是这样。离群值也可能是由于数据爬取过程中的错误造成的，比如格式不规范，导致脚注编号被当作数值。与恐龙的例子一样，仅仅因为简单的笔误而产生的离群值往往会导致结果产生较严重的错误。 78

一般的合理性检查需要查看每个变量 / 列中的最大值和最小值，以检查它们之间的距离是否过大。这个检查，最好通过绘制频率直方图并查看极端元素的位置来完成。直接通过肉眼进行观察判断也可以大体确认分布的形状是否为其看起来应该的样子，形状通常是钟形的。

在服从正态分布的数据中，相对于均值为 k 倍标准差值的概率随 k 呈指数下降。这就解释了没有 10 英尺高的篮球运动员的原因，并提供了确定离群值的合理阈值。在幂律分布中不太容易发现离群值：事实上，比尔・盖茨拥有的财产是普通人的 10 000 倍。

删除包含离群值字段的行，并继续进行分析的方法太过简单而不应该被使用。离群值的出现往往意味着出现了一些亟待解决的系统性问题。比如在考虑一组按寿命划分的历史数据时，很容易把圣经中的玛土撒拉（寿命在 969 年左右）看作一个离群值，并把其删除。

但当离群值出现时，我们最好弄清楚这是否暗示了我们应该考虑删除其他数字。我们会注意到，玛土撒拉没有确定的出生日期和死亡日期。也许没有出生和死亡日期的人是十分值得怀疑的而应该被删除。相比之下，维基百科中寿命最短的人（法国国王约翰一世）虽然只活了 5 天，但他的出生日期和死亡日期分别是 1316 年的 11 月 15 日和 11 月 20 日，这让我十分确信他的寿命是准确的。

3.4　实战故事：打败市场

每次当我遇见我的研究助理 Wenbin 并问他在做什么时，他都会跟我说他在赚钱，但是他在说这句话的时候却变得越来越不自信了。

我们的 Lydia 情感分析系统中被输入了大量繁杂的新闻和社会媒体的文本信息，系统可以将其中包含的数百万不同的人、地方和组织的信息减少为每天的频率和情感时间序列。当某人赢得运动冠军时，很多文章都会来称赞他是多么出色的运动员，但是当他因为毒品指控而被逮捕时，关于他的文章基调马上就会发生改变。通过计算文本流中正面词（“胜利”）与负面词（“被捕”）的相对关联频率，我们可以为任何有新闻价值的实体构建情感信号。

Wenbin 研究的是如何将情感信号用于预测未来事件，比如根据大家对某部电影评论的好坏来预测电影最终的票房。但他特别想利用报道中股市的涨跌信息来炒股。一份漏报的盈利报告对一家公司来说是个坏消息，这会导致公司股价下跌。当一家药品公司研制的新药得到了食品药品监督管理局（FDA）的批准，这对公司来说是一个好消息，这有助于公司股价的上涨。如果 Wenbin 能利用我们的情感信号来预测未来的股价，那么我觉得我就没有必要再付给他研究助理的薪水了。

79

因此，他模拟了一种策略，即买入当天新闻中表现出最高人气的股票，然后做空那些人气最低的股票。他取得了很好的成绩。“看，”他说，“我们在赚钱。”

这个结果看起来还不错，但我有一个问题。用今天的新闻报道来预测当前的价格走势是不合适的，因为在我们还没有看到文章中描述的事件时，价格就已经发生了变化，特别是很多重要消息对于股票的价格有着实时的影响。

所以这次 Wenbin 基于前一天的新闻中人们买入股票后的观点，设计了一个新的股票购买的策略，该方法在观察到的消息和价格变化之间制造了一个缺口。与之前的策略相比，该策略的回报率大幅下降，但仍为正。“看，”他说，“我们依然会赚钱。”

但我还是对此感觉有些不安。许多经济学家认为，金融市场是*高效的*，这意味着所有公共新闻都会立即反映在不断变化的价格中。价格当然会因新闻而变化，但你很难以足够快的速度获取信息。我们必须保持足够的怀疑态度，以确保没有任何数据 / 时序问题可以影响我们的结果。

所以我向 Wenbin 追问他是如何进行模拟的。他的策略是每天都以收盘价进行买卖。但是这距第二天开盘足足还有 16 个小时，所以所有人都会有足够的时间去应对在我睡觉这段时间里发生的事情。当他把模拟购买的价格改为开盘价时，尽管回报率再次大幅下降，但仍为正值。“看”，他说，“我们在赚钱”。

但是，在我们计时数据的过程中，是否还会有其他的伪影将明天的消息在今日传递给我们？出于真诚，我们排除了所有其他可能想到的可能性，例如，已发表文章的日期是否反映了消息的出现时间而不是撰写消息的时间。在尽力怀疑之后，他的策略似乎仍然显示出新闻情感的正向回报。

我们关于这一分析的论文 [ZS10] 受到了广泛好评，而 Wenbin 利用情感信号与其他信号进行金融市场交易，已成功成为一个量化指标。但我对这个结果仍有点不安，因为我们对数据进行了清洗，以便为每个新闻文章准确地打上时间戳，而这个工作非常困难。我们的系统最初旨在以批处理方式生成每日时间序列，因此，很难保证对过去几年下载的数百万篇文章到现在更精细尺度的分析所做的一切都是正确的。

课后拓展：当你的资金充裕时，对数据进行清洗是很重要的。此外，最好在分析开始前就营造一个干净的环境，而不是在分析结束时再进行清洗。

3.5 众包

没有一个人会知道所有的答案，我也不例外。智慧的大部分传递方式是我们如何聚集专业知识，从他人的知识和经验中收集意见。很多时候，智慧代表着我们如何收集专业知识，或者从他人的知识和经验中获得意见。

80

众包将很多人的见识和努力聚集到一起来实现一个共同的目标。它利用了*群体的智慧*，一个群体的集体知识可能比其中最聪明的个体的知识更丰富。

这个概念是在 1960 年的一个牲畜交易会上提出的。当时，统计科学的创始人之一 Francis Galton 以及 Charles Darwin 的一个亲戚参加了这次交易会。作为庆祝活动的一部分，村民们被邀请猜猜一头牛的重量，猜测结果与真实值最接近的人将获得奖励。近 800 名参与者对这头牛进行了观察，尽管没有人猜出牛的真实重量（1178 磅，1 磅≈0.45 千克），但 Galton 发现大家猜测的均值与实际值非常接近，均值为 1179 磅。Galton 的实验表明，对于某些工作，让更多的人参与进来可能会比仅仅咨询专家效果更好。

众包是建立模型的重要数据来源，尤其是与人类感知相关的任务。在自然语言处理和计算机视觉方面，人类的大脑仍是最先进的系统，可达到高水平性能。收集训练数据的最佳方法通常需要先对特定的文本或图像进行评分。要在足够大的规模上构建大量的训练数据，通常需要大量的注释人员，甚至是一大群人。

社会媒体和其他新技术使得大规模收集和汇总意见变得更加容易。但我们怎样才能将群众的智慧与乌合之众的呻吟区分开呢？

3.5.1 一便士的实验

我们先来做一个我们自己的“群体智慧”实验。图 3.4 里的罐子中放着我积攒多年的硬

81 币，你们先来猜猜看这里面有多少枚硬币？我将在后面公布正确结果。

图 3.4　猜猜这个罐子里有多少便士？（左）正确答案会用精确的科学方法得到（右）

为了得到正确的答案，我让我的合作者——生物学家 Justin Garden 在一个精准的实验室秤上称量硬币，将总重量除以一便士的重量就会得到便士的数量。在图 3.4 右图中可以看到 Justin 正在勤奋地进行这项工作。

所以我再次提问：你觉得我这个罐子里有多少便士？我在我的数据科学课上对学生也进行了这个实验。你的答案和他们的相比有什么差异吗？

我首先让我的 11 名学生把他们的结果写在卡片上，然后在教室前面悄悄地传给我。因此，这些猜测完全相互独立。为方便起见，结果如下：

537，556，600，636，1200，2350，3000，5000，11 000，15 000

然后我把这些数字写在黑板上，计算出一些统计数字。这些猜测值的中位数为 1250，均值为 3739。事实上，罐子里有 1879 枚便士。我的学生猜测值的中位数比任何一个猜测都更接近正确的数字。

但在透露实际总数之前，我又让另外 12 名学生进行了猜测。与之前那一组学生实验的唯一不同之处是这组学生可以看到上一组学生的猜测结果。这次他们的结果是：

750，750，1000，1000，1000，1250，1400，1770，1800，3500，4000，5000

将猜测结果暴露给其他人的情况下，后面的人可以通过消除所有离群值的方法，来限制分布范围：第二组中的最小值大于先前猜测的后四个，最大值与先前猜测的第三大值相同。在这轮猜测中，中位数是 1325，均值是 1935。这两次的结果都与实际答案比较接近，但很明显，这是由于集体决策起了作用。

*锚定效应*是众所周知的认知偏见，人们在对某件事进行判断时，会将某些特定数值作为起始值，不自觉地过多重视最初获得的信息。汽车经销商一直在使用这个策略，这使得车辆的成本变得虚高，因此随后的价格听起来像是讨价还价。

我在揭晓答案前做了最后一个测试，我允许我的学生对这个罐子竞标，这意味着他们必须足够自信才敢承担可能带来的风险。刚好有两名勇敢的学生分别出价 1500 和 2000 便士。最终我从这场竞标活动中赚得了 1.21 美元，但事实证明两者都与真实结果很接近。这不足为奇：如果人们对自己的选择充满信心，人们也愿意把自己的钱押在这个事情上。

3.5.2　什么时候有群体智慧

James Surowiecki 在他的 *The Wisdom of Crowds* [Sur05] 一书中提到，当满足以下四个

条件时，人们就是智慧的：

82

- 观点是独立的：我们的实验表明当进入到群体思维中后，人们的思维是多么容易发生改变。一个人的思想受到他人的影响是很正常的，所以如果你想得到某人的真实意见，你必须单独询问他们。
- 人处于群体之中时具有广泛的知识和方法：群体只在有分歧产生时才会增加各自的信息量。一个由相同领域的专家组成的委员会所做的贡献，和他们中的单独一个人所做的贡献基本相同。在猜硬币数量的问题中，一些人通过罐子的体积来估计，而另一些人则根据我在举起罐子时手臂的垂直高度进行判断。还有一种方法可能是估计我在20年中偶尔掏空口袋能积攒多少便士，或者参考自己积攒硬币的经历进行判断。
- 当涉及的问题是一个不需要专门知识的领域：我相信群体在某些重要决定上的共识，例如，购买哪种类型的汽车或由谁担任总统。但在确定肿瘤样本是恶性还是良性的时候，我会相信一名医生的话，而不是从电话簿上随机抽取的1000个人给出的答案。

  为什么？因为这个问题需要专业知识和经验才能获得准确答案，而在肿瘤这方面，医生显然会比其他人知道得更多。对于更简单的感知任务，可以相信普通群众的判断，但有一点需要注意：不要问群众那些他们根本不知道的事情。
- 意见可以合理地汇总：在任何一个大众调查表格中，最没有用的部分是“请告诉我们你的想法！”。这里存在的问题是，没有办法把这些意见结合起来形成共识，因为不同的人有不同的问题和关注点。也许可以通过相似性将这些文本归纳到一起，但这很难有效地完成。

在趣闻逸事中经常会使用这种自由组合的方法。人们会挑选出那些听起来最积极乐观的事情，然后把它们放在幻灯片上给老板留下深刻印象。

课后拓展：作为生活中不可分割的一部分，多元化、独立的思维为大众带来了最大的智慧。

3.5.3 聚合机制

从一组响应中收集智慧需要使用正确的聚合机制。对于估算数值，适合使用诸如绘制频率分布图和计算摘要统计之类的标准技术。均值和中值都隐含了误差是对称分布的这一假设。通过快速观察分布的形状通常可以确认或推翻这一假设。

83

一般来说，在这样的聚合问题中，使用中位数比均值更为合适。它减少了离群值的影响，这在大规模实验中是一个特别需要注意的问题。在大规模实验中，参与者中有一部分人很可能头脑简单。在我们的便士猜测实验中，最初的数据中高于均值的数据量为3739个，当去掉了最大值和最小值以后，这个数字降到了2843，如果再将两端的离群值剔除，这个值将会进一步降低到2005（回想一下，便士数量的真实值是1879）。

消除离群值的确是个非常好的策略，但是我们可能还有其他方法来判断实验对象的可靠性，例如，实验对象在那些我们已知结果的测试中的表现。采用*加权平均法*，可以为更可靠的分数赋予更大的权重，从而提供了一种考虑此类置信度的方法。

对于分类问题，投票是最基本的聚合机制。*孔多塞陪审团定理*证明了我们对民主的信念，它指出，如果每个投票者在某一问题上正确的概率 $p>0.5$，那么大多数投票者在这个问题上正确的概率 $P(n)$ 大于 p。表达式为：

$$P(n)=\sum_{i=(n+1)/2}^{n}\binom{n}{i}p^{i}(1-p)^{n-i}$$

即使是在竞争激烈的选举中，数量庞大的选民会使得统计数据呈现出有效性。假设 $p=0.51$，这意味着做出正确选择的是绝大多数。由 101 名成员组成的陪审团会在 57% 的时间内做出正确的决定，如果是 1001 名成员，百分比会变成 73%，要是 10 001 名成员，意味着几乎不会出错。所以随着成员人数的逐渐增加，这个百分数将无限趋近于 1。

然而，选举制度有着固有的局限性。阿罗不可能性定理指出，没有一种选举制度能够将每个个体表达的先后次序综合成整个群体的偏好次序，从而满足选举公平的四个自然条件。这将在 4.6 节中有关分数和排名的部分进行讨论。

3.5.4　众包服务

像 Amazon Turk 和 CrowdFlower 这样的众包服务可以让你雇用大量人员来做少量零碎工作。他们帮助你与他人进行交流，以便创建数据。

这些众包服务为大量的自由职业者提供了工作机会，并充当他们与潜在雇主之间的中间人。平台会向被称为劳工的工作者提供可获得的工作以及相应报酬的清单，如图 3.5 所示。雇主通常有权利按照所在位置和相关资历选择想要雇用的人，并且可以在认为不满足自己要求的情况下辞退劳工，且不需要支付相应的报酬。但是，已经公布的有关雇主接受率的统计数据显示，好的劳工不太可能为不好的雇主工作。

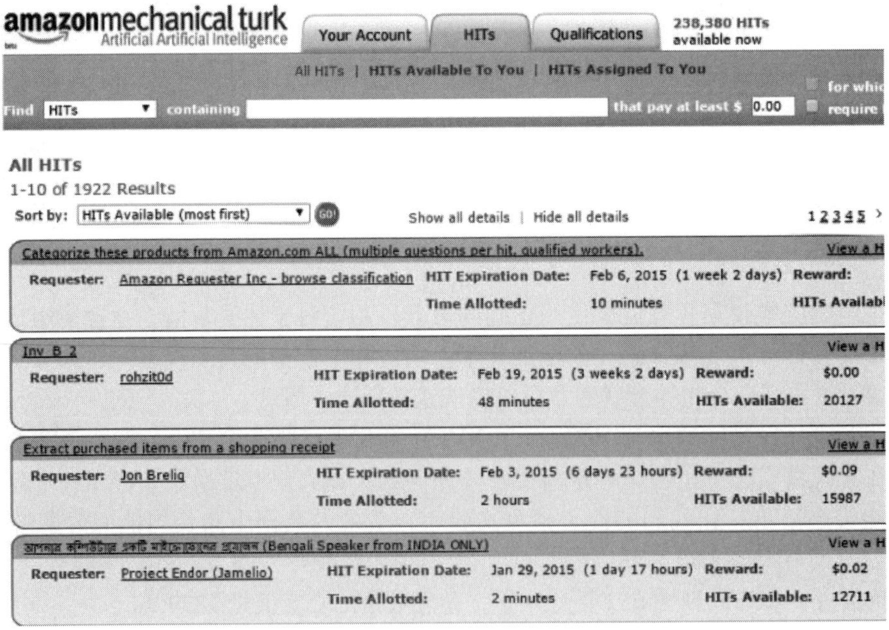

84

图 3.5　Mechanical Turk 上的代表性工作

分配给劳工的任务通常只涉及简单认知的费力任务，而计算机目前还无法很好地完成这些工作。劳工的优秀技能表现在：

- 测量人类感知的方面：众包系统提供了有效的方法，以收集关于简单任务的代表性意见。有个不错的应用是建立红绿蓝调出的各种色彩空间和这些色彩的名称之间的联动。在撰写产品和图像的说明时，一定要了解这一点。

  那么，“蓝色”和“浅蓝色”或“罗宾鸟蛋蓝”和“蓝绿色”在色彩空间上的边界在哪里呢？名字的含义往往体现其文化和习俗上的功能，而不是物理功能。要找到答案，你必须问别人，而众包允许你查询成百上千的不同的人。
- 获得机器学习分类器的训练数据：使用众包，最主要的原因就是希望可以获得用作训练的经过人工注释的数据集。许多机器学习的本质都是让机器“能够和人类一样”来做一些特定的工作。想要达到这个目的，就需要大量训练样本去训练机器，以模拟人类之前的学习过程。

  例如，要建立一个情感分析系统，使其能够阅读书面评论，并决定这些评论对产品是否有利。那么，我们将需要大量的带有标注的评论作为测试 / 训练数据。此外，还需要由不同注释者重复标记的相同评论，以便识别出不同注释人员对于同一含义表达上的区别。

  85
- 获取计算机系统的评估数据：A/B 测试是优化用户界面的标准方法，即将两个方案 A 和 B 分开单独进行试运行，然后根据某个测量标准判断哪个方案表现得更好。可以雇用劳工进行测试，从而得到他们对于一个给定的 App 感兴趣的程度或者对某个新开发分类器性能的反馈。

  我的一名研究生（Yanqing Chen）使用 CrowdFlower 来评估他所建立的系统，该系统可以为特定实体识别出在维基百科中最相关的类别。哪一种身份更能描述巴拉克·奥巴马：美国总统还是非裔美国作家？他花了 200 美元，让人们回答了 10 000 个这样的多项选择题，这足以帮助他正确地评估他的系统。
- 将人类带入机器：仍然有许多认知任务，人类会比机器做得更好。一个巧妙设计的界面可以为坐在计算机里等待服务的人们提供用户查询。

  假设你准备编写一个可用来帮助视障人士的 App，使用户能够拍摄照片并向他人寻求帮助。也许这位视障人士就在厨房里，此时需要有人帮助他们阅读罐头上的标签。这个 App 可以将某个劳工作为它的子程序来调用，以在需要时完成这个任务。当然，应该保留对这些图像的注释以便今后的分析。它们可以作为机器学习程序的训练数据，尽可能地将人类从手工数据标注中解放出来。
- 独立的创意工作：众包可以用来按照独特想法帮助你完成大量的创意作品。可以按需订阅博文或文章，也可以订阅好评或者差评。只要你确定什么是想要的，任何想要的东西都可以被创造出来。

  这里有两个我觉得很有启发性的有趣的例子：
  - 绵羊市场（http://www.thesheepmarket.com）委托拍卖行将 10 000 张绵羊画进行拍卖，每张画的成本为几美分。作为一个概念性的艺术品，拍卖行试图把它们卖给出价最高的人。能想到哪些创意活动会吸引人们支付 0.25 美元的费用？
  - Emoji Dick（http://www.emojidick.com）是一项众包工作，旨在将美国著名小说 *Moby Dick* 完整地改编成漫画。创作者把这本书分成大约 10 000 个部分，并把每一部分分配给三个劳工分别独立完成。同时雇用了额外的劳工从这些版本中挑选出最好的一个，将其作为最终的版本。共有超过 800 名劳工参与其中，这项活动

[86] 的总费用是 3676 美元，通过众筹网站 Kickstarter 筹得。

- 经济 / 心理实验：众包这种方式，对社会科学家进行行为经济学和心理学的实验是一个福音。这个方向的研究人员现在不再需要有偿招募本地大学生来参与调查研究，而是可以将他们的研究范围扩展到整个世界。他们有能力调动更多的人，在不同国家进行独立重复实验，从而检验他们的假设是否存在文化偏见。

使用众包可以完成很多令人满意的工作。但是，如果以错误的方式雇用劳工来从事错误的工作，那么结果将注定令人失望。众包的错误用途包括：

- 任何需要高级培训的工作：尽管每个人都拥有自己独特的技能和专长，但众包中的劳工没有经过专门的技术培训。他们仅可以完成那些谁都能够胜任的工作。雇主也不会和这些劳工建立个人联系，因为劳工完成的工作所需要花费的时间都很短，以至于不会有多余的几分钟用来对他们进行培训。

  那些需要特定技术、技能的工作不适合使用众包方式。然而，在传统的长期安排方式下，这些任务可能会被合理地分包出去。
- 任何不能明确指定的任务：雇主没有与劳工互相沟通的机制。一般来说，劳工没有办法问雇主问题。因此，只有在雇主能够清晰、简洁、明确地指定任务时，众包系统才会起作用。

  这比看上去的要难得多。雇主要意识到自己是在尝试用程序控制人而非计算机。这个过程伴随着所有指令性的错误，比如指令“照我说的做”胜过指令“按我的意思去做”。在向大众开放要众包的工作之前，先对当地人进行测试，再在众包平台上进行一次小型测试，以评估进展情况，最后再设法削减预算。在这个过程中，雇主可能对所发现一些文化差异感到惊喜，其中一个明显的例子就是不同国家的劳工区别很大。
- 任何无法确认劳工是否可以胜任的任务：劳工从事的计件工作有一个很单纯的目的，即他们试图尽可能高效地将时间转换成金钱。他们试图寻找能够为自己带来最大回报的工作，而其中最聪明的人会设法尽快而毫不费力地完成任务。

  众包平台允许雇主在合同工作的完成质量不可接受的情况下扣留报酬。那么，就需要一些有效的方法来检查产品的质量。也许应该让劳工完成一些雇主已经知道正确答案的工作。或者也可以将他们的反应与其他独立工人的反应进行比较，如果不能 [87] 经常产生相同的结果，那么就可以不再雇用他们工作。

  采用一些质量控制机制是非常重要的。任何一个众包平台上都会有一部分机器人来冒充劳工，它们会随机地选择那些多项选择的任务。还有一些人的语言能力根本不足以完成给定任务。这就需要进行检查和排除，避免上当受骗。

  但是，抱怨那些指派不明确任务的结果是不公平的。拒绝过多的工作会降低雇主在劳工中和平台上的声誉。而使用了工人的工作成果却拒绝付钱给他们是特别不好的行为。
- 任何非法的任务，或者过于不人道的任务：雇主不能要求劳工做非法或不道德的事情。典型的例子是雇用某人为竞争对手的产品撰写不好的评论。雇一个杀手杀人和自己开枪杀人都同样犯了谋杀罪。请注意，通过某些电子追踪手段，可以从广告的公开展示位置直接找到你。

  教育和研究机构的审查委员会（IRB）要求其人员要达到比法律要求的还要高的标

准。IRB是一个由研究人员和行政管理人员组成的委员会，其任务是对任何关于人类的研究进行审查批准，确定是否可以进行该研究。良性的众包应用，比如我们所讨论过的，在研究人员接受了一个简短的在线培训课程，确保他们理解了规则之后，通常才会得到批准。

要时刻意识到，在机器的另一端面对的是一个人。所以不要给他们令人反感、有辱人格、侵犯隐私或压力太大的任务。如果雇主平等地对待这些劳工，分配给他们的工作可能也会被更好地完成。

让人们参加竞标需要有适当的激励措施，而不仅仅是明确的指令。生活中，往往是一分钱一分货，要清楚自己所在国家目前的最低小时工资，然后为任务制定相应的价格。这并非法律规定，但它通常会带来一桩好生意。

当你看到由每小时0.50美元这种低廉的工资吸引到的员工的质量有多么低时，原本还在为成本如此之低而沾沾自喜的喜悦很快就会荡然无存了。当需要严格地修正劳工的工作产品，或者需要付钱让多个劳工重复做同一工作时，钱很快就会被花光。报酬较高的工作会更快地找到工作人员，所以如果不想立刻支付工资，就要做好等待的准备。与真正想要雇用的劳工相比，只有机器人以及与其功能相当的劳工更愿意接受如此低的工资。

3.5.5 游戏化

除了支付报酬外，还有另一种方法可以让他们帮你对数据进行注解或抄录。用这种方法，你可以让他们觉得工作十分有趣从而免费为你工作！

有目的的游戏（GWAP）是一种将数据收集伪装成人们想要玩的游戏或人们自己想要完成任务的系统。通过游戏、动机和想象力的完美结合，可以出现令人惊奇的结果。成功的案例包括：

88

- *用于光学字符识别（OCR）的验证码*：验证码是用户在网络上创建账户时经常遇到的那些扭曲的文本图像。网站要求用户输入图像中显示的文本字符串的内容，以证明用户是一个真实的人，从而帮助他们拒绝机器人和其他编程系统的访问请求。

  发明ReCAPTCHA系统是为了从每天超过1亿个验证码中获取有用的数据。每个验证码中会显示两个文本字符串，系统会检查其中一个文本字符串以授予可以进入系统的权限。对于OCR系统，另一个难处理的问题是对旧书籍和旧报纸进行数字化。这些答案被重新映射，以改进档案文件的数字化，每天转录的单词超过4000万。
- *在游戏/应用程序中的心理/智商测试*：心理学家已经确立了5个基本人格特征作为人格重要和可复制的方面。学术上，心理学家使用包含多项选择的人格测验来衡量每个人属于5种人格特征中的哪一种：开放性、有责任感、外向性、宜人性和神经质。

  通过将这些调查转变成游戏应用（“你的个性特征是什么？”），心理学家收集了超过75 000个不同人的性格测量数据，以及其他关于偏好和行为的数据。这就为研究人格心理学中的许多有趣问题创建了一个巨大的数据集。
- *用于预测蛋白质结构的游戏——FoldIt*：预测由蛋白质分子形成的结构需要的计算量对于科学界来说是一个重大的挑战。尽管这个工作已经进行了很多年，但是使蛋白质折叠成特定的形状的真正机理还是没有弄清楚。

  FoldIt（https://fold.it）是一款考验非生物学家设计折叠成特定形状的蛋白质分子的游

戏。根据设计的蛋白质分子与目标的接近程度来对游戏玩家进行评分，得分最高的玩家将会出现在积分排行榜上。目前已经出版了好几篇关于获胜者设计内容的文章。

这个方法成功的关键是要做出一个足够受欢迎的游戏。这比看起来要困难得多。应用商店里有上百万的免费应用，而且大部分是游戏。然而下载量超过几百的游戏却很少，从数据收集的角度来看，说明这些游戏远谈不上有趣。此外还要增加额外的限制，即除了满足游戏的可玩性外，还要生成所需要的科学数据，这使得这项任务变得更加困难。

应该使用激励手段来提高游戏的可玩性。记录得分是每个游戏的重要组成部分，游戏的设计也应该遵循这一特点，以使其性能在一开始就可以迅速提高，从而吸引玩家。游戏的进度条为晋级下一阶段提供了激励。授予徽章并提供其他人都可以看到的排行榜也会鼓励玩家付出更大的努力。拿破仑为他的士兵们设计了各种各样的缎带和装饰品，并发现“人们为一块布而做的事真是太神奇了”。

89

FoldIt 等游戏的主要设计原则是将应用领域内的专业技术抽象为评分函数。这种设置使得游戏玩家无须真正了解分子动力学知识，而是只需要知道哪些改变会使得分上升，哪些变化会使得分下降。玩家在玩游戏时会建立自己对该领域的直觉，从而产生一些从事这些领域的技术人员永远也想不到的想法。

3.6 章节注释

本章开始时，Charles Babbage 所说的那段话引自他的 *Passages from the Life of a Philosopher* [Bab11]。我推荐读 Padua 的带插图小说 [Pad15]，它以有趣且有意义的（尽管是虚构的）的方式介绍他的作品以及他与 Ada Lovelace 的关系。

许多书都涉及特定编程语言中有关数据整理的实际问题。其中 O’Reilly 的 Python 数据科学书籍尤为有用，包括文献 [Gru15，McK12]。

我在 *Calculated Bets*[Ski01] 一书中记述了关于我们开发的 Jai-Alai 投注系统的故事，其中还包括网站爬取的作用。这是关于如何建立预测模拟模型的一个快速而有趣的概述，同时也是 7.8 节中实战故事的主题。

由于数值计算错误导致的太空任务失败已经被大众媒体记录了下来。Gleick 的 [G1e96] 以及 Stephenson 等人的 [SMB+99] 分别记载了阿丽亚娜 5 号和火星气候轨道器的太空任务。

在手机中使用加速度计检测地震的聪明想法来自 Faulkner 等人的 [FCH+14]。对于大量 Flickr 图像的代表性研究包括 Kisilevich 等人的 [KKK+10]。

Kittur[KCS08] 报道了亚马逊 Turk 上众包用户研究的经验。使用 CrowdFlower 识别历史人物的适当描述可参考文献 [CPS15]。教学中的游戏化方法在文献 [DDKN11，Kap12] 中进行了讨论。验证码在 Von Ahn 等人的 [VAMM+08] 中进行了介绍。通过移动应用程序大规模收集心理特征数据要归功于 Kosinski 等人 [KSG13]。

3.7 练习

数据整理

3-1 [3] 花两个小时熟悉一下下列编程语言：Python、R、Matlab、Walfram Alpha /Language。然后写一篇简短的论文，介绍一下对这种编程语言特点的印象：

90

- ❑ 表达性。
- ❑ 运行速度。
- ❑ 库函数的涵盖广度。
- ❑ 编程环境。
- ❑ 算法密集型任务的适用性。
- ❑ 通用数据整理任务的适用性。

3-2 [5] 选择两种主要的数据科学编程语言，并用两种语言编写程序来解决以下任务。选出每个任务最适合哪种语言？

(a) 在计算机屏幕上输出“Hello, World!”。

(b) 从文件中读取数字，并按先后顺序输出。

(c) 读取一个文本文件，并计算单词总数。

(d) 读取文本文件，并计算剔除掉相同单词后的单词数。

(e) 读取一个数字文件，并绘制它们的频率直方图。

(f) 从网上下载一个网页，然后对其进行爬取。

3-3 [3] 在接触过 Python、R 和 Matlab 这几种编程语言之后，你最喜欢哪种？它们各自有什么优点和不足？

3-4 [5] 构造一个由 n 个人的身高组成的数据集，其中 p% 的数据以英制单位（英尺）记录，其余的以公制单位（米）记录。使用统计检验来检验该分布与全部以公制单位记录得到的正确结果是否存在区别。作为 n 和 p 的函数，分布在什么情况下会显示出明显的问题。

数据来源

3-5 [3] 查找存储价格随时间变化的表格。分析这些数据，并预测 5 年后数据存储的成本 / 容量。25 年或 50 年后硬盘价格会是多少？

3-6 [5] 针对以下 *The Quant Shop* 挑战中的一项或多项，找到相关的数据源并评估其质量：

- ❑ 环球小姐。
- ❑ 电影总票房。
- ❑ 新生儿体重。
- ❑ 艺术品价格。
- ❑ 圣诞节的降雪量。
- ❑ 超级碗 / 大学冠军。
- ❑ 食尸鬼池？
- ❑ 未来黄金 / 石油的价格？

数据清洗

91

3-7 [3] 找出 1752 年 9 月前后的不寻常之处。当今的数据科学家可能需要采取哪些特殊步骤来标准化年度统计数据？

3-8 [3] 你认为在以下数据集中会出现哪些类型的离群值：

(a) 学生成绩。

(b) 工资数据。

(c) 维基百科可以持续的时间。

3-9 [3] 一个正常工作的传感器会产生 20 种不同的值，包括血压、心率和体温。请描述两种或两种以上技术，用于检查来自传感器的数据流是否有效。

项目实施

3-10 [5] 设计实现一个可以从推文数据中提取主题标签集的功能。主题标签以“#”字符开头，并且包含大小写字符和数字的任意组合。主题标签以空格或标点符号作为结束符，例如逗号、分号或句点。

3-11　[5] 美国各州对选民登记记录的管理法律各不相同。找出一个或多个规则非常宽松的州，并查看为获取数据而必须执行的操作。提示：佛罗里达州。

众包

3-12　[5] 描述雇用众包工人来帮助收集有关 *The Quant Shop* 挑战的数据所可能采用的方法：

- 环球小姐。
- 电影总票房。
- 新生儿体重。
- 艺术品价格。
- 圣诞节的降雪量。
- 超级碗 / 大学冠军。
- 食尸鬼池?
- 未来黄金 / 石油的价格?

3-13　[3] 假设你正要付钱给工人，让他们阅读文本并根据每个段落传达的基本情感（积极或消极）对其进行标注。这是一个有关观点看法的任务，但是我们如何才能通过算法判断工人是否随意回答或者武断作答，而没有认真对待这项工作呢?

面试问题

3-14　[5] 假设建立了一个预测股价的系统，你将如何对它进行评估?

3-15　[5] 如何筛选离群值? 如果发现了离群值，应该怎么做?

92

3-16　[3] 为什么数据清洗在分析中起着至关重要的作用?

3-17　[5] 在分析过程中，如何处理缺失值?

3-18　[5] 解释选择偏见的含义。 它为什么如此重要? 像处理丢失的数据这类数据管理程序为什么会让事情变得更糟?

3-19　[3] 如何有效地抓取网络数据?

Kaggle 挑战

3-20　根据与天气相关的推文预测情绪的好坏。

https://www.kaggle.com/c/crowdflower-weather-twitter

3-21　在不被噪声欺骗的情况下，预测日终股票收益。

https://www.kaggle.com/c/the-winton-stock-market-challenge

93 ~ 94

3-22　数据清洗与历史气候变化分析。

https://www.kaggle.com/berkeleyearth/climate-change-earth-surface-temperature-data

第4章
得分和排名

金钱是一个记分牌，在这里，你可以把自己的表现与别人的表现进行比较。

——Mark Cuban

评分函数是将多维记录减少为单个值的一种度量方法，可以突出显示数据的某些特定属性。给学生的课程（例如我的课程）成绩打分，是评分函数被广为熟知的实例。之后，就可以根据这些数值（得分）对学生进行排名（排序），再根据这个顺序分配其对应的字母等级。

学生的得分通常由能够反映学生表现的数字特征的函数来计算，例如，在每次家庭作业和考试中获得的得分。每个学生都会得到一个在0到100之间的综合得分。这些得分通常来自输入变量的线性组合，可能对5项家庭作业分别分配了8%的权重，对3项考试中的每一项分配了20%的权重。

对于这样的评分标准，有几点需要注意，它也将被用于更为通用的评分和排名函数模型：

- 自主性程度：每位教师在评判学生时都会在作业成绩和考试成绩之间采用不同的权衡标准。有些人认为期末考试比所有其他变量都重要，有些人在取平均之前将每个值归一化为百分制，而其他人则将每个得分转换为Z得分。他们的思想体系各不相同，但每一位教师都确信他们的评分体系是最佳方式。
- 缺乏验证数据：没有任何一个黄金标准能够告诉教师应该如何“正确”地给学生打分。学生经常抱怨说我应该给他们一个更高的得分，但这些要求往往是出于自己的私心而不是从客观公正的角度思考的。事实上，很少有学生建议我将他们的得分降低。如果没有客观的反馈或可用来比较的标准，我就没有严格的方法来评估我的评分系统并加以改进。
- 普遍的鲁棒性：尽管使用了截然不同且完全未经验证的方法，不同的评分系统通常也会产生相似的结果。每一所学校都有一群学霸，他们在每门课程中都垄断了前几名。如果所有这些不同的评分系统都随意地对学生的成绩排序，就不会发生这种情况。C类学生在大部分班级中通常都处在中下游的位置，而不会出现最后的得分有时是A有时是F的情况。评分系统各不相同，但几乎所有的评分系统都是站得住脚的。

在本章中，我们将评分和排名函数作为数据分析冒险性的开始。当然，并不是每个人都像我一样喜欢它们。通常，评分函数看起来是随意的和临时的，在被不正确使用后可能会得到令人惊艳却毫无意义的数字。因为很难验证其有效性，因此这些技术在科学合理性上不如本书后续章节中所介绍的统计和机器学习方法。

但我认为，重要的是鉴别评分函数的本质：一种有用的启发式方法，可以梳理理解大规模数据集。评分函数有时被称为统计量，这听起来就给人一种非常专业、非常学术的感觉。下面将介绍几种从数据中获取有意义得分的方法。

4.1 体重指数

所有人都对美食情有独钟，而丰富的现代世界，为我们提供了许多大饱口福的机会。这就造成很多人体重超标，但是如何判断体重是否超标呢？

体重指数（BMI）是一个用来确定体重是否正常的得分或统计量。它被定义为：

$$\text{BMI} = \frac{\text{体重}}{\text{身高}^2}$$

其中质量的单位是千克，高度的单位是米。

在写这本书的时候，我身高 68 英寸（1.727 米），体重 150 磅（68.0 千克），此时感觉有些肥胖。换算后，我的体重指数是 68.0/（1.727^2）=22.8。这并不是想象的那么糟糕，因为在美国，公认的 BMI 范围定义为：

- 偏瘦：低于 18.5。
- 正常：18.5 到 25。
- 偏胖：25 到 30。
- 过度肥胖：大于 30。

96

因此，现在我的体重还处在正常范围内，距离超重还有十几磅的距离。图 4.1 根据此比例绘制了一组具有代表性的美国人在身高 – 体重空间中的位置分布情况。散点图中的每个点都代表一个人，根据 BMI，不同颜色代表不同的体重分类。看起来是纯色的区域里人太多了，以至于有些点发生了重叠。右边的离群值点对应于体重最重的个体。

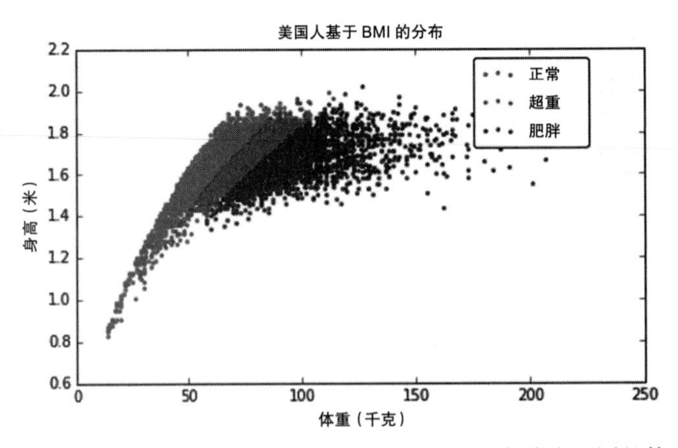

图 4.1 身高 – 体重散点图，图中有 1000 人，不同颜色代表不同的体重分类

BMI 是统计 / 评分函数的非常成功的例子。尽管公共卫生领域有些人认为可以通过其他方式来获得更好的统计数据，但这种方法已经被广泛使用并被普遍接受。

BMI 的计算逻辑看起来没有什么问题。高度的平方应该与面积成正比，但是质量应该和体积成正比，而不是面积，那么公式为什么不是体重 / 身高^3？过去，BMI 以人体内的脂肪百分比为依据进行设计，这是一个比身高和体重更难测量的指标。使用其他几个简单的评分函数（如 m/l 和 m/l^3）的对比实验表明，BMI 效果最好。

查看极端人群的 BMI 分布是非常有趣的。考虑美国橄榄球（NFL）和篮球（NBA）的职业运动员：

- 众所周知，篮球运动员的身高都很高。而且他们还必须整天进行训练，保持良好的体能。
- 美式橄榄球运动员体重很大。尤其是锋线队员，其主要职能是阻挡或者推动其他锋线球员，因此他们的体重会格外的重。

让我们看看两组数据。图 4.2 显示了篮球运动员和橄榄球运动员的 BMI 分布。事实上，几乎所有篮球运动员的 BMI 都处于正常范围内，尽管他们的身高远高于常人。而橄榄球运动员的 BMI 分布区间也基本相同，尽管他们也是训练有素的运动员，但是他们当中的大多数过度肥胖。橄榄球运动员通常针对力量而不是心血管健康进行强化训练。

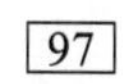

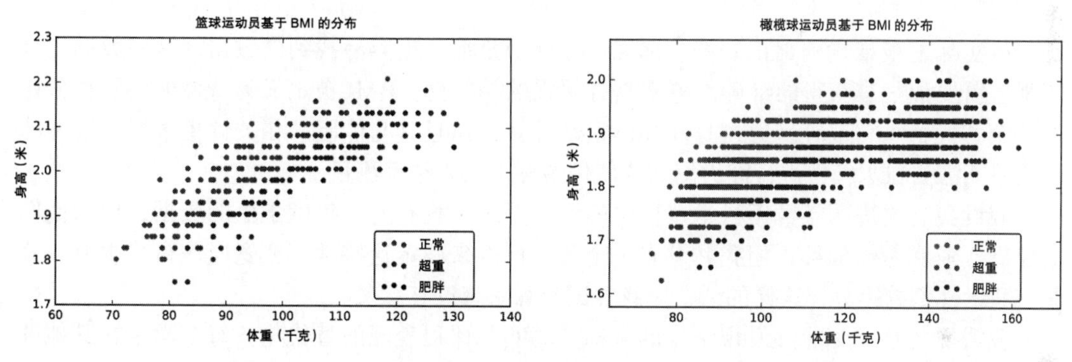

图 4.2　篮球（左）和橄榄球（右）职业运动员的 BMI 分布

第 6 章将讨论用于突出显示数据的可视化技术。但要先熟悉一下基本的数据表达方法。散点图将每个个体表示为身高 – 体重坐标中的一个点，标签（体重分类或运动员位置）以不同颜色标明。

图 4.3 是按照球员在场上的位置进行分类后的情况。在篮球运动中，后卫灵活且技术娴熟，而中锋则高大魁梧。所以球员的位置是按身高体重来划分的。在橄榄球比赛中，技术型球员（四分卫、踢球者和投手）被证明比锋线上球员的肌肉量要小得多。

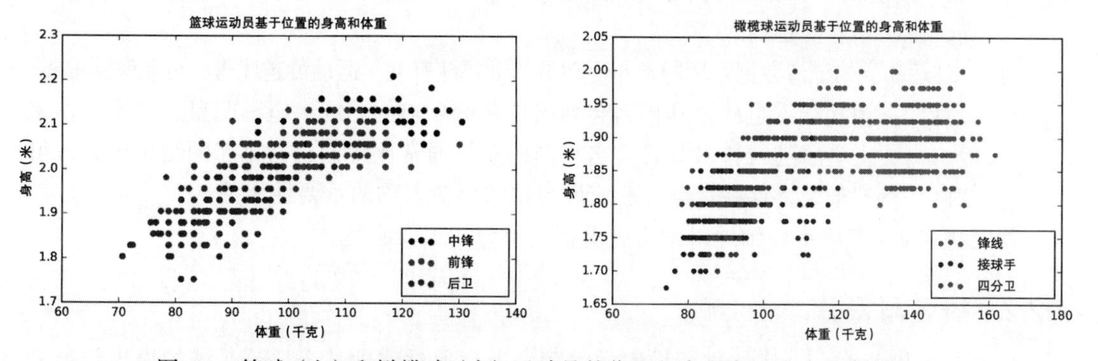

图 4.3　篮球（左）和橄榄球（右）运动员的位置很大程度上取决于身材尺寸

4.2 开发评分系统

得分是将每个实体的特征映射到价值数值的函数。本节将介绍建立有效评分系统及其评估的基本方法。

4.2.1 黄金标准和代理

从历史上看，纸币始终是具有换算功能的，这意味着 1 美元的纸币始终可以折算成价值 1 美元的物品。这就是我们的纸币比印刷的纸要值钱的原因。

在数据科学中，黄金标准指的是一套我们相信是正确的标签或答案。在最初制定 BMI 时，黄金标准是通过对少量受试者仔细测量得到的体脂百分比。当然，这样的测量会有一定的误差，但是将这些测量值定义为合适的黄金标准，大家就会认为这是正确的分类。我们相信黄金标准。

黄金标准的出现为开发良好评分系统提供了严格方法。可以使用诸如线性回归（将在 9.1 节中讨论）之类的曲线拟合技术来权衡输入特征，以便最佳地近似黄金标准实例的“正确答案”。

但实际上很难找到真正的黄金标准。替代物是那些更容易找到的数据，这些数据应该与那些需要但很难获得的细碎的事实具有很强的相关性。BMI 被定义为身体的脂肪百分比的一个替代物。它很容易通过身高和体重来计算，而且其与体脂的相关性也很好。这意味着几乎不需要在水箱中进行浮力测试或使用游标卡尺来精确测量。

假设我要改进明年数据科学课程中的评分系统。我有上一年度学生的数据，包括他们的家庭作业和考试成绩，但我并没有一个黄金标准来确定这些学生究竟应该得多少分。我只有我给他们的得分，这样的话，对我尝试改善系统没有意义。

我需要的是一个能够发现学生的未知“真实”课程表现的替代物。每个学生在其他课程中的累积 GPA 可能是个不错的选择。一般来说，学生在整个课程中的表现都应该被记录，如果我的评分系统低估了最优秀学生的平均成绩，而提高了较低层次学生的成绩，那么可能是我在某些地方出了问题。

在评估评分 / 排名系统时，使用替代物效果更好。在 *Who's Bigger*？ [SW13] 这本书中我们使用维基百科按照“重要性”对历史人物进行排名。我们并没有任何黄金标准的显著性数据来衡量这些人到底有多重要。但为了保证可信度，我们使用了几个替代物变量来评估这项工作：

- 收藏家为名人签名支付的价格通常应与名人知名度相关。人们愿意付出的价格越高，说明知名度越高。

99

- 棒球运动员的统计数据好坏通常与运动员的重要性有关。运动员越优秀，可能就越重要。
- 出现在书籍和杂志上的公开排名会列出排名最靠前的总统、电影明星、歌手、作家等。由历史学家进行排名并且排名靠前的总统通常比我们自己排名的结果更具有可信度。总的来说，这些观点一般应该与这些历史人物的重要性相关。

我们将在 4.7 节中更详细地讨论历史重要性得分的工作原理。

4.2.2 排名与得分

排名是按价值对 n 个实体进行排序的过程，通常通过整理某个评分系统的输出结果来进行。排名 / 评级系统的常见实例包括：

- 橄榄球 / 篮球前 20 支球队：新闻机构通常通过汇总教练或体育记者的投票结果来对顶尖的大学运动队进行排名。一般情况下，每个投票者都会提供自己认可的前 20 支球队的排名次序，球队在投票者名单上的位置越靠前，获得的得分就越多。将每个投票者的分数相加，得出每支球队的总分，并对这些得分进行排序，从而确定排名。
- 大学学术排名：*U.S News and World Report* 杂志每年都会公布美国顶尖大学的排名。他们的排名方法是独家的，每年都有变化，可能是为了让人们每年都花钱购买新的排名。但一般来说，这是由师生比、录取率、学生和申请者的标准化考试得分，以及橄榄球队或篮球队的表现等统计数据得出的得分。同时也考虑了学术界的专家意见。
- Google PageRank / 搜索结果：在搜索引擎上的每次搜索，都会触发大量计算，从而隐秘地将网络上每个文档与搜索问题的相关性进行排序。根据网站上文档与用户搜索的文本的相似度以及每页页面的固有质量等级对文档进行评分。目前，最著名的页面质量测量算法是 PageRank 算法，它是一种网络中心性算法，将在 10.4 节中进行介绍。
- 班级排名：大多数高中都按成绩对学生进行排名，排名靠前的学生会作为最优生在毕业典礼上致告别词。这些排名背后的评分函数通常是 GPA（Grade-Point average），其中每门课程的贡献由其学分数加权而得，每一个可能的字母得分都映射为一个数字（通常 A=4.0）。但也有一些自然的变化：许多学校选择将难度较大的课程的权重设置得比诸如体育课之类较简单的课程的权重值要大，以反映出学生取得好成绩的难度。

100

一般而言，对评分系统的结果进行排序会得到数字排名。但换个角度考虑，每个项目的排名位置（比如 2196 个项目中的第 493 个）也为该项目产生了一个数字得分。

既然得分和排名是双重的，那么这是否为数据提供了更有意义的表达方式？就像进行某些比较一样，最好的答案取决于以下方面：

- 这些数字会单独呈现吗？排名能很好地提供解释得分的背景。在我撰写本书时，Stony Brook 的篮球队以 39.18 的 RPI（评分百分比指数）在全美 351 支大学运动队中排名第 111。哪个数字能让人更好地了解运动队是好还是坏，是第 111 还是 39.18？
- 得分的基本分布是什么？按照定义，排名最高的实体要比排名第二的实体更好，但这并不能说明它们之间差异的大小。它们之间是并列关系，还是确实相差一个排名？

  排名的差异似乎是线性的：1 和 2 之间的差似乎与 111 和 112 之间的差相同，但这在评分系统中并不普遍。事实上，微小的绝对得分差异往往会产生很大的排名差异。
- 更在意分布的两端还是中间部分？设计良好的评分系统通常呈现钟形分布。由于得分集中在均值附近，得分上的小差异可能意味着排名上的大差异。在正态分布中，将得分在均值的基础上增加一个标准差（σ），将会使排名从第 50 分位数提升到第 84 分位数。而同样是增加一个 σ，从 1σ 增加到 2σ，只会使排名从第 84 分位数提升到第 92.5 分位数。

因此，当一个组织从第1位滑落到第10位时，就应该对此表示失望。但是当Stony Brook的球队从第111名滑落到第120名时，它的得分差异可能微不足道，所以不需要十分在意。排名很容易突出组内最优秀和最差的实体，但中位数附近的组织差异较小。

4.2.3 识别良好的评分函数

好的评分函数之所以优秀，是因为其易于解释且令人信服。在这里，我们回顾统计的 [101] 性质，这些性质指向以下几个方向：

- *易于计算*：良好的统计量可以很容易描述和呈现。BMI就是一个很好的例子，它仅包含两个参数，并且仅使用简单的代数进行评估。BMI是通过探索所有简单的函数形式而到的结果，适用于少量且易于获得的相关变量。这是一个优秀的统计实践，它可以根据熟知的数据集上的一组给定特征集思广益。
- *易于理解*：从统计数据的描述中应该清楚地描述排名与当前要解决的问题相关性。“根据身高调整体重”解释了为什么BMI与肥胖有关。要使其他人足够信任它，就必须清楚地解释统计数据背后的逻辑。
- *变量的单调解释*：应该了解评分函数中使用的每个特征与目标之间的相关程度。体重应该与BMI呈正相关，因为想要变沉需要增加体重。身高应该与BMI负相关，因为高个子的体重自然比矮个子的体重大。

  一般来说，构造评分函数往往没有实际的黄金标准进行比较。这就需要了解变量的含义，以便使得评分函数可以与这个不清晰的目标正确关联。
- *在离群值上产生总体令人满意的结果*：理想情况下，我们会对某些单独的点有足够的了解，以便在任何合理的评分系统中理解其所属的位置。如果真的对评分系统显示的顶级实体的身份感到惊讶，那可能是一个bug，而非一个特征。当计算学生的课程成绩时，我已经从他们的课堂表现中知道了几个优等生和几个差等生的名字。如果我计算出的成绩与这些印象不太相符，那就说明有一个潜在的bug需要解决。

  如果数据项确实是完全匿名的，那么可能要花一些时间来更好地了解数据项的域。至少，用特征值构造人工示例（“Superstar”和“Superdork”），使它们对应排名的顶部和底部，然后看看它们与真实数据拟合的程度如何。
- *使用系统化的归一化变量*：从钟形分布中提取的变量在评分函数中表现得更为优异。所有得分的分布都比较相似——在分布的两端都会有对应于最佳/最差项目的离群值，同时分布中间会出现一个峰值。

  在将这些正态分布的变量加在一起之前，应该将其转换为Z得分（请参见4.3节），以便所有特征的均值和方差都具有可比性。这就减少了评分函数对那些魔幻般的常 [102] 量的依赖，可以调整权重，因此没有任何一个单一的特征对结果有绝对的影响。

  一般来说，使用正确的符号（正相关变量为正，负相关变量为负）和统一的权重对Z得分求和大致上是正确的。想要得到一个更好的函数可以根据与目标的相关强度，按重要性对变量赋予不同的权重。但是这可能会带来较大的改变。
- *以有意义的方式消除关联*：当相互之间存在大量关联时，排名函数的价值就变得非常有限。用人的手指数量来衡量人手巧程度并没有太大的价值。比如我们精挑细选后得到一个12人小组，其中绝大多数有10根手指，然后排在后面的是那些由于事故而导致手指残障的人，且随着事故的严重程度的增加，排名也越来越靠后。

一般来说，得分应该是处于合理范围内的实数，以最小化关联的可能性。引入次要特征来消除关联是很有价值的，只要这些特征也与你所关心的属性相关联，这就是有意义的。

4.3　Z 得分和归一化

数据科学的一个重要原则是，必须努力使我们的模型尽可能容易地做正确的事情。机器学习技术（如线性回归）旨在找到最优拟合给定数据集的那条线。但是，在尝试使用这些变量来拟合某个对象之前，至关重要的一点是，要对所有不同变量进行归一化，以使其范围 / 分布具有可比性。

Z 得分将是主要的归一化方法。计算 Z 得分的公式为：

$$Z_i = (a_i - \mu) / \sigma$$

其中 μ 是分布的均值，σ 是相关的标准差。

Z 得分将任意变量集转换为统一的范围。以英寸为单位测量高度的 Z 得分将与以英里为单位测量高度的 Z 得分完全相同。Z 得分在所有点上的均值为零。图 4.4 显示了一个简化为 Z 得分的整数集，大于均值的值转化为正值，而小于均值的值转化为负值。Z 得分的标准差为 1，因此 Z 得分的所有分布都具有相似的属性。

$\mu(B) = 21.9$　$\sigma(B) = 1.92$

$\mu(Z) = 0$　$\sigma(Z) = 1$

B	19	22	24	20	23	19	21	24	24	23
Z	−1.51	0.05	1.09	−0.98	0.57	−1.51	−0.46	1.09	1.09	0.57

图 4.4　将一组数据 B 的 Z 得分进行归一化后均值 μ=0，σ=1

将值转换为 Z 得分可以实现两个目标。首先，有助于可视化模式和相关性，确保所有字段具有相同的均值（零），并在相似的范围内进行操作。在无须熟悉度量单位（例如英寸）的情况下，我们就能理解，3.87 的 Z 得分能够代表篮球运动员的水平高低，而 79.8 不能。其次，因为 Z 得分使得所有不同的特征都具有可比性，所以 Z 得分使得机器学习算法更容易。

103

从理论上讲，执行像 Z 得分这样的线性变换并不能完成大多数学习算法无法自行解决的工作。这些算法通常会找到与每个变量相乘的最佳系数，如果算法真的愿意，则可以自由地靠近。

然而，在进行这个变换时，需要数值计算。假设我们试图在两个变量上建立一个线性模型，这两个变量与美国城市相关，例如面积（平方英里）和人口。第一个变量的均值约为 5，最大值约为 100。第二个变量的均值约为 25 000，最大值为 8 000 000。为了使这两个变量对模型产生相似的影响，必须将第二个变量除以一个 100 000 左右的因子。

这会产生数值精度问题，因为系数的微小变化会导致总体变量对模型的影响程度发生很大变化。更好的办法是使变量大致具有相同的标度和分布范围，因此问题就成了一个特征是否被赋予更大的权重，例如，它的权重 2 倍于另一个特征的权重。

最好将 Z 得分用于服从正态分布的变量上，毕竟正态分布变量完全可以用均值 μ 和标准差 σ 来描述，但当分布是幂律时，Z 得分的效果会变差。以美国的财富分布为例，均值可能为 20 万美元，σ=20 万美元。那么拥有 800 亿美元的比尔·盖茨的 Z 得分将是 4999，在均值为零的情况下，这仍然是一个令人难以置信的离群值。

最严重的数据分析错误来自在分析中使用了不正确的归一化变量。我们能做些什么来缩小比尔·盖茨的数值？可以对其取对数，正如在 2.4 节中所讨论的那样。

4.4 高级排名技术

通过将得分计算作为特征的线性组合，再对其进行排序，可以解决大多数基础的排序工作。在没有任何黄金标准的情况下，这些方法产生的统计量往往具有启示性并能提供有用的信息。

也就是说，现在一些强大的技术已经被开发出来，以根据特定类型的输入计算排名：配对比较的结果、关系网络，甚至是其他排名的组合。我们在这里回顾这些方法，以获得启发。

4.4.1 Elo 排名

104

排名通常是通过分析二元比较序列来形成的，二元比较通常出现在实体间的竞争中：

- 体育竞赛结果：典型的体育赛事，无论是橄榄球比赛还是国际象棋比赛，*A* 队和 *B* 队互相对决，最终只有一个队会赢。因此，每一场比赛本质上都是一场针对功绩的二元比较。
- 投票和民意测验：有知识的人经常被要求进行比较选择，以决定他们认为哪个选择更好。在选举中，这些比较称为投票。某些大学排名的一个主要组成部分就来自教授的选择：哪所学校更好，*A* 还是 *B*？
  在电影 *The Social Network* 中，影片以 FaceMash 作为 Facebook 创始人——马克·扎克伯格的出场场景，FaceMash 是一个网站，它向观众展示两张面孔并让他们选择哪张更吸引人的网站。然后，网站根据这些成对的比较结果，将所有的面孔从最吸引人到最不吸引人进行排序。
- 隐性比较：如果出发点没有问题，那么特征数据在成对比较中就变得很有意义。假设一个学生已经被 *A* 和 *B* 两所大学录取，但他最终选择了 *A*，这就可以看作一种 *A* 优于 *B* 的隐性投票。

解释此类投票的正确方法是什么，特别是当候选项很多且并非每对玩家都相互竞争时，认为选择“赢”的次数最多的人获胜是不合理的，因为与其他竞争对手相比，他们可能参加了更多场次的竞争，同时他们也有可能避开了强大的对手，只是赢了那些实力较弱的对手。

Elo 系统首先对所有玩家进行评分（大概相等），然后根据每一场比赛的结果逐步调整每个球员的得分，公式如下：

$$r'(A)=r(A)+k(S_A-\mu_A)$$

其中：

- $r(A)$ 和 $r'(A)$ 分别表示玩家 *A* 前一次和更新后的得分。

- k 是一个固定参数，反映对单个匹配的最大可能的得分调整。如果 k 值很小，则排名基本不发生变化，如果 k 值很大，将导致调整后的比赛排名结果出现剧烈波动。
- S_A 是球员 A 在进行比赛中取得的得分。如果比赛获胜，那么 $S_A=1$；反之，$S_A=-1$。
- μ_A 是 A 与 B 竞争时 A 的预期结果。如果 A 具有与 B 完全相同的技能水平，则 $\mu_A=0$。但假设 A 是冠军，B 是初学者，我们认为 A 几乎肯定会在与 B 的比赛中获胜，则 $\mu_A>0$ 且很可能接近 1。

105

现在除了如何确定 μ_A 之外，其他的都已经清楚了。给定一个 A 战胜 B 的估计概率 $P_{A>B}$，则

$$\mu_A = 1 \cdot P_{A>B} + (-1) \cdot (1 - P_{A>B})$$

获胜概率显然取决于球员 A 和 B 之间技能差异的大小，这正是排名系统应该衡量的。因此，$x = r(A) - r(B)$ 代表这种技能差异。

为了完善 Elo 排名系统，我们需要一种能够获取实变量 x 并将其转换为有意义的概率的方法。这是本书中我们将反复遇到的一个重要问题，可以通过一种叫作 logit 函数的数学方法来解决。

logit 函数

假设要取一个实变量 $-\infty<x<\infty$ 并将其转换为概率 $0\leqslant p\leqslant 1$。我们可以想到很多方法来实现这一点，但是一个特别简单的变换是 $p=f(x)$，其中，

$$f(x) = \frac{1}{1+\mathrm{e}^{-cx}}$$

logit 函数 $f(x)$ 的形状如图 4.5 所示。要特别注意中间和端点的特殊情况：

- 当两个玩家的能力相同时，$x=0$，$f(0)=1/2$，表明两个玩家获胜的概率相等。
- 当球员 A 拥有巨大优势时，$x \to \infty$，$f(\infty)=1$，定义 A 为赢得比赛的关键。
- 当球员 B 拥有巨大优势时，$x \to -\infty$，$f(-\infty)=0$，定义 B 为赢得比赛的关键。

106

如果 x 衡量出了玩家之间的技能差异，那么这些正是我们想要得到的值。

logit 函数在这些极点之间的分布是平滑且对称的，参数 c 控制曲线的陡峭程度。技能上的微小差异会转化为获胜概率上的巨大差异吗？当 $c=0$ 时，曲线是非常平坦的：对于所有 x，$f(x)=1/2$。如图 4.5 所示，c 越大，曲线越陡。实际上，$c=\infty$ 时会产生一个从 0 到 1 的阶梯函数。

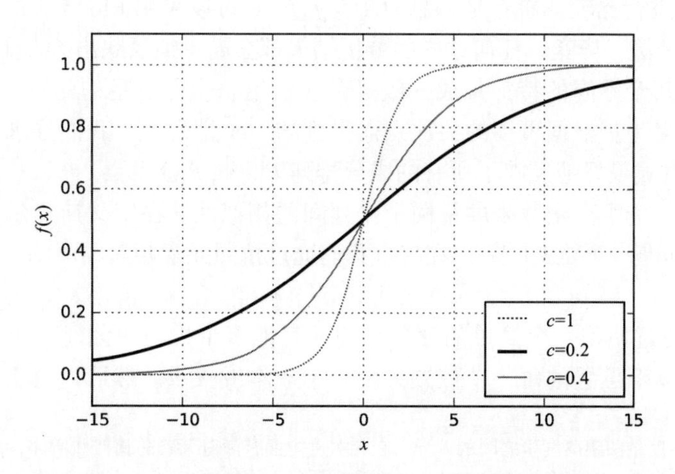

图 4.5　对于 c 的 3 个不同取值，logit 函数的形状

开始时将 c 设置为 1 是合理的，但是正确的 c 值取决于不同的特定域。观察一个给定的技能差异大小导致的冷门（弱者获胜）出现的频率有助于确定参数。Elo 国际象棋排名系统是这样设计的：$r(A)-r(B)=400$ 意味着 A 的获胜概率是 B 的 10 倍。

图 4.6 中介绍了一种在现实中不太可能出现的象棋比赛中的 Elo 的计算过程。在这个比赛中，有 3 个历史上最伟大的棋手和 1 个低排名选手。这里 $k=40$，意味着任何单场比赛的最大可能得分波动为 80 分。标准的 logit 函数给出 Kasparov 在第一轮击败 Skiena 的概率为 0.999 886，但由于一个类似于 Lazarus 复活的奇迹，比赛走向了另一个方向。结果，比赛使得 Kasparov 丢掉了 80 分，而我增加了 80 分。

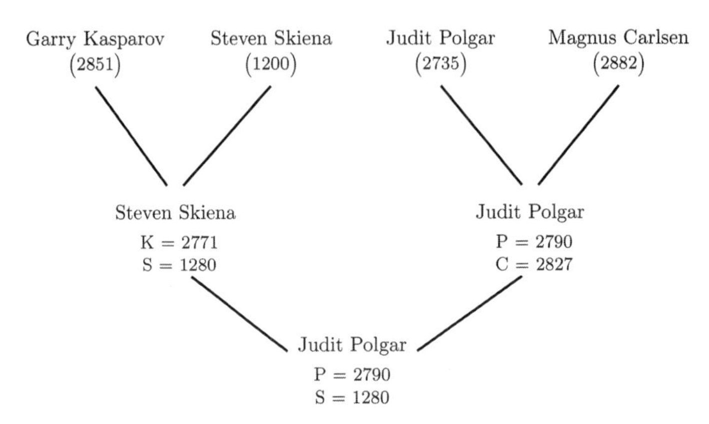

图 4.6　一场不太可能的国际象棋比赛导致的 Elo 分数的变化

在另一组对决中，迎来了两个真正的国际象棋冠军的对决，最终 Polgar 只获得了 55 分，所以可以想象赛后她的沮丧之情。在最后一轮比赛中，她轻易地将我击败，但是在这场没有什么悬念的比赛中获胜基本使她没有任何得分上的提升。Elo 方法非常有效地更新评级，以应对意外情况，而不仅仅是胜利。

107

4.4.2　合并排名

任何单一的数值特征 f，如高度，都可以在 n 个项之间分成 $\binom{n}{2}$ 对比较组，并对于每对中的 A 和 B 两项进行比较，看看是否是 $f(A) > f(B)$。可以采用 Elo 方法给这两项打分，但这是一种愚蠢的想法。毕竟，任何这样的分析结果都会简单地反映出 f 的排序顺序。

然而，通过几个不同的特征集成一组排名会产生一个更有趣的问题。这里将第 i 个特征的排列顺序定义为：根据事情的关注点而得到的一个排列 P_i。我们寻求具有一致性的排列 P，它以某种方式最好地反映了所有的成分排列 $P_1, \cdots, P_k$。

这需要定义一个距离函数来度量两个排列间的相似性。在定义斯皮尔曼秩相关系数时也出现了类似的问题（见 2.3.1 节），在这里我们通过按照元素相对顺序的一致性来比较两个变量[⊖]。

Borda 方法通过使用一个简单的评分系统从其他多个排名中创建一个共识排名。特别地，我们给排列 n 个位置的每一个位置分配一个成本或权重。然后，对于 n 个元素中的每

⊖ 观察相似性度量和距离度量之间的差异。在相关度方面，随着元素的相似性增加，得分变大，而在距离函数中，差为零。距离度量将在 10.1.1 节中进行更深入的讨论。

个元素，将其在所有 k 个输入排名中的位置权重相加。对这 n 个分数进行排序可以确定最终的共识排名。

现在除了位置和成本之间的映射之外，其他一切都变得很清楚了。最简单的成本函数会分配 i 个点以对应排列中的第 i 个位置，即我们对所有排列中元素的秩求和。如图 4.7 所示，项 A 中有 3 个 A，1 个 B，所以最终得分为：$3\times1+1\times2=5$。同理可以求得项 C 的得分为 12。整合所有已输入排名的投票，最终得到的共识排名是 $\{A, B, C, D, E\}$，即使这个排名在部分程度上与四个输入排名有些不一致。

1	A	B	A	A	A:5
2	C	A	B	B	B:8
3	B	C	C	D	→ C:12
4	D	D	E	C	D:16
5	E	E	D	E	E:19

图 4.7 使用线性权重从一组四个输入排名中构建 $\{A, B, C, D, E\}$ 共识排名的 Borda 方法

但是使用线性权重代表最佳选择并不显然，因为它假定在整个排列中位置元素的准确率具有一致的置信度。通常情况下，我们对自己优先选择的人的优点了解得最多，但对于那些接近中间阶层的人究竟如何选择，我们相当模糊。如果是这样的话，一个更好的方法可能是对第 1 和第 2 之间的区别给予更多的分数，而不是对第 110 和第 111 之间的区别给予更多的分数。

108

这种类型的权重由钟形曲线隐式地表示。假设从正态分布中以相等的间隔抽样 n 个部分，如图 4.8 所示。将这些 x 值指定为位置权重会在最高和最低列组上产生比中心更大的扩展。尾部区域的宽度实际上与它们在这 50 个等距点处出现的宽度一样：请记住，95% 的概率质量位于中心 2σ 内。

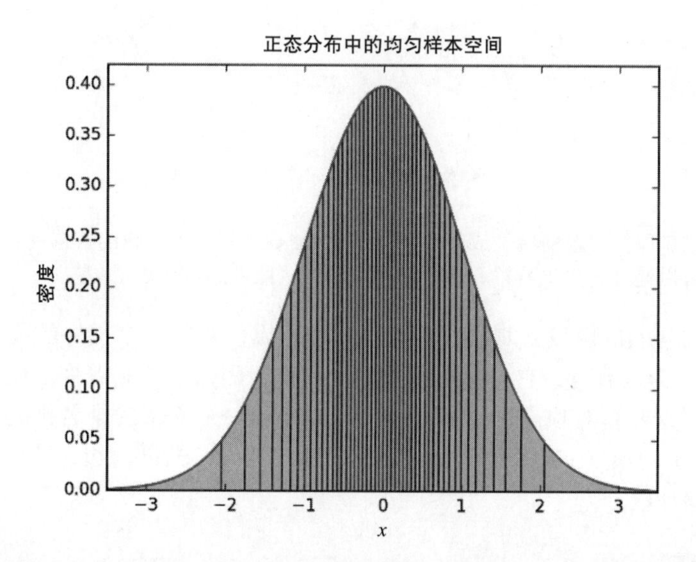

图 4.8 正态分布的等间距值在中间比末端差值更小，这为 Borda 方法确定了适当的权重

另外，如果置信度不是对称的，则可以从半正态分布中抽样，因此行列的尾部将由正态分布的峰值加权。这样，排名最高的元素间的间隔最大，而尾部元素间的区别很小。

这里加权函数的选择依赖于领域，所以需要选择一个能够很好适合你目前工作任务的函数。确定最佳成本函数是一个不恰当的问题。当我们试图设计完美的选举系统时，会发生奇怪的事情，如 4.6 节所示。

4.4.3 基于有向图的排名

网络提供了另一种方式来思考一组结果为“A 领先于 B”的投票。我们可以构造一个有向图 / 网络，其中每个实体都有一个顶点与之相对应，同时，对于每个 A 排在 B 之前的选票存在一个有向边（A，B）。

109

然后，最优排名的规则是使得违反有向边的顶点数最少，比如在最终的排名排列 P 中，B 排在 A 的前面，那么就违反了有向边（A，B）。

如果票数完全相同，那么该最佳排列将恰好违反零边。事实上，就是这种情况表明图中没有有向圈。像（A，C），（C，E），（E，A）之类的有向圈表示了任何一种排名顺序中的内在矛盾，因为无论选择哪个排序，总会存在不合时宜的有向边。

没有圈的有向图称为*有向无环图*或 DAG。具有一些算法基础的读者会回想起，找到此最优顶点顺序的规则称为对 DAG 进行*拓扑排序*，其可以以线性时间高效执行。在图 4.9 中左侧展示的就是一个 DAG，其中恰好包含了两个与有向边不完全相同的排序：{A, B, C, D, E} 和 {A, C, B, D, E}。

然而，实际的特征集或选民不太可能碰巧都是相互一致的。*最大非循环子图问题*是试图找到最小数量的边，将其删除，以脱离 DAG。在这里只需要移除边（E, A）就可以了，如图 4.9 的右图所示。但不幸的是，这里找到最佳排名问题是个“NP 完全”问题，这意味着没有有效的算法来找到最优解。

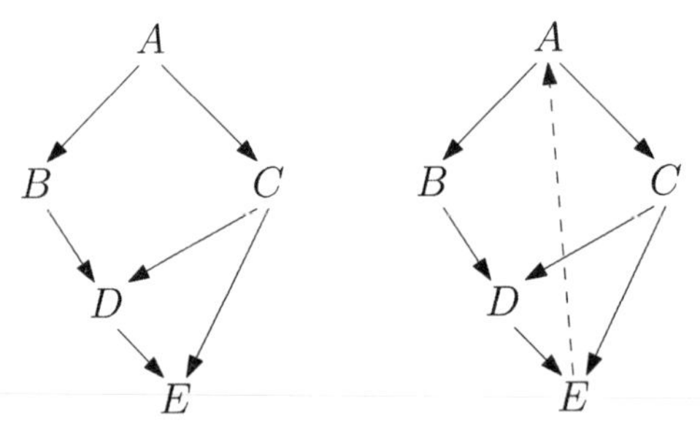

图 4.9 一致排序的首选项会生成一个无环图或 DAG（左）。不一致的首选项会导致有向圈，它可以通过删除少量精心选择的边来破坏，此处用虚线表示（右）

但是也存在自然的启发式算法。关于顶点 v 所属位置的一个很好的线索是其入度和出度之差 d_v。当 d_v 为负数时，它可能属于排列的前部，因为它控制着许多元素，却仅受少数元素支配。根据这些差对顶点进行排序，就可以建立一个不错的排名排列。更好的做法是将最负（或最正）的顶点 v 逐步插入其逻辑位置，删除与 v 关联的边，然后在定位下一个最佳顶点之前调整计数。

110

4.4.4 PageRank

有一种更为有名的算法，是一种通过重要性对网络中的顶点进行排序的方法：用于

Google 搜索引擎的 PageRank 算法。

网络是由网页组成的，大部分网页都包含与其他网页的链接。你的网页链接到我的网页是一种隐含的认可：你认为我的网页是很好的。如果将“你认为我的页面比你的页面更好”理解为一种投票，就可以构建链接网络并将其视为最大的非循环子图问题，如上一节所述。

但是，支配地位并不是对网络链接的正确解释。相反，PageRank 会奖励与它链接最多的顶点：如果所有道路都通向罗马，罗马一定是一个相当重要的地方。此外，它通过源代码的强度来衡量链接中的这些内容：来自重要页面指向我的链接应该比来自垃圾邮件网站的多。

这里面的细节很有趣，但我将网络分析中更深入的讨论推迟到 10.4 节。然而，我希望对 PageRank 的简短介绍可以帮助读者理解下面的故事。

4.5　实战故事：Clyde 的复仇

在高中二年级时，我萌生了编写一个程序来预测职业橄榄球比赛结果的想法。虽然我对橄榄球这项运动并不那么感兴趣，但当我观察到我的几个同学把午餐钱赌在周末橄榄球比赛的结果上时，我觉得编写一个能准确预测橄榄球比赛结果的程序是很有价值的，而且是一件很酷的事情。

回想起来，我当时给出的程序在现在看起来是十分粗糙的。它将对 x 球队的得分和 y 球队送给对手的得分进行平均，以预测 x 相对于 y 的得分。

$$P_x = \frac{(x\text{球队得分}) + (y\text{球队送给对手的得分})}{2\times(\text{比赛次数})}$$

$$P_y = \frac{(y\text{球队得分}) + (x\text{球队送给对手的得分})}{2\times(\text{比赛次数})}$$

然后，我会根据其他因素，特别是主场优势，上下调整这些数字，对数字进行适当的四舍五入，再将剩下的预测值作为比赛得分。

这个计算机程序——Clyde，是我首次尝试为真实世界的某些领域构建一个评分函数。它具有一定的逻辑性。好的球队所获得的得分会超出其送给对手的得分，而糟糕的球队送给对手的得分会超过自己的得分。如果 x 与 y 球队进行比赛，而 y 球队已经丢掉了很多得分，那么 x 对 y 的得分应该比对防守更好的球队的得分高。同样，x 队对联盟其他球队的得分越多，那么比 y 队得分多的可能性也就越大。

111

当然，这种粗略的模型无法涵盖真实橄榄球的所有方面。假设 x 队在本赛季至今一直在与弱队比赛，而 y 队一直在与联盟中表现最好的球队交锋，那么即使现在 y 队的战绩不如 x 队，但是 y 队的实力可能比 x 队要强很多。该模型还忽略了球队可能遭受的各种伤害，无论是天气的炎热和寒冷，还是球队内部间的团结与矛盾。总之，它忽略了所有使体育运动变得具有不可预测性的内在因素。

然而，即使是这样一个简单的模型也能合理地预测橄榄球比赛的结果。如果像上面那样计算平均分，并给主队额外的 3 分作为奖励，就会在将近 2/3 的橄榄球比赛中做出正确的预测。与此相比，更为粗糙的抛硬币模型可以正确预测一半的游戏。那是 Clyde 教给我的第一门主要课程：*即使是粗糙的数学模型也能具有现实的预测能力。*

作为一个大胆的 16 岁小孩，我写信给我们当地的报纸 *The New Brunswick Home News*，向其解释说我有一个可以预测橄榄球比赛结果的计算机程序，并准备为他们提供一个每周独家发布我的预测的机会。记得这是在 1977 年，那时大家对于个人计算机基本没有概念。在那些日子里，一个高中生真正使用计算机的想法具有相当高的新奇价值。想要了解时代已经发生了多大的变化，请查看关于 Clyde 和我的文章，如图 4.10 所示。

Student uses computers to predict football winners

By JEFF LEEBAW
Home News staff writer

STEVEN SKIENA
...to test his accuracy

EAST BRUNSWICK — A 16-year-old East Brunswick High School student has found a way to combine an interest in football with a fascination for computers.

Steven Skiena says he can determine, with a high degree of accuracy, the outcome of professional football games by feeding a computer pertinent information about competing teams.

"The winners will almost always be correct," said the high school junior who lives at 5 Currier Road off Dunhams Corner Road. "I had an 86 per cent accuracy rate when I started predicting at the end of last season."

He does it by feeding the computer a myriad of statistics that include team records, points scored and allowed, average yards gained and allowed during a game, a breakdown of the yards gained and allowed into rushing and passing categories, performances at home and on the road, and more.

The information is gathered from weekly compilations of football statistics and standings. Skiena puts the facts on index cards and then types them into one of the six computer terminals at the high school or a terminal at The Library where he works part-time after school.

"I get a winning team, a decimal score for each team and a point spread," said the teen-ager who completed a computer programming course last year at the high school.

His first attempt at picking winners involved a Monday night game between the Oakland Raiders, the eventual Super Bowl victors, and the Cincinnati Bengals.

It was a difficult game to analyze because Cincinnati was fighting for a playoff berth while Oakland had already clinched a spot in the post season competition.

"Nobody knew whether Oakland would be giving 100 per cent," Skiena said. "But my calculations indicated they would win by 24-20. The final score was 35-20. They went all out."

Skiena said he went on to pick 12 of the 14 winners the following week and accurately predicted Oakland would defeat Minnesota in the Super Bowl.

The National Football League's 1976 Record Book, which breaks down last year's statistics for each of the league's 28 teams, will supply most of Skiena's information for the first few weeks of the 1977 season. He will also use statistics from the final two exhibition games played this year by each of the teams.

Skiena wrote a computer program based on 17 statistical variables that might come into play during a football game.

The computer, in essence, asks him questions and he types the answers.

"It starts out by asking for the names of the teams," he said. "Then it will ask for records, points scored, etc...."

The computer program also attempts to include such intangible variables as injuries.

"The injuries are broken down into offense, defense and quarterback," he explained. "Obviously a quarterback injury is the most serious. It's too difficult to break down injuries for every position. When the computer asks for the number of injuries on defense, I'll type in one, two or whatever the figure is.

Will Skiena use his computer results to enter the variety of football pools and contests that are available during the season?

"No," he said. "I don't like to bet on my own predictions. Last season a friend bet on a game I predicted and it happened to be one of the few that were wrong."

Predictions published

Steven Skiena will get a chance to display his skill as a pro football prognosticator each Sunday in The Home News.

The youngster's weekly selections will be an "added ingredient to our football coverage," according to Home News Executive Editor Robert E. Rhodes.

"I think it's interesting enough for us to give it a shot," Rhodes said of the teen-ager's computer method of determining the outcome of games. "He seems like an earnest young man and we'll stand behind him."

Skiena will receive a "modest stipend" for predicting the winners, scores for each team and briefly explaining the reasons for his conclusions.

His column will appear for the first time in Sunday's sports section when the National Football League (NFL) opens its 1977 season with a slate of 13 games. Skiena will also predict the outcome of the league's Monday night games.

The Home News is publishing the column in the sports section to test the youngster's system and to offer football fans an entertaining feature. Its purpose is not to encourage betting.

"We'll be printing his selections close enough to the time of the game to prevent betting," Rhodes said. "There's big interest in pro football and more than anything else we want to test his system. I'll be rooting for him."

图 4.10　我对数学建模的首次尝试

最终我得到了这份工作，Clyde 预测了 1977 年美国国家橄榄球联赛（NFL）每场比赛的结果。我记得，Clyde 和我以 135 比 70 的战绩结束了这个赛季。每周，他们都会把我的预测与报纸上的体育记者的预测结果进行比较。我记得，我们彼此之间只玩了几局，尽管大多数体育记者的成绩都比计算机好。

尽管我的工作给 *The New Brunswick Home News* 留下了深刻的印象，但是他们在下一季并没有和我续约。然而，Clyde 在 1978 赛季的预测刊登在一家规模更大的报纸 *Philadelphia Inquirer* 上，不过，并没有为我独自开设一个专栏。取而代之的是，询问者把我放到了 10 个业余的和专业的预测者当中。每周我们都要预测 4 场比赛的结果。

橄榄球比赛中的让分是一种为了博彩的公平性而削弱强队的一种方法。让分的目的是使每场比赛都有 50% 的猜中概率，从而使预测比赛结果更加困难。

我和 Clyde 在 1978 年 NFL 赛季期间的表现差强人意，*Philadelphia Inquirer* 中的其他大多数人也没有对此进行吹捧。我们预测只有 46% 的比赛能够正确对抗让分，这个足够好（或糟糕）的表现，足以让我们在 10 个公布的预测者中排名第 7。反对让分给了我第二个重要的人生教训：当真正涉及金钱时，粗糙的数学模型没有实际的预测能力。

112
~
113

所以 Clyde 注定不会彻底改变橄榄球预言界。在我把预测超级杯的挑战作为我数据科学课上的一个作业之前，我几乎忘记了这一点。得到这份工作的团队是由印度的学生组成的，这意味着他们对板球的了解远比开始时对橄榄球的了解多。

尽管如此，他们还是迎接了挑战，成为球迷，因为他们建立了一个关于过去 10 年中每一场职业比赛和大学比赛结果的大数据集。他们对 142 个不同的特征进行了逻辑回归分析，包括持球跑、传球和脚踢码数、持球时间和凌空抽射的次数。然后，他们自豪地向我报告了其模型的准确率：对 51.52% 的 NFL 比赛做出了正确的预测。

“什么？”我尖叫地说，“这简直太糟糕了！”“仅仅通过投掷硬币你都会有 50% 的成功率。尝试对两支球队的得分和平均得分进行平均，并额外给主队加 3 分，试试看这个简单的模型效果怎样？”

在他们的数据集中，这个简化版的 Clyde 模型正确地预测了 59.02% 的比赛，要比他们复杂的机器学习模型好得多。他们被太多的特征迷惑住了，而这些特征又没有得到适当的归一化，并且数据集中的数据过于陈旧，无法代表当前的团队组成。最终，学生们成功地提出了一个基于 PageRank 的模型，这个模型做得稍微好一点（准确率为 60.61%），但是 Clyde 预测结果和这个模型的几乎相同。

这里有几个重要的经验。首先，垃圾进，垃圾出。如果你不准备一个干净的、正确归一化的数据集，那么最先进的机器学习算法也无法帮助你。其次，基于少量特定领域知识的简单评分方法可能会出奇的好。而且，它们有助于你保持坦诚。在你设法找到更强大的方法之前，先建立和评估简单、可理解的基准方法。Clyde 就是这种基准方法，并且使得机器学习模型毫无防备。

4.6　阿罗不可能性定理

我们已经明白了从数据中构造排名或评分函数的几种方法。如果我们有一个黄金标准，可以说明部分实体“正确”的相对顺序，那么这就可以用来训练或评估评分函数，使其尽可能与这些排名一致。

但是由于没有黄金标准，所以可以证明不存在最佳排名系统。这是阿罗不可能性定理的结论，该定理证明没有一种用于汇总偏好排列的选举系统可以满足以下理想且无害的属性：

- 系统应该是完整的，当要求在备选方案 A 和 B 之间进行选择时，应该有三种情况（1）A 优先于 B，（2）B 优先于 A，或（3）它们之间有同等的优先权。
- 结果应该是可传递的，这意味着如果 A 优先于 B，B 优先于 C，则 A 必须优先于 C。
- 如果每个人都喜欢 A 而不是 B，那么系统也应该更偏向于 A 而不是 B。
- 该系统不应该只取决于一个人的偏好，那就成了一个独裁者。
- 与 B 相比，A 的偏好应独立于其他任何替代项（例如 C）的偏好。

114

图 4.11 描述了阿罗定理的一些特点，以及“剪刀石头布”类型排序的非传递性质。它显示了 3 个投票人（x、y 和 z）在不同的颜色中排列他们的偏好。为了在两种颜色 a 和 b 之间建立偏好，一个逻辑系统会比较有多少种排序是将 a 排在了 b 的前面而不是排在 b 的后面。在这个系统中，红色在 x 和 y 上优先于绿色，所以红色获胜。同样，绿色比蓝色更受 x 和 z 的青睐，所以绿色获胜。从传递性的角度来说，这两种结果的隐含意义是：红色优先于蓝色。然而在 y 和 z 上，更喜欢的是蓝色而不是红色，这违反了我们希望选举系统保留的固有属性。

投票人	红	绿	蓝
x	1	2	3
y	2	3	1
z	3	1	2

图 4.11　强调传递性损失的颜色偏好排名（红色优先于绿色，绿色优先于蓝色，然而蓝色优先于红色）

阿罗定理是非常令人惊讶的，但它是否意味着应该放弃将排名作为分析数据的工具呢？当然不是，正如阿罗定理所说，我们应该放弃民主。传统的投票系统基于这样一种观点，即多数规则通常能很好地反映出大众的偏好，一旦适当地加以推广，就可以处理大量的候选项。本章中的技术通常会以有趣和有意义的方式很好地对项目进行排名。

课后拓展：我们不是要找到正确的排名，因为这是一个不明确的目标。相反，我们要寻求的是有用和有趣的排名。

4.7　实战故事：谁更大

我的学生有时跟我说我已经成为历史了。我希望这不是真的，但我对历史很感兴趣，就像我以前的博士后 Charles Ward 一样。Charles 和我聊到了谁是历史上最重要的人物，以及你如何衡量这个人物。和大多数人一样，我们在维基百科上找到了答案。

115

维基百科是一个了不起的网站，它是由超过 10 万名作者构建的分布式工作产品，并以某种方式保持了极佳的准确性和深度标准。维基百科以一种开放的和机器可读的方式捕捉了惊人数量的人类知识。

我们开始使用英语维基百科作为数据源，以历史排名为基础。我们的第一步是从每个人的维基百科页面中提取与历史意义明显相关的特征变量。其中包括以下特征：

- 篇幅：大多数重要的历史人物的维基百科页面应该比普通人长。因此，文章长度至少在某种程度上提供了反映历史辉煌度的自然特征。
- 点击率：大多数重要的人物的维基百科页面阅读频率会高于其他人，因为他们引起了更多人的兴趣。我的维基百科页面平均每天被点击 20 次，这是一件非常酷的事情。但 Issac Newton 的页面平均每天被点击 7700 次，这比我要好得多。
- PageRank：重要的历史人物与其他重要的历史人物之间的相互联系，在维基百科文章中会作为超链接引用反映出来。这定义了一个有向图，其中顶点是文章，有向边是超链接。计算这个图的 PageRank 可以衡量每个历史人物的中心性，这与重要性有很大的相关性。

总之，我们为每个历史人物提取了 6 个特征。接下来，我们在汇总之前对这些变量进行了归一化，基本上是通过将基础排名与正态分布权重相结合，如 4.4.2 节所述。我们使用一种与主成分分析相关的*统计因子分析*（在 8.5.2 节中讨论）技术，分离出 2 个解释了我们数据中大部分方差的因子。这些变量的简单线性组合给了我们一个评分函数，对得分进行排序以确定初始排名，我们称之为*名望*。

图 4.12（右）展示了按我们的名望得分排名前 20 位的人物。我们研究了这些排名，认为该排名并没有真正体现出我们想要的排名结果。名列前 20 位的音乐人包括麦当娜（Madonna）和迈克尔·杰克逊（Michael Jackson）等流行音乐家，以及 3 位当代美国总统。显然，当代人物的排名远远超出了我们的预期：我们的评分函数捕捉到的是当前的名望，而非历史重要性。

我们的解决方案是减少当代人物的得分来表明时间的流逝。现在的名人在维基百科上的点击率很高，这让人印象深刻，但我们仍然关心 300 年前去世的人，这更令人印象深刻。年龄校正后的前 20 位人物如图 4.12（左）所示。

116

重要性	姓名
1	Jesus
2	Napoleon
3	William Shakespeare
4	Muhammad
5	Abraham Lincoln
6	George Washington
7	Adolf Hitler
8	Aristotle
9	Alexander the Great
10	Thomas Jefferson
11	Henry VIII
12	Elizabeth I
13	Julius Caesar
14	Charles Darwin
15	Karl Marx
16	Martin Luther
17	Queen Victoria
18	Joseph Stalin
19	Theodore Roosevelt
20	Albert Einstein

名望	人物
1	George W. Bush
2	Barack Obama
3	Jesus
4	Adolf Hitler
5	Ronald Reagan
6	Bill Clinton
7	Napoleon
8	Michael Jackson
9	W. Shakespeare
10	Elvis Presley
11	Muhammad
12	Joseph Stalin
13	Abraham Lincoln
14	G. Washington
15	Albert Einstein
16	John F. Kennedy
17	Elizabeth II
18	John Paul II
19	Madonna
20	Britney Spears

图 4.12 按重要性排序（左）和当代名望（右）排名前 20 位的历史人物

这才是我们想要的！我们使用了一切可以找到的具有历史意义的代理变量来验证排名：其他地方公布的排名、亲笔签名价格、体育统计、历史教科书以及名人堂选举结果。结果表明，我们的排名与所有这些代理变量都具有强相关性。

事实上，我认为这些排名非常有启发性。我们写了一本书 [SW13]，描述了各种可以从中学到的东西。如果你对历史和文化感兴趣，我会很自豪地鼓励你读这本书。越是研究这些排名，我就越对它们的整体稳定性印象深刻。

也就是说，我们公布的排名没有达到普遍的共识，远远没有。关于我们的排名，报纸和杂志上发表了几十篇文章，其中许多颇具敌意。尽管我们进行了广泛的验证，但为什么人们不尊重它们呢？回顾过去，我们遇到的大多数问题都来自三个不同的原因：

- *不同的隐含显著性概念*：我们的方法旨在衡量*模因强度*[⊖]，这些历史人物如何成功地通过历史传播它们的名字。但许多读者认为我们的方法应该衡量*历史性变革*的概念。就改变世界而言，谁最重要？我们所指的世界是整个世界还是仅仅是说英语的世界？中国和印度的人口占世界总人口的 30% 以上，怎么会没有这两个国家的人物出现在名单上呢？
  在测量之前，必须对要测量的东西达成一致。身高是衡量身材的一个很好的度量，但它并不能很好地捕捉肥胖。然而，身高对于挑选篮球队的队员是非常有用的。
- *离群值*：抽样检验对于分析结果的评估非常重要。关于我们的排名，这意味着要检查我们认识的人的排名位置，以确认其确实处于合理的位置。
  对于使用我们的方法得到的历史人物排名，总体上我还是感觉非常满意的。但是，在排名中，有些人的排名会高于任何一个理性人给出的排名，特别是乔治·W. 布什总统（排名 36）以及青少年电视明星 Hilary Duff（排名 1626）。看到这些离群值后，可能不再信任我们的排名方法的可靠性。但要知道，我们对近 85 万历史人物进行了排名，这大致相当于旧金山的人口总数。一些精心挑选的不好的例子必须在适当的背景下来看。
- *鸽笼约束*：大多数评论者只看到了前 100 名的排名，他们向我们抱怨到底把某些人排在哪里，谁没有被裁掉。妇女电视节目 *The View* 抱怨排名中女性过少。我记得英国的一些文章抱怨我们严重低估了温斯顿·丘吉尔（37 名）的排名，南非的一些文章认为我们贬低了纳尔逊·曼德拉（356 名），中国的一些文章指责我们没有足够的中国人，甚至还有一家智利杂志抱怨前 100 名中没有智利人的身影。
  其中一些反馈反映了文化差异。这些批评人士对显著性的理解不同于英文维基百科。但其中很大一部分反映了这样一个事实：前 100 名中正好有 100 个名额。他们在前 100 中没有找到的人物仅仅是稍微超出他们的预期。每当有一个新人进入前 100 名时，我们都必须从中移除一个人。但是读者几乎从来没有建议过应该将哪个人物移除，只是建议应该将哪些人物增加进去。

教训是什么呢？试着预测一下观众对你排名的关注。我们被鼓励明确地称我们的测量方法为*模因强度*而不是*显著性*。回想起来，使用这个不那么沉重的名字会让读者更好地理解我们所做的事情。我们或许也应该劝阻读者不要把注意力放在排名前 100 位上，而应该集中在这些人物在感兴趣的特定群体中的相对顺序上：谁是最优秀的音乐家、科学家和艺

117

⊖ Meme-strength：meme 指模仿传递行为（通过模仿等非遗传方式传递的行为）。——译者注

术家？事实证明，这可以减少争议，更好地帮助人们建立对我们所做事情的信任。

4.8 章节注释

Langville 和 Meyer[LM12] 对这里讨论的大多数排名方法进行了全面介绍，包括 Elo 和 PageRank。 118

本章没有涉及的一个重要部分是学习排名方法，这些方法是利用黄金标准排名数据来训练适当的评分函数。这样的真实有效数据[⊖]通常是不存在的，但有时可以找到代理。在评估搜索引擎时，用户点击提交给他们的第四项（比如说）的观察结果可以被解释为投票，认为它的排名应该高于上面三项的排名。SVMrank[Joa02] 提出了一种从此类数据中学习排名函数的方法。

在顶点顺序中最小化边冲突的启发式算法是由 Eades 等人提出的，见文献 [ELS93]。对阿罗不可能性定理的表述参考了 Watkins 的注释，见文献 [Wat16]。

本章的实战故事是从我的著作 *Calculated Bets* 和 *Who's Bigger?* 中摘抄整理后得到的。不要因为自我抄袭起诉我。

4.9 练习

得分和排名

4-1 [3] 设 X 表示服从 $\mu=2$ 和 $\sigma=3$ 的正态分布的随机变量。假设我们观察到 $X=5.08$。找到 x 的 Z 分数，并确定该值与 x 的均值相差多少标准差。

4-2 [3] 标准正态分布（$\mu=0$，$\sigma=1$）在下面每个区域中所占的百分比是多少？

（a）$Z > 1.13$　　（b）$Z < 0.18$

（c）$Z > 8$　　（d）$|Z| < 0.5$

4-3 [3]Amanda 参加了研究生成绩考试（GRE），语言推理得了 160 分，定量推理得了 157 分。语言推理的平均分为 151 分，标准差为 7，而定量推理的平均分为 $\mu=153$ 和 $\sigma=7.67$。假设两个分布都服从正态分布。

（a）Amanda 在这些考试部分的 Z 分数是多少？在标准正态分布曲线上标出这些得分。

（b）与其他学生相比，她在哪个部分做得更好？

（c）求出她两次考试的百分制得分。

4-4 [3] 在你个人感兴趣的领域找到 3 个成功且使用良好的评分函数。向每一个人解释一下为什么它会成为一个好的评分函数，以及其他人是如何使用它的。

4-5 [5] 在下列某类事物的属性上查找数据集：

（a）世界各国。

（b）电影和电影明星。

（c）体育明星。 119

（d）大学。

建立一个反映质量或受欢迎程度的合理的排名函数。这与一些旨在达到类似结果的外部测量方

⊖ 在机器学习中，“ground truth”一词指训练集对监督学习技术的分类的准确性，在统计模型中被用来证明或否定研究假设。“ground truth”这个术语指的是这个测试收集适当的目标（可证明的）数据的过程。——译者注

法有多大关联？

4-6 [5] 在同一组项目上产生两个本质上不同但合理的评分函数。排名结果有何不同？ 为了保证两者排名的合理性，是否因此而使得两个排名结果不十分吻合？

4-7 [3] 职业体育联盟用来选择最有价值球员奖得主的评分系统通常包括为选民指定的排列分配位置权重。他们在职业棒球、篮球和橄榄球中使用什么系统？这些系统相似吗？你认为它们合理吗？

实施项目

4-8 [5] 使用 Elo 评分系统对棒球、橄榄球或篮球等运动中的所有球队进行排名，它将根据每次新的比赛结果调整评分。使用 Elo 预测未来比赛结果的准确率如何？

4-9 [5] 通过对序列 $p=\{1, 2, \cdots, n\}$ 的 m 种不同排列方式采用 k 个随机交换来评估 Borda 方法的鲁棒性。求阈值，使 Borda 方法不能重构 n、k 和 m 的函数 p。

面试问题

4-10 [5] 是什么使数据集成为黄金标准？

4-11 [5] 如何测试新的信用风险评分模型是否有效？

4-12 [5] 基于亚马逊的公共数据，你如何预测一本书的销量？

Kaggle 挑战

4-13 从棋局位置给棋手打分。

https://www.kaggle.com/c/chess

4-14 开发金融信用评分系统。

https://www.kaggle.com/c/GiveMeSomeCredit

4-15 从广告中预测一份工作的薪水。

120

https://www.kaggle.com/c/job-salary-prediction

第5章
统计分析

要用统计骗人很容易。但是不用统计骗人更容易。

——Frederick Mosteller

我要承认，我从未与统计学家进行过真正令人满意的对话，这并非完全是因为不想尝试。这些年来，我多次提出统计人员感兴趣的问题，但每次给我的回答都是“你不能那样做”或“但它不是独立的”，而不是“这是你可以用来处理的方法”。

说实话，这些统计学家通常也不喜欢与我交谈。统计人员对数据的认真思考要比计算机科学家思考的时间长得多，并且有许多强大的方法和思想可以证明这一点。本章将介绍其中一些重要工具，例如，某些基本分布的定义和统计显著性检验。本章还将介绍贝叶斯分析，这是一种严格评估新数据如何影响先前对未来事件的估计的方法。 121

图5.1说明了统计推理的过程。在这里，我们可以潜在地观察到表象之下总体的可能情况。实际上只对其中一小部分进行了抽样，理想情况下是随机抽样，这意味着我们可以观察抽样项目的特征。概率论描述了样本应该具有的属性，给出了总体的基本属性。但统计推断却是另一种方式，在这种情况下，我们尝试根据样本分析推断出全部总体是什么样的。

理想情况下，我们将学会像统计学家一样思考：保持足够警惕、防止过度解释和错误，同时保持我们对处理数据并将其带到我们的位置的信心。

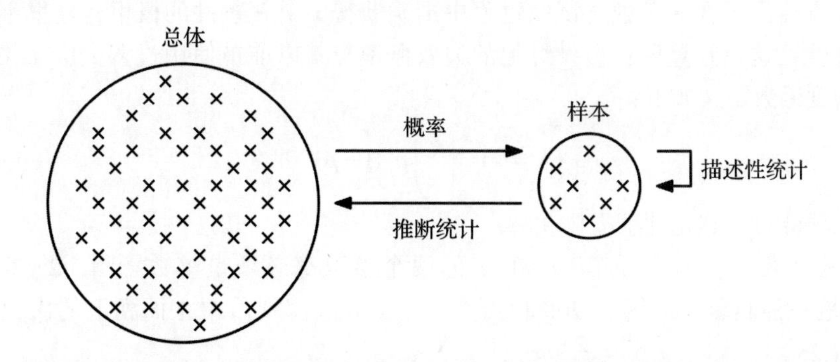

图5.1　统计的中心原则是：对少量随机样本进行分析，就可以得出关于整个总体的严格推断

5.1　统计分布

我们观察到的每个变量都定义了一个特定的频率分布，它反映了每个特定值出现的频率。通过变量的分布状态可以获取其独特属性（例如身高、体重和智商）。但是，这些分布的形状本身并不是唯一的：在很大程度上，世界上丰富多样的数据只以少数经典形式出现。

这些经典分布有两个很好的特性：（1）它们描述了在实际中高出现频率的分布形状；（2）它们通常可以用带有很少参数的闭形公式进行数学描述。一旦从特定的数据观测中提取出来，它们就成为概率分布，值得独立研究。

了解经典的概率分布是很重要的，因为它们在实际应用中经常出现，所以应该注意它们。它们为我们提供了一个词汇表来谈论我们的数据是什么样子的。我们将在接下来的章节中回顾最重要的统计分布（二项分布、正态分布、泊松分布和幂律分布），强调定义它们本质属性的特征。

注意，你所观察到的数据不一定来自特定的理论分布，可能碰巧是因为其形状相似。统计检验可用于严格证明实验观察到的数据是否反映了从特定分布中提取的样本。

但我会帮你省去进行这些测试时带来的麻烦。我将满怀信心地说，你的真实世界数据并不完全符合任何著名的理论分布。

这是为什么呢？要明白，世界是一个复杂的地方，这使得测量它成为一个混乱的过程。你的观察结果可能来自多个样本群体，每个样本群体的基础分布又有所不同。有趣的发现通常发生在那些观察到的分布的尾部：异常高或低值的突然出现。测量会产生与之相关的误差，但有时是由于奇怪的系统方式造成的。

也就是说，了解基本分布确实非常重要。每一个经典分布之所以成为经典都是有原因的。了解这些原因可以为你提供许多有关观测数据的信息，因此这里将对其进行回顾。

122

5.1.1　二项分布

考虑一个由相同且独立的事件组成的实验，该事件有两个可能的结果 P_1 和 P_2，得到它们的概率分别为 p 和 $q=(1-p)$。实验也许是掷硬币，硬币的正面概率（$p=0.5$）和反面概率（$q=0.5$）是一样的。又或许是反复打开电灯开关，你发现需要更换灯泡的概率（$p=0.001$）远小于灯泡正常工作的概率（$p=0.999$）。

二项分布给出了在 n 个独立试验过程中准确获得 x 个 P_1 事件的概率，这里不考虑顺序问题。独立性在这里很重要：假设灯泡的失效概率与其以前被使用过多少次无关。二项分布的概率密度函数定义如下：

$$P(X=x)=\binom{n}{x}p^x(1-p)^{(n-x)}$$

关于二项分布，有几件事需要注意：

- 它是离散的：二项分布（n 和 x）的两个参数都必须是整数。图 5.2（左）的平滑度是一种假象，因为 $n=200$ 相当大。在 200 次掷硬币中正面朝上的次数不可能为 101.25。
- 你也许可以解释其背后的理论：在高中第一次遇到二项分布。还记得帕斯卡三角吗？对于 $\binom{n}{x}$ 个不同的抛掷序列中的每一个，在一个特定序列中 n 次抛掷恰好有 x

个正面的概率为 $p^x(1-p)^{(n-x)}$。

- 它是钟形的：对于一枚硬币（p=0.5），二项分布是完全对称的，中间是均值。但是在灯泡实验的情况下并非如此：如果我们只打开灯泡 n=1000 次，灯泡的失效次数极有可能为零。这只反映了图 5.2 的一半，也就是说，当 $n \to \infty$ 时，我们将得到均值处的对称分布峰值。

123

- 它只用两个参数定义：给定的二项分布只需要 p 和 n 的值来完全定义。

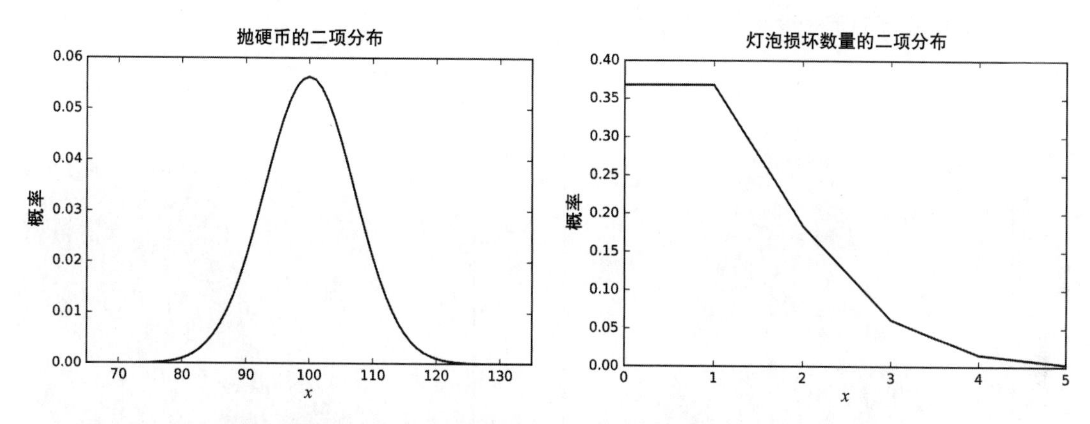

图 5.2　二项分布可用于模拟 200 次抛硬币中的正面朝上的分布，p=0.5（左）；以及 1000 次事件中灯泡损坏的数量，失效概率 p=0.001（右）

二项分布可以对许多事物进行合理地建模。回想一下 2.2.3 节中讨论的 p=0.300 击球手的表现差异，在那里，每次试验中获得成功的概率为 p=0.3，每个赛季有 n=500 次试验。因此，每个赛季的击球数是从二项分布中得出的。

意识到这是一个二项分布意味着我们真的不必使用模拟来构建分布。诸如预期命中数 $\mu=np=500\times0.3=150$ 和其标准差 $\sigma=\sqrt{npq}=\sqrt{500\times0.3\times0.7}=10.25$ 之类的属性在需要时都可以在闭形公式中找到。

5.1.2　正态分布

许多自然现象都是用钟形曲线来模拟的。诸如身高、体重、寿命和智商之类的测量特征都有着大体相同的规律：大部分值都非常接近均值、分布是对称的、没有过于极端的值。在整个世界历史上，从来没有一个 12 英尺高的男人或 140 岁的女人。

高斯分布或正态分布是所有钟形曲线之母，其均值和标准差可以被完全参数化：

$$P(x)=\frac{1}{\sigma\sqrt{2\pi}}\mathrm{e}^{-(x-\mu)^2/2\sigma^2}$$

124

图 5.3 显示了正态分布的概率密度函数和累积分布函数。这里有几点需要注意：

- 它是连续的：正态分布的参数（均值 μ 和标准差 σ）的取值为任意实数，唯一的约束条件是 $\sigma>0$。
- 你可能无法解释它的出处：正态分布是二项分布的推广，其中 $n\to\infty$，且均值附近的集中度由参数 σ 指定。根据二项分布，直觉会告诉你，高斯的计算是正确的：这位伟大的数学家将正态分布写进了他的博士论文。或者，如果你真的想知道它的来源，可以参考任何一本像样的统计书。

- 它确实是钟形的：高斯分布是钟形曲线的柏拉图式例子。因为它是对连续变量（例如高度）进行操作的，而不是对离散计数（例如事件数）进行操作，所以它非常平滑。因为它在两个方向上都无限远，所以两端的尾部都没有截断。正态分布是一个理论结构，它有助于解释这种完美性。
- 它也仅使用两个参数进行定义：但是，这些参数不同于二项分布！正态分布完全由其中心点（由均值 μ 给出）和其扩散度（由标准差 σ 给出）定义，它们是可以用来调整分布的唯一变量。

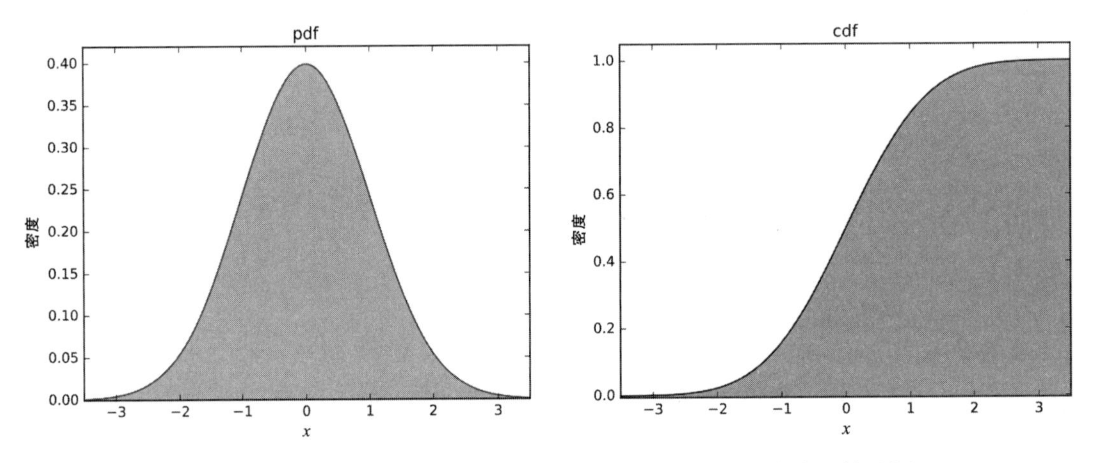

图 5.3　正态分布的概率密度函数（左），以及相应的累积密度函数（右）

什么是正态

正态分布可以模拟数量惊人的自然现象。在这里，也许最重要的一个参数就是测量误差。每次在浴室磅秤上测量体重时，即使体重没有变化，你也会得到不同的结果。有时电子秤的读数会很高，有时会很低，这取决于室温和地板的翘曲程度。小错误比大错误更可能发生，稍高的错误和稍低的错误同样也可能发生。实验误差一般以高斯噪声的形式呈正态分布。

与之相似，诸如身高、体重和寿命之类的物理现象都呈钟形分布。然而，它们的分布是正态分布的说法通常提出得过于随意，而没有准确地说明基本原理。人类的身高是否呈正态分布？当然不是：男人和女人的平均身高和相关分布并不相同。男性身高是否呈正态分布？当然不是：将儿童考虑进来，会使老年人口缩小，你又会得到几种不同正态分布的总和。美国成年男性的身高是正态分布吗？不，可能完全不是。有一些患有侏儒症或肢端肥大症等生长障碍的非正常人群，这些人群的身高远远低于或者高于正常分布。

125

也许最著名的钟形但非正态分布就是日收益率（金融市场中的价格变动百分比）。市场大崩盘是由价格的大幅下跌导致的：1987 年 10 月 10 日，道琼斯平均指数下跌了 22.61%。大型股票市场崩盘发生的频率比通过正态分布准确建模的频率高得多。事实上，每一次实质性的市场崩盘都会除去一些之前认为是正态分布但并没有为这种极端事件提供充分保障的量化指标。事实证明，股票收益的对数为正态分布，从而导致分布的尾部比正常情况长得多。

然而必须记住，钟形分布并不总是正态分布的，但在缺乏更好知识的情况下，做出这样的假设是思考开始的合理方式。

5.1.3 正态分布的含义

回想一下，均值和标准差总会大致表征任何频率分布，如 2.2.4 节所述。但是它们在表征正态分布方面做得非常出色，因为它们定义了正态分布。

图 5.4 说明了著名的正态分布 68%–95%–99% 规则（3σ原则）。68% 的概率质量必须位于平均值的 1σ区域内。此外，概率的 95% 在 2σ之内，而 99.7% 在 3σ之内。

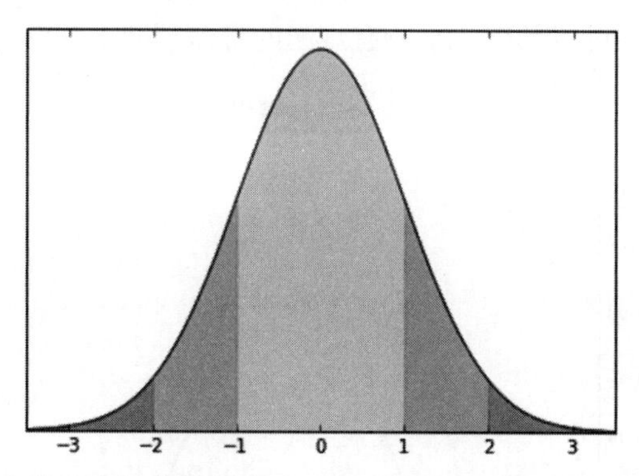

图 5.4 正态分布意味着远离均值的概率有严格的界限。68% 的数值处在平均值的 1σ内，95% 在 2σ内，99.7% 在 3σ内

这意味着在任何正态分布变量中，远离均值（以 σ表示）的值几乎消失了。事实上，术语 six sigma 是用来表示质量标准如此之高以至于缺陷是极其罕见的事件。我们希望飞机坠毁是 6σ事件。6σ事件在正态分布上的概率约为十亿分之二。 126

由 IQ 测得的智商呈正态分布，均值为 100，标准差 σ=15。因此，有 95% 的人口位于 70 到 130 的均值的 2σ之内。只有 2.5% 的人智商在 130 以上，另有 2.5% 的人智商在 70 以下。占 99.7% 的大多数在均值的 3σ以内，即智商在 55～145 之间的人。

那么，世界上最聪明的人有多聪明呢？如果假设有 70 亿人口，随机选择的人最聪明的概率大约是 1.43×10^{-10}。这与单个样本均值大于 6.5σ的概率大致相同。因此，根据这种估算，世界上最聪明的人的智商应该约为 197.5。

接受这一点的程度取决于你是否相信智商确实呈正态分布。这样的模型通常处于极端崩溃的严重危险中。事实上，根据这个模型，在智商测试中有一个愚蠢到得负分的人的概率几乎相同。

5.1.4 泊松分布

泊松分布测量罕见事件之间的间隔频率。假设通过一系列日常事件来模拟人类的寿命，在这种情况下，今天发生呼吸停止的概率很小但恒定，为 $1-p$。生命周期为 n 天意味着在前 $n-1$ 天还有呼吸，然而在第 n 天永远地停止了呼吸。$Pr(n)=p^{n-1}(1-p)$ 给出了生存 n 天的概率，从而得出了预期的寿命：

$$\mu=\sum_{k=0}^{\infty}k\cdot Pr(k)$$

泊松分布基本上是根据此分析得出的，但采用了比 p 更方便的论点。由于每个 p 定义 u 的特定值，因此这些参数在某种意义上是等效的，但平均值更易于估计或测量。泊松分布产生非常简单的闭合公式：

$$Pr(x) = \frac{e^{-\mu} \mu^x}{x!}$$

一旦开始以正确的方式思考，许多分布就会开始出现泊松现象，因为它们代表了罕见事件之间的间隔。

回顾上一节中的二项分布灯泡模型。这使得计算图 5.2（右）中的预期变化次数变得很容易，但并没有使得计算寿命分布（即泊松）变得容易。图 5.5 绘制了 $\mu=1/p=1000$ 时的相关泊松分布，这表明我们可以预期几乎所有灯泡的寿命都处于 900～1100 小时之间。

127

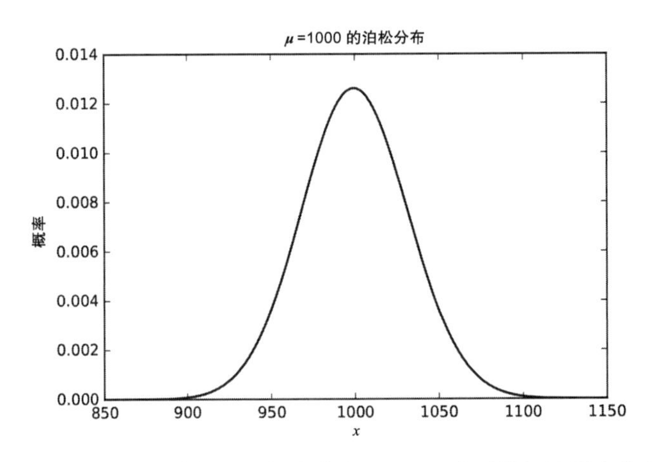

图 5.5　用泊松分布建模，预期寿命为 $\mu=1000$ 小时的灯泡的寿命分布

或者，假设要通过一个过程来模拟孩子的数量，在这个过程中，一个家庭一直在生孩子，直到父母发脾气，或者由于烘烤面包或洗衣服太多，父母之间的关系发生了破裂。“就这样！我受够了。不要再生了！”

在这样一个模型下，家庭规模应被建模为泊松分布，在泊松分布中，每天发生崩溃的可能性很小，但非零，这足以导致工厂停工。

“我有小孩”模型预测家庭规模的效果如何？图 5.6 中的多边形线表示参数 $\lambda=2.2$ 的泊松分布，这些分数代表 2010 年美国一般社会调查（GSS）中有 k 个孩子的家庭的比例。

128

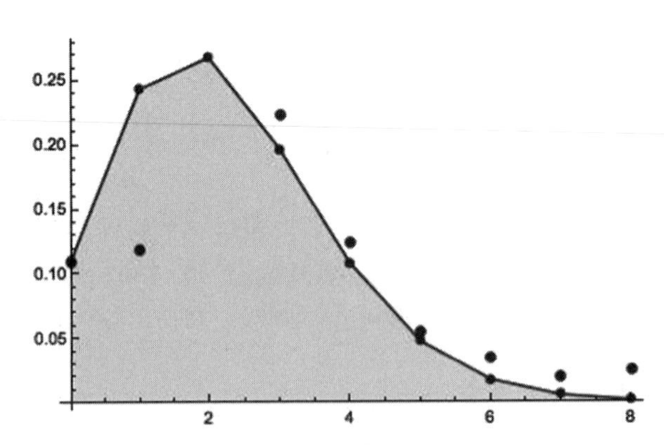

图 5.6　有 x 个孩子的家庭（孤立点）的观察分数通过泊松分布精确建模，泊松分布定义为每个家庭（多段线）的平均 $\mu=2.2$ 个孩子

除 $k=1$ 外，所有的家庭规模都有很好的一致性，坦率地说，我的个人经验表明，独生

子女比这个数据集所代表的要多。同时，只要知道泊松分布的均值和表达式，就可以合理地估计实际的家庭规模分布。

5.1.5 幂律分布

与正态分布或泊松分布下的分布相比，许多数据分布的尾部更长。例如，考虑城市人口。根据维基百科的数据，2014 年美国共有 297 个城市，人口超过 100 000。图 5.7（左）显示了第 10 大城市的人口，1≤k≤297，这表明相对少数几个城市的人口占主导地位。事实上，17 个最大的城市的人口如此之多，以至于零散显示在图中，以便能看到其他城市的人口数。

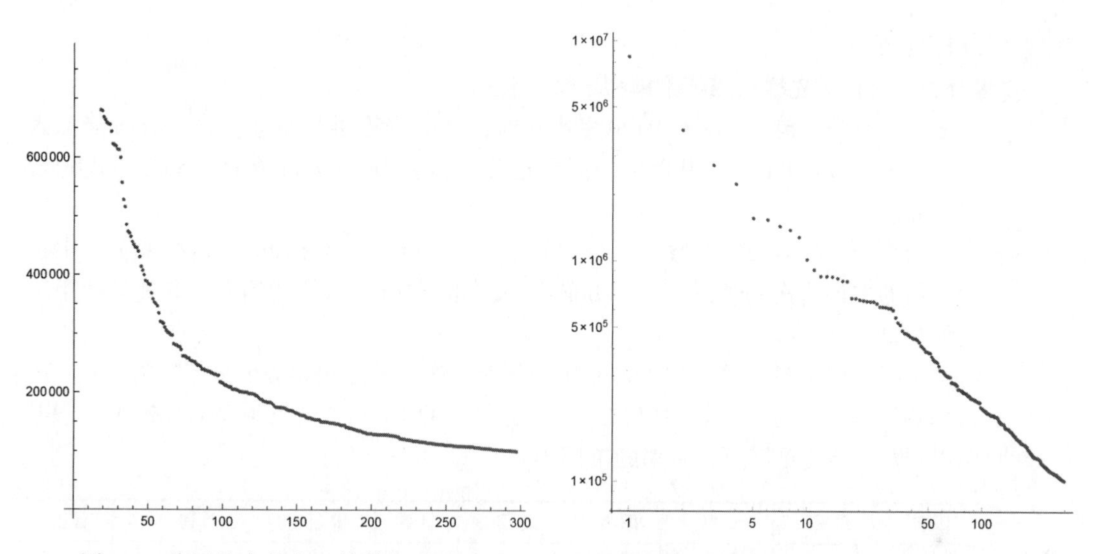

图 5.7 美国城市的人口按等级递减（左）。右边是相同的数据，现在包括了最大的城市，但绘制在对数刻度上。它们处于一条线上，这反映了一种幂律分布

这些城市的平均人口数为 304 689，标准差为 599 816。当标准差相对于平均值过大时，就有问题了。在正态分布下，总体的 99.7% 位于平均值的 3σ 范围内，因此，这些城市中任何一个的人口数都不会超过 210 万。但是休斯顿市的人口为 220 万人，而纽约市（840 万人）的人口超过平均值的 13σ！城市人口显然不是正态分布的。实际上，他们观察到了另一种分布，称为幂律。

129

对于由幂律分布定义的给定变量 X 有

$$P(X=x)=cx^{-\alpha}$$

这是对两个常数的参数化：指数 α 和归一化常数 c。

幂律分布需要一些思考才能正确解析。此分布定义的总概率是曲线下的面积：

$$A=\int_{x=-\infty}^{\infty}cx^{-\alpha}=c\int_{x=-\infty}^{\infty}x^{-\alpha}$$

A 的特定值由参数 α 和 c 定义。对于给定的 α 需要特定的归一化常数 c，以确保 A=1，这是概率法则所要求的。除此之外，c 对我们而言并不特别重要。

实际上真正起作用的是 α。注意，当我们将输入值加倍（从 x 到 $2x$）时，概率将降低一个因子 $f=2^{-\alpha}$。这看起来很糟糕，但对于任何给定的 α，其只是一个常数。因此，幂律

的真正含义是：所有 $2x$ 大小的事件的发生频率比 x 大小的事件的发生频率低 2^{α} 倍。

幂律可以很好地模拟个人财富，其中 $f \approx 0.2=1/5$。这意味着在很大的范围内，如果 Z 个人有 x 美元，那么 $Z/5$ 个人有 $2x$ 美元。有 20 万美元的人是拥有 10 万美元的人数量的 1/5。如果世界上有 625 个人的身价为 5 亿美元，那么应该有大约 125 个身价是 10 亿美元的人。此外，应该有 25 位亿万富翁，每人身价 200 亿美元，5 位超级亿万富翁，身价为 400 亿美元，最后一位是比尔·盖茨，身价 800 亿美元。

幂律定义了“80/20”法则，它解释了这个世界上所有的不平等现象：20% 的人掌握着 80% 的财富。每当富人变得更富裕时，幂律就已经开始发挥作用，在这种情况下，你在原有财富的基础上获得更多财富的可能性就会逐渐增加。大城市的增长不成比例，因为大城市吸引了更多的人。比尔·盖茨所拥有的财富使得他获得了比我更好的投资机会，因此他的钱增长得比我的快。

许多分布由这种优先增长或依附模型定义，包括：

- *有 x 个用户的网站*：当网站有更多用户时，就会变得更受欢迎。你更有可能加入 Instagram 或 Facebook，因为你的朋友已经加入了 Instagram 或 Facebook。优先依附会导致幂律分布。
- *相对频率为 x 的单词*：有数百万个类似于 algorist 或 defenestrate[⊖]这样在英语中很少使用的单词构成的长尾。另一方面，一小部分像 the 这样的词会比其他词使用得更为频繁。[130]
- Zipf *定律*表明了自然语言中单词使用的频率分布，并指出第 k 个最流行的单词（按频率等级衡量）的使用频率仅为最流行的单词的 $1/k$。如果想要评估其效果，请考虑以下基于英语维基百科频率的单词排名：

排名	单词	计数	排名	单词	计数	排名	单词	计数
1	the	25 131 726	1017	build	41 890	10021	glances	2767
110	even	415 055	2017	essential	21 803	20026	ecclesiastical	881
212	men	177 630	3018	sounds	13 867	30028	zero-sum	405
312	least	132 652	4018	boards	9811	40029	excluded	218
412	police	99 926	5018	rage	7385	50030	sympathizes	124
514	quite	79 205	6019	occupied	5813	60034	capon	77
614	include	65 764	7020	continually	4650	70023	fibs	49
714	knowledge	57 974	8020	delay	3835	80039	conventionalized	33
816	set	50 862	9021	delayed	3233	90079	grandmom	23
916	doctor	46 091	10021	glances	2767	100033	slum-dwellers	17

令人信服的是，使用频率随等级的降低而迅速下降。回想一下，grandmom 只是祖母的一种俚语表达形式，而不是正式的词句。

为什么它符合幂律？与 $F_x \sim F_1/x$ 相比，等级 $2x$ 的单词的频率为 $F_{2x} \sim F_1/2x$。因此，将等级减半会使频率加倍，这与 $\alpha=1$ 的幂律相对应。

导致这种分布的语言进化背后的机制是什么？一个合理的解释是，人们学习和使用

⊖ Defenestrate 的意思是“把某人扔出窗外”。——译者注

单词是因为他们听到其他人在使用这些单词。任何有利于已经被普遍接受的机制都会导致幂律的产生。

- 震级为 x 的地震频率：用于衡量地震强度的里氏标度采用对数形式，这意味着5.3级地震的强度是4.3级地震的10倍。地震震级每增加1，震动强度就乘以10。
- 随着规模的迅速扩大，大事件比小事件更为罕见是有道理的。每次冲厕都会引起0.02级的地震。每天确实有几十亿这样的事件发生，但地震震级越高，发生的可能性越低。当某个量以一种潜在的无限方式增长，而与此同时其发生的可能性以指数方式减少，那么你就会得到一个幂律。数据表明，地震释放的能量与战争造成的伤亡一样，确实如此。幸运的是，导致 x 人死亡的冲突数量随着幂律而减少。

学会睁大眼睛观察幂律分布。你会在我们不公正的世界中到处发现它们。它们具有以下特性：

- 幂律在对数值、对数频率图上显示为直线：查看图5.7（右）中的城市人口图。虽然在数据稀少的边缘有一些间隙，但大体上，这些点整齐地分布在一条线上，这是幂律的主要特征。顺便说一下，这条线的斜率由 α 决定，该常数决定了幂律分布的形状。 [131]
- 均值是没有意义的：仅比尔·盖茨一人就为每位普通美国人的财富的增加贡献了250美元。有一点非常奇怪，某人拥有无限财富的可能性非常小，但非零，那么这意味着什么呢？中位数在反映此类分布的大部分方面比观察到的平均值要好得多。
- 标准差是没有意义的：在幂律分布中，标准差通常大于或等于均值。这意味着该分布很难用 μ 和 σ 来刻画，而使用 α 和 c 来描述幂律分布的效果是非常好的。
- 这个分布的尺度是不变的：假设我们绘制的是美国第300至600大城市的人口，而不是图5.7（左）中排名前300的城市。其形状与图5.7中的图形分布看起来几乎一样，这里第300大的城市的人口数超出了图中尾部部分。任何指数函数都是尺度不变的，因为它在任何分辨率下看起来都是相同的。这是因为它是对数－对数图上的一条直线：任何子区间都是一条直线段，在这段区间内的参数与整个分布的参数相同。

课后拓展：多多留意幂律分布，其反映了世界的不平等性，这意味着它们无处不在。

5.2 从分布中采样

从给定的概率分布中进行采样是一种常见的操作，我们必须要知道如何去做。你也许需要符合幂律分布的测试数据来运行模拟，或者验证你的程序可以在极端条件下运行。检验你的数据是否拟合一个特定的分布，并与一些数据进行比较，这些数据通常应该是从正则分布中提取的正确生成的合成数据。

有一种可以从任何给定的概率分布中进行采样的通用技术，称为*逆变换采样*。回想一下，我们可以通过积分和微分在概率密度函数 P 和累积密度函数 C 之间随意转换。我们之所以能够在它们之间来回转换是因为：

$$P(k=X)=C'(k)=C'(X\leqslant k+\delta)-C(X\leqslant k)$$ [132]

$$C(X\leqslant k)=\int_{x=-\infty}^{k}P(X=x)$$

假如要从一个可能非常复杂的分布中抽取一个点，可以用一个均匀随机数发生器在区间 [0, ···, 1] 中选择一个 p 值。我们可以将 p 理解为概率，并将其用作累积分布 C 的一个指标。确切地说，我们报告了 x 的精确值，使得 $C(X \leqslant k) = p$。

图 5.8 说明了这种方法，这里以正态分布为例进行说明。假设 p=0.729 是从均匀发生器中选择的随机数。我们返回 x 值，使得 y=0.729，因此根据此累积分布函数可得：x=0.62。

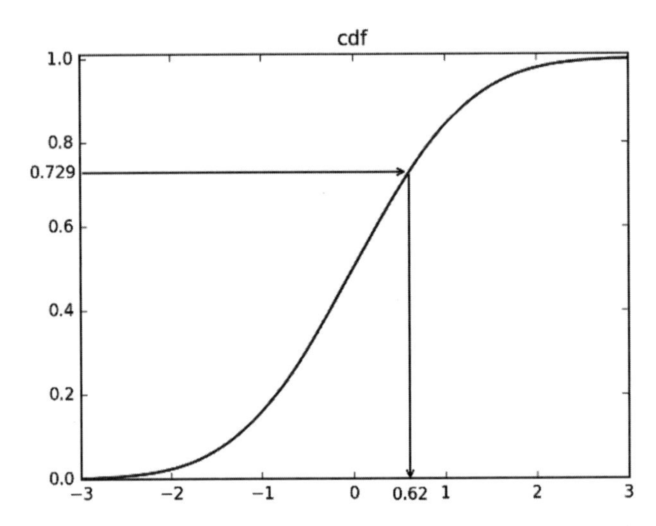

图 5.8　逆变换采样方法使我们能够将均匀地从 [0, 1]（此处为 0.729）生成的随机数转换为从任何分布得出的随机样本（给定其分布函数）

如果你使用的是流行的编程语言（如 Python）中常用的概率分布，那么几乎肯定有一个库函数来生成可用的随机样本。因此，在编写自己的库之前，请先寻找合适的库。

一维随机采样

一旦增加维度，从给定分布中正确采样将成为一个非常巧妙的问题。考虑从一个圆内均匀地采样点的任务。在开始之前，先想一想该怎么做。[133]

你们中的聪明人可能会偶然想到对圆心的夹角和距离进行独立采样。任何采样点相对于原点和 x 轴正轴形成的夹角必须在 0 到 2π 之间变化。距原点的距离必须在 0 到 r 之间。随机地选择这些坐标，然后你就会在圆中选定一个随机点。

这种方法虽然看起来很聪明，但其实是错误的。当然，这样创建的任何点一定位于圆内，但选择这些点概率并不相同。按照此方法生成的点中，一半的点将位于距中心 $r/2$ 的距离内。但是圆的大部分区域离圆心都要超过 $r/2$！因此，我们在原点附近会发生过采样，同时损失了边界附近的采样。如图 5.9（左）所示，该图显示了使用此方法生成的 10 000 个点的分布。

一种证明正确与否的愚笨方法是*蒙特卡罗采样*。圆中每个点的 x 和 y 坐标都在 $-r$ 到 r 之间，圆外的许多点也是如此。因此，随机地对这些值进行均匀采样可能会让我们得到一个这样的点，该点的横纵坐标满足取值范围，但并不在圆内。这很容易测试：(x, y) 到原点的距离是否小于等于 r，即是否满足 $\sqrt{x^2+y^2} \leqslant r$？如果满足，则在圆内找到了一个随机点。如果不满足，则将其舍掉，然后重试。图 5.9（右）绘制了使用此方法构造的 10 000 个点：查看它们覆盖圆的均匀性，没有明显的过采样或欠采样位置。

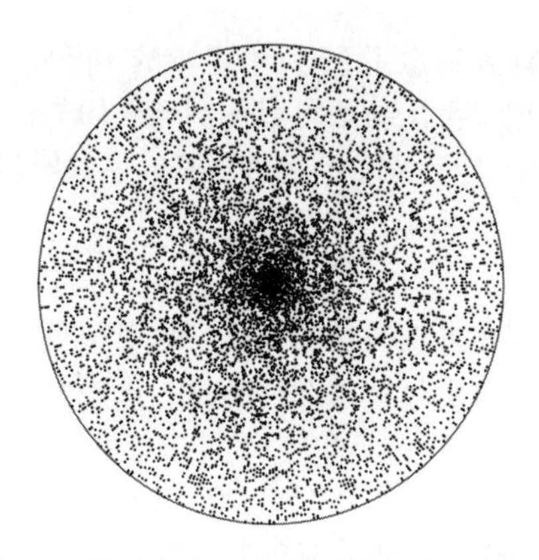

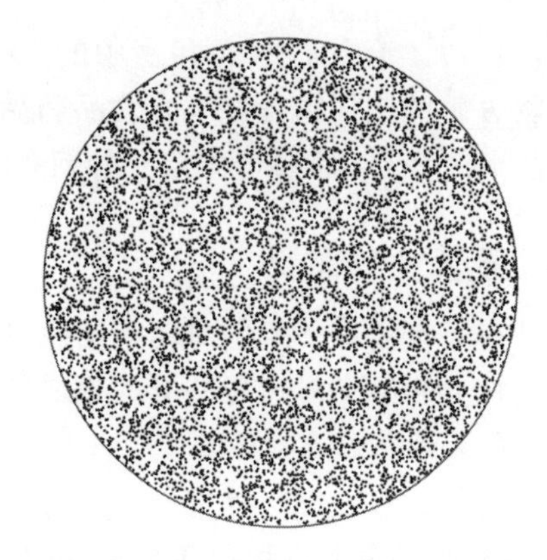

图 5.9　通过夹角 – 半径对随机生成 10 000 个点显然会在圆的原点附近产生过采样（左）。相比之下，蒙特卡罗采样会在圆内均匀地生成点（右）

这里的效率完全取决于所需的区域大小（圆的面积）与边界框大小（正方形的面积）的比值。由于该有界框的 78.5% 被圆占据，因此平均不到两次试验就可以找到一个新的采样点。

134

5.3　统计显著性

统计学家非常关注对数据的观测是否显著。计算分析将在任何有趣的数据集中轻松找到许多规律和相关性。但是，特定的相关性是否反映了真实的现象，而不是偶然发生的情况呢？换句话说，什么时候观察到的才是真正显著的？

在大型数据集上建立足够强的相关性似乎“显然”是显著的，但是问题通常非常微妙。首先，关联并不意味着因果关系。图 5.10 令人信服地表明，计算机科学领域的高级研究水平与玩的电子游戏数量有关。我认为与任天堂相比，我会将更多的人带入算法领域，但是它们之间是同一回事吗？在书 [Vig15] 中到处都是这样的虚假相关图，这是一本非常有趣的书。

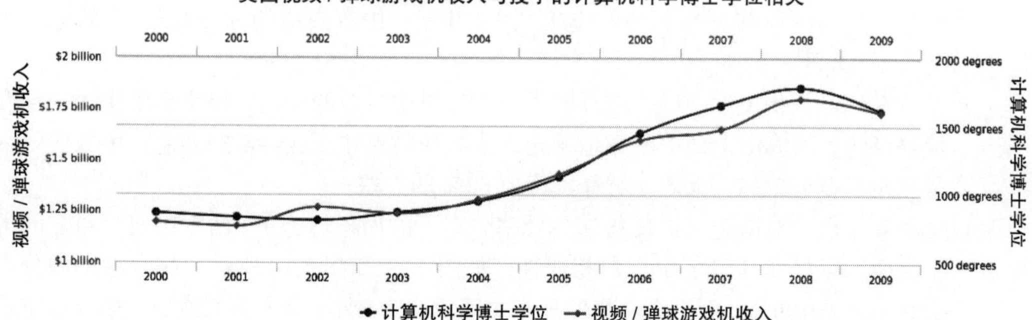

图 5.10　相关性与因果关系：美国每年授予的计算机科学博士学位数量与视频 / 弹球游戏机收入密切相关（来自 [Vig15]）

统计学在判断观察到的现象是否有意义方面进行微妙区分时会发挥重要作用。经典的例子是公司用医学统计学来确定药物治疗的疗效。一家制药公司对两种药物进行了一个对比实验：药物 A 治愈了 34 例患者中的 19 例，药物 B 治愈了 21 例患者中的 14 例。这可以说明药物 B 真的比药物 A 好吗？食品药品监督管理局批准新药可以使制药公司的价值增加或减少数十亿美元。但你能确定一种新药的产生就一定代表了一种进步吗？你如何判断？

5.3.1　显著性的意义

统计显著性衡量了我们对两个给定分布之间存在真正差异的信心，这是很重要的。但 135 统计显著性并不能衡量这种差异的重要性或程度。对于足够大的样本量，极小的差异会在统计检验中表现出极高的显著性。

举个例子，假设每次都猜掷均匀硬币的结果是正面朝上，结果最后发现硬币正面朝上的概率是 51%，而不是我们认为的 50%。一枚均匀硬币掷了 100 次之后，我希望有 51% 或更多的正面朝上的概率为 46.02%，所以我绝对没有理由抱怨。投掷 1000 次后，看到至少 510 次正面朝上的概率降至 0.274。掷 10 000 次，看到至少 5100 次正面朝上的概率只有 0.0233，我应该开始怀疑硬币是否均匀。经过 10 万次投掷，硬币均匀的概率将降低到 1.29×10^{-10}，概率如此之低，以至于我认为即便对手是一位绅士我也要提出申诉。

关键是，尽管现在已经知道我被欺骗使用了一枚有问题的硬币，但这件事情的后果并不严重。对于生命中几乎所有可以猜正反面的问题，我都愿意猜测背面会出现，这是因为赌注还不够高。在每注 1 美元的情况下，即使经过 10 万次抛掷，我的预期损失也仅为 1000 美元。

显著性告诉你的是某事是偶然产生的可能性很小，而不是它是否重要。我们真正关心的是*效应量*，即两组之间的差异大小。我们将对仔细观察者肉眼可见的*中等效应量*进行非正式分类。在这个尺度上，*大的效应*会出现，而*小的效应*并不是完全微不足道的 [SF12]。有几种统计数据试图衡量效应大小，包括：

- *科恩 d*：均值 μ 和 μ' 之间差异的重要性不仅取决于变化的绝对幅度，也取决于由 σ 或 σ' 度量的分布的自然变化。效应大小可以通过以下方法测量：

$$d = (|\mu - \mu'|) / \sigma$$

  小效应量大小的合理阈值应大于 0.2，中等效应量应大于 0.5，大效应量应大于 0.8。
- *皮尔逊相关系数 r*：测量两个变量之间的线性关系程度，范围从 −1 到 1。效应大小 136 的阈值与均值漂移相当。小效应从 ±0.2 开始，中等效应约为 ±0.5，大效应大小需要 ±0.8 的相关性。
- *变异系数 r^2*：相关系数的平方反映了一个变量中方差的比例，该变量是由另一个变量解释的。阈值由上面的平方值确定。小效应解释了至少 4% 的方差，中效应解释量应大于等于 25%，大效应解释了至少 64% 的方差。
- *重叠百分比*：根据定义，任何单一概率分布下的面积均为 1。两个给定分布之间的相交面积很好地衡量了它们的相似性，如图 5.11 和图 5.12 所示。完全相同的分布之间重叠为 100%，而没有交集的分布之间重叠为 0%。合理的阈值是，小效应重叠 53%，中效应重叠 67%，大效应重叠 85%。

当然，在统计学上任何不显著的效应量本质上都是值得怀疑的。图 5.10 中的 CS 研究与玩电子游戏的相关性非常高（r=0.985），如果样本点的数量和方法足够支持这一结论，那么效应量将是巨大的。

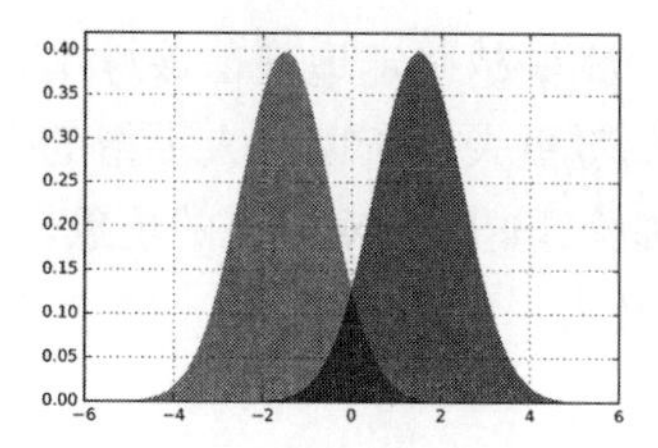

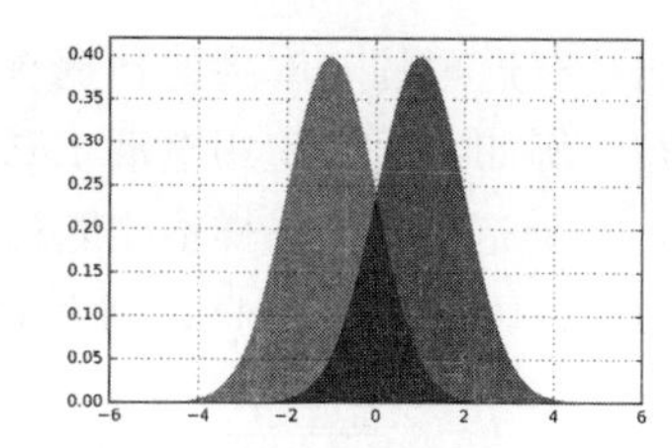

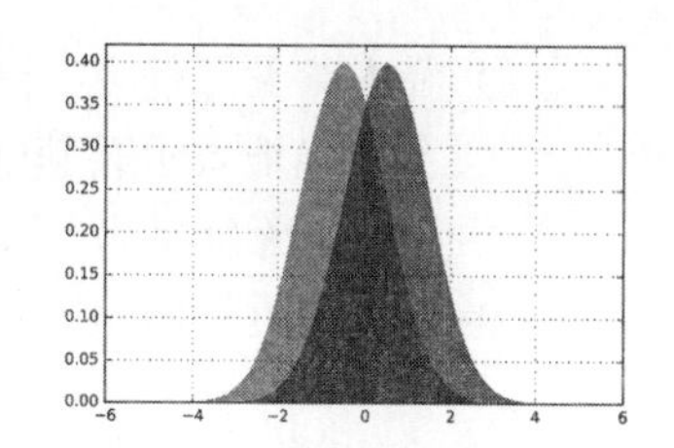

图 5.11　方差相同但均值从左到右递减的正态分布组合。随着平均数的接近，分布之间的重叠越大，就越难区分它们

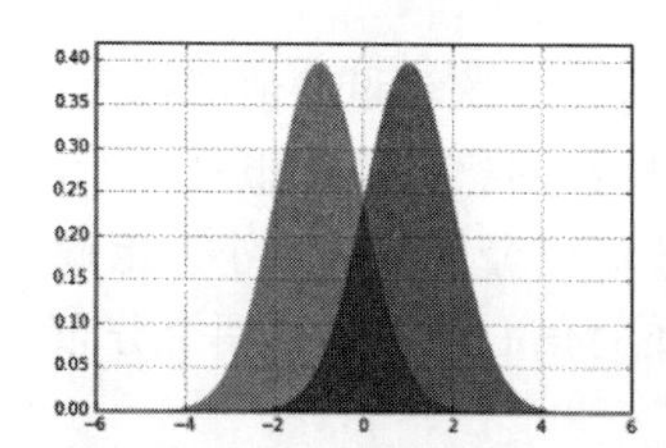

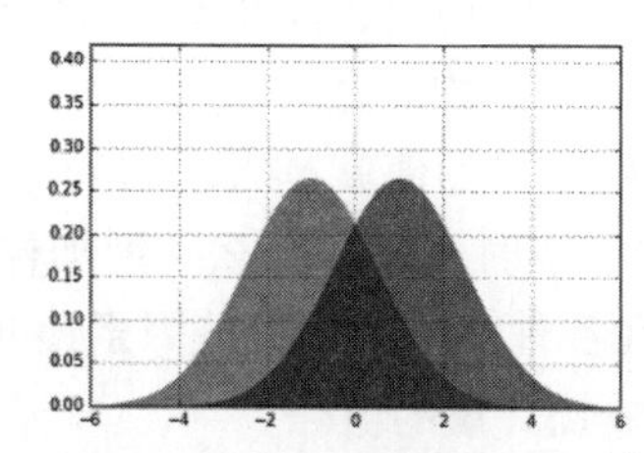

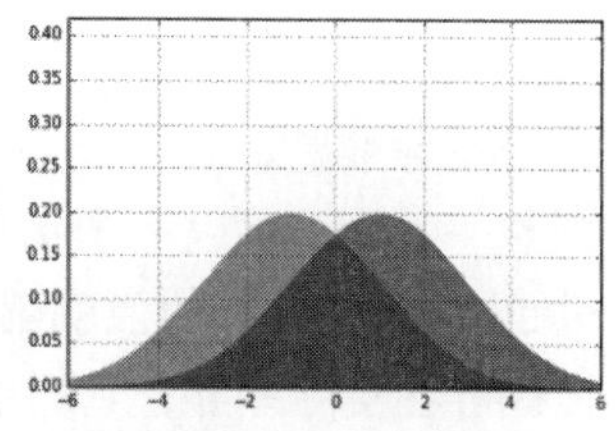

图 5.12　均值相同但方差递增的正态分布组合。随着方差增大，分布之间的重叠变大，使得我们很难区分它们

课后拓展：统计显著性取决于样本数，而影响大小不取决于样本数。

5.3.2　*t* 检验：比较总体均值

我们已经知道，两个分布之间大的均值漂移意味着大的效应量。但是，在能够确信该现象的真实性之前，我们需要进行多次测量。假设测量 20 位男性和 20 位女性的智商，数据是否显示，平均水平上，某一组整体上更聪明？当然，样本均值肯定会至少有一点不同，但这种差异是否显著？

t 检验评估两个样本的总体均值是否不同。这个问题通常发生在 *AB* 测试中，与评估产品变更是否会影响性能有关。假设对一组用户展示 *A* 版本，对另一组用户展示 *B* 版本，此外，假设还可以测量每个用户的系统性能值，例如用户点击广告的次数或被问及体验时他们给予广告的星级数。*t* 检验可以测量两组间的观察差异是否显著。　137

如果出现以下情况，则两种方法有显著差异：

- 均值差异相对较大：这是说得通的。可以得出这样的结论，男性的平均体重比女性要轻，因为效应量大小是如此之大。根据疾病控制中心的数据[⊖]，2010 年美国男性平均体重为 195.5 磅，而美国女性平均体重为 166.2 磅。这个差异是巨大的。要想证明像智商这样更细微的差别真实存在，就需要更多像这样能够令人信服的证据。
- 标准差很小：这也是有道理的。人们很容易让自己相信，男性和女性手指的平均数相同，因为我们观察到的手指数基本都围绕在平均数周围：{10，10，10，10，9，10，…}。如果观察到的数字波动很大，那么“手指数相等”这个假设就需要更多的证据来证明。比如我所观察到的是 {3，15，6，14，17，5}，那我就不会承认 μ=10 这个真正分布的平均值。

⊖ http://www.cdc.gov/nchs/fastats/obesity-overweight.htm。

- 样本数量足够大：这依旧是有道理的。看到的数据越多，我就越坚定地确信该样本会准确地表示其基础分布。例如，由于使用电动工具的风险更大，所以男人手指的平均数无疑要比女人的少[⊖]。但这需要大量样本才能观察和验证这种相对罕见的现象。

t 检验首先计算两组观测值的检验统计量。Welch t 统计量定义为：

$$t=\frac{\bar{x}_1-\bar{x}_2}{\sqrt{\frac{\sigma_1^2}{n_1}+\frac{\sigma_2^2}{n_2}}}$$

其中，$\bar{x}_i$、σ_i 以及 n_i 分别代表样本 i 的均值、标准差和总体规模。

让我们仔细分析这个方程。分子是均值之间的差，所以差值越大，t 统计量的值就越大。分母是标准差，所以 σ_i 越小，t 统计量的值就越大。如果这让你感到困惑，那就想象一下，回想一下用 x 除以一个接近 0 的数字时会发生什么。增加样本量 n_i 也会使分母变小，因此 n_i 越大，t 统计量的值就越大。在各种情况下，这些因素使我们更有信心地认为这两个分布之间存在实际差异，它们增加了 t 统计量的值。

138

对于 t 统计量中特定值含义的解释来自在适当的表中查找数字。对于所需的显著性水平 α 和自由度数（基本上是样本数），该表中的列表会指定 t 统计量中的 t 值必须超过的值 v。如果 $t>v$，则观察结果在 α 水平上是显著的。

为什么这么做

在我看来，像 t 检验这样的统计检验常常像是巫术，因为我们从一些魔法表中查找一个数字，并把它当作福音。神谕说：差别是显著的！当然，显著性检验背后还是涉及真正的数学的，但是推导涉及微积分和奇怪的函数（比如伽马函数 $\Gamma(n)$，阶乘的实数泛化）。这些复杂的计算就是人们习惯于在预先计算的表中查找东西而不自己计算的原因。

如果感兴趣的话，你可以在任何一本不错的统计学书中找到相关公式的推导。这些检验是基于像随机采样这样的想法提出的。我们已经知道了均值和标准差如何约束潜在概率分布的形状。如果样本的均值与总体的均值相差很多的话，就说明我们的运气很差。根据这一理论，随机地选取几个数，而这几个数不太可能与总体均值相差好几个标准差。观察到如此大的差异，说明它们更有可能来自不同的分布。

这里的许多技术性细则是处理微妙现象和小数据集的结果。从历史上看，观察到的数据是非常稀缺的资源，并且即便在现在的许多情况下仍然如此。回想一下我们关于药物疗效测试的讨论，在该讨论中，我们收集的每一个数据点都是以某个人死去为代价的。在你所处的大数据世界中通常有更多的观察机会（每个人都访问我们的网页）、更低的风险（当你给客户展示绿色背景而不是蓝色背景时，他们会购买更多的东西吗？）以及较小的效应量（我们究竟需要多大的改进来证明改变背景颜色的合理性？）。

5.3.3　Kolmogorov-Smirnov 检验

t 检验根据从假定服从正态分布的数据中提取的两个样本，比较其各自平均值之间的距离。相反，Kolmogorov-Smirnov（KS）检验比较两个样本分布的累积分布函数（cdf），并评估它们的相似程度。

如图 5.13 所示，将两个不同样本的累积分布函数绘制在同一张图表上。如果两个样本

⊖　仅此观察就足以解决性别与智商的关系，无须额外的统计证据。

来自相同的分布，则 x 的取值范围的重合度应该会非常高。此外，由于两个分布都是累积分布函数，因此 y 轴表示从 0 到 1 的累积概率，并且两个函数都从左到右单调递增。其中，$C(x)$ 是小于等于 x 的那部分样本。

139

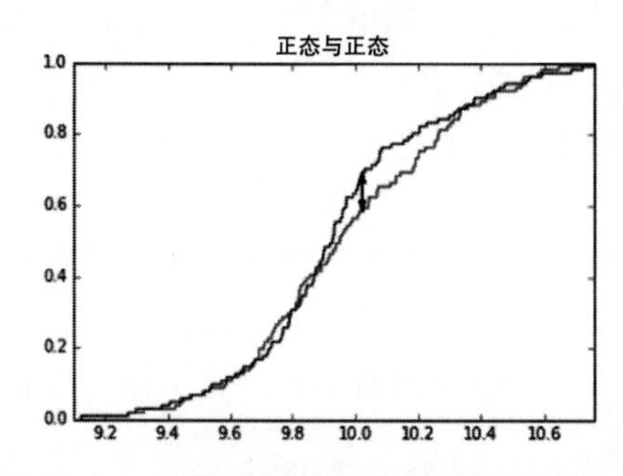

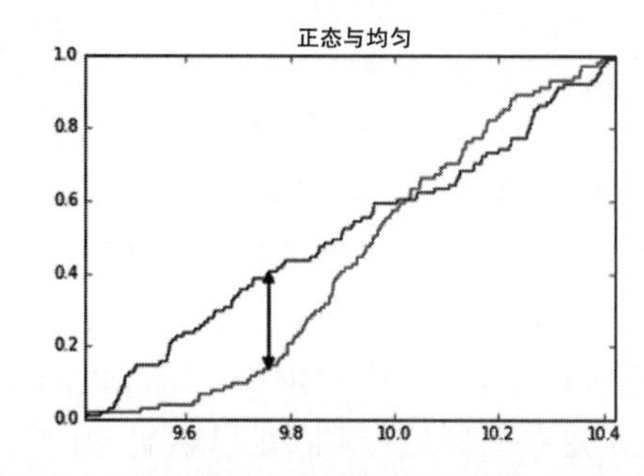

图 5.13 KS 检验通过两个累积分布函数之间的最大 y 距离差距来量化两个概率分布之间的差异。左侧是来自相同正态分布的两个样本。右侧是比较均匀分布和正态分布在相同 x 的样本

我们试图确定 x 的值，对于这个值，两个累积分布函数的相关 y 值可能相差很多。分布 C_1 和 C_2 之间的距离 $D(C_1,C_2)$ 是两条线相距最远的 x 处对应的 y 值的差值，用公式表示为：

$$D(C_1,\ C_2)=\max_{-\infty\leqslant x\leqslant\infty}\left|C_1(x)-C_2(x)\right|$$

两个样本分布在某个值上的差异越大，其来自不同分布中的可能性就越大。图 5.13（左）显示了来自相同正态分布的两个独立样本，注意它们之间的微小间隙。相反，图 5.13（右）比较了从正态分布抽取的样本与从均匀分布抽取的样本。KS 检验并不是骗人的：观察尾端附近的大间隙，我们会在那里看到它。

KS 检验将 $D(C_1,\ C_2)$ 的值与特定目标进行比较，表明当在下面的情况时，两个分布在 α 的显著水平上存在差异：

$$D(C_1,\ C_2)>c(\alpha)\sqrt{\frac{n_1+n_2}{n_1n_2}}$$

其中 $c(\alpha)$ 是要在表中查找的常数。

样本量的函数背后有某种直觉。为简单起见，假设两个样本的大小相同，都为 n，那么

$$\sqrt{\frac{n_1+n_2}{n_1n_2}}=\sqrt{\frac{2n}{n^2}}=\sqrt{\frac{2}{n}}$$

140

在采样问题中，如二项分布的标准差，自然会产生数量 $\sqrt{n}$。在 n 次硬币翻转中，正面和反面数量之间的预期差异约为 $\sqrt{n}$。在 KS 检验中，当两个样本应被视为相同时，它同样反映了预期偏差。KS 检验反映了分布中的实际情况，可以做出可靠的决定。

我喜欢 KS 检验，因为它提供了我可以理解的分布图，这些分布在假设相同的情况下确定了最薄弱的点。与 t 检验相比，KS 检验的技术假设和变体更少，这意味着使用它我们不太可能出错。KS 检验可以应用于许多问题，包括检验采样点是否从正态分布中获得。

正态检验

绘制时，正态分布会产生钟形曲线。但是，并非所有钟形分布都是正常的，因此有时了解这种差异是很重要的。

有专门的统计检验用于检验给定分布样本 f_1 的正态性。但我们可以使用一般的 KS 检验

来完成这项工作，前提是可以找到一个有意义的f_2来与f_1进行比较。

这正是我在5.2节中介绍随机采样方法的原因。使用我们描述的累积分布方法，可以从任何已知累积分布函数的分布中提取统计学上合理的任意随机n个样本点。对于f_2，应该选择有意义的点与其进行比较。我们可以使用$n_2=n_1$，或者如果n_1非常小，则可以使用更大的样本。我们要确保用我们的样本捕捉到了期望分布的形状。

因此，如果我们根据正态分布构造f_2的随机样本，若f_1也来自相同的μ和σ上的正态分布，则KS检验将无法区分f_1与f_2。

在此提醒一句，足够敏感的统计检验可能会拒绝几乎任何观察到的分布的正态性。正态分布是对现实的一种抽象，而世界是一个复杂的地方。但是查看KS检验的曲线图，可以准确地看到偏差发生的位置。尾部太胖还是太瘦？分布是否有偏差？有了这些理解，就可以决定这些差异是否大到足以影响你。

5.3.4　Bonferroni校正

长期以来，科学界习惯将α=0.05作为统计显著和不相关的临界值。统计显著性为0.05意味着这个结果完全是偶然出现的概率为1/20。

141

在收集数据来检验一个具有挑战性的假设时，这并不是一个不合理的标准。对一匹马以20比1的赔率下注并赢得赌注是个值得骄傲的成就。但除非你同时对其他数百万匹马也下注，否则只吹嘘你在这偶然事件中赢得赌注是很具有误导性的。

因此，对数百万个假设进行检验的数据收集阶段必须遵守更高的标准。对于图5.10中显示的计算机科学博士和电子游戏活动之间具有的强烈但虚假的关联显然是一个谬论。它是在将数千个时间序列相互比较的过程中发现的，并且仅保留了看起来最有趣的一对，它们恰好表现出较高的相关性。

Bonferroni校正[⊖]在权衡我们对看似显著的统计结果的信任程度方面提供了重要的平衡。它说明了这样一个事实，即如何找到相关性与相关性本身同样重要。一个买了100万张彩票却赢了一次的人，比一个只买了一张彩票却赢了的人的魅力要小得多。

Bonferroni校正指出，当同时检验n个不同的假设时，所得的p值必须要达到α/n的水平，才能被视为在水平α上显著。

与任何统计检验一样，正确应用校正也隐藏着许多微妙之处，但这里的主要原则则更加重要。计算人员特别倾向于对所有事物进行大规模的比较，或者寻找不寻常的离群值和模式。毕竟，一旦编写好了分析程序，为什么不对所有数据进行分析呢？如果仅呈现那些最好的，精心挑选的结果，就很容易愚弄别人。Bonferroni校正就是防止你自欺欺人的方法。

5.3.5　错误发现率

Bonferroni校正使我们避免太快地接受许多试验中一个成功的假设的正确性。但是，在处理大型高维数据时，面临着另一个问题。也许所有m个变量都相关（可能与目标变量弱相关）。如果n足够大，这些相关性中，许多在统计学上都是显著的。我们真的有这么多重要的发现吗？

Benjamini-Hochberg最小化错误发现率（FDR）过程提供了一种非常简单的方法，可以

⊖ 我一直认为“Bonferroni校正”会成为一部动作片的绝妙片名。让Dwayne Johnson饰演Bonferroni如何？

根据显著性在有趣变量和无趣变量之间绘制界限。按变量的p值强度对变量进行排序，因此，极端的变量位于左侧，不显著的变量位于右侧。现在考虑这个顺序中排名为i的变量，我们接受这个变量在水平α上是显著的，当

$$\forall_{j=1}^{i}\left(p_j \leqslant \frac{j}{m}\alpha\right)$$

142

这种情况如图5.14所示。如不规则的蓝色曲线所示，p值从左到右以递增的顺序排列。如果我们接受所有小于α的p值，那么数量显然太多了。这就是Bonferroni提出其校正方法的原因。但要求所有p值都满足Bonferroni校正的标准（曲线穿过α/m）又过于严格。

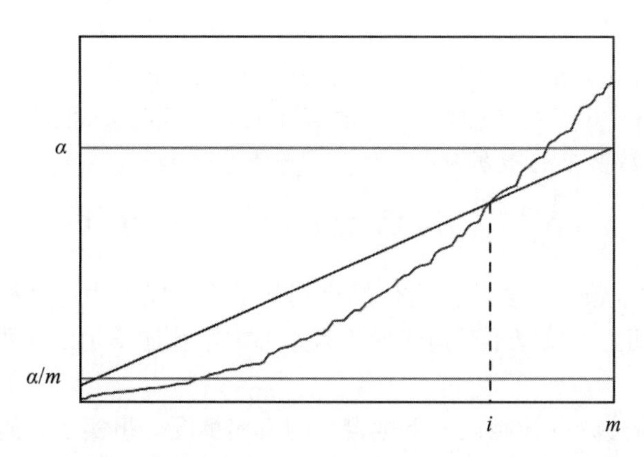

图5.14 Benjamini-Hochberg过程仅在$p_i \leqslant \alpha_i/m$时才接受p值，从而最大程度降低了错误发现率。蓝色曲线显示了排序的p值，对角线定义了当这样的p值显著时的临界值

通过Benjamini-Hochberg的处理过程我们会认识到，如果许多值对于某一标准来说，确实显著，那么这些值中的一小部分对于更高的标准而言应该也是显著的。图5.14中的对角线适当地加强了这一质量控制的级别。

5.4 实战故事：发现青春之泉

在一场美丽的婚礼上，我们都替新娘Rachel和新郎David感到高兴。我吃着丰盛的美食，与我可爱的妻子跳舞，享受着阳光照射在我胸口时带来的温暖。我环顾了一下房间，拍了两张照片。不知怎的，多年来，我第一次比人群中的大多数人都年轻。

这对你来说似乎没什么大不了的，但那是因为像你这样的读者在很多场合可能的确比大多数人都要年轻。但是请相信我，有一天你会注意到这些事情。我记得当我第一次意识到我上大学的时候，我现在的大部分学生刚刚出生。后来我读研究生的时候他们就开始成长起来。如今学校里的大学生不仅是在我成为教授之后出生的，同时也是在我获得终身教职之后出生的。所以，我怎么能比参加婚礼的大多数人都年轻呢？

有两种可能性。要么是一次偶然的机会让这么多的老人同时进入房间，要么是就有原因可以解释这一现象，这就是发明了统计显著性检验和p值来帮助区分事物的原因。

143

那么，当时我54岁，比Rachel婚礼上的251个人中的大多数人要年轻的可能性有多大呢？根据Wolfram Alpha（更准确地说，2008～2012年美国社区调查5年估计），美国有309.1万人，其中77.1万人年龄在55岁或55岁以上。在我写这本书的时候，几乎有25%

的人比我年长。

因此，在 251 名随机挑选的美国人中，大多数人年龄超过 55 岁的概率由以下公式给出：

$$p=\sum_{i=126}^{251}\binom{251}{i}(1-0.75)^i(0.75)^{251-i}=8.98\times10^{-18}$$

这种可能性极小，相当于从口袋里拿出一枚正常的硬币并连续 56 次出现正面。这不可能是偶然事件的结果。我之所以比大多数人都年轻，一定是有原因的，但答案并不是说我越来越年轻了。

当我向 Rachel 询问此事时，她提到出于预算原因，他们决定不邀请孩子参加婚礼。这似乎是一个合理的解释。毕竟，这一规定排除了 7390 万 18 岁以下的人来参加婚礼，从而节省了数十亿美元用来邀请他们所有人的费用。比我小但不是未成年人的比例 f 是：f= 1–(77.1/(309.1–73.9)) = 0.672。然而，这个值实际上大于 0.5。从该队列中抽取的随机样本中，我的年龄比中位数要小的概率为：

$$p=\sum_{i=126}^{251}\binom{251}{i}(1-0.672)^i(0.672)^{251-i}=9.118\times10^{-9}$$

尽管这比以前的 p 值大得多，但它仍然小到几乎不可能发生：这相当于抛掷普通的硬币时连续 27 次正面朝上。仅仅不邀请未成年人来参加婚礼还不足以使我比在场的大多数人年轻。

我回到 Rachel 身边，并让她说一下她自己的真实情况。事实上，她的母亲有很多堂兄弟，而 Rachel 与他们相处得非常好。其中 $E=mc^2$ 表示每个人都是与我母亲隔了两代的表亲，而且所有这些堂兄弟姐妹都被邀请参加婚礼。由于 Rachel 这边家人的人数远远超过了新郎那边的家族人数，所以 Rachel 的表亲占据了这场婚礼的主导地位。

事实上，为了确保我的年龄比 251 位来宾年龄的中位数大的概率为 1/2，我们可以计算出需要邀请的年长的表亲的数量（c），前提是来宾中的其他人是被随机选择的。事实证明，一旦未成年人被排除在外（f=0.672），c=65 个表亲（或 32.5 对已婚表亲）就足够了。

144

这件事说明了一个道理，在宣布任何有趣的观察为奇迹之前，计算其概率是很重要的。如果不能将惊奇程度降低到合理的水平，那么千万不要停止对于背后原因的挖掘。因为很可能有一种真正的现象隐藏在任何足够罕见的事件背后，并找出是什么使得数据科学如此令人兴奋。

5.5　置换检验与 *p* 值

传统的统计显著性检验在判断两个样本是否来自同一分布时非常有效。但是，必须正确执行这些检验才能得到正确的结果。许多标准检验都有一些细微精妙的地方，比如单侧检验和双侧检验、分布假设等。正确执行这些检验需要十分谨慎以及相关的培训。

*置换检验*允许一种更通用并且在计算上更简单易行的方法来确定重要性。如果你的假设得到了数据的支持，那么无序数据集应该不太可能支持该假设。通过对随机数据进行多次试验，我们可以确切地确定你要检测的现象有多不寻常。

145

如图 5.15 所示，在这里我们使用不同颜色来表示自变量（性别：男性或女性）和因变量（例如身高）。最初的颜色结果分布（左）看起来男女之间有着明显的不同，反映了真实的身高差异。但这有多不寻常呢？我们可以通过将性别随机分配给原始的结果变量来构建一个新的数据集（中）。在每组中进行排序后可以清楚地看到，与原始数据相比，结果中的假男性/女性分布现在要平衡得多（右）。这表明性别确实是决定身高的重要因素，在反复进行1000或100万次试验后，我们会更加坚信这一结论。

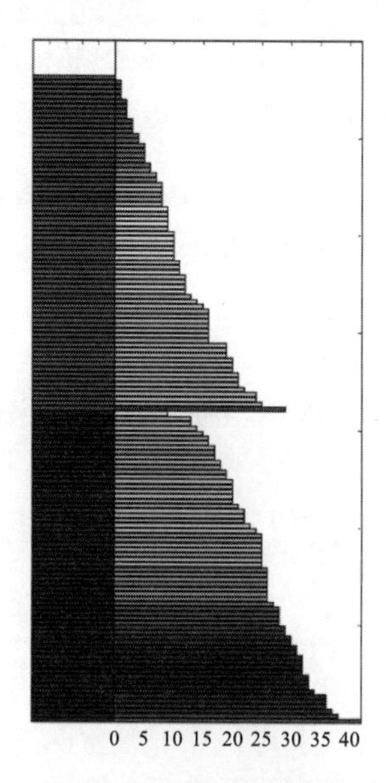

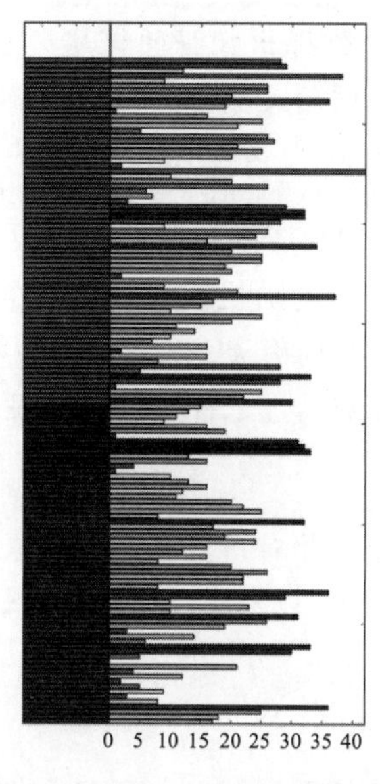

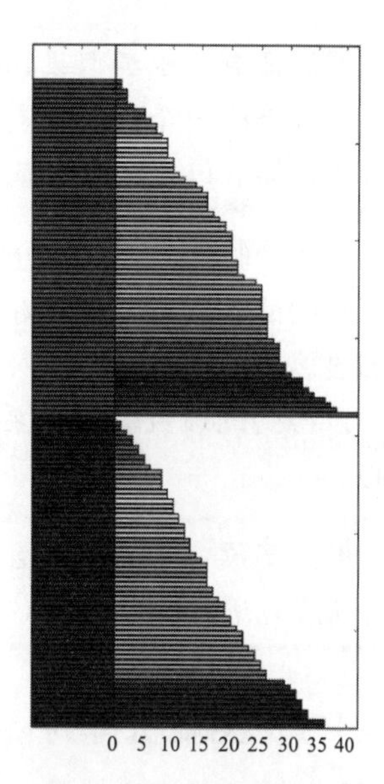

图5.15 置换检验揭示了性别与身高之间相关性的显著性（左）。性别与身高的随机分配（中）导致排序时结果的分布（右）大不相同，验证了原始关系的显著性

实际数据的检验统计量在随机排列统计量分布中的排名决定了显著性水平或p值。图5.16（左）显示了我们正在寻找的东西。真正的价值在于分布的最右边，证明具有显著性。在右图中，实际值位于分布的中间，这说明没有影响。

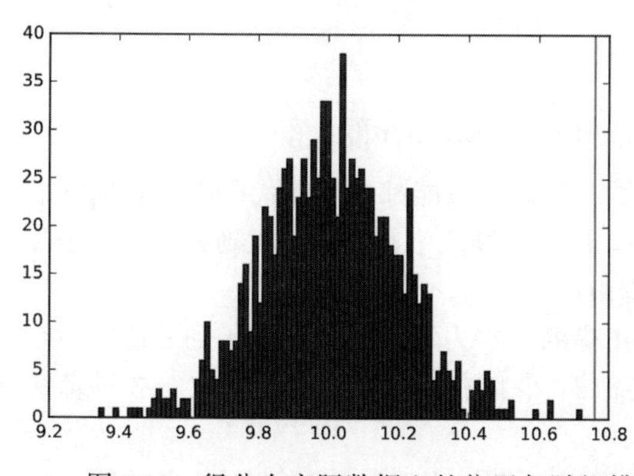

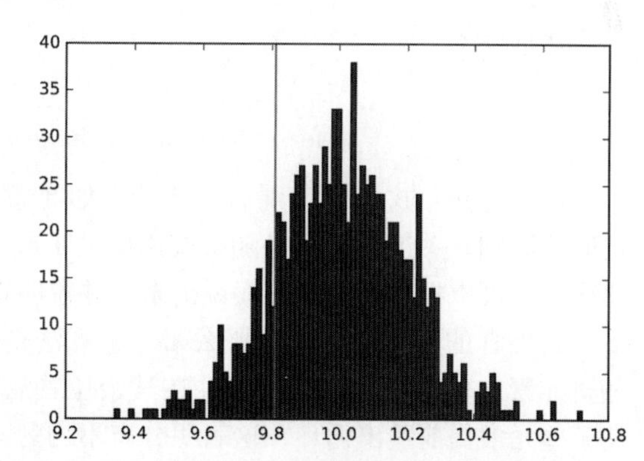

图5.16 得分在实际数据上的位置与随机排列产生的分数分布的显著性对比。尾部极端的位置（左）是非常重要的，但在分布体当中的位置（右）则是无趣的

置换检验需要找到一组能够反映你对数据假设的统计数据。如果想在一对特定的变量间建立一个重要的关系，那么相关系数是一个合理的选择。理想情况下，实际数据中观测到的相关性要强于其他随机排列数据中的相关性。为了验证性别与身高的关系，我们选择的统计数据可以是男女平均身高的差异。同样，我们希望可以证明在实际数据中的相关性比其他大多数随机排列中的相关性更大。

146 在选择统计数据时要有创造力：置换检验的功能在于，它可以处理你想证明的任何大量的事实。既然你要为了荣誉去数不支持你的假设的那些关联的数量，那么一开始就要使你的统计数据产生联系的可能性最小。

课后拓展：根据假设，置换检验得出数据的概率，也就是说，与随机样本分布相比，统计数据将是一个离群值。这与证明给定数据的假设并不完全相同，这是统计显著性检验的传统目标。但总比什么都没有好。

置换检验的显著性得分或 p 值取决于随机尝试的次数。至少要做 1000 次随机试验，如果可行的话，次数越多越好。你进行的随机试验越多，至少在一定程度上，你得到的 p 值更加显著。如果给定的输入实际上是所有 $k!$ 次置换中最好的，无论尝试多少次随机排列，你可以得到的最极端的 p 值都是 $1/k!$。过采样会使分母变得很大，而不会使你增加丝毫的信心。

课后拓展：计算 p 值是为了增加你对所观察到的结果的真实性和趣味性的信心。只有当你认真地进行排列测试（通过执行可以提供一定程度的惊喜的实验）时，此方法才有效。

5.5.1　产生随机排列

随机排列的产生是另一个重要的采样问题，而且人们经常搞砸。下面的两个算法都使用随机交换序列来打乱初始排列 $\{1, 2, \cdots, n\}$。

但要确保所有 $n!$ 次排列都随机均匀生成是一项棘手的工作。实际上，这些算法中只有一种能正确解决。是下面这个：

$$\text{for } i = 1 \text{ to } n \text{ do } a[i] = i;$$
$$\text{for } i = 1 \text{ to } n-1 \text{ do } swap[a[i], a[Random[i, n]]];$$

还是这个：

$$\text{for } i = 1 \text{ to } n \text{ do } a[i] = i;$$
$$\text{for } i = 1 \text{ to } n-1 \text{ do } swap[a[i], a[Random[1, n]]];$$

仔细想想：这里的区别非常微妙。如此微妙，你甚至可能都不会在代码中注意到它们之间的区别。关键的区别是随机调用中的 1 或 i。这两个算法中有一个是正确的，另一个是错误的。可以把你心中的答案说出来，并说明理由。

如果真的想知道答案，那么第一个算法是正确的。它为第一个位置从 1 到 n 选取一个147随机元素，然后将其单独保留并在其余位置后递归。它随机均匀地产生排列，第二种算法使某些元素提前跳出循环，这表明分布不均匀。

但是，如果不能从理论上证明这一点，那可以考虑使用置换测试的方法来证明。执行这两种算法，并对每种算法执行 100 万次运行来构造随机排列，比如让 n=4。计数算法生成每个 4!=24 种不同排列的频率。实验结果如图 5.17 所示。算法 1 非常稳定，标准差为 166.1。相比之下，在算法 2 中，最频繁和最不频繁的置换之间存在 8 倍的差异，σ=20 923.9。

这说明的道理是，随机生成可能是一个非常微妙的问题。而像置换检验这样的蒙特卡罗类型的实验，可以消除对微妙推理的需要，只需要进行验证，然后就可以得到令人信任的结果。

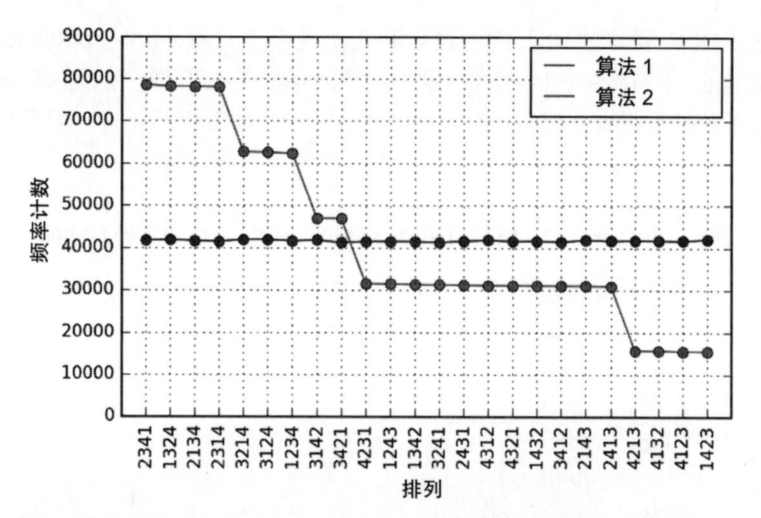

图 5.17 使用两种不同的算法，对所有 4!=24 种不同的排列生成的频率。算法 1 生成它们的频率非常均匀，而算法 2 中的频率则出现很大波动

5.5.2 迪马吉奥的连胜纪录

棒球界最惊人的纪录之一是乔·迪马吉奥（Joe DiMaggio）56 场连胜。击球手的工作是获得成功，每场比赛他们可能会获得 4 次机会。即使是出色的击球手也常常失败。

但是在 1941 年，乔·迪马吉奥在 56 场连续比赛中获得了成功，这是一个了不起的成就。从那以后的 75 年中，没有任何一位球员能接近这一纪录，在他之前也没有任何球员能实现这一壮举。

但在他的职业生涯中，如此长的连胜到底有多不寻常呢？迪马吉奥打了 1736 场比赛，6821 次击球中有 2214 次命中。所以他在 4 次击打中击中的概率大约是 $1-(1-(2214/6821))^4=79.2\%$。有他这样技术水平的人在职业生涯中连续获得 56 连胜的可能性是多少？ 148

如果你们已经厌倦了我总是以棒球运动来举例，那我再举另外一个例子。假设你是一名平均考试成绩为 90 分的学生，可以肯定，你是一个非常好的学生，但并不完美。那么你在测试中连续 10 次得分超过 90 分的可能性是多少？连续 20 次呢？有可能连续 56 次得分都超过 90 吗？㊀如果真的发生了，是否意味着你的学习水平提升到了一个新高度，还是说这只是运气使然？

那么，当迪马吉奥取得了如此长的连胜纪录时，这是由于他那出色的技巧和持之以恒的训练产生的必然结果，还是仅仅是由于幸运女神的眷顾呢？他是他那个时代乃至任何一个时期中最优秀的击球手之一，在他 13 年的职业生涯中每个赛季都是全明星球员。但我们也知道迪马吉奥有时很幸运。毕竟，他已同电影明星玛丽莲·梦露结婚。

为了解决这个问题，我们使用随机数来模拟他在 1736 场虚拟的“职业”比赛中的命中率。每场比赛，在每次模拟中迪马吉奥会得到 4 次击球机会，并且成功概率为 $p=(2214/6821)=0.325$。然后，我们可以确定模拟职业生涯中最长的连胜纪录。通过模拟 10 万次迪马吉奥的职业生涯，我们得到了一个在竞争中表现出他的成就稀有性的条形频率分布，在这个过程中得到了一个 p 值。

㊀ 如果你要上我的课，我会告诉你。

结果如图 5.18 所示。在 10 万次的模拟职业生涯中，只有 44 次（p=0.000 44）迪马吉奥至少连续赢得了 56 场比赛。因此，结果与对他的预期完全不符。在美国职业棒球大联盟中，第二长的连胜纪录只有 44 场比赛，因此该结果与其他人也不相符。但是他也曾经在较低级别的比赛中连续 61 场比赛击中，因此他似乎拥有非凡的稳定性。

149

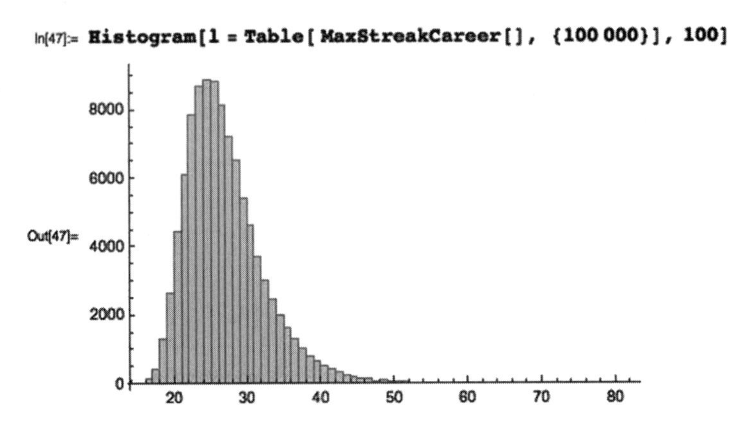

图 5.18　超过 10 万次模拟职业生涯后，最长连续命中率的分布情况。迪马吉奥的 56 场连胜处于这个分布的最右端，从而说明了这一壮举的难度

连胜可以看作两次没有击中的比赛之间的一段历程，所以可以使用泊松分布进行模拟。但蒙特卡罗模拟提供的答案没有详细的数学原理。置换检验可以让我们以最少的知识和智力对此有所了解。

5.6　贝叶斯定理

在已知事件 B 已发生的情况下，条件概率 $P(A|B)$ 测量事件 A 的可能性。在本书中，我们将始终使用条件概率，因为它可以让我们根据观察到的数据等新证据更新对事件的把握度。

贝叶斯定理是处理条件概率的一个重要工具，因为它可以让我们逆转条件：

$$P(A|B)=\frac{P(B|A)P(A)}{P(B)}$$

借助贝叶斯定理，可以将 P（结果 | 数据）的问题转换为 P（数据 | 结果），这通常更容易计算。从某种意义上说，贝叶斯定理只是代数计算下的结果，但它引起了人们对概率的另一种思考方式。

图 5.19 说明了贝叶斯定理的作用。事件空间包括从四个区域选择其中一个。复杂事件 A 和 B 代表区域的子范围，其中，$P(A)$=3/4，$P(B)$=2/4=1/2。通过计算图中的区域，我们可以知道 $P(A|B)$=1/2，$P(B|A)$=1/3。它们也直接遵循贝叶斯定理：

150

$$P(A|B)=\frac{P(B|A)P(A)}{P(B)}=\frac{(1/3)\cdot(3/4)}{(1/2)}=1/2$$

$$P(B|A)=\frac{P(A|B)P(B)}{P(A)}=\frac{(1/2)\cdot(1/2)}{(3/4)}=1/3$$

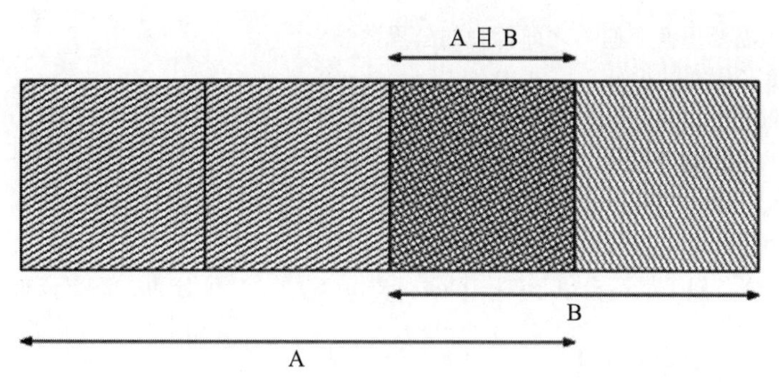

图 5.19 贝叶斯定理的应用

贝叶斯定理反映了如何根据似然性 $P(B|A)$ 与边际概率 $P(B)$ 之比来更新先验概率 $P(A)$ 在面对新观测的结果 B 时更新后验概率 $P(A|B)$。先验概率 $P(A)$ 反映了我们对世界的初步假设，它将根据结果 B 来进行修订。

贝叶斯定理是观察世界的重要方法。回到 Rachel 和 David 的婚礼，我先前的假设是，出席婚礼的人群年龄分布可以反映出整个世界的年龄分布。但是随着我在婚礼中遇到的年长的表亲数量的增加，我对该假设的信心逐渐减弱，直至最后信心全无。

在 11.1 节中，我们将使用贝叶斯定理来构建分类器。但是在分析数据时请牢记这一理念：应该事先对每个任务的答案有一个大体的概念，然后再根据统计证据进行修改。

5.7 章节注释

每一个数据科学家都应该去上一门好的基础统计学课程。代表性的教材包括 Freedman 的 [FPP07] 和 James 等人的 [JWHT13]。Wheelan 的 [Whe13] 是相对比较易读的介绍性书籍，而 Huff 的 [Huf10] 则是关于如何最好地利用统计学的经典论著。

Donoho 的 [Don15] 从统计学家的角度介绍了数据科学那令人着迷的历史。其中有一个例子是，今天的数据科学中大部分的基本原则最初是由统计学家制定的，尽管它们并没有很快被整个学科界所接受。随着研究关注点的相互融合，现代统计学家开始与计算机科学家就这些问题进行更令人满意的对话。

Vigen 的 [Vig15] 展示了从大量有趣的时间序列中得出的有趣的虚假相关性集合。图 5.10 具有代表性，该图是经许可后引用的。

研究表明，美国家庭的规模通过泊松分布来表示是相当合适的。事实上，对 104 个国家家庭规模分布的分析表明，“我的小孩够多了”模型在世界各地都很有效 [JLSI99]。

5.8 练习

统计分布

151

5-1 [5] 解释哪个分布最适合以下现象：二项分布、正态分布、泊松分布或幂律分布？

(a) 完全成熟的橡树上的叶子数。

(b) 人们头发变白时的年龄。

(c) 20 岁孩子头上的毛发数量。

(d) 被闪电击中 x 次的人数。

(e) 在你的车需要更换变速器之前行驶的公里数。
(f) 击球手每场比赛的得分。
(g) 豹皮上每平方英尺的豹纹数。
(h) 抽屉里的钱正好是 x 便士的人数。
(i) 人们手机上的应用程序数量。
(j) Skiena 的数据科学课程的每日出勤率。

5-2 [5] 解释哪种分布似乎最适合以下 *The Quant Shop* 现象：二项分布、正态分布、泊松分布或幂律分布？
(a) 环球小姐大赛的选手的美丽。
(b) 好莱坞电影公司制作的电影总量。
(c) 婴儿出生时的体重。
(d) 艺术品的拍卖价格。
(e) 纽约在圣诞节的降雪量。
(f) 在给定的足球赛季中赢得 x 场比赛的球队的数量。
(g) 名人的寿命。
(h) 一年中黄金的每日价格。

5-3 [5] 假设相关分布为正态分布，估计以下事件的概率：
(a) 在接下来的一百次抛掷硬币中，至少有 70 次是正面朝上。
(b) 随机选择的人体重会超过 300 磅吗？

5-4 [3] 历史考试的平均分是 85（满分为 100），标准差是 15。这次考试的分数分布是对称的吗？如果不是，你认为这个分布应该是什么形状？解释你的理由。

5-5 [5] Facebook 数据显示，有 50% 的 Facebook 用户拥有 100 个或更多的朋友。此外，用户的平均好友数是 190。这些发现对 Facebook 用户好友数量分布的形状有何影响？

显著性检验

5-6 [3] 以下哪些事件可能是独立的，哪些不是？
152
(a) 投掷硬币。
(b) 篮球投篮。
(c) 总统选举中的政党成功率。

5-7 [5] 2010 年美国社区调查估计，年龄在 15 岁以上的女性中 47.1% 已婚。
(a) 在这些年龄之间随机选择 3 名女性。被选出的第三位妇女是唯一已婚的女性的概率是多少？
(b) 三名女性都结婚的可能性有多大？
(c) 平均来说，在选择已婚女性之前，你希望抽样多少女性？标准差是多少？
(d) 如果已婚女性的比例实际上是 30%，那么在选择已婚女性之前，你希望抽样调查多少女性？标准差是多少？
(e) 根据你对 (c) 和 (d) 的回答，降低事件发生的概率如何影响成功之前等待时间的均值和标准差？

置换检验与 p 值

5-8 [5] 证明 5.5.1 节的排列生成算法正确地生成排列，这意味着随机地均匀排列。

5-9 [5] 获取 m 名男性和 w 名女性身高的数据。
(a) 用 t 检验来确定男性是否比女性平均身高高的显著性。
(b) 做一个置换检验来确定同样的事情：男人平均身高是否比女人平均身高高。

实施项目

5-10 [5] 在体育赛事中，优秀的球队往往会卷土重来并获胜。但这是因为他们知道如何赢得比赛，还是仅仅因为在经过足够长的比赛后，更好的球队通常会占上风？使用随机抛硬币的模型进行实验，在这种模型中，更好的团队在一个周期内战胜对手的概率 $p>0.5$。

对于 n 个周期的比赛，在给定的概率 p 下，优秀的球队多久赢一次，落后的队伍多久赢一次？这与真实体育的统计数据相比如何？

5-11 [8] 2 月 2 日是美国的“土拨鼠日”，据说如果土拨鼠看到了它的影子，接下来的 6 周就是冬天。以 2 月 2 日是否是晴天作为土拨鼠的输入参数，这一传统是否具有预测力？根据天气记录做一项研究，报告土拨鼠预测的准确率及其统计意义。

面试问题

5-12 [3] 什么是条件概率？

5-13 [3] 什么是贝叶斯定理？它为什么在实践中十分有用？

153

5-14 [8] 你将如何改进使用朴素贝叶斯分类器的垃圾邮件检测算法？

5-15 [5] 一枚硬币掷 10 次，结果是 2 次反面朝上，8 次正面朝上。你如何判断这枚硬币是否材质均匀？这个结果的 p 值是多少？

5-16 [8] 现在假设 10 枚硬币各掷 10 次，总共 100 次。你如何测试硬币是否均匀？

5-17 [8] 一只蚂蚁放在无限长的树枝上。在离散时间步长内，蚂蚁以相同的概率向后或向前移动一步。$2n$ 步后蚂蚁返回起点的概率是多少？

5-18 [5] 你将乘飞机去西雅图，你应该带把伞吗？你随机给 3 个住在那里的朋友打电话，问他们是否在下雨。每个朋友都有 2/3 的可能性讲真话，1/3 的可能性撒谎。如果 3 个朋友都告诉你，西雅图正在下雨，那么西雅图真的在下雨的概率是多少？

Kaggle 挑战

5-19 确定在拍卖会上购买的汽车是否有问题。

https://www.kaggle.com/c/DontGetKicked

5-20 预测某产品在某一周内的需求。

https://www.kaggle.com/c/grupo-bimbo-inventory-demand

5-21 接下来一个小时内的降雨量？

https://www.kaggle.com/c/how-much-did-it-rain

154

第 6 章
数据可视化

图形可以作为推理的工具，这是对它们最佳的利用。

——Edward Tufte

有效的数据可视化是数据科学的一个重要方面，之所以这样说，至少有以下三个不同的原因：

- 探索性数据分析：你的数据究竟是什么样的？明白要处理的内容是任何分析的第一步。而绘图和可视化是我所知道的最好方法。
- 错误检测：在分析中是否做了一些愚蠢的事情？将不可视化的数据输入到任何机器学习算法中都会带来麻烦。对数据进行正确地可视化后，离群值、清洗不足和错误的假设等问题会立即显现出来。过于频繁的汇总统计（77.8% 准确！）会隐藏你的模型真正在做什么。认真审视自己的对错是取得更好成绩的第一步。
- 沟通：你能把学到的东西有效地展示给别人吗？有意义的结果只有在分享后才能付诸行动。作为一名数据科学家，你的成功在于让别人相信你知道自己在说什么。一图胜千言，尤其是当你面对那些对你持怀疑态度的观众时。

你可能从小学起就开始做图表了。无处不在的软件使得创建专业化效果的图像变得很容易。那么数据可视化有什么难的呢？

在回答问题之前，我先讲一个故事。我年轻时听说过一件可怕的事情，一名滑冰冠军遭到了一名暴徒的袭击，暴徒想用棍子打她的膝盖，目的是让她无法参加即将到来的奥运会。幸运的是，暴徒没有打到她膝盖，滑冰冠军还是参加了奥运会并最终获得银牌。

155

但暴徒的律师在了解其当事人后，想出了一个有趣的辩护。他说，这种犯罪显然过于复杂，所以肯定不是我的委托人自己想出来的。这给我留下了深刻的印象，因为这意味着我低估了必须用棍子敲打某人腿的认知的内涵。

讲这个故事是要说明，许多事情比看起来要复杂。特别是，我谈到了在图表上绘制数据来表达要讲述的内容问题。在我所见过的演示文稿中，可以说里面有相当多图表非常糟糕，它们要么没有传达任何信息，要么误解了数据实际所表达的内容。糟糕的图表可能会有负面影响，因为它会引导你走错方向。

在本节中，我们将了解标准图形设计发挥作用的原则，并说明如果使用不当，这些原则可能会产生误导。从这一经验中，我们将尝试使你对图形何时说谎以及如何构造更好的图形有所了解。

6.1 探索性数据分析

海量数据集的出现正在改变着科学研究的方式。传统的科学方法是*假设驱动的*：研究人员提出了一个有关世界如何运转的理论，然后根据数据寻求支持或否定这一假设。相比之下，*数据驱动的*科学从收集大量数据开始，然后寻找在理想情况下能够为未来分析发挥假设作用的模式。

*探索性数据分析*是在给定数据集中找寻模式和趋势，其中，可视化技术起着重要的作用。仔细查看你的数据很重要，这有几个原因，包括识别收集/处理中的错误、发现违反统计假设的情况，以及提出有趣的假设。

在本节中，我们将讨论如何进行探索性数据分析，以及作为流程的一部分，可视化给图表带来了什么。

6.1.1 面对新的数据集

遇到新数据集该做些什么？这在某种程度上取决于你最初对它感兴趣的原因，但是最初的探索步骤几乎是独立于应用程序的。

我鼓励你采取下面的方法作为基本步骤来熟悉新的数据集，我在研究身体测量数据集 NHANES 时演示了这些步骤——可以在 https://www.statcrunch.com/app/index.php?dataid=1406047 网址中找到。这里虽是表格数据，但其中的普适性原则适用于更广泛的资源类别：

156

- *回答基本问题*：在打开文件之前，应该了解有关数据集的一些信息，提出如下问题。
  - *谁构造了这个数据集？何时以及为什么构造？*了解数据是如何获得的，不仅为其可能存在的相关性提供一些线索，同时也为我们是否应该信任它提供了依据。如果我们需要更多地了解数据的来源或出处，它也会指引我们找到能够提供这些信息的合适的人。经过一番挖掘，我发现它来自《2009～2010 年美国国家健康和营养检查调查》，也找到了发布机构。
  - *它的大小是多少？*就字段或列的数量而言，数据集有多少？按照记录或行数衡量的大小是多少？如果它太大而无法使用交互式工具快速进行分析，可以提取其中一个小样本，并对此进行初步探索。该数据集有 4978 条记录（2452 名男性和 2526 名女性），每条记录有 7 个数据字段，再加上性别。
  - *这些字段是什么意思？*遍历数据集中的每个列，并确保了解它们的含义。那些字段是数字字段还是分类字段？数量是以什么单位计量的？哪些字段是标识或描述性语句，而不是要计算的数据？快速浏览可知这里的长度和重量使用公制系统测量，分别以厘米和千克为单位。
- *寻找熟悉的或可解释的记录*：对一些记录充分地熟悉，以至于知道这些记录的名字，我发现这非常有价值。记录通常与你已经有些了解的人、地方或事物相关联，因此可以将其放在上下文中并评估已经掌握的数据的合理性。但是，如果没有关联，那就找到一些特别感兴趣的记录以供了解，也许它是最重要字段的最大值或最小值记录。

  如果不存在熟悉的记录，那么有时需要创建它们。一位聪明的病历数据库开发人员告诉我，他在开发该产品时使用了 *Who's Bigger*？中的前 5000 个历史姓名作为患者姓名。这是一个比编造“F1253 病人”这样的人工名字更有启发性的想法。他们很有趣，鼓励人们玩玩这个系统，而且令人难忘，同时还可以标记和报告一些异常病例，例如：“弗兰兹·卡夫卡出了严重问题。”

- 汇总统计量：查看每列的基本统计信息。图基五数总括是数值的一个伟大开始，其中包括极值（最大值和最小值）以及中位数和四分位数元素。

157

将其应用为我们的身高 / 体重数据集的部分数据，我们得到：

	最小值	25%	中位数	75%	最大值
年龄	241	418	584	748	959
体重	32.4	67.2	78.8	92.6	218.2
身高	140	160	167	175	204
腿长	23.7	35.7	38.4	41	55.5
手臂长	29.5	35.5	37.4	39.4	47.7
臂围	19.5	29.7	32.8	36.1	141.1
腰围	59.1	87.5	97.95	108.3	172

这是非常有用的。首先，中位数年龄为 584 是怎么回事？回顾数据，我们得知年龄是以月为单位计算的，也就是说中位数是 48.67 岁。手臂和腿的长度似乎有相同的中值，但腿的长度有更大的可变性。我过去从来不知道这件事，但突然间我意识到人们更多地被描述为长腿 / 短腿而不是长臂 / 短臂，所以也许这就是原因。

对于职业这类确信无疑的类别字段，相似的概要可能是关于在纵列中出现了多少个不同标签类型的报告，以及哪些是具有相关频率的最受欢迎的三种类别。

- 成对关联：通过所有列对之间的关联系数矩阵（或者至少是列与相关因变量的关联系数矩阵）可以了解建立一个成功模型的难易程度。理想情况下，我们将具有与结果高度相关而彼此之间并非高度相关的几个特征。一组完全相关的特征中只有一列具有所有特征值，因为所有其他特征都是从某一列来定义的。

	年龄	体重	身高	腿长	手臂长	臂围	腰围
年龄	1.000						
体重	0.017	1.000					
身高	−0.105	0.443	1.000				
腿长	−0.268	0.238	0.745	1.000			
手臂长	0.053	0.583	0.801	0.614	1.000		
臂围	0.007	0.890	0.226	0.088	0.444	1.000	
腰围	0.227	0.892	0.181	−0.029	0.402	0.820	1.000

这些成对的相关性非常有趣。为什么身高与年龄呈负相关？这里的人都是成年人（241 个月 = 20.1 岁）。但上一代人比当今的人矮。此外，人们在变老时会萎缩，所以这也许可以解释这一点。体重和腰围之间的强相关性（0.89）反映了一个关于自然的不幸事实。

- 等级分类：是否存在有趣的方法可以按性别或位置等主要分类变量对事物进行分类？通过汇总统计信息，可以评估以类别为条件的分布之间是否存在差异。根据对

158

数据和应用程序的理解，特别关注你认为应该存在差异的地方。

这些相关性在性别上大体相似，但也存在一些有趣的差异。例如，男性的身高和体重之间的相关性（0.443）强于女性（0.297）。

- 分布图：本章主要讨论数据的可视化技术。使用将在 6.3 节中讨论的图表类型来关注分布情况，寻找模式和离群值。每个分布的总体形状是什么？是否应该清除或转换数据以使其呈钟形？

图 6.1 显示了不同变量的点状图网格的影响力。乍一看，我们没有发现野蛮生长的离群值，哪些对儿是相关的，以及任何趋势线的性质。有了这个单一的图形，我们现在准备将这个数据集应用于即将面临的挑战。

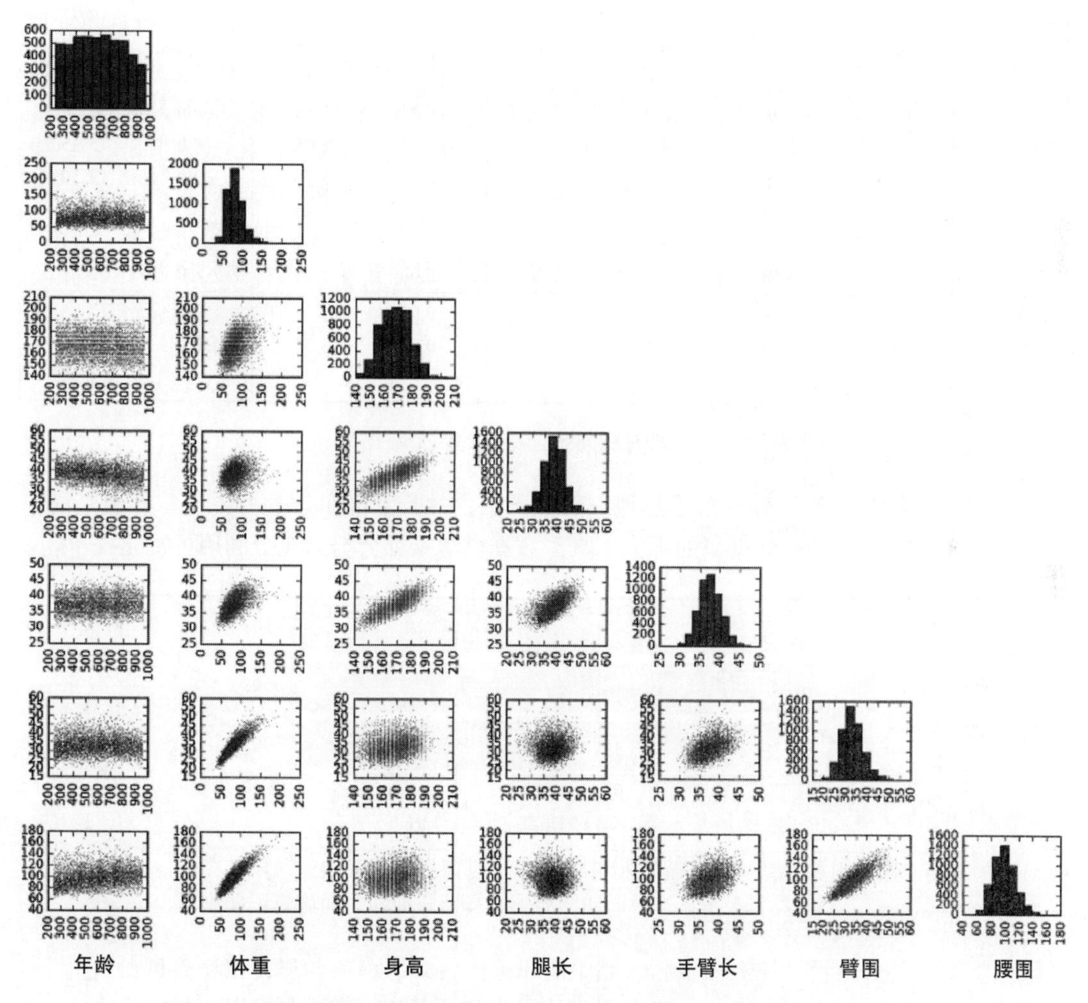

图 6.1　变量对的点状图阵列可以让你快速了解数据值的分布及其相关性

6.1.2　汇总统计量和 Anscombe 四重线

在没有可视化技术的情况下，对于数据的理解会存在较大的局限性。Anscombe 四重线最能说明这一点：四个二维数据集，每个数据集有 11 个点，如图 6.2 所示。所有四个数据集的 x 和 y 值的均值相同、方差相同，x 和 y 值之间的相关性完全相同。 159

这些数据集一定非常相似，对吧？先研究一下这些数字，这样就能知道它们是什么样子的。

知道它们的样子了吗？现在峰值出现在图 6.3 中这些数据集的点状图上。它们看起来各不相同，表达的含义也大不相同。一个趋势是线性的，而另一个则几乎是抛物线型的。另外两个是近乎线性的离群值，但斜率截然不同。

	I		II		III		IV	
	x	y	x	y	x	y	x	y
	10.0	8.04	10.0	9.14	10.0	7.46	8.0	6.58
	8.0	6.95	8.0	8.14	8.0	6.77	8.0	5.76
	13.0	7.58	13.0	8.74	13.0	12.74	8.0	7.71
	9.0	8.81	9.0	8.77	9.0	7.11	8.0	8.84
	11.0	8.33	11.0	9.26	11.0	7.81	8.0	8.47
	14.0	9.96	14.0	8.10	14.0	8.84	8.0	7.04
	6.0	7.24	6.0	6.13	6.0	6.08	8.0	5.25
	4.0	4.26	4.0	3.10	4.0	5.39	19.0	12.50
	12.0	10.84	12.0	9.31	12.0	8.15	8.0	5.56
	7.0	4.82	7.0	7.26	7.0	6.42	8.0	7.91
	5.0	5.68	5.0	4.74	5.0	5.73	8.0	6.89
均值	9.0	7.5	9.0	7.5	9.0	7.5	9.0	7.5
方差	10.0	3.75	10.0	3.75	10.0	3.75	10.0	3.75
协方差	0.816		0.816		0.816		0.816	

图 6.2 具有相同统计特性的四个数据集

这里的关键是，你可以一目了然地查看散点图，并且立即了解这些差异。即使是简单的可视化也可以作为理解数据集的强大工具。数据科学家都会努力充分利用可视化技术。

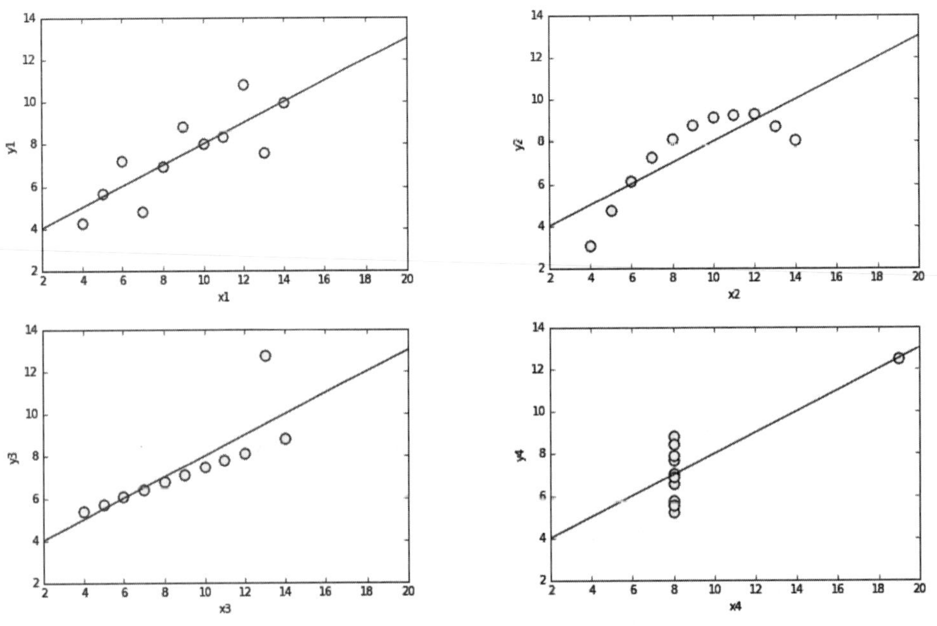

图 6.3 Anscombe 四重线的图形。尽管这些数据集具有相同的汇总统计数据，但它们却存在显著的不同

6.1.3 可视化工具

目前有大量的软件工具可用于支持数据可视化。一般而言，可视化任务分为三类，对工具的正确选择取决于任务是什么：

- 探索性数据分析：在这里，我们寻求对给定数据集进行快速、交互式的探索。Excel 等电子表格程序和 iPython、R 和 Mathematica 等基于 notebook 的编程环境可有效地构建标准绘图类型。这里的关键是隐藏复杂性，因此制图程序默认执行合理的操作，但可以根据需要进行自定义。 160
- 发布 / 演示高质量图表：尽管 Excel 非常普及，但这并不意味着它可以生成最好的图表。最好的可视化效果是科学家与软件之间的交互，充分利用了工具的灵活性来最大化图形信息的内容。

  MatPlotLib 或 Gnuplot 等绘图库支持多种选择，使图形看起来与你希望的完全一样。统计语言 R 具有非常广泛的数据可视化库。查找你喜欢的库函数所支持的图表类型，可以帮助找到最佳的数据表示形式。
- 面向外部应用的交互式可视化：构建图表以方便用户与专有数据集进行交互，这是对所有从事数据科学的软件工程师最基本的要求。这里最重要的工作是为技术水平不高、更多地面向应用的数据分析人员构建支持探索性数据分析的工具。

  这样的系统可以使用标准绘图库通过 Python 之类的编程语言轻松构建。还有一类用于构建可视化仪表板的第三方系统，例如 Tableau。与其他工具相比，这些系统可以在更高的层次上编程，支持特定的交互模式和跨数据的链接视图。 161

6.2 发展可视化美学

对艺术或葡萄酒的理性鉴赏需要一种特殊的品味或审美观。与其说你喜欢什么，不如说你为什么喜欢它。艺术专家谈论画家的审美眼光、光线的使用或作品的能量 / 张力。葡萄酒鉴赏家可以说出他们最喜欢的酒的香味、酒体、酸度和清澈度，以及其中含有多少橡木或丹宁酸。他们对于事物的评价远不是说“好吃”这么简单。

区分好 / 不好的可视化需要培养设计美感，还需要开发用于数据表达的词汇表。图 6.4 展示了西方绘画中的两个著名地标。哪一个更好？如果没有审美意识和词汇表述的概念，这个问题就毫无意义。

图 6.4　你更喜欢哪幅画？在艺术或视觉上形成智能偏好取决于独特的视觉美学

我的视觉美学和词汇大部分来自 Edward Tufte 的作品 [Tuf83，Tuf90，Tuf97]。他是一位艺术家——的确，我曾经在曼哈顿切尔西码头对面的前美术馆见过他。他长期以来一直在努力思考是什么使一张示意图或一张函数关系图既能充分地表达信息又具有美观性，并将设计美学建立在以下原则之上：

- 最大化数据墨水比率[1]：可视化效果应该用来展示你的数据。那么为什么你在图表中看到的大部分是背景网格、阴影和等值记号呢？
- 最小化谎言因子：作为一个科学家，你的数据应该揭示真相，理想情况下是你想看到的真相。但是，你是对听众说实话，还是在使用图形设备误导他们看到并非真实存在的东西？
- 最大限度地减少图表垃圾：现代可视化软件通常会添加酷炫的视觉效果，这些效果与数据集无关。你的图表是因为数据而变得有趣，还是与数据无关？
- 使用适当的比例尺和清晰的标记：数据的准确解释取决于比例尺和标记等非数据元素。你的描述性材料是否针对清晰度和精确度进行了优化？
- 色彩的有效利用：人眼可以区分色相和色彩饱和度的细微差别。你是用颜色来突出数据的重要属性，还是仅仅为了营造一种艺术氛围？
- 利用重复的力量：具有差异但相关的数据元素的一系列相似图表提供了一种简洁而强大的方法来实现可视化比较。你的那些许多倍的图表是否有助于比较，还是仅仅是多余的？

162

以下各节将详细介绍这些原则。

6.2.1 最大化数据墨水比率

在任何图形中，一些笔墨（墨水）用于表示实际的基础数据，而其余一些笔墨（墨水）则用于图形效果。一般而言，可视化应侧重于显示数据本身。我们将数据墨水比率[⊖]定义为：

$$\text{数据墨水比率}=\frac{\text{数据墨水量}}{\text{图中使用的总墨水量}}$$

图 6.5 按性别列出了平均工资（来源：劳工统计局，2015 年），其将有助于解释这一概念。你更喜欢哪种数据表示形式？左图写着“酷，你是如何制作这些阴影和三维透视效果的？”右图写着：“哇，女性的收入在各个方面都很低。但为什么咨询师的差距最小呢？”

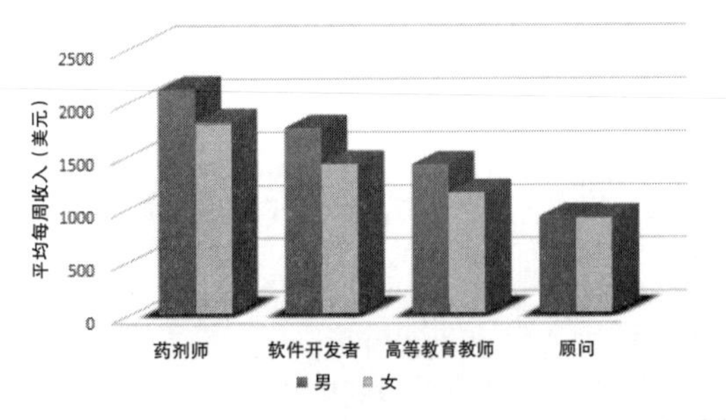

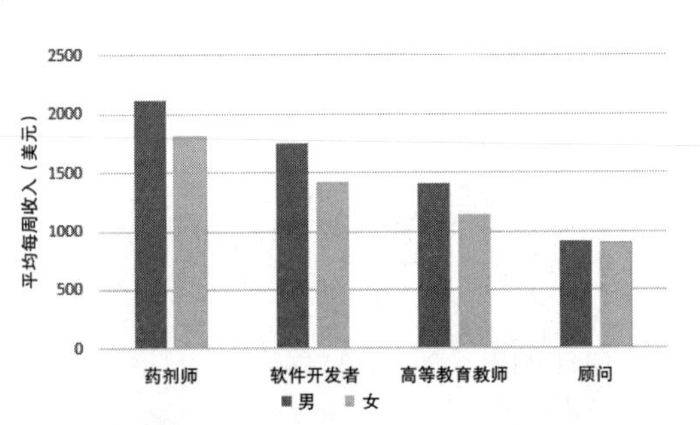

图 6.5　三维条形图渲染阴影（左）可能看起来令人印象深刻，但它们实际上只是图表垃圾。而仅仅展示数据（右）可以增加清晰度以及数据墨水比率

⊖ Data-Ink Ratio：数据墨水比率。Edward Tufte 将“数据墨水比率”定义为图形中的数据墨水量除以图形中的总墨水量。也就是说，数据墨水比率就是在展示介质 / 页面上用于展示数据所用的“墨水”量与介质 / 页面上全部“墨水”量之间的比值。——译者注

最大化数据墨水比率可以让数据说话，这是整个可视化练习的重点。右边的平面透视图可以更公平地比较柱形的高度，因此，男性对女性而言看起来不像是无足轻重的角色。[163] 这些颜色在对男女各方面进行一一对比时，起到了很好的作用。

有更多极端的方法可以提高数据墨水比率。为什么我们要画条形图？同样的信息可以通过绘制一个适当高度的点来传达，如果我们绘制的点比这里显示的 8 个点要多得多，那么这显然有很大的改进。请注意，可视化数据越少越好。

6.2.2　最小化谎言因子

可视化方法是试图讲述一个关于数据所展现内容的真实故事。谎言最简单的形式是捏造数据，也有可能虽然展示的数据是真实的，但是陈述的内容却不符合事实。Tufte 将图表的谎言因子定义为：

$$\text{谎言因子}=\frac{\text{图中效果的大小}}{\text{数据效果的大小}}$$

图形完整性要求最小化谎言因子，这可以通过避免采用容易误导的技术来实现。不良做法包括：

- *无方差表示均值*：两组数据集 {100，100，100，100，100} 和 {200，0，100，200，0}，虽然其均值都是 100，但是表达的故事却不相同。如果不能用均值绘制实际点，至少要显示方差，以清楚均值所反映的分布的程度。
- *在没有实际数据的情况下进行插值*：在呈现变化趋势和简化大型数据集方面，回归曲线和拟合曲线是有效的。但是如果在图形中不显示这些曲线所基于的数据点，就无法确定拟合的质量。
- 比例尺失真：图形的长宽比会对我们解释所看到的内容产生巨大影响。图 6.6 给出了给定财务时间序列的三幅渲染图，除了图表的纵横比外，其余均相同。

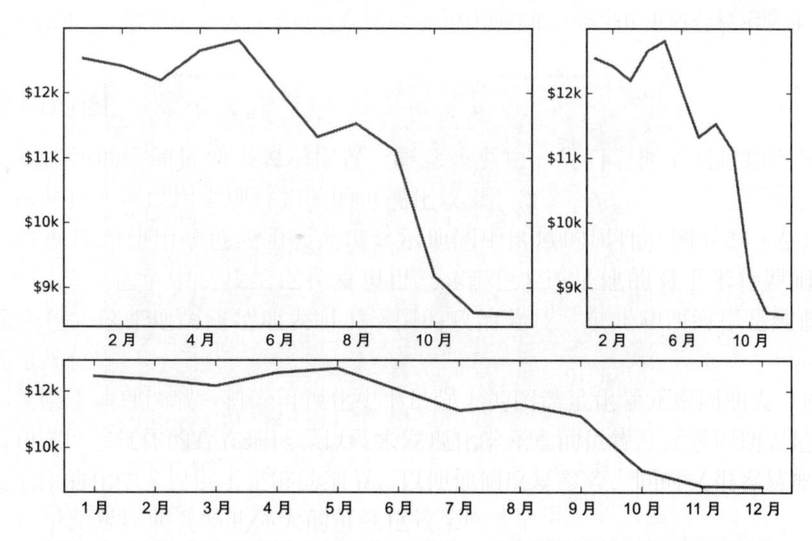

图 6.6　财务时间序列的三幅渲染图（哪一个最准确地代表了真实情况）

在最下方的图形渲染中，曲线看起来很平整：这里没有什么可担心的。右侧的图中，利润呈现断崖式下滑：简直是天塌下来了！左侧图片的曲线也出现严重下跌，但是在秋季有反弹的迹象。

哪个图形展示的内容是对的？人们通常习惯于按照黄金比例查看图形曲线，这意味着宽度应该是高度的 1.6 倍左右。除非有充分理由说明不恰当的原因，否则请按照这个比例向受众进行展示。心理学家告诉我们，45 度线是最容易解释的，因此请避免使用那些被过分放大或减弱的线条形状。

164

- 消除数字轴上的刻度标签：即使是最严重的刻度失真也可以通过不在坐标轴上打印数字参考标签来完全隐藏。只有使用数字比例尺标记，才能从绘图中重建实际数据值。
- 隐藏图中的原点：大多数图形中的默认假设是 y 轴上值的范围从零到 y_{max}。如果 y 范围变为 $y_{min}-\varepsilon$ 到 y_{max}，我们将无法直观地比较量值。这会使最大值突然看起来比最小值大很多倍，而不是按比例缩放。

  如果图 6.5（右）是在 y 取值为 [900，2500] 内绘制的，这表明咨询师正在挨饿，而不是像软件开发人员和教师那样获得与药剂师相近的薪水。只要在坐标轴上标有刻度，就可以识别这种欺骗，而不会很难捕捉。

尽管已经知道了 Tufte 公式，但还是无法机械地计算谎言因子，因为需要了解失真背后的原因。在阅读任何图表时，了解谁绘制的图表以及为什么绘制这些图表非常重要。理解制表人的想法应该能让你意识到图表中潜在的误导性信息。

6.2.3　最大限度地减少图表垃圾

无关的视觉元素会分散数据试图传达的信息。在一个令人兴奋的图表中，讲述故事的是数据，而不是图表垃圾。

165

图 6.7 显示了一家公司开始在遭遇经济不景气时的月度销售时间序列。所实验的图形是条形图，这是一种用于表示时间序列数据的很好的方法，同时其绘制使用了常规（可能是默认的）选项以及合理的绘图包。

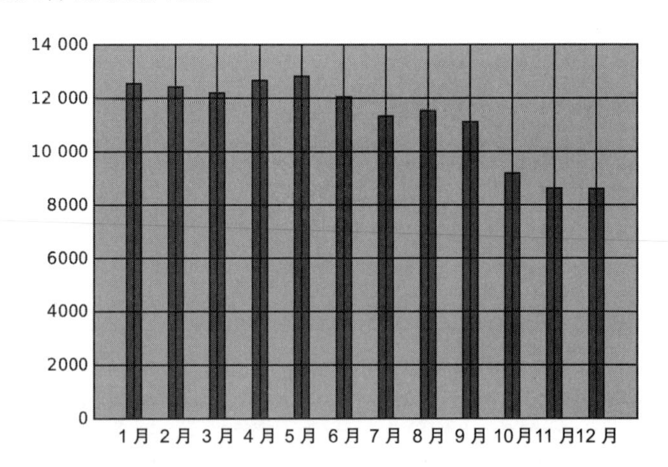

图 6.7　月底销售时间序列（我们如何改进 / 简化这个条形图时间序列）

但是，可以通过删除元素来简化这个图，使数据更加突出吗？在仔细观察图 6.8 之前，请仔细考虑一下这个问题，图 6.8 中连续对图 6.7 进行了 4 次简化处理。其中的关键操作包括：

- 解放数据（左上方）：浓重的网格通过在视觉上对内容的控制，而约束了数据。通常可以通过删除网格或至少减少网格来改进图形。

  数据网格的潜在价值在于其有助于更精确地解释数值。因此，在需要准确引用大量数值的绘图中，网格往往具有很大的用途。强化网格线可以充分胜任此类任务。
- 停止投射阴影（右上方）：这里的彩色背景对图形的解释毫无帮助。删除它会增加数据墨水比率，并减少干扰。
- 对边框的考虑（左下角）：边框实际上并没有提供任何信息，尤其是没有定义坐标轴的上边框和右边框。去掉边框，会让图中的数据更加突出。
- 利用缺少的墨迹（右下角）：通过从条形图中删除网格的线而不是添加元素，可以恢复网格的参考价值。这使得比较那些最大数字的量级变得更容易，方法是将注意力放在条形图中相对较小的顶部部分的大变化上，而不是放在长条形的小变化上。

166

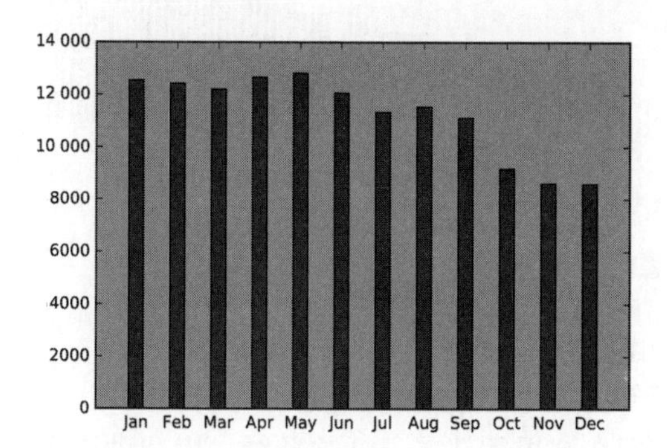

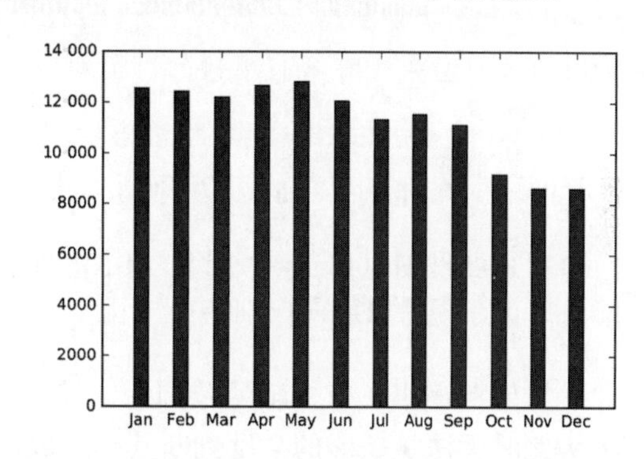

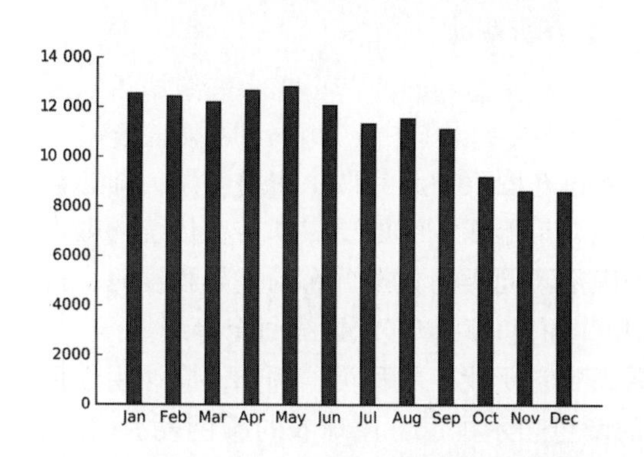

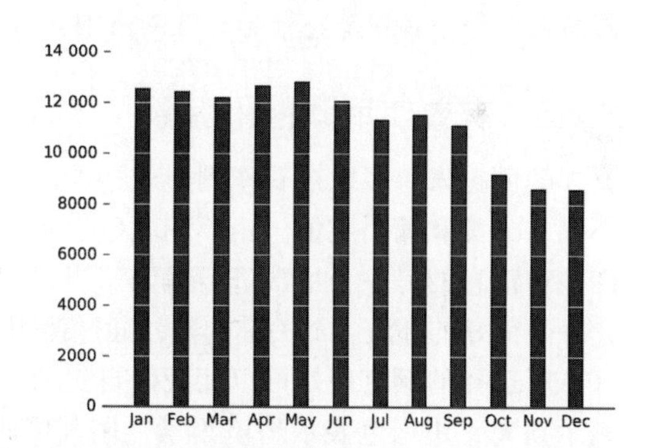

图 6.8　通过删除多余的非数据元素，对图 6.7 连续的四次简化

建筑师 Mies van der Rohe 曾说过“少即是多”。从图形中移除元素通常比添加元素更能改善图形的可视化。让它成为你的图形设计理念的一部分吧。

6.2.4　恰当的缩放和标注

缩放和标注的不足会使图形产生有意或无意的错误信息。标注需要准确地说明数字的大小，比例尺需要能够以适当的分辨率显示这些数字，以利于比较。一般而言，应按比例缩放数据，以填充图表上分配给它的空间。

对于是在变量的全部假设范围内缩放坐标轴，还是将其缩小到仅能够反映观测值，明智的人可以做出正确的判断。但是某些决定显然是不合理的。

图 6.9（左）是我学生制作的，它显示了将近一百种语言在两个变量间的相关性，由于相关性范围在 [-1，1] 之间，所以在横坐标中，他不得不使用图中所示的区间段。从这幅图的大片白色只捕捉到了这样一个概念：要是使相关性接近 1.0，我们可以做得更好。但这个图在其他方面是不可读的。

图 6.9（右）显示了完全相同的数据，但是坐标轴的比例尺进行了放大。现在可以看到，167 当我们从左向右移动时，性能有了提高，并可以看清任何一门语言的分数。左侧图中，这些条形与刻度的距离太远，很难看清具体的数值。

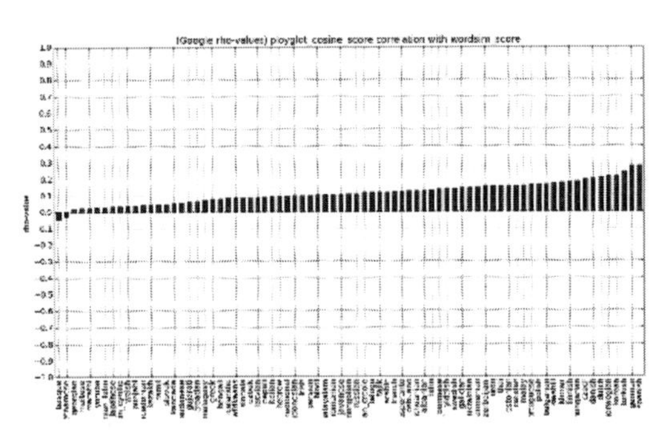

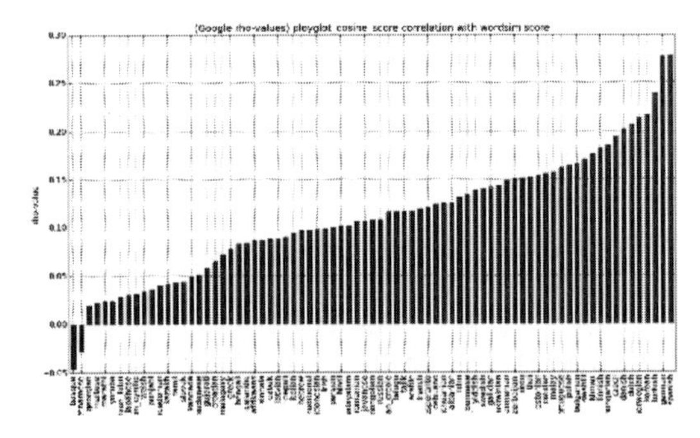

图 6.9　当图中有大量空白时，缩小比例尺是很愚蠢的行为（左）。恰当的缩放会让比较变得更加容易（右）

如果在缩小了坐标轴的范围后，导致这些条形不能被完全展现出来，那就出问题了，因为此时无法从条形的高度判断其真实数值。我们在这里标注了 y=0 这条线，以帮助读者理解每个条形必须是完整的。从网格中获取数据也会有所帮助。

6.2.5　有效使用颜色和阴影

颜色越来越多地被看作图形表达的一部分。颜色在图表中起到两个主要作用，即标记不同的分类和编码数值。用不同颜色表示不同类型、集群或等级的要点，会在传统的散点图上对信息的另一个层次进行编码。当我们试图确定不同类间数据分布的差异程度时，这是一个很好的办法。最关键的是，通过使用不同粗体原色，可以轻松区分每个等级。

所选择的颜色最好可以让我们自然而然地联想到它所代表的种类。例如，应该用红色表示损失，用绿色表示环境因素，用其国旗中的颜色表示国家，用球衣的颜色表示球队。将男性表示成蓝色，女性表示成红色，这就为受众解读散点图提供了一个微妙的线索。

用颜色表示数值尺度是一个比较困难的问题。彩虹的颜色图在感知上是非线性的，这意味着紫色在绿色之前还是之后对任何人都不明显。因此，当用彩虹色绘制数字时，将相似的数字以相似的颜色分组，在没有显式参照色阶的情况下，无法察觉相对大小。图 6.10 168 显示了来自 Python 的 MatPlotLib 的几个色阶，以便进行比较。

基于亮度或饱和度变化的色阶表现效果会更好。颜色的亮度通过将色调与灰色阴影（介于白色和黑色之间）混合来调制。饱和度是通过混合一部分灰度来控制的，其中 0 产生纯色调，而 1 是去除所有颜色。

另一种流行的色阶具有明显的正 / 负颜色（如图 6.10 的地震色阶中的蓝色和红色），周围的白色或灰色中心反射为零。因此，色调告诉了受众数字的极性，而亮度 / 饱和度则反映了幅度。某些色阶对色盲者来说更有帮助，特别是避免使用红色和绿色的色阶。

图 6.10　从 Python 的 MatPlotLib 中调整颜色比例，改变色调、饱和度和亮度。彩虹色地图在感知上是非线性的，因此很难识别差异的大小

一般来说，图中的大区域应显示为不饱和颜色。相反，对于小区域而言，其在饱和色下表现更好。色彩系统是一个令人惊讶的技术和复杂问题，这意味着你应该始终使用已有的完善色阶，而不是自己发明色阶。

6.2.6　重复的力量

小型多重图和表是表示多元数据的好方法。回忆一下图 6.1 中显示所有双变量分布的网格的功能。

多个小图表有许多用处。我们可以使用其按类分解分布，也可以按地区、性别或时间段绘制单独但可比较的图表。一系列图便于比较不同分布之间的变化。

时间序列图使我们能够在不同的时间点上比较相同的数量。最好是去比较多重时间序列，要么用于同一个图上的线，要么用于反映其关系的逻辑数组中的多重图。 169

6.3　图表类型

在本节中，将探讨数据可视化主要类型背后的基本原理。我介绍了使用每个图表的最佳方法，并概述了使这些图的展示尽可能有效所需的自由度。

如果不经过深思熟虑制作了图，或者错误地使用软件工具的默认设置创建了图，这都称不上“这是一个数据图表”。学生经常向我展示这种未经消化的数据产品，而这是我对它们的那么一点个人看法。

课后拓展：你有权力和责任对自己的作品进行有意义的解释。有效的可视化过程包括查看数据、确定数据所要讲述的故事，然后为更好地讲述故事，改进显示效果。

图 6.11 展示了一个方便的决策树，可以帮助你从 Abela 的 [Abe13] 中选择正确的数据表现形式。本节将回顾最重要的图表，但使用决策树可以更好地理解为什么某些可视化在有些背景中更为合适。我们需要为一个给定的数据集生成正确的图，而不仅仅是脑海中首先浮现的那个图。

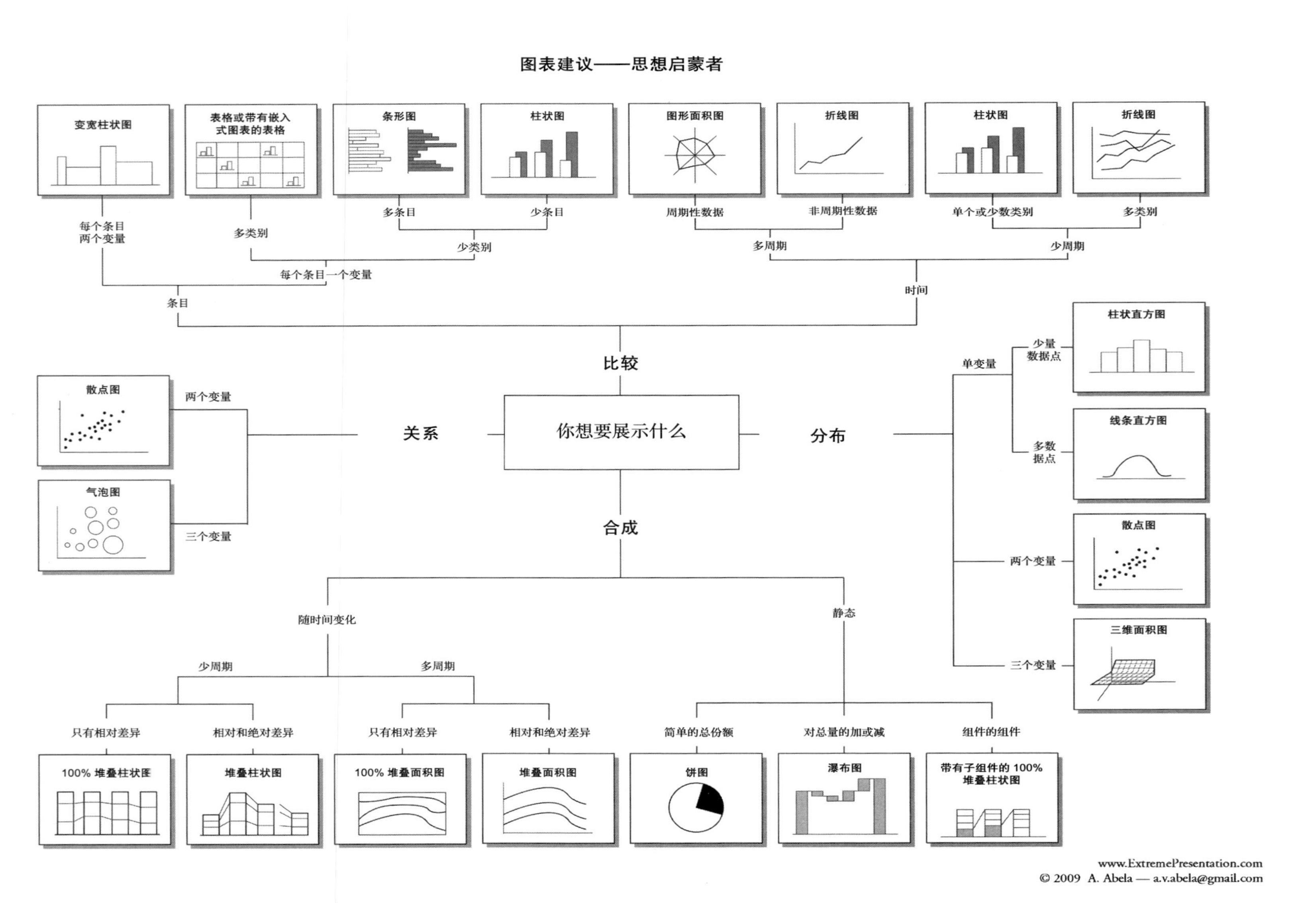

图 6.11　一个好的决策树，有助于确定数据的最佳可视化表示（经 Abela[Abe13] 许可后转载）

6.3.1　表格数据

数字表格可以做得很漂亮，并且是表现数据的非常有效的方法。尽管表格似乎缺乏图形所具有的视觉吸引力，但与其他图表类型相比，表格具有一些优势，包括：

- 精度表示：数字的精度会“诉说”获得数字的过程——平均薪水为 79 815 美元与 80 000 美元有所不同。这种微妙之处通常会在绘图时消失，但在数字表中却一目了然。
- 比例尺表示：在对数比例尺上，表格中数字位数的长度与条形图相对应。为最好地表达量级差异，要将数字右对齐，这就像（在较小程度上）扫描列中数字的前置数字一样。

左对齐	中间对齐	右对齐
1	1	1
10	10	10
100	100	100
1000	1000	1000

　而左对齐数字不利于这种比较，所以务必要右对齐。
- 多元可视化：一旦我们讨论的问题超越二维空间，对几何学的理解就会变得复杂起来。但即使在变量很多的情况下，依旧可以使用表格来处理。回忆一下图 1.1 中 Babe Ruth 的棒球统计数据，该表有 28 列，任何具有相关知识的粉丝都会很容易地理解表格表示的含义。

170～171

- 异构数据：表格通常是表示数字属性和分类属性（如文本和标签）的最佳方式。即使像表情符号这种字符也可以被用于表示某些字段的值。
- 紧凑性：当只有少量点时，表格的作用尤为突出。在二维平面中，两点可以画成一条直线，但为什么要这么麻烦呢？表格通常比仅能显示几个稀疏点的图视觉效果更好。

呈现表格数据似乎很简单（“只需要把数据放在一个表中”），就像用棍子拍打腿一样。但是想要生成具有最大信息量的表格，里面存在许多微妙之处。最佳做法包括：

- 对行进行排序以进行比较：可以随意地以任何方式对表中的行进行排序，请充分利用这方法。根据重要列的值对行进行排序通常是一个好主意。因此，将行分组有助于比较，方法是将感兴趣的行放在一起。

  在许多情况下，按大小或日期排序比按名称排序更能说明问题。使用行的规范顺序（例如，按名称排序）有助于按名称查找条目，但是通常不必担心，除非表中的行数非常多。
- 对各列进行排序以突出显示重要性或成对关系：在页面上，如果从左到右快速移动眼睛很难进行有效的视觉比较，但很容易对比相邻字段。一般来说，应该对表中的列进行有效组织以对相似的字段分组，将最不重要的字段隐藏在右侧。
- 数字要右对齐并且精度要相同：从视觉上比较表中 3.1415 和 39.2 的大小是一项很糟糕的工作，因为数字越长，看起来越大。最好的办法是对它们进行右对齐，并将所有精度设置为相同，即 3.14 与 39.20。
- 使用增强手段、特殊字体或颜色突出显示重要条目：在每列中标出极值以便将其他突显出来，这样可以一目了然地显示重要信息。但这很容易做过头，所以要力求精细。
- 避免使用过长的列描述符：表中的白色色带会分散注意力，通常是由于列标签的长度大于它们所代表的值。使用缩写词或多行单词堆叠可以最大限度地减少此类问题，同时要说明表中所附标题中所有可能的歧义。

172

为了帮助说明这些可能存在的问题，下面这张表，记录了 15 个不同国家的 6 项财产。行和列的顺序是随机的。你认为有什么可能的改进方法吗？

国家	面积	密度	出生率	人口数	死亡率	GDP
俄罗斯	17 075 200	8.37	99.6	142 893 540	15.39	8 900.0
墨西哥	1 972 550	54.47	92.2	107 449 525	20.91	9 000.0
日本	377 835	337.35	99.0	127 463 611	3.26	28 200.0
英国	244 820	247.57	99.0	60 609 153	5.16	27 700.0
新西兰	268 680	15.17	99.0	4 076 140	5.85	21 600.0
阿富汗	647 500	47.96	36.0	31 056 997	163.07	700.0
以色列	20 770	305.83	95.4	6 352 117	7.03	19 800.0
美国	9 631 420	30.99	97.0	298 444 215	6.5	37 800.0
中国	9 596 960	136.92	90.9	1 313 973 713	24.18	5 000.0
塔吉克斯坦	143 100	51.16	99.4	7 320 815	110.76	1 000.0
缅甸	678 500	69.83	85.3	47 382 633	67.24	1 800.0
坦桑尼亚	945 087	39.62	78.2	37 445 392	98.54	600.0
汤加	748	153.33	98.5	114 689	12.62	2 200.0
德国	357 021	230.86	99.0	82 422 299	4.16	27 600.0
澳大利亚	7 686 850	2.64	100.0	20 264 082	4.69	29 000.0

行（国家）可能有许多排序方式。尽管也可以按地区 / 大陆对其进行分组，但按任意单个列进行排序都是对随机性的改进。最后，诸如对数字进行右对齐、删除无用的数字、添加逗号以及突出显示每列中的最大值之类的技巧都会使数据更易于阅读：

国家	人口数	面积	密度	死亡率	GDP	出生率
阿富汗	31 056 997	647 500	47.96	**163.07**	700	36.0
澳大利亚	20 264 082	7 686 850	2.64	4.69	29 000	**100.0**
缅甸	47 382 633	678 500	69.83	67.24	1 800	85.3
中国	**1 313 973 713**	9 596 960	136.92	24.18	5 000	90.9
德国	82 422 299	357 021	230.86	4.16	27 600	99.0
以色列	6 352 117	20 770	305.83	7.03	19 800	95.4
日本	127 463 611	377 835	**337.35**	3.26	28 200	99.0
墨西哥	107 449 525	1 972 550	54.47	20.91	9 000	92.2
新西兰	4 076 140	268 680	15.17	5.85	21 600	99.0
俄罗斯	142 893 540	**17 075 200**	8.37	15.39	8 900	99.6
塔吉克斯坦	7 320 815	143 100	51.16	110.76	1 000	99.4
坦桑尼亚	37 445 392	945 087	39.62	98.54	600	78.2
汤加	114 689	748	153.33	12.62	2 200	98.5
英国	60 609 153	244 820	247.57	5.16	27 700	99.0
美国	298 444 215	9 631 420	30.99	6.50	**37 800**	97.0

173

6.3.2　点状图和折线图

点状图和折线图是最常见的数据图形形式，它们提供了由一组点（x，y）定义的函数 $y=f(x)$ 的可视化表达。点状图仅显示数据点，而折线图将数据点连接起来或内插来定义连续函数 $f(x)$。图 6.12 显示了几种不同类型的折线图，这些图中，显示了强调数据点与强调内插曲线的不同。折线图的优点包括：

- 插值和拟合：根据这些点得出的插值曲线可预测在 x 可能的取值范围内的 $f(x)$。这使得我们能够全面地检查或参考其他值，并在数据中明确地表现出趋势。

在源数据相同的图形上叠加拟合或平滑的曲线是一个非常有效的结合。拟合提供了一个可解释数据含义的模型，而实际的点使我们对模型的信任程度能够做出有根据的判断。

- 点状图：实际上无须显示出线条就可以产生点状图，这是折线图最棒的地方。在许多情况下，通过分段的线（折线）来连接点，被证实是一种误导。如果函数只定义在整数点上，或者 x 值表示不同的条件，那么在它们之间进行插值完全没有意义。

  此外，为了捕捉离群值，折线会大幅度偏离它们的方向，这在视觉上会鼓励我们将精力集中到最应该忽略的点上。过快的上下运动会分散我们对未来发展趋势的注意力，这也是盯着图表看的主要原因。

174

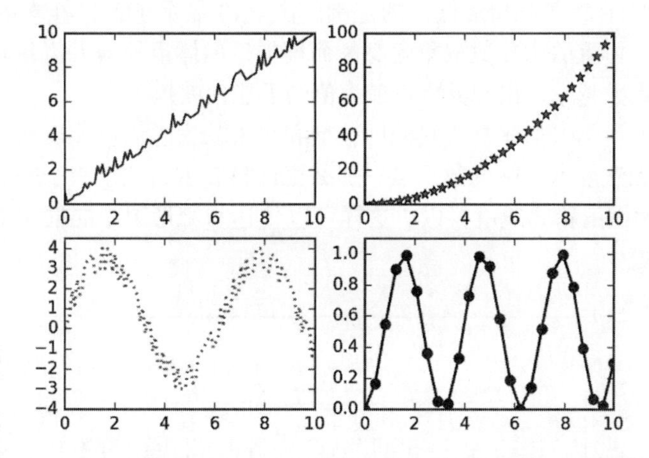

图 6.12　Python 的 MatPlotLib 包支持我们已经看到的许多折线图样式

折线图的最佳做法包括：

- 显示数据点，而不仅仅是拟合：通常重要的是显示实际数据，而不仅仅是拟合线或插值线。

  关键是要确保两点之间不要有重叠。为了清晰地表示大数点，我们可以：（a）缩小点的大小（可能变成针孔大小）；（b）弱化点的阴影，使其位于其他点的背景中。记住，有 50 种灰度，细节是关键。

- 如果可能，要显示完整的变量范围：默认情况下，大多数图形软件从 x_{min} 到 x_{max}，从 y_{min} 到 y_{max} 区间绘制图形，其中 min 和 max 分别是输入数据值中的最小值和最大值。但逻辑上的最小值和最大值是特定于不同背景的，它可以减小谎言因子以显示整个范围。在逻辑上计数应该从零开始，而不是从 y_{min} 开始。

  但是有时仅为了将全部的范围都显示出来，而延展试图表现的效果曲线是没有意义的，图 6.9 就是这种情况。一种可能的解决方案是在坐标轴上使用对数刻度，以便通过节省空间来嵌入更大范围的数字。但是，如果必须截断范围，请使用带有标记的坐标轴以明确你正在做什么，并澄清相关标题中存在的歧义。

- 在绘制均值时接受不确定性：折线图或点状图上出现的点通常是通过对多个观测值求平均而获得的。所得均值比任何单个观测值都更好地反映了真实分布。但是，基于方差，均值具有不同的解释。比如 {8.5，11.0，13.5，7.0，10.0} 和 {9.9，9.6，10.3，

10.1，10.1} 的均值均为 10.0，但是我们对这两组数精确度的信任程度却大不相同。

有几种方法可以确认图中测量方法的不确定性水平。我最喜欢的方法是采用相同的 x 值作为相关均值，将所有潜在数据值与均值绘制在同一张图上。假如这些被画成小点和轻微的阴影，相对于较重的趋势线，在视觉上就会不明显，但现在它们可以用于检查和分析。

第二种方法是将标准差 σ 绘制在 y 轴上，作为图形的“胡须”，显示区间为 $[y-\sigma, y+\sigma]$。这种区间表示是真实的，代表了在正态分布下 68% 的范围内的数值。较长的胡须意味着更加怀疑方法的准确性，而较短的胡须则意味着更高的精度。

175

箱形图简洁地记录了在有框的点处值的范围和分布。此框显示了四分位数（25% 和 75%）中值的范围，并在中位数（第 50 个百分位数）处被切开。通常会添加胡须以显示最高值和最低值的范围。图 6.13 显示了人口样本中体重随身高变化的箱须图。体重的中位数权重随身高而增加，但体重的最大值并非如此，因为最高箱体中的点数越少，出现异常点最大值的可能性就越小。

真正的科学家似乎喜欢箱须图，但我个人认为它们可能反而有些过犹不及。如果你真的无法表示实际的数据点，那么也许只表示出位于第 25 和第 75 百分位的均值 / 中值侧面的轮廓线就可以。这样可以传达与箱形图中的框完全相同的信息，而图表垃圾更少。

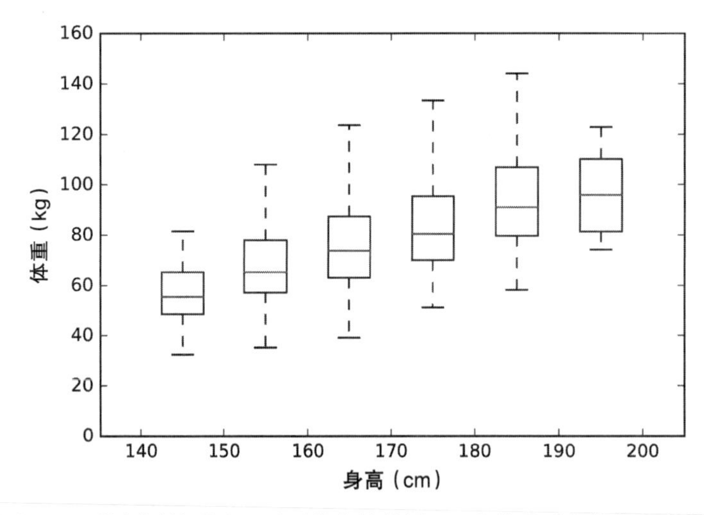

图 6.13　箱须图简明地显示了分布的范围 / 四分位数（中位数和方差）

- *永远不要为类别数据而将点连接起来*：假设你为几个不同的类别（比如，从阿拉巴马到怀俄明州的 50 个州）测量一些变量（可能是中等收入）。将其显示为 $1 \leqslant x \leqslant 50$ 的点状图可能是有意义的，但将这些点连接起来是愚蠢的行为，并可能引起误解。原因是什么呢？因为状态 i 和状态 $i+1$ 之间没有有意义的邻接。实际上，最好将这些图形视为条形图，如 6.3.4 节所述。

  事实上，用折线将点连接起来通常很困难。趋势线或拟合线往往更具启发性和信息性。尝试显示原始数据点本身，尽管这是轻而易举和不声不响的事情。

- *使用颜色和阴影区分线 / 类*：通常我们要面临在两个或多个类型上绘制相同的函数 $f(x)$，比如区分男性和女性情况下，收入是学校教育程度的函数。

176

处理这种函数绘图最好的办法是通过为每类的线 / 点指定高辨识度的颜色。也可以使用行阴影线（点线、虚线、实线和粗线），但是这些阴影线通常比颜色更难区分，除非呈现的是黑白图像。实际上，在视觉被混淆成一团之前，可以在一个图上分别表示出 2 到 4 条这样的线。如果要对大量的分组进行可视化，就要将其划分为逻辑集群，并使用多个折线图，为了整洁，每个折线图都采用尽可能少的线条。

6.3.3　散点图

以有效的方式呈现大规模数据集确实是个不小的挑战，因为大量的点很容易使图形展示不堪重负，从而形成一团黑乎乎的图像。但是，如果制图得当，散点图能够以清晰易懂的方式显示数千个二元（二维）点。

散点图显示给定数据集中每个（x，y）点的值。我们在 4.1 节中使用散点图通过将个体表示为身高体重空间中的点以表示这些人的体重状况。每个点的颜色反映了他们体重正常、超重或肥胖情况。绘制散点图的最佳方法包括：

- 将正确大小的点分散开：在电影 *Oh, God!* 中，George Burns 作为创作者回顾牛油果是他最大的错误。为什么？ 因为他把坑弄得太大了。在做散点图时，大多数人犯的最大错误是把图中的点画得太大了。

  图 6.14 中的散点图显示了 1000 多名美国人的 BMI 分布，其中有两个不同大小的点。观察较小的点如何显示更精细的结构，因为它们不太可能重叠和遮盖其他数据点。

  现在我们看到了一个致密点集的精细结构，同时还能够发现离群值的位置。大多数绘图程序默认点的大小适用于大约 50 个点。但是对于较大的数据集，就要使用较小的点。

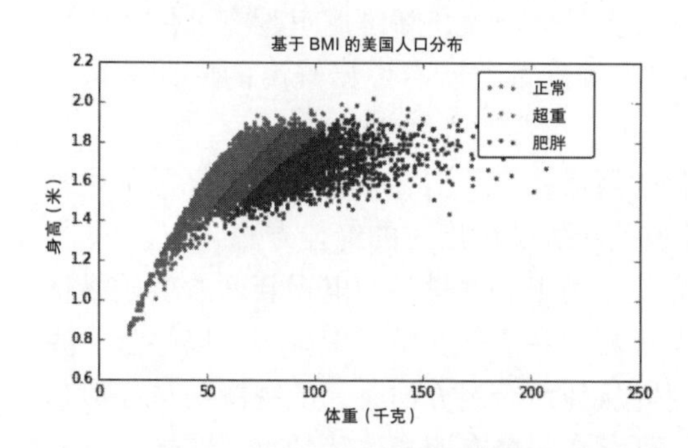

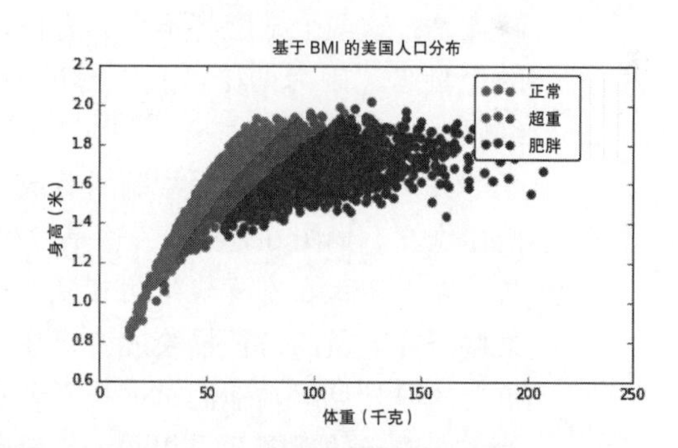

图 6.14　散点图中的较小点（左）比默认点大小（右）显示更多细节

- 在绘制散点图前，对整数点进行着色或微调：在 x 和 y 为整数值时，散点图做出网格线，因为此时它们之间没有平滑的渐变。当有多个点共享完全相同的坐标时，有些散点图会看起来不自然，更糟的是数据会模糊不清。

  有两种合理的解决方案。第一种是根据每个点出现的频率为其着色。此类图称为热力图，并且只要使用合理的色标，就可以很容易分辨出各个重叠点。图 6.15 显示了一个身高体重数据的热力图，与相关的简单点图相比，它在显示点浓度方面做得更好。

  方法之一是减少散点图的点的不透明度（等效地，增加透明度）。默认情况下，通常图中的点是不透明的，因为当存在大量重叠点时会发生覆盖而致使有些点被隐藏。但现在假设允许这些点有轻微的阴影以及可以透明。那么，重叠的点在显示时就会比没有被覆盖的点的颜色更深，从而形成了多重灰度阴影的热力图。

第二种方法是向每个点添加少量随机噪声，以使其在围绕其原始位置的子单位半径圆内晃动。现在，我们将看到点的多重性，并打破了网格分散的规律性。

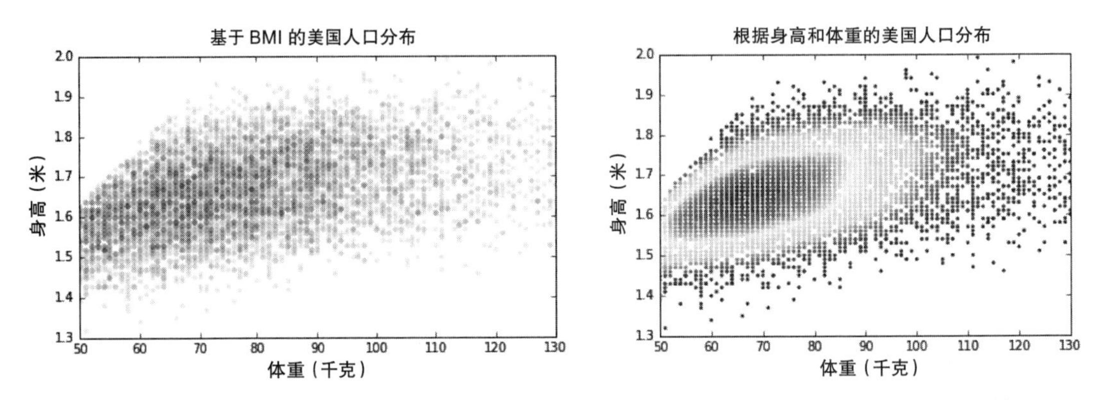

图 6.15　重叠点可能会模糊散点图，特别是对于大型数据集。降低点的不透明度可以显示数据中一些精细的结构（左）。但是彩色的热力图可以更加生动地揭示出点的分布（右）

- *将多维数据投影到二维，或使用成对的图数组*：地球上的人类发现很难在四维或更多维度上将数据集可视化。使用主成分分析和自组织映射等技术，高维数据集通常可以在绘制散点图之前投影到二维。在图 11.16 前面的几章中有一个很好的例子，将 100 维投影到二维，揭示了这个高维数据集的一个非常连贯的视图。

178

这样作图的优点在于，可以将一些在其他方法中显示不出来的细节进行可视化。缺点是，这两个维度将不再具有任何意义。更具体地说，新维度里没有可传达含义的变量名，因为两个“新”维度中的每一个维度都对所有原始维度的属性进行了编码。

另一种表示方法是绘制所有成对投影的网格或格子框架，每个投影仅显示两个原始维度。如图 6.1 所示，这是一种了解彼此相关的维度对的绝佳方法。

- *三维散点图仅在有真实结构可显示时才有用*：关于数据科学的电视新闻故事始终将某些研究人员的特征描绘成：抓住三维点云数据并使其在空间中翻转，以寻求一些重要的科学见解。他们永远找不到它，因为从任何给定方向看云的视图与从任何其他方向看云的视图几乎相同。一般来说，不存在一个有明显优势的点，在这个点上能够突然清楚地看到不同维度间是如何相互作用的。

但是也有例外，比如当数据实际上是从结构化的三维对象（例如给定场景的激光扫描）中获取的。我们在数据科学中遇到的大多数数据都不符合这种描述，因此对交互式可视化的期望很低。使用所有二维投影技术的网格，基本上可以从所有正交方向查看云数据。

- *气泡图通过改变颜色和大小来表示其他尺寸*：调整点的颜色、形状、大小和阴影使点状图能够表示气泡图上的另外的维度。这通常比在三维中绘制点更有效。

6.3.4　条形图和饼图

条形图和饼图是表示分类变量相对比例的工具。这两种方法都是通过将一个几何整体（无论是条还是圆）划分成与每组频率成正比例的区域来完成的。这两种方法中的区域都倍乘以后依旧有效，以利于进行比较。事实上，将每个条形都分割为多个部分，就生成了*堆积条形图*。 179

图 6.16 显示了美国总统选举三年来的选民数据，以饼图和条形图的形式呈现。灰色代表民主党选票，黑色代表共和党选票。饼图更清楚地显示了哪一方赢得了历次选举，但在条形图中显示，共和党的投票总数一直相当稳定，而民主党总体呈增长趋势。请注意，由于这些条形都是左对齐的，因此可以很容易对其进行比较。

由于饼图占用了不必要的空间，且通常难以阅读和比较，因此某些评论家从未停止过对它的批评。但饼图可以更好地显示整体的百分比。很多人似乎都很喜欢它们，所以少量使用也无妨。条形图和饼图的最佳做法包括：

- *直接标记饼图的扇区*：饼图通常附有图例，用于标记每个颜色扇区对应的内容。这很让人分心，因为你的眼睛必须在图例和扇区之间来回移动才能理解这一点。

  更为妥当的做法是直接在切片内部或边缘上方标记每个扇区。这样做的额外好处是不鼓励使用太多的扇区，因为扇区太多会变得难以解释。这也有助于将那些太小的扇区整合为一个被称为“其他”的单个扇区，然后可能展示一个将这个扇区进行分解放大的第二个饼图。 180~181

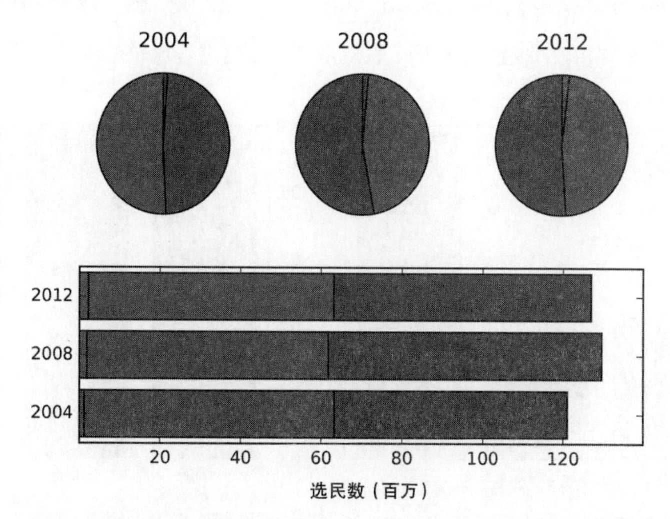

图 6.16　三次美国总统选举的选民数据。条形图和饼图显示分类变量的比例频率。时间序列中的相对幅值可以通过调整直线或圆的面积来显示（附彩图）

- *使用条形图实现精确的比较*：当条形图中加入固定的线时，可以轻松地识别一系列中的最小值和最大值，以及上升或是下降的趋势。

  堆积条形图很简洁，但很难达到这种目标。展示一系列的小条形图，将每个性别 / 种族制作一个条形图，使我们能够进行更加精细的比较，如图 6.17 所示。

- *根据要突出显示的绝对幅度或比例来适当缩放*：饼图存在代表整体的部分。在显示一系列饼图或条形图时，最关键的决定是要显示整体大小，还是要显示每个子组的小部分。

  图 6.18 显示了两个堆积的条形图，显示了按船票等级报告的*泰坦尼克号*的生还者统计数据。直方图（左）精确地记录了每个类的大小和结果。带有相等长度的 182

条形图（右）更好地反映了低阶层死亡率的增长情况。

饼图还可以通过改变圆的面积来显示大小的变化。但是对于肉眼而言，面积比较比长度判断更难，这就使对比变得困难。通过调整半径改变面积以反映大小更具欺骗性，因为将圆的半径加倍会使面积乘以 4。

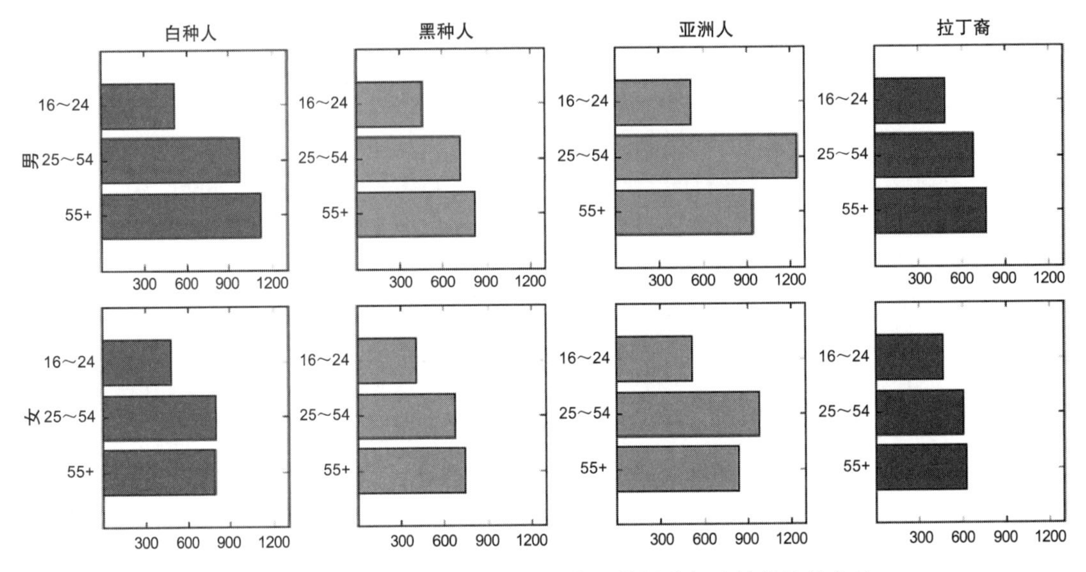

图 6.17　较小的多条形图 / 表格是多元数据进行比较的绝佳方法

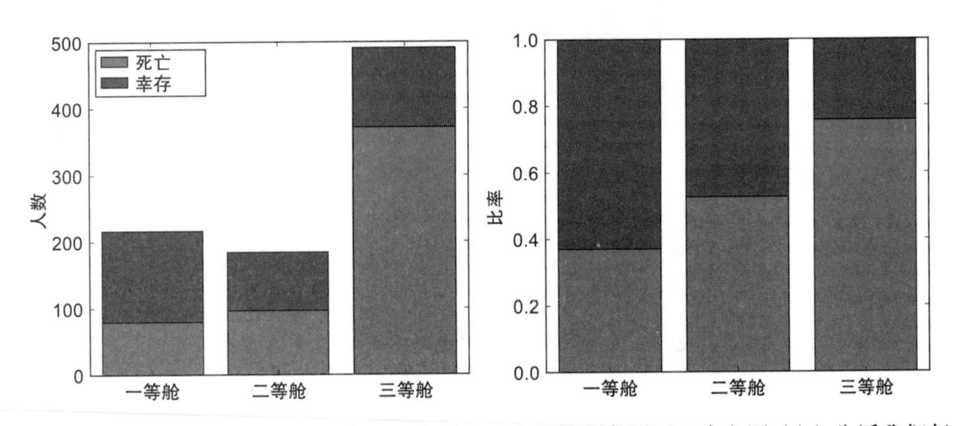

图 6.18　按船票等级排列的显示泰坦尼克号生还率的堆积条形图。直方图（左）告诉我们每个类的大小，但缩放条（右）更好地反应比例。主要结论：你最好不要坐三等舱

糟糕的饼图

图 6.19 所示的两个饼图，按候选人列出了 2016 年共和党全国代表大会代表的分布情况。左边的饼图是二维的，而右边的图表有很厚的扇区整齐地分开以显示其深度。哪一种在呈现票数分配方面更好？

应该很清楚地看到，三维效果及扇区的分离是纯粹的图表垃圾，这只会使扇区之间的大小关系变模糊。而实际的数据值也消失了，也许是因为在所有这些阴影后边没有足够的空间来显示数据。但为什么我们需要这样的一个饼图呢？一个标签 / 颜色的小表格，加上一个带百分比的说明栏，将会更加简洁和有益。

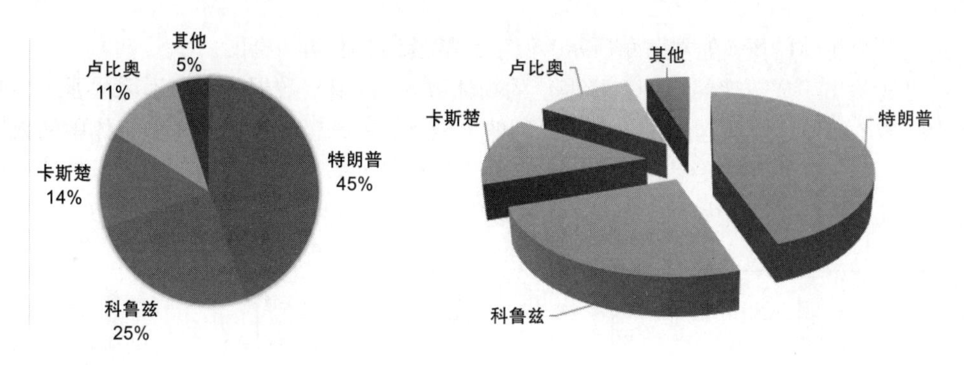

图 6.19　候选人参加 2016 年共和党大会代表的饼图。哪一个更好，为什么

6.3.5　直方图

变量或特征的有趣属性由其潜在的频率分布定义。分布的峰值在哪里，模式是否接近均值？分布是对称的还是倾斜的？尾巴在哪里？它可能是双峰的，这是否意味着这种分布是由两个或更多的潜在种群组成的？

183

我们经常会面对一些特定变量的大量观察数据，并试图为它们绘制一个视图（图 6.20）。直方图是观察到的频率分布图。当变量定义在相对于 n 个观测值的大范围可能值上时，我们不太可能准确地看到所有的重复值。然而，通过将取值范围划分为适当数量的等宽度箱，我们可以累积每个箱的不同计数，并接近潜在的概率分布。

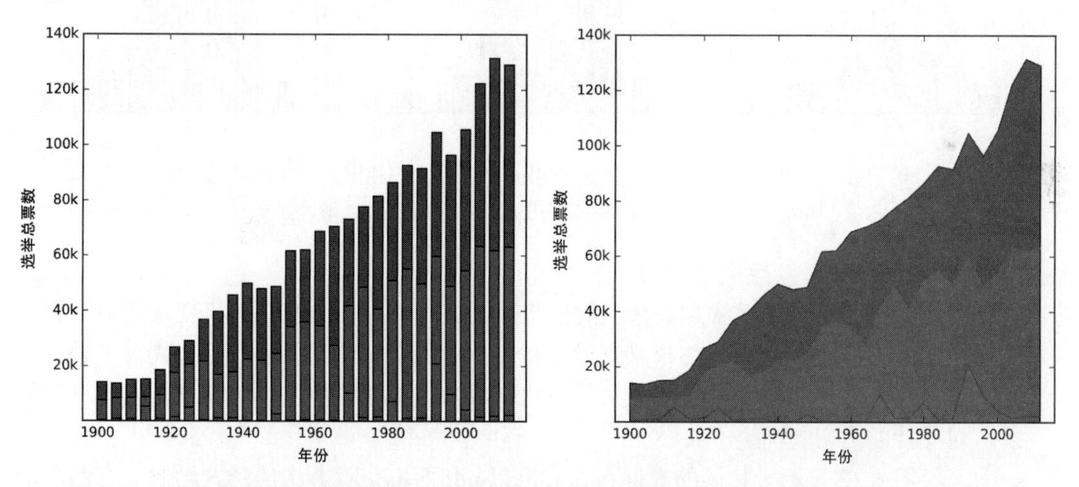

图 6.20　按党派划分的美国总统选举总票数的时间序列使我们能够看到其规模和分布的变化。民主党人用蓝色表示，共和党人用红色表示。肉眼很难看到变化，特别是在堆栈的中间层（附彩图）

建立直方图的最大问题是确定要使用箱体的正确数量。箱体太多了，以至于即使是最受欢迎的箱体也只有几个点。我们借助 binning 来解决这个问题。但是使用的箱体过少，会导致不能显示足够的细节以理解分布的形状。

图 6.21 说明了箱体大小对直方图外观的影响。第一行中的图将正态分布的 10 万个点分别用 10 个、20 个和 50 个箱体存放。有足够的点可以装满 50 个箱体，并且右边的分布看起来很漂亮。最下面一排的箱体只有 100 个点，所以右边图中的 30 个箱体的分布稀疏而杂

乱。这里 7 个箱体的图（如左下角所示）似乎是最具代表性的一幅图。

不可能给出一成不变的规则选择最佳的箱体数 b，以显示数据。你永远无法通过肉眼区分出 100 多个箱体，因此这提供了一个合理的上限。总的来说，我希望每个箱体中的数据点为 10 到 50 个，以使事情变得顺利，因此 $b=\lceil n/25 \rceil$ 给出了第一个合理的猜测。但是请使用不同的 b 值进行对比实验，因为合适的箱体数将比其他值的效果更好。看到它便会知道。184

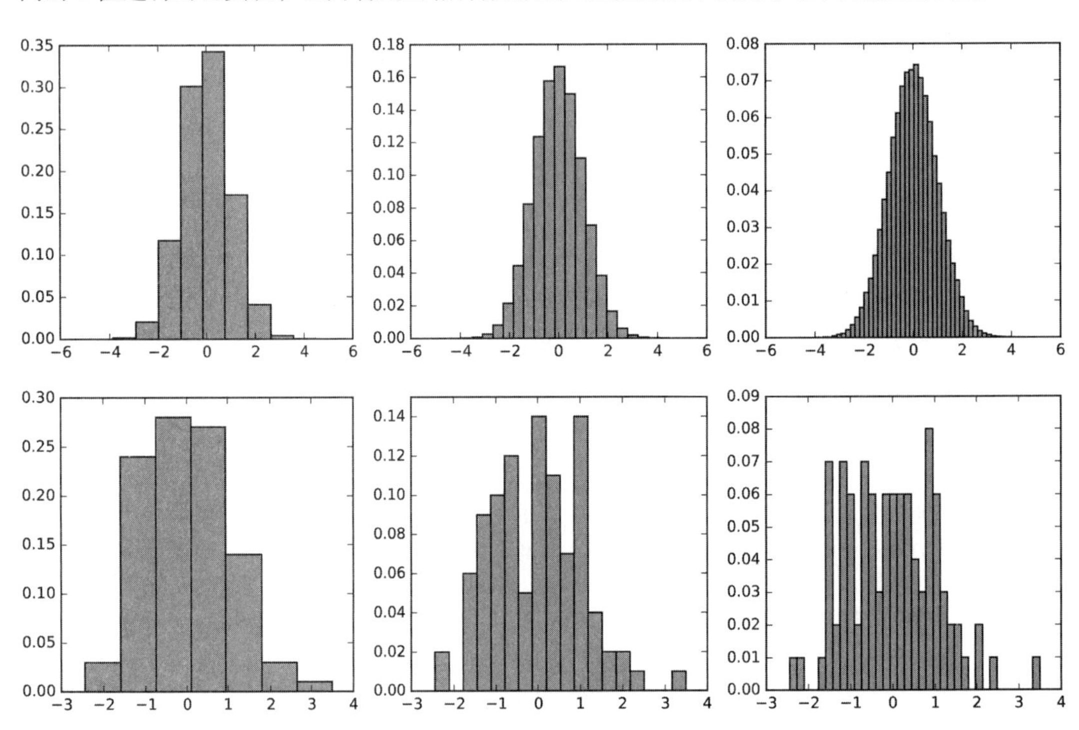

图 6.21　给定分布的直方图可能会因存储箱的数量不同而大不相同。一个大数据集受益于许多存储箱（顶部）。但是，当每个箱体中的元素数目较多时，最好显示较小数据集的结构

直方图的最佳做法包括：

- *将直方图转换为概率密度函数*：我们将数据解释为近似于基础随机变量的概率密度函数（pdf）的观察值。如果是这样，就可以用每个箱体的元素分数来代替 Y 轴，而不是总计数。对于大型数据集尤其如此，因为这些存储箱已足够满了，以至于我们对支持的确切级别毫不关心。

  图 6.22 显示了相同的数据，在右侧以 pdf 而不是直方图的形式绘制。在两个图中，形状完全相同：仅有的改变就是 y 轴的取值。然而，这个结果更容易解释，因为它是以概率显示而不是以计数的方式显示。

- *考虑 cdf*：累积密度函数（cdf）是 pdf 的积分，并且两个函数包含完全相同的信息。因此，请考虑使用 cdf 而不是直方图来表示分布，如图 6.23 所示。185～186

  绘制 cdf 的好处是其不依赖于箱体的计数参数，因此它提供了真实、完整的数据视图。回想一下 cdf 在 KS 检验中的形状，如图 5.13 所示。我们用 $n+2$ 个点绘制 cdf 作为 n 个观测点的折线图。第一个和最后一个点分别是（$x_{min}-\varepsilon$, 0）和（$x_{max}+\varepsilon$, 1）。然后对观测值进行排序，得到 $S=\{s_1, \cdots, s_n\}$，并绘制出所有 i 的图（s_i, i/n）。

  累积分布需要比直方图更加复杂的信息来读取。cdf 是单调增加的，因此在分布中

没有峰值。相反，该模式由最长的垂直线段标记。但cdf更擅长突出分布的尾部。原因很清楚：尾部的较小的数被条形图上的轴遮住了，但在cdf中则会堆积成可视的内容。

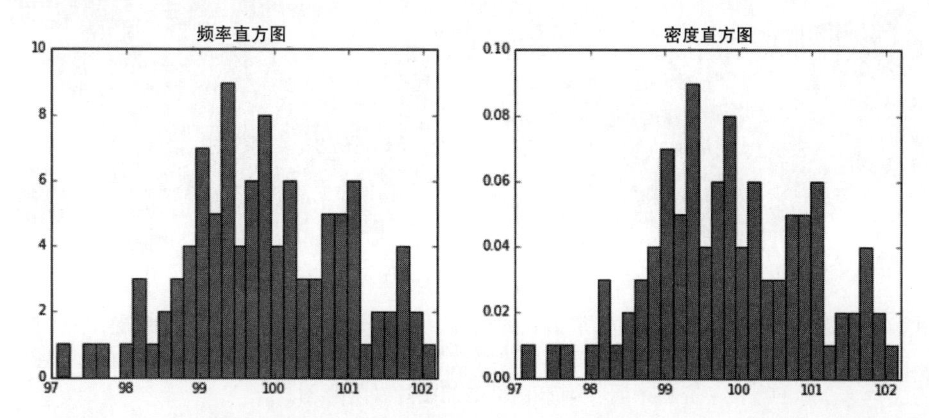

图6.22 将计数除以总数可得出概率密度图，即使形状相同，该图也更易于理解

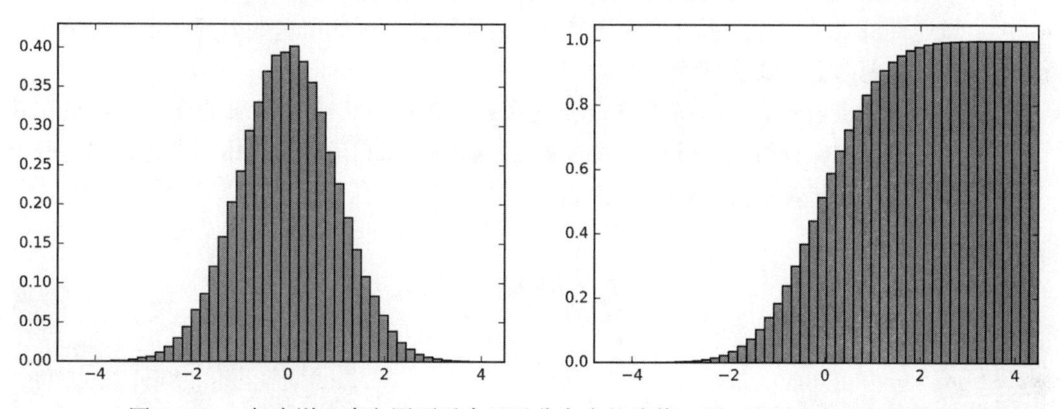

图6.23 一般来说，直方图更适合显示分布中的峰值，而cdf更适合显示尾部

6.3.6 数据地图

地图使用区域的空间排列来表示位置、概念或事物。我们掌握了通过地图导航世界的所有技巧，这些技巧可以用来理解相关的可视化效果。

传统的数据地图使用颜色或阴影突出显示地图中区域的属性。图6.24（左）根据各州在2012年美国总统选举中是投给巴拉克奥巴马（蓝色）还是他的对手米特罗姆尼（红色）来给各州涂颜色。这张地图清楚地表明了该国的政治分歧。东北和西海岸是纯蓝色，而中西部和南部是红色。

187

地图不仅限于地理区域。科学可视化史上最强大的图谱是化学元素周期表。连接的区域显示了金属和诺贝尔气体的存在地区，以及未发现化学元素的位置。元素周期表是一张地图，向从事相关工作的化学家提供了足够的细节，以便他们反复参考，同时又很容易被学生理解。

是什么赋予元素周期表如此强大的可视化效果呢？

- *地图背后的故事有待我们挖掘*：当地图对信息编码，使得信息值得被参考或被透彻理解时，地图就产生了价值。由于电子层的结构以及它们对化学性质和键合的重要性，周期表是元素的正确可视化。需要对这张地图反复仔细查看，因为其中蕴含着重要的信息要让我们知道。

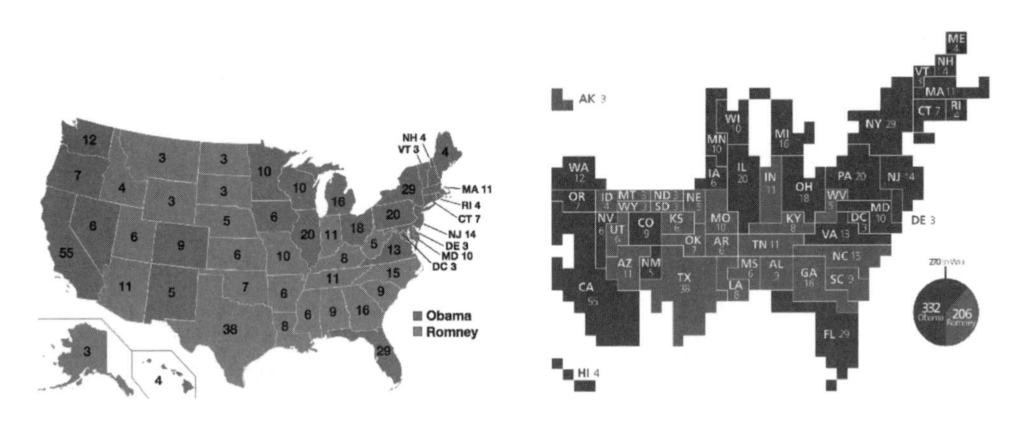

图 6.24　总结 2012 年美国总统选举结果的地图。每个州的选举人票数有效地显示在数据图上（左），而使每个州的面积与选票数量成比例的制图（右）更好地反映了奥巴马获胜的程度（资料来源：维基百科中的图片）(附彩图)

数据地图很吸引人，因为按区域分解变量常常会产生有趣的故事。地图上的区域通常反映了文化、历史、经济和语言的连续性，因此由这些因素产生的现象通常在数据地图上清楚地显示出来。

- 区域是相连接的，而相邻意味着会发生点什么：图 6.25 中区域的连续性反映在其颜色方案中，分组元素具有类似的属性，如碱金属和诺贝尔气体。彼此相邻的两个元素通常意味着它们共享一些重要的共同点。

188

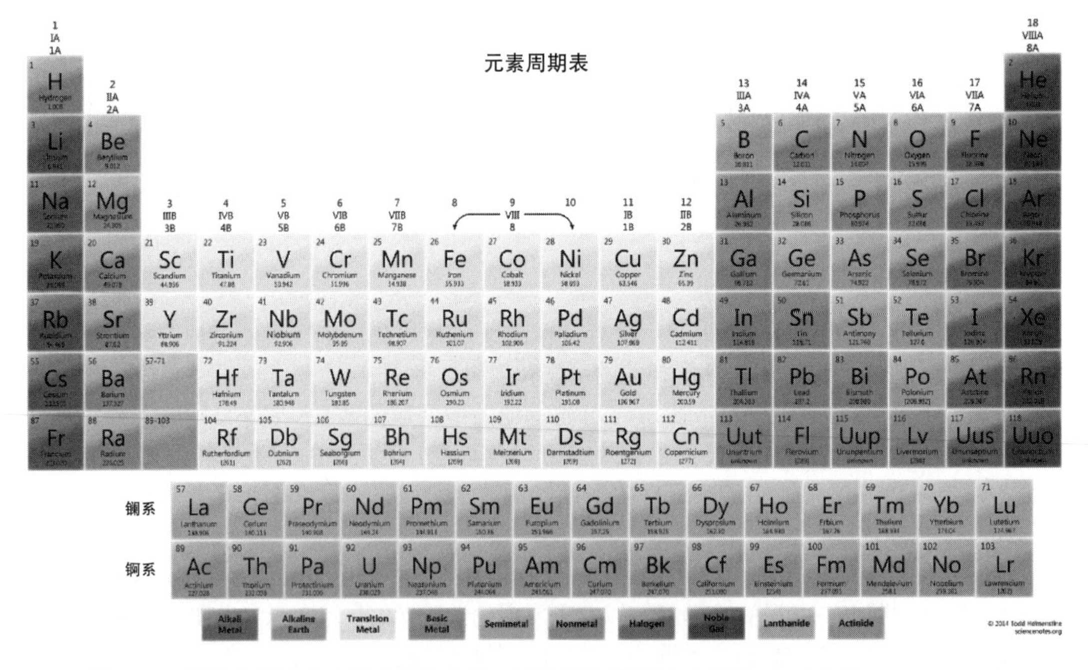

图 6.25　周期表将元素映射成逻辑分组，反映了化学性质（来源：http://sciencenotes.org）

- 正方形足够大：正式宣布元素周期表的关键决定是镧系元素（元素 57～71）和锕系元素（元素 89～103）的放置。按照惯例它们被表示在了底部两行，但逻辑上属于周期表中未标记的绿色方格。

然而，传统的绘制方法避免了两个问题。为了做到“正确”，这些元素将被压缩成不可再压缩的细条，否则表格需要变宽两倍才能容纳它们。

- 不太忠于现实：为了获得更好的地图而改善现实是一项长期而光荣的传统。回想一下，墨卡托投影扭曲了两极附近陆地的大小（是的，格陵兰岛，我正看着你），以保持它们的形状。

  统计地图是将地图扭曲以使区域能够反映某些基本变量（例如人口）的地图。图 6.24（右）将 2012 年的选举结果绘制在地图上，每个州的面积与其人口 / 选举人票数成正比例。直到现在，奥巴马获胜的数量级才变得清晰起来：中西部那些巨大的红色州缩小到一个合适的大小，而产生了一幅蓝大于红的地图。

6.4 出色的可视化

发展自己的可视化美学，让你可以用一种语言谈论自己喜欢什么和不喜欢什么。我现在鼓励你运用自己的判断来评估某些图表的优缺点。

在本节中将介绍一些我认为很棒的经典可视化。我很想将一些糟糕的可视化图形与之进行对比，但是取笑别人是一种不好的行为。

在本书中使用了这些有版权限制的图片情况下尤其如此。但是，我强烈建议你访问 http://wtfviz.net/ 以查看一组令人吃惊的图表和图形。由于种种原因，你现在应该可以使用本章中的思想进行表述，其中的许多功能都非常有趣。

6.4.1 Marey 的火车时刻表

Tufte 指出，E. J. Marey 的铁路时刻表是图形设计中的一个里程碑。如图 6.26 所示，一天中的时间表示在 x 轴上。事实上，这个矩形图实际上是在早上 6 点时将圆柱体切割后放平得到的图形。y 轴代表巴黎到里昂线上的所有车站。每条线代表特定火车的路线，报告其在每个时刻的位置。

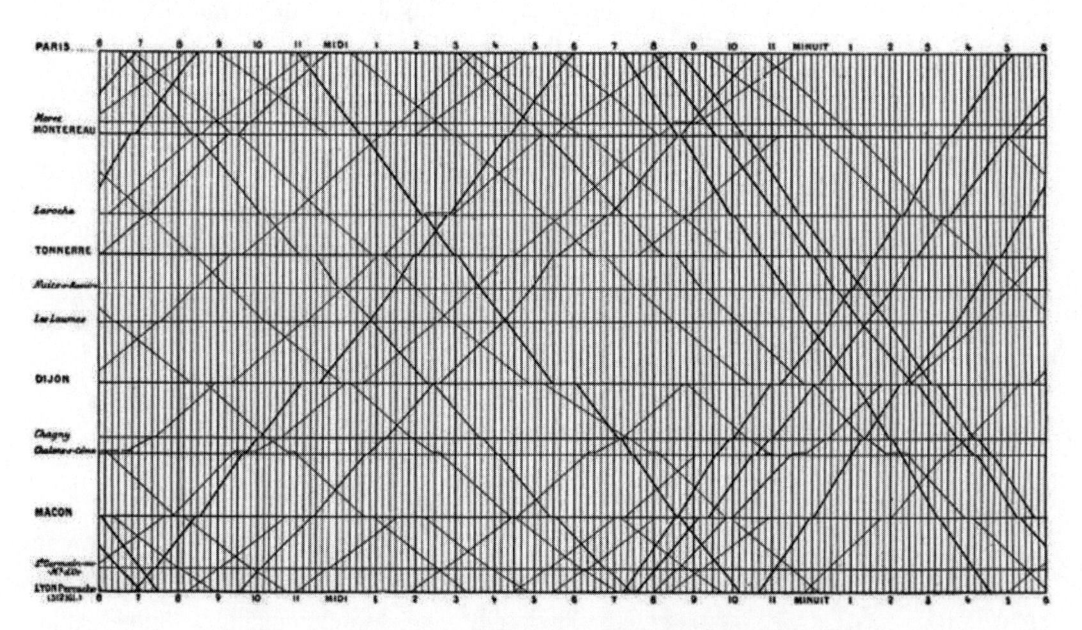

图 6.26 Marey 的火车时刻表以时间为函数绘制每列火车的位置

正常的火车时刻表为表格形式，列代表不同的车次，行代表不同的车站，并且坐标（i, 189 j）报告火车 j 到达车站 i 的时间。此类表格有助于告诉我们火车几点到达。但是 Marey 的设计提供了更多信息，在这里还可以看到哪些传统时刻表无法提供的功能吗？

- 火车开得多快？一条线的坡度可以衡量它的倾斜度。火车速度越快，绝对斜率就越大。速度较慢的火车用更平的斜线标记，因为它们需要更多的时间来行驶完指定的路程。

  这里的一个特例是确定列车在车站空转的时间段。此时，线是水平的，表示火车没有在轨道上行驶。
- 列车什么时候通过？列车的方向由相关线路的斜率决定。北行列车为正斜率，南行列车为负斜率。两列火车在两条线的交点处擦肩而过，让乘客知道何时往窗外看和挥手。
- 高峰时间是什么时候？晚上 7 点左右有大量火车从巴黎和里昂驶出，这告诉我，那一定是旅行中最受欢迎的时间。这趟旅行通常需要 11 小时左右，所以这一定是一列卧铺列车，旅客将在第二天清晨到达目的地。

当然，火车站的发车时间也在那里。每个车站都有一条水平线标记，因此可以寻找火 190 车沿正确方向经过你的车站的时间。

我只有一个吹毛求疵的意见，如果使用更浅的数据网格线可能会更好。千万别用浓重的网格线把你的数据囚禁起来！

6.4.2 斯诺的霍乱地图

一张非常著名的数据地图改变了医学史的进程。霍乱是一种可怕的疾病，在 19 世纪的城市中造成大量百姓的死亡。瘟疫会突然降临，使人丧命，其原因在当时的科学界是个谜。

约翰·斯诺在伦敦的街道地图上绘制了 1854 年霍乱疫情的病例图，希望能找到根源所在。图 6.27 中的每一个点代表一个感染了这种疾病的家庭。从中你发现什么了？

图 6.27 霍乱死亡集中在百老汇大街上的一台水泵附近，揭示了这一流行病的根源

斯诺注意到病例集群集中在百老汇街上。此外，集群的中心是一个交叉路口，那里有一口为

居民提供饮用水的井。最后传染源被追踪到一个水泵的手柄上。当居民更换了手柄后，当地的霍乱也戛然而止。这证明霍乱是由水污染引起的传染病，并为预防霍乱指明了方向。 191

6.4.3 纽约气象年

值得一提的是，每年 1 月在 *The New York Times* 上都能看到一幅特殊的图形，总结了上一年纽约的天气情况。图 6.28 显示了相同数据的独立格式副本，它说明了为什么这个图表是令人兴奋的。对于一年中的每一天，我们都会在图表上看到高温和低温，并结合历史数据将其置于上下文中：该日的平均每日高温和低温以及该日期有记录以来的最高 / 最低温度。

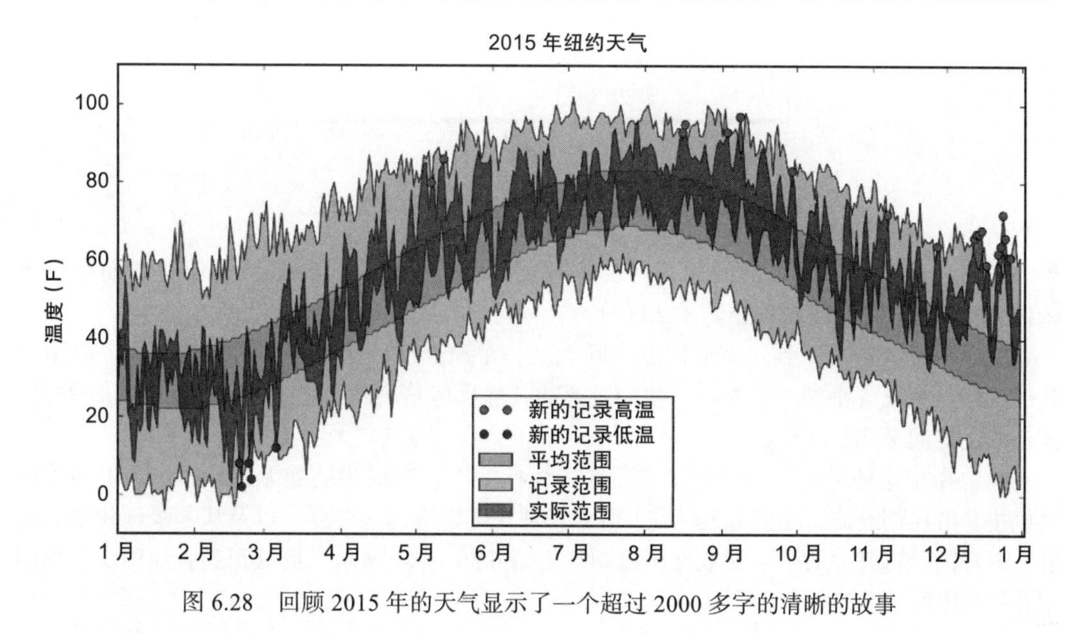

图 6.28 回顾 2015 年的天气显示了一个超过 2000 多字的清晰的故事

这样做的好处是什么呢？首先，它以连贯的方式显示 6 × 365=2190 个数字，这有助于比较季节的正弦曲线：

- 可以分辨出什么时候出现热天气和冷天气，及其持续的时间。
- 可以分辨出什么日子温度波动大，什么时候温度几乎不变。
- 可以判断天气是否异常。这是一个异常炎热或寒冷的一年，还是两者兼而有之？什么时候创下了历史最高 / 最低纪录，什么时候接近了极值？

这一单一图形，内容丰富，清晰且极具信息量。让人从中受到启发。

6.5 读图

你看到的并不总是你得到的。这些年来，我看过很多学生带来的图表。有些令人惊喜，而大多数的其他的图表则可以满足完成工作的需要。 192

但是我也反复看到具有相同基本问题的图。在这一部分中，对于几个我不能忍受的问题，我将介绍最初的绘图及解决问题的方法。当有了经验之后，你应该能够一眼就识别出这些问题。

6.5.1 模糊分布

图 6.29 按频率排序，描述了 10 000 个英语单词的频率。这看起来不太令人兴奋：你能

看到的只是（1, 2.5）的一个点。发生了什么，你怎么能解决？

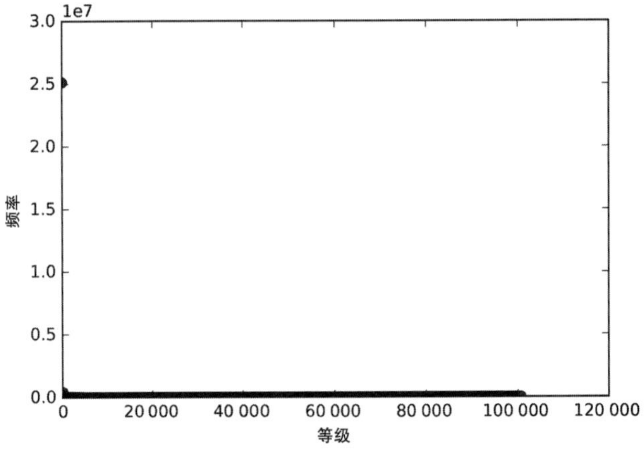

图 6.29 按等级排列的词频点状图。你看到什么了

如果观察该图足够长的时间，你会发现实际上还有很多其他的点。但是它们都位于 y=0 这条线上，并且彼此重叠，无法区分。

敏锐的读者会意识到，上面的点实际上是一个离群值，由于这个离群值过大，以至于其他点与之相比都小到近乎为零。我们对此的自然反应是删除最上方的点，但是奇怪的是，其余的点看起来几乎一样。

问题在于这种分布是幂律分布，而在线性标度上绘制幂律是毫无意义的。这里的关键是要按对数比例绘制，如图 6.30（左）所示。现在可以看到这些点，以及从等级到频率的映射。更好的是将其以对数 – 对数比例绘制，如图 6.30（右）所示。此处得到直线确认了我们正在处理幂律。

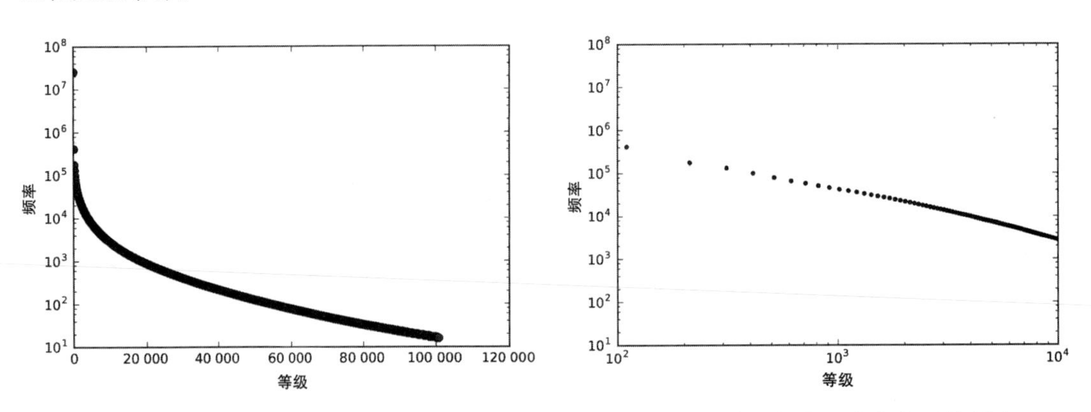

图 6.30 10 000 个英语单词的频率。在对数刻度（左）上绘制单词频率，或者在对数刻度（右）上绘制更好的单词频率，可以发现这是幂律

6.5.2 过度解释方差

在生物信息学中，人们试图通过观察数据来发现生命是如何工作的。图 6.31（上）展示了基因折叠能量随长度变化情况。从这张图里，能不能有所发现。

很明显，图中传达了某些信息。对于长度超过 1500 的基因，曲线开始发生较大波动，并产生一些很大的负值。这是否意味着我们刚刚发现了能量与基因长度成反比？ 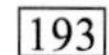

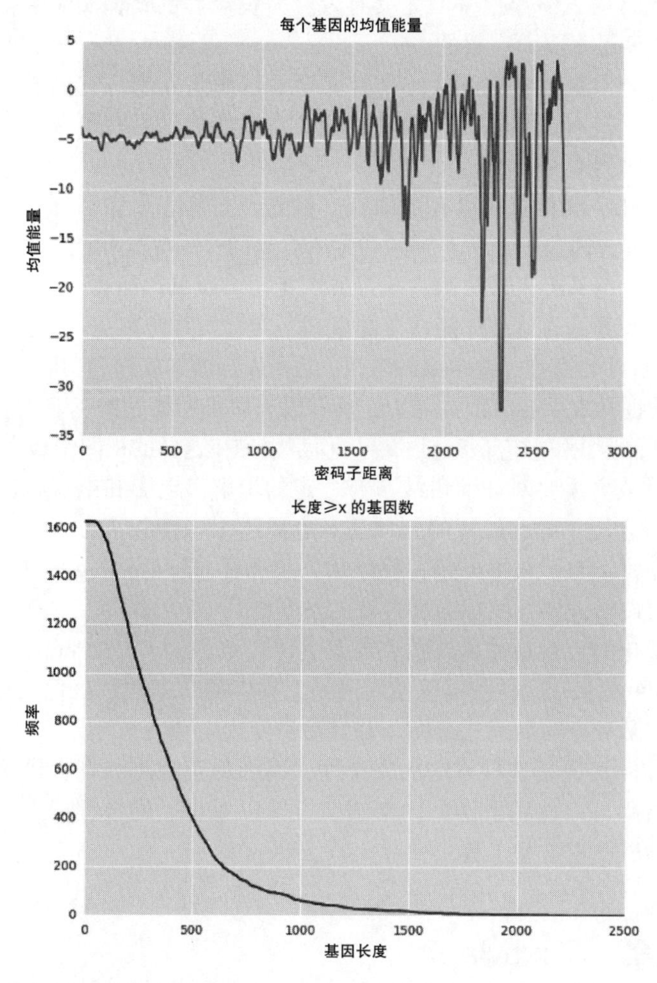

图 6.31　基因的折叠能量随其长度而变。将方差误认为信号：上图中的极值是对少量样本进行平均后的伪影

不，我们只是过度解释了方差。第一个线索是，随着长度的增加，看起来非常稳定的曲线开始变得很混乱。但是大多数基因的长度都很短。因此，图 6.31 上图右侧的点实际上是基于很少的数据画出的。少数几个点的均值肯定不如很多点的均值更具鲁棒性。事实上，一个按长度排列的基因数量的频率图（下）显示，计数在开始跳跃的地方下降到了零。

我们该如何解决？正确的做法是通过仅显示具有足够数据支持的值（长度可能为 500 或更多）来限制绘图的阈值。除此之外，我们可以将它们按长度分类并取均值，以证明跳跃效应的消失。

6.6　交互式可视化

到目前为止，我们所讨论的图表都是静态图像，旨在供受众研究，但并不能被熟练地操作。交互式可视化技术在探索性数据分析中越来越重要。

带有交互式可视化小部件的移动应用程序、notebook 和网页在呈现数据和向更大的受众群体传播供其进行探索的数据方面尤其有效。为观众提供处理实际数据的能力，有助于确保图形呈现的故事是真实而完整的。

如果需要在线查看数据，交互式小部件完全可以满足需求。它们通常是本章描述的基本绘图功能的扩展，具有诸如在用户滚动浏览要点时能提供具有更多信息的弹窗，或鼓励用户使用滑块更改比例范围。

交互式可视化几乎没有什么潜在的缺点。首先，与静态图像相比，很难准确地与他人交流你所看到的内容，因为别人所看到的和你所看到的并不完全相同。交互式系统的截屏无法与传统系统上优化的具有正式出版物质量的图相比。所见即所得（WYSIWYG）系统的问题在于，通常，你所看见的就是你能获得的全部。交互式系统则更适合探索，而不是演示。

在交互式可视化中也存在一些多余的东西。之所以会添加旋钮和功能，是因为它们可以添加，但是添加后的视觉效果会分散注意力，却并没有增加所表达的信息内容。旋转的三维点云看起来总是很酷，但我发现它们很难解释，而且很难在这样的视图中产生有洞察力的发现。

想要使数据讲故事需要对如何讲故事有一定的了解。电影和电视在叙事表现上代表了最先进的水平。与它们一样，最好的互动演示也展示了一种叙事方式，例如穿越时空或在其他假设下步步为营。为了获得灵感，我鼓励大家观看 Han Rosling 的 TED 演讲[⊖]，在这里使用生动的泡沫图展示世界各国社会和经济的发展史。

194～195

基于云的可视化的最新趋势是鼓励将数据上传到 Google Charts https://developers.google.com/chart/ 之类的网站上，这样就可以使用网站上提供的交互式可视化工具和小部件了。这些工具可以做出非常漂亮的交互式绘图，并且易于使用。

这里可能存在的担忧是这种方法的安全性，因为你正在将数据提供给第三方。我希望并相信，CIA 分析师可以使用自己的内部解决方案以对自己的数据保密。但是，可以在不太敏感的情况下尝试使用这些工具。

6.7　实战故事：TextMap

在数据可视化方面的最大经验，来自我们大规模的新闻 / 情感分析系统。TextMap 为当时出现在新闻文章中的每个实体提供了一个新闻分析仪表板。巴拉克·奥巴马的页面如图 6.32 所示。我们的仪表板由各种子组件组成：

196

- 参考时间序列：这里我们呈现了给定实体作为时间函数出现在新闻中的频率。尖峰对应那些更重要的新闻事件。此外，根据新闻、体育、娱乐或商业等在报纸各版面的出现情况对这些计数进行了划分。
- 新闻板块分布：该图包含的数据与参考时间序列中的数据完全相同，但显示为堆叠的面积图，以显示文章每个部分中实体参考的比例。奥巴马显然是一个新闻人物。但也有一些人表现出了有趣的转变，比如阿诺德·施瓦辛格从演戏转向政治。
- 情感分析：在这里，我们通过呈现正面新闻提及次数与总推荐人数之间的归一化方差，提出了一种衡量实体情绪的时间序列。因此，零代表了一个中立的声誉，同时我们提供了一个中心参考线，以方便洞察其中的变化。在这里，奥巴马的情绪随着事态的发展而起伏，但总体上保持在正确的立场上。

⊖ https://www.ted.com/talks/hans_rosling_shows_the_best_stats_you_ve_ever_seen

通过坏人不断低落的情绪，看到坏事终于降临到坏人头上，我们总是很开心。我记得，有史以来最不受欢迎的新闻是一位母亲，通过对自己女儿的一个社会竞争对手进行网络欺凌，最终导致其自杀，而变得声名狼藉。

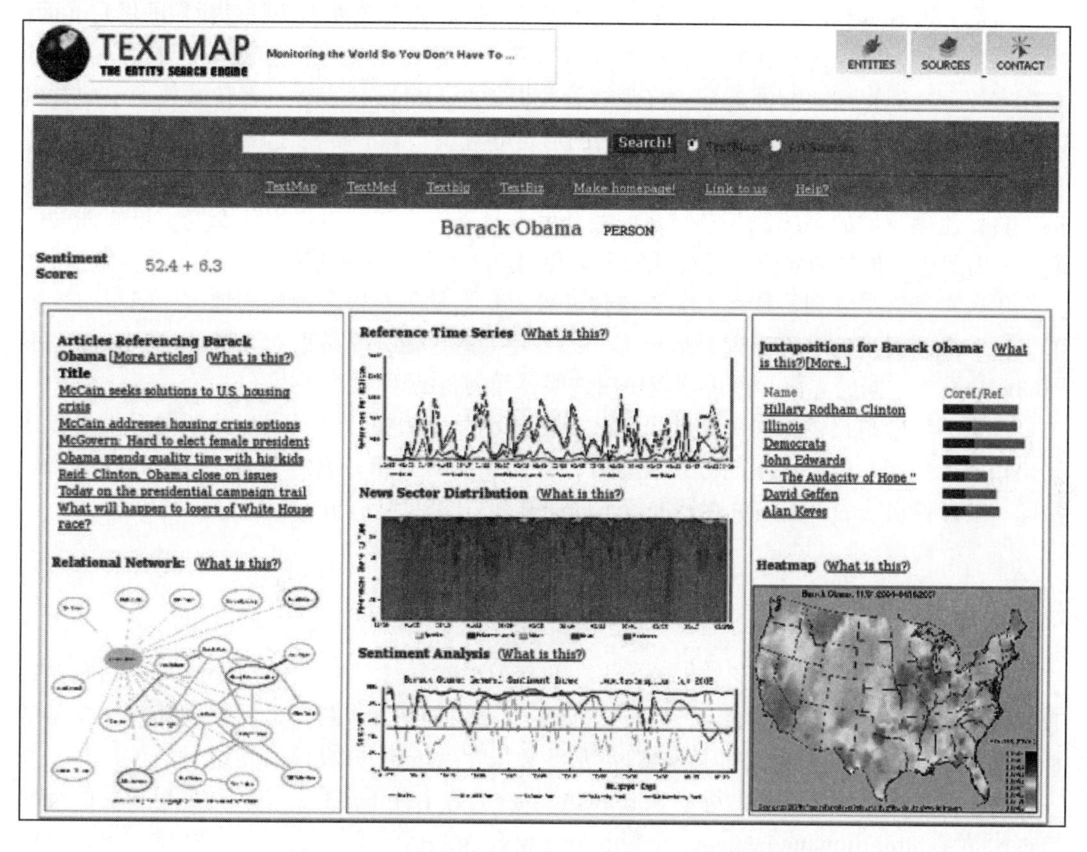

图 6.32　2008 年左右的奥巴马的 TextMap 仪表板

- 热力图：这里展示了一个数据图，显示了实体的相对参考频率。奥巴马在伊利诺伊州的大红大紫是因为他在第一次竞选总统时就在那里担任参议员。许多阶级实体表现出强烈的地区偏见，如体育界人士和政治家，但娱乐界人士，如电影明星和歌手则较少。
- 并列和关系网络：我们的系统在新闻实体上建立了一个网络，只要在同一篇文章中提到两个实体就将会它们连接起来。通过将它们连接在一起的文章的数量可以衡量这种关系的强度。这些关联中最强的关联是并列，其频率和强度通过对数刻度的条形图显示。

  到目前为止，我们还没有真正讨论过网络可视化，但关键的想法是定位顶点，使邻域彼此靠近，这意味着边会很短。较粗的线表示更牢固的关系。
- 相关文章：我们提供了指向所提及的给定实体的代表性新闻文章的链接。

没有交互功能是我们仪表板的缺点。事实上，它抵制交互：唯一的动画是在左上角孤独旋转着的地球的图像。我们渲染的许多绘图都需要从笨拙的数据库中访问大量数据，特别是热力图。既然无法交互地表示，我们就以离线方式重新计算了这些地图，并将这些地图按需求显示。

在 Mikhail 为我们更新了基础设施（见 12.2 节的实战故事）之后，我们有可能支持一些互动图形，特别是时间序列。我们开发了一个名为 TextMap Access 的新用户界面，并允许用户使用我们的数据。

但是，当 General Sentiment 获得该技术的许可时，它首先处理的就是我们的用户界面。因为太复杂了，所以这对我们的客户业务分析师而言毫无意义。表面吸引力与用户界面的实际有效性之间存在实质性差异。仔细看看我们的 TextMap 仪表板：在位置按钮上面写着“这是什么？”这是一个弱点：如果我们的图形足够直观，就不需要它们了。

尽管对新的界面抱怨不已，但毫无疑问我错了。General Sentiment 雇用了许多分析人员，整日使用我们的系统，并且与我们的开发人员进行交流。也许界面会为了更好地为他们服务而改进。最好的界面是通过开发人员和用户之间的沟通构建的。

从这次经历中学到了什么？关于该仪表板，我仍觉得有很多很棒的地方：演示内容足够丰富，可以真正揭示关于世界运行方式的有趣信息。但并不是所有人都认同这一点。不同的客户喜欢不同的界面，因为他们使用这些界面的目的不同。

这里的经验是提供相同数据的可替代视图的能力。例如，时间序列和新闻行业分布是完全相同的数据，但在以不同方式呈现时，它们提供的内涵却截然不同。所有的歌曲都是由同一组音符构成的，但是对它们进行不同的排列就会产生不同的音乐。

6.8　章节注释

对于那些喜欢科学可视化艺术的读者，我强烈推荐翻阅一下 Edward Tufte 的书 [Tuf83，Tuf90，Tuf97]。你甚至不必阅读它们，只需看看书中的图片，就可以感受到那些优秀和糟糕的视图之间的明显差异，同时还会理解那些数据背后传递的故事。

类似的关于数据可视化的好书是 [Few09]，这类好书并不多见。有关数据可视化的有趣博客网站是 http://flowingdata.com 和 http://viz.wtf。第一个专注于出色的可视化，第二个更多的是寻找那些灾难性的可视化表示。Johnson 的 [Joh07] 报道了斯诺霍乱地图的故事。

6.2.3 节中的图表“图表垃圾清除示例”是受 Tim Bray 在 http://www.tbray.org 上示例的启发而编写的。Anscombe 四重线首次出现在文献 [Ans73] 中。我们的 Lydia/TextMap 新闻分析系统的基本架构在 Lloyd 等人的文章中有所报道：文献 [LKS05]，文章中也有描述热力图 [MBL+06] 和 Access 用户界面 [BWPS10] 的其他文章。

198

6.9　练习

探索性数据分析

6-1　[5] 请回答下列与数据集（网址为 http://www.data-manual.com/data）相关的问题：

（a）分析电影数据集。美国的电影票房是多少？哪种类型的电影最有可能在市场上获得成功？喜剧？ PG-13？还是剧情片？

（b）分析曼哈顿滚动销售数据集。曼哈顿最贵 / 最便宜的房地产在哪里？销售价格与总平方英尺有什么关系？

（c）分析 2012 年奥运会数据集。你如何看待一个国家的总人口与获得的奖牌数量之间的关系？关于男女比例与该国国内生产总值之间的关系，你有什么看法？

(d) 分析人均 GDP 数据集。欧洲、亚洲和非洲国家的 GDP 增长率如何进行比较？各国何时会面临 GDP 的重大变化，哪些历史事件可能是最主要的原因？

6-2 [3] 针对来自 http://www.data-manual.com/data 的一个或多个数据集，请回答以下基本问题：
(a) 谁构建了它？何时构建？为什么构建？
(b) 它有多大？
(c) 这些字段是什么意思？
(d) 识别一些熟悉或可解释的记录。
(e) 为每一列提供图基五数总括。
(f) 为每对列构造成对相关矩阵。
(g) 为每对有趣的列构造一个成对分布图。

解释可视化

6-3 [5] 搜索你最喜欢的新闻网站，直到你找到 10 个有趣的图表，理想情况下，这些图表一半好一半坏。对于每一个图表，请使用本章中开发的词汇，沿以下维度进行评论：
(a) 它在显示数据方面做得好还是不好？
(b) 展示是否有意或无意地带有倾向性？
(c) 图中有图表垃圾吗？
(d) 轴是否以清晰，有用的方式标记？
(e) 是否对颜色进行了有效使用？
(f) 如何使图形会更好？

199

6-4 [3] 访问 http://www.wtfviz.net，找出 5 个有趣却又糟糕的可视化图，并解释你选择的理由。

创建可视化

6-5 [5] 使用以下方法对你喜爱的数据集的某个方面进行可视化显示：
(a) 精心设计的表格。
(b) 点状图或折线图。
(c) 散点图。
(d) 热力图。
(e) 条形图或饼图。
(f) 直方图。
(g) 数据地图。

6-6 [5] 为一组 (x, y) 点创建 10 个不同版本的折线图。哪个最好？哪个最差？解释原因。

6-7 [3] 分别为 10、100、1000 和 10 000 个点的集合构建散点图。对点大小进行实验，以找到每个数据集中最具表现力的点。

6-8 [5] 尝试使用不同的颜色比例为一组特定的 (x, y, z) 点构造散点图，其中颜色用于表示 z 的不同。哪种配色方案效果最好？哪一种最差？解释原因。

实施项目

6-9 [5] 使用适当的库和工具为你喜爱的数据集构建一个交互式探索小部件。从简单开始，但要包含你自己的想法。

6-10 [5] 通过录制 / 拍摄交互式数据探索，创建数据视频 / 电影。时间应该不会很长，但是你能让它变得既有趣又有启发性吗？

面试问题

6-11 [3] 描述一些数据可视化方面的良好实践。

6-12 [5] 解释 Tufte 的图表垃圾概念。

6-13 [6] 你如何判断文章中发布的统计数据是否存在错误或是否被用于支持了某种偏见？

Kaggle 挑战

6-14　分析旧金山湾区自行车共享的数据。
https://www.kaggle.com/benhamner/sf-bay-area-bike-share

6-15　预测在给定的时间和地点下是否存在西尼罗河病毒。
https://www.kaggle.com/c/predict-west-nile-virus

6-16　在给定的时间和地点，最有可能发生哪种类型的犯罪？
200
https://www.kaggle.com/c/sf-crime

第 7 章
数学模型

所有的模型都是错误的，但是有些模型是有用的。

——George Box

到目前为止，本书已开发出多种工具来处理和解释数据。但我们并没有真正涉及建模，建模是将信息封装到一个可以预报和做出预测的工具中的过程。

预测模型围绕导致未来事件发生的某种想法而构建。假设未来将和过去一样，从最近的趋势和观察中推断。更复杂的模型，如物理定律，提供了因果关系的原则性概念以及对事物发生原因的基本解释。

本章将重点介绍模型的设计和验证。有效地构建模型需要详细了解可选择空间。

准确评估模型的性能可能会非常困难，但是对于了解如何解释最终的预测而言，这至关重要。最佳预测系统不一定是最准确的系统，而是具有最佳边界和局限的模型。

7.1 建模哲学

工程师和科学家常常对哲学持怀疑态度。但从源头上考虑我们要做什么以及为什么要做是很有必要的。回想一下，人们向数据科学家寻求智慧，而不是程序。

本节将使用不同的模型思考方式，帮助塑造构建模型的方式。

7.1.1 奥卡姆剃刀原理

奥卡姆的剃刀是“简单即有效”的哲学原理。根据 13 世纪的神学家“奥卡姆的威廉”的说法，如果有两种模型或理论能同样准确地做出预测，我们应该选择更简单的模型或理论。它更有可能出于正确的理由做出正确的决定。

奥卡姆的“更简单”概念通常是指减少在开发模型时采用的假设数量。关于统计建模，奥卡姆剃刀原理指出了最小化模型参数计数的必要性。当一个模型试图在其训练数据上获得精确的性能时，就会发生过拟合。当参数太多，致使模型基本上可以记住训练集，而不是适当地进行泛化以使错误和离群值的影响最小时，这种情况就会发生。

过拟合模型往往在训练数据上表现得非常好，但在独立测试数据上的表现要差得多。使用奥卡姆剃刀原理要求我们用一种有意义的方法来评估模型的执行效果。

简单并不是一种绝对的标准，因为它有时会导致糟糕的表现。深度学习是一种强大的技术，用于构建具有数百万参数的模型，我们将在 11.6 节中讨论。尽管存在过拟合的风险，但这种模型在各种复杂任务中都表现得非常出色。奥卡姆可能会对这种模型产生怀疑，但会接受那些具有更强大预测能力的模型。

需要在准确率和简单性之间进行权衡。通过合并额外的参数和规则来控制异常，几乎总是可以"改善"任何模型的性能。诸如 LASSO/ 岭回归之类的机器学习方法明确指出了复杂性是有代价的。这些技术使用惩罚函数使模式中使用的特征最小化。

课后拓展：准确率不是判断模型质量的最佳指标。较简单的模型往往比复杂的替代方案更可靠，更容易理解。特定测试性能的提升通常更多地归因于方差或过拟合，而不是洞察。

7.1.2　权衡偏差与方差

模型复杂度和性能之间的这种张力出现在*权衡偏差与方差*的统计概念中：

- *偏差*是由于模型中不正确的假设造成的误差，例如将插值函数限制为线性而不是高阶曲线。
- *方差*是训练集中对波动敏感度的误差。如果训练集包含抽样或测量误差，则此噪声会将方差引入结果模型中。

偏差的错误会产生*欠拟合*模型。如果允许它们这样做，它们就不可能尽最大能力紧密地拟合训练数据。用通俗的话来说，我将"偏差"一词与"偏见"联系起来，这种对应是相当恰当的：一种先验的假设，即一个群体不如另一个群体，会导致比一个没有偏见的群体更不准确的预测。在训练和测试数据上都表现糟糕的模型是欠拟合的。

202

方差的错误导致*过拟合*模型：它们对准确率的追求导致它们将噪声误认为信号，而且由于它们对训练集校正得过好，以至于噪声使其误入歧途。如果模型在测试集上的表现比训练集上的表现好，那么模型是过拟合的[⊖]。

课后拓展：基于第一个原则或假设的模型可能会受到偏差的影响，而数据驱动的模型则更容易出现过拟合的危险。

7.1.3　Nate Silver 会怎么做

Nate Silver 可能是当今数据科学界最出名的人物。作为一个离开管理咨询工作而去开发棒球预测方法的定量研究员，他因其竞选预测网站 http://www.fivethirtyeight.com 成名。他在这里使用定量方法分析民意调查结果，以预测美国总统大选的结果。在 2008 年大选中，他准确地预测出了 50 个州中 49 个州的获胜者，并在 2012 年将准确率提高到了百分之百。2016 年大选的结果几乎让所有人感到震惊，但只有公共评论员 Nate Silver 在先前认为，特朗普在失去民意的同时赢得选举的机会很大。而事实证明确实如此。

Silver 写了一本很好的书 *The Signal and the Noise: Why so many predictions fail-but some don't* [Sil12]，书中着重描述了几个领域的最新预测，包括体育、天气和地震预测，以及金

⊖ 为了完成这个分类，在测试数据上比在训练数据上做得更好的模型被认为是作弊的。

融建模。他概述了有效建模的原则，包括：

- 考虑概率：给出一个概率性预测比做出一个明确预测要有意义得多。预测“特朗普只有 28.3% 的胜算”比一个明确表示“他将输掉”的预测更有意义。

  现实世界充满不确定性，成功的模型可以识别这种不确定性。总是会有一些可能的结果会带着对现实的轻微忧虑而发生，这一点应该被模型捕捉到。对数量的量化预测不应该是一些单一的数字，而应指出其概率分布。特定的标准差 σ 和均值 μ 就足以描述这种分布，特别是当假设其服从正态分布时。 203

  我们将会学习到的一些机器学习技术能够自动得到概率结果。logistic 回归为其做出的每一个分类都提供了置信度。在 k 最近邻标签间进行投票的方法定义了一个自然置信度度量，该度量基于该邻域中标签的一致性。为蓝色收集 11 张选票中的 10 张意味着比收集 11 张中的 7 张强。

- 根据新的信息不断调整预测：实时模型比固定模型有趣得多。如果模型不断响应新信息而更新预测，则该模型是实时的。构建维护实时模型的基础设施比一次性计算更错综复杂，但更有价值。

  实时模型比固定模型能更智能且诚实地反映真实。新的信息会改变任何预测的结果。科学家应该对新数据的变化持开放态度。事实上，这正是将科学家与黑客区分开的标准。

  动态变化的预测为模型评估提供了极好的机会。它们最终会收敛于正确答案吗？随着事件的临近，不确定性会减少吗？任何实时模型都应随时间的推移跟踪并显示其预测结果，以便受众可以判断这些改变是否准确反映了新信息的影响。

- 寻找共识：一个有效的预测应来自多个不同的证据源。数据应有尽可能多的不同来源。理想情况下，应该构建多个模型，每个模型都努力以不同的方式预测同一件事。你应该确定哪种模型最好，但如果某个模型与其他都不相同，就应该引起注意了。

  通常这些模型会生成相互冲突的预测，你可以对其进行监控和比较。与众不同并不意味着错了，但它确实提供了一个真情实况。哪个最近表现得更好？是什么解释了预测的差异？你的模型可以改进吗？

  谷歌的流感趋势预测模型通过监控搜索关键词预测疾病的爆发，寻找“阿司匹林”或“发烧”的人数激增可能表明疾病正在扩散。事实证明，谷歌的预测模型与疾病控制中心（CDC）数年来对实际流感病例的统计数据相当一致，除非统计数据出了问题。

  世界在变化。其中一个变化是谷歌的搜索界面开始根据用户的历史记录提出搜索查询建议。当提出该建议时，更多的人在“搜索发烧”后开始搜索“阿司匹林”，此时旧模型突然变得不准确了。谷歌的问题在于没有监视其性能并随时间进行调整。 204

  某些机器学习方法尽可能多地综合各方面的结果。Boosting 算法将大量的弱分类器组合在一起以产生强分类器。集成决策树方法可构建许多独立的分类器，并在其中进行投票以做出最佳决策。这样的方法具有避开更多单轨道模型的鲁棒性。

- 采用贝叶斯推理：贝叶斯定理有几种解释，但也许最有说服力的解释是，提供了一种计算概率如何随新证据而变化的方法。如果表示为

$$P(A|B)=\frac{P(B|A)P(A)}{P(B)}$$

则它提供了一种方法来计算事件 A 响应新证据 B 的概率如何变化。

应用贝叶斯定理需要先验概率 $P(A)$，即知道特定事件 B 发生之前事件 A 发生的概率。这可能是运行分类器的结果，其从关于总体中事件频率的其他特征或背景知识预测 A 的状态。如果没有一个好的先验估计，就很难知道选择分类器是多么重要。

假设 A 表示的事件为“一个人 x 是恐怖分子”，而 B 是基于特征的分类器的结果，该分类器决定了 x 是否看起来像恐怖分子。在对 1000 人（其中一半是恐怖分子）的数据集进行训练 / 评估时，分类器的准确率达到了令人羡慕的 90%。如果分类器现在说 Skiena 看起来像恐怖分子，那么 Skiena 真的是恐怖分子的可能性是多少？

这里的关键一点是，“x 是恐怖分子”的先验概率确实非常低。如果有 100 个恐怖分子在美国活动，那么 $P(A)=100/300\,000\,000=3.33\times10^{-7}$。恐怖分子分类器回答“是”的概率为 $P(B)=0.5$，此时其分类正确的可能性 $P(B|A)=0.9$。把结果相乘后得出“我是坏人”的可能性还是很小的：

$$P(A|B)=\frac{P(B|A)P(A)}{P(B)}=\frac{(0.9)(3.33\times10^{-7})}{0.5}=6\times10^{-7}$$

尽管现在公认这个结果比一个随机公民可能是恐怖分子的概率更大。

要从此分类器中获得正确的解释，必须考虑先验概率。贝叶斯推理从先验分布开始，然后根据其对事件概率的影响程度权衡进一步的证据。

7.2　模型分类

[205] 开发建模哲学的一部分是理解设计和实现中可用的自由度。本节将研究几个不同维度的模型类型，并回顾为区分每个类别而出现的主要技术问题。

7.2.1　线性模型与非线性模型

线性模型由方程式控制，方程通过反映每个特征变量重要性的系数来给予这些特征变量权重，并将这些值相加生成得分。强大的机器学习技术（例如线性回归）可识别能够拟合训练数据最佳系数，从而产生非常有效的模型。

但总的来说，世界不是线性的。更丰富的数学描述包括高阶多项式、对数和指数。这些模型可以比线性函数更好地拟合训练数据。一般来说，找到适合非线性模型的最佳系数要困难得多。但我们不必寻找最佳的匹配，基于神经网络的深度学习方法，尽管在优化方面存在固有的困难，但仍能提供出色的性能。

人们常常嘲笑线性模型太简单。但是线性模型也具有很多好处，它们通常合乎情理，且易于构建，同时避免了在中等大小数据集上的过拟合。奥卡姆剃刀原理告诉我们“最简单的解释就是最好的解释”。通常，我对稳健的线性模型更满意，其准确度为 x%，在有限测试数据上比复杂的非线性模型仅有几个百分点的优势。

7.2.2　黑盒与描述性模型

黑匣是以某种未知方式完成某项工作的设备。制作香肠的过程就是把一些东西塞进去，然后就加工成了香肠，但是具体的制作方法对外界来说是完全神秘的。

相比之下，我们更喜欢描述性模型，这意味着模型提供了一些关于它们为什么做出决策的解释。理论驱动的模型通常是描述性的，因为它们展现的是特定的成熟理论。如果相信这个理论，就有理由相信基础模型，以及由此产生的任何预测。

某些机器学习模型不那么透明。线性回归模型具有描述性，因为可以准确地看到哪些变量获得了最大的权重，并衡量其对最终预测的贡献。决策树模型使你可以遵循经常用于分类的准确决策路径。“我们的模型拒绝向你提供住房抵押贷款，因为你的年收入低于 1 万英镑，信用卡债务超过 5 万英镑，而且你在过去一年中一直处于失业状态。”

但令人遗憾的事实是，像深度学习这样的黑箱建模技术极其有效。对于为什么要做那些所做的事，神经网络模型通常是完全不透明的。图 7.1 说明了这一点。图 7.1 中显示了非常精心构造的图像，以愚弄那些使用最先进技术的神经网络，它们成功地做到了。所讨论网络的置信水平都超过了 99.6%，它们为图 7.1 中的每个图像都找到了正确的标签。 206

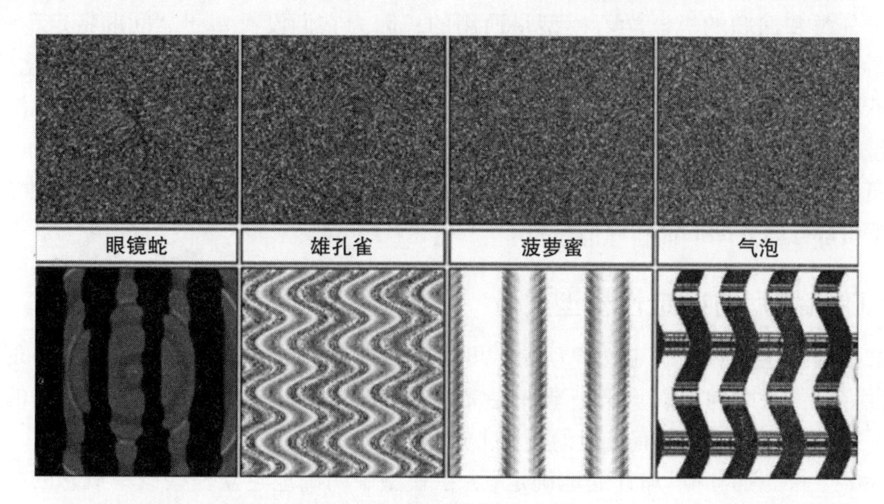

图 7.1 先进的深度学习神经网络错误地将合成图像识别为对象，每个图像的置信度大于 99.6%（资料来源：文献 [NYC15]）

在这里，令人尴尬的并不是网络在这些故意作对的图像上贴错了标签，因为这些识别器是非常了不起的系统。事实上，它们已经比一两年前期望得到的结果精确得多。问题是，这些分类器的创建者不知道他们的程序为什么会犯如此可怕的错误，也不知道他们将来如何才能防止这些错误。

有人讲述了一个类似的故事，这个故事是为军方建立一个可以将小轿车的图像从卡车中区分出来的系统。系统在训练中表现良好，但在野外实战检验中的表现却是灾难性的。后来才意识到，小轿车的训练图像是在晴天拍摄的，而卡车的训练图像是在阴天拍摄的，所以系统其实是将背景中天空颜色与车辆的类型联系起来进行的学习。

这样的故事突出了将训练数据可视化和使用描述性模型如此重要的原因。你必须确信模型拥有做出决策所需的信息，尤其是在高风险的情况下。

7.2.3 第一原理与数据驱动模型

第一原理模型基于“被调查的系统如何工作”这一信念。像牛顿运动定律一样，这可能是理论上的解释。这样的模型可以利用对经典数学的充分重视：微积分、代数、几何等。

如 7.7 节所述，模型可能是对离散事件的模拟。从对这个领域的理解来看，这可能是一个关键的推论：如果经济不景气，选民会不高兴，因此衡量经济状况的变量应该有助于我们预测谁将赢得选举。

207

相反，数据驱动的模型是基于观测到的输入参数和结果变量之间的相关性。可以使用相同的基本模型以预测明天的天气或给定股票的价格，只是在训练数据上有所不同。只要给我们足够好的训练集，机器学习方法就可以让我们在一个一无所知的领域上建立有效的模型。

因为这是一本有关数据科学的书，所以你会觉得我会更多地介绍数据驱动模型，但事实并不是这样。数据科学还涉及科学，以及那些由于可解释的原因而发生的事情。没有考虑到这一点的模型注定在某些情况下的表现会不尽如人意。

然而，有一种替代的方法来架构这一讨论。临时模型的构建要使用特定领域知识来引导其结构与设计。这些模型在不断变化的条件下往往很脆弱，很难应用到新的任务中。相反，用于分类和回归的机器学习模型是通用的，因为它们没有基于“问题特定”的思想，而仅仅是使用了特定的数据。在全新的数据上重新训练模型，使其适应不断变化的条件。通过在不同的数据集上训练模型，模型就可以做出完全不同的事情。按照这种说法，通用模型听起来比临时模型要好得多。

事实上，最好的模型是理论和数据的混合体。尽可能深入地理解应用领域十分重要，这样才能用最佳的数据拟合和评估模型。

7.2.4 随机模型与确定性模型

要求模型提供单一的确定性“预测”可能是一件愚蠢的事。这是一个由许多现实组成的复杂世界，如果时间可以重来，事件通常也不会以过去同样的方式重现。优秀的预测模型考虑了这种思想，并在所有可能的事件上产生概率分布。

“随机”一词意为“不加计划地确定”。在模型中明确地建立一些概率概念的技术包括 logistic 回归和蒙特卡罗模拟。模型必须遵守概率的基本属性，包括：

- 每个概率的取值范围是 0 到 1：超过此范围限制的得分不能用来估计概率。解决方案通常是通过对数函数（请参阅 4.4.1 节）将这些值按一定的原则转换成概率。
- 所有概率的总和必须为 1：在 0 和 1 之间独立生成的概率值并不意味着它们在整个事件空间中加起来的总和为单位概率。解决方案是通过将每个值除以数值总和对这些值进行缩放，参见 9.7.4 节。或者，重新思考你的模型，以理解为什么它们一开始就没有被加起来。

208

- 罕见事件的概率不为零：任何可能发生的事件的发生概率都必须大于零。折扣（discounting）是一种评估那些看不见但可能发生的事件的可能性的方法，将在 11.1.2 节中讨论。

概率是对模型准确率和复杂世界不确定性的一种谦卑的度量。模型必须对自己所做的事情和不知道的事情实事求是。

然而，确定性模型有某些优势。第一原理模型通常只给出一个可能的答案。牛顿定律可以准确告诉你一个物体从某一高度落地所需的时间。

确定性模型每次运行都会得到相同的答案，这对调试它们具有很大帮助。如果使用随机数生成器，请固定初始种子，以便可以对其重新运行并获得相同的答案。为模型构建一个回归测试集，以便你可以在修改程序后在相同的输入下得到仍然相同的答案。

7.2.5 平面模型与分层模型

有趣的问题通常会出现在几个不同的层次上，每个层次都可能需要独立的子模型。预测特定股票的未来价格实际上应该包含用于分析以下各个问题的子模型：(a) 总体经济状况；(b) 公司资产负债表；以及 (c) 其他公司在其工业部门的表现等独立问题的子模型。

将层次结构施加于模型之上可以让人们以逻辑和透明的方式构建及评估这个模型，而不是将其作为黑盒。某些子问题适合基于理论的第一原理模型，然后可以将其当作常规数据驱动模型中的特征。显式分层模型是可描述性的：可以将最终决策追溯到适当的上层子问题，并指出其对得到观测结果的贡献程度。

构建分层模型的第一步是显式地将问题分解为子问题。通常，这些代表了一种机制，其控制被模型化的潜在过程。模型应该依赖什么？如果有数据和资源可以为每个子问题构造一个有原则的子模型，那就太好了！如果没有，那么可以将其保留为空模型或基准模型，并在记录结果时明确描述这些遗漏。

深度学习模型既可以看作平面的又可以看作分层的。它们通常在大量未清洗的数据上接受训练，因此没有明确的子问题可指导子过程。从整体上看，网络只做一件事。但是，由于它们是基于多个嵌套层（深度学习的深度）构建的，因此这些模型假定有一些复杂的特性需要从较低级别的输入中学习。

我一直不愿相信机器学习模型在推断我所理解的领域的基本组织原则方面比我强。即使在使用深度学习时，也要勾勒出你的网络可能找到的粗略层次结构。例如，任何图像处理网络都应该从像素点到边缘，然后从边界到子对象，再到场景分析，再到更高层进行泛化。这影响着你的网络结构，并帮助你验证它。你看到了表明你的网络正在出于正确原因而做出正确决策的证据吗？ 209

7.3 基准模型

一位智者曾经注意到，就算是一个坏钟，每天也有两次准确显示时间的时候。作为建模者，我们努力做到更好，但要证明我们的实力，需要进行一定程度的严格评估。

评估任务复杂性的第一步是建立*基准模型*：创建我们可以比较答案的最简单合理的模型。更复杂的模型应该比基准模型做得更好，但是要验证它们是否真的做到了，如果是的话，要验证究竟好多少，才能将其性能放在适当的环境中。

某些预测任务天生就比其他任务困难。一个简单的基线（“是”）已经被证明可以非常准确地预测明天太阳是否会升起。相比之下，你可以通过预测股市在 51% 的时间里是涨还是跌来发财。只有果断地打破了基准，你的模型才能真正被认为是有效的。

7.3.1 分类的基准模型

数据科学模型有两个常见的功能：*分类*和*价值预测*。在分类任务中，我们为任何给定的项目提供一组可能的标签，例如，（垃圾邮件或非垃圾邮件）、（男性或女性）或者（自行车、轿车或卡车）。寻找一种系统，该系统将生成准确描述电子邮件、人或车辆的特定实例的标签。

分类的代表性基准模型包括：

- 标签间的一致性选择或随机选择：如果对象上绝对没有先前的分布，那么也可以使用断开监视方法进行任意选择。将你的股市预测模型与随机抛硬币进行比较，将在很大程度上说明问题有多难。
  我将这种盲分类器比作猴子，因为这就像是让宠物为你做决定。在一个有 20 个可能标签或类的预测问题中，做法大体上好于 5% 是你对这个问题有些了解的第一个表现。在我开始信任你之前，你得先告诉我你能比猴子表现得更好。
- 在训练数据中出现的最常见的标签：一个大型的训练集通常提供了一些关于类别的先验分布的概念。选择最高频出现的标签比选择均匀或随机出现的标签要好。这是“太阳将在明天升起”基准模型背后的理论。

210

- 最精确的单一特征模型：强大的模型会尽量利用给定数据集中的所有有用特征。但是了解最好的单一功能可以做什么是很有价值的。在单个数字特征 x 上构建最佳分类器很容易，如果 $x \geqslant t$，则判断 x 属于第一类，否则 x 属于第二类。为了找到最佳阈值 t，我们可以测试所有可能的阈值，形式为 $t_i = x_i + \varepsilon$，其中，x_i 是 n 个训练实例中第 i 个训练实例的特征值。然后选择可在训练数据上产生最准确分类的阈值。
  奥卡姆剃刀原理认为最简单的模型就是最好的。只有当复杂模型胜过所有单因素模型时，它才开始变得有趣。
- 其他人的模型：通常我们不是第一个尝试完成某项特定任务的人。你的公司可能有一个遗留模型，你负责更新或修改。也许在学术论文中已经讨论过这个问题的一个很相似的变体，也许他们甚至在网上发布了他们的代码供你进行实验。
  当你拿自己的模型和别人的模型做比较时，有两种情况可能发生：要么你打败了他们，要么你被打败。如果你打败了他们，那么你现在有了值得炫耀的东西。如果你没有，那么这是一个学习和提高的机会。你为什么没赢？事实上，你的失败让你确信你的模型可以改进，至少可以达到其他人模型的水平。
- 透视：在某些情况下，即使是最好的模型理论上也不能达到 100% 的准确率。假设两个数据记录在特征空间中完全相同，但却具有相互矛盾的标签。没有一个确定性的分类器能够解决这两个问题，所以我们注定不能达到完美的性能。但最佳透视预测器的更严格上限可能会让你相信你的基准模型比你想象的要好。
  当所使用的训练数据是人工标注过程的结果，并且是多个标注者评估的同一个实例时，通常会需要更好的上限。每当两个标注者意见不一致时，就会产生内在矛盾。在我研究的问题中，准确率 86.6% 是最佳的表现结果。这降低了人们的期望。给你的人生忠告是不要对同伴的期望过高，并且意识到你将需要付出的努力远不止于此。

211

7.3.2　价值预测的基准模型

在价值预测问题中，我们给出了一组特征值对儿（f_i, v_i）用于训练函数 F，使得 $F(v_i) = v_i$。价值预测问题的基线模型遵循与分类建议类似的方法，例如：

- 均值或中值：忽略特征，这样就可以始终输出目标的一致值。事实证明，这是一个非常有用的基准，因为如果不能完全击败总是猜测均值的人，则说明你的模型有错误或正在执行一个没有希望的任务。

- 线性回归：我们将在9.1节中详细介绍线性回归。但现在，我们完全可以理解，这种强大但简单易用的技术为价值预测问题构建了最好的线性函数。此基线使你能够更好地判断非线性模型的性能。如果它们的性能没有比线性分类器的表现好很多，那么可能就没必要使用它们。
- 前一个时间点的值：时间序列预测是一项常见的任务，我们负责预测给定特征集的时间值$f(t_n, x)$和$1 \leqslant i < n$的观测值$f'(t_i)$。但是今天的天气很好地预测了明天是否会下雨。类似地，先前的观测值$f'(t_{n-1})$是对时间$f(t_n)$的合理预测。但是在实践中，要打败这一基准将是惊人的困难。

基准模型必须是公平的：它们应该简单但不愚蠢。你想的是提出一个你希望或期望击败的目标，而不是坐以待毙。当你超越这个基准时，你应该感到轻松，但不要自夸或自鸣得意。

7.4 评估模型

恭喜你！你已经建立了用于分类或者预测的模型。现在，它有多好？

这个看起来无知的问题没有一个简单的答案。我们将在下面的章节中详细说明关键技术问题。但是非正式取样测试可能是评估模型的最重要标准。你真的相信它在你的训练和测试方面做得很好吗？

下面将详细介绍的正式评估将模型的性能降低到几个汇总统计数据，并在多个实例上进行汇总。但是当把注意力全部放在最终得分上时，你会忽视模型中存在的很多缺陷。你无法知道你的操作或数据规范化中是否存在错误，从而导致模型实际性能比其应有的性能差。也许你把训练数据和测试数据混合在一起，再使用你的模型得到的得分反而更好。 212

想要真正知道发生了什么，你需要进行取样测试。我的个人取样测试包括了仔细查看模型的几个正确例子，以及几个错误的例子。目的是确保我理解为什么模型得到了它所得到的结果。理想情况下，这些将是一些事实，它们的“名称”是你了解的，这些实例是你的直觉，即正确答案应该是对探索性数据分析或对应用领域熟知所产生的结果。

课后拓展：太多的数据科学家只关心他们模型的评估统计。但优秀的科学家能够理解他们所犯的错误是否是可辩护的、严重的或是无关紧要的。

另一个问题是你对模型评估准确率的惊讶程度。模型的表现优于或低于你的预期吗？如果必须采用人为判断，你认为在给定的任务中你的表现会有多准确。

一个相关的问题是，确定该模型的性能稍微优越一点将具有多大价值。NLP任务可以正确地以95%的准确率对单词进行分类，差不多每两到三个句子会犯一次错误。这样的表现够好吗？现在的表现越好，进行进一步改进的难度就越大。

但是评估模型的最佳方法是使用样本以外的数据进行预测，也就是那些在构建模型时从未见过（甚至是不存在）的数据。如果在那些用于模型训练的数据上表现良好则非常可疑，因为模型很容易过拟合。样本外预测是测量模型真实好坏的关键，只要你有足够的数据和时间进行测试。这就是为什么我让*The Quart Shop*的学生构建模型来预测未来事件，然后强迫他们查看模型是否正确的原因。

7.4.1　评估分类器

评估分类器意味着测量我们的预测标签与评估集中的黄金标准标签的匹配程度。对于两个不同标签或类（二元分类）的常见情况，我们通常将两个类中较小且更有趣的称为正，而较大/其他类称为负。在垃圾邮件分类问题中，垃圾邮件通常为正，非垃圾邮件（ham）213为负。这种标记的目的是确保识别正和识别负的难度相当，尽管通常选择专门的测试实例以使每种类别具有相同的基数。

在任何给定实例上执行的分类模型有四种可能的结果，它们定义了图 7.2 所示的混淆矩阵或列联表：

- ❑ 真阳性（TP）：分类器将一个阳性项标记为阳性，从而分类器做出了正确的判断。
- ❑ 真阴性（TN）：分类器将阴性项标记为阴性，再次正确。
- ❑ 假阳性（FP）：分类器错误地将阴性项判断为阳性，从而导致“类型Ⅰ”的分类错误。
- ❑ 假阴性（FN）：分类器错误地将阳性项判断为阴性，从而导致“类型Ⅱ”的分类错误。

		预测分类	
		是	否
实际分类	是	TP	FN
	否	FP	TN

图 7.2　二元分类器的混淆矩阵定义了正确和错误预测的不同类别

图 7.3 表明了这些结果类别分别位于两个分布（男性和女性）时的情况，其中决策变量“高度”以厘米为单位测量。评估中的分类器将身高≥168 厘米的人都标记为男性。深色区域代表男性和女性的交集。尾部区域表示不正确的分类元素。

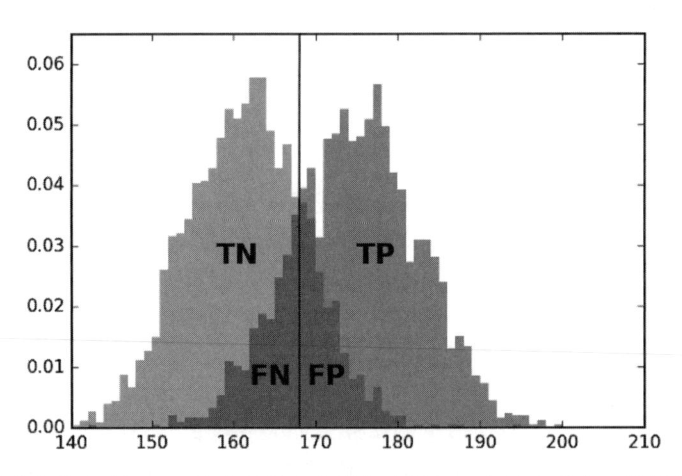

图 7.3　如果我们将身高≥168 厘米的所有人都归为男性，会发生什么？混淆矩阵中的四个可能结果反映了哪些实例分类正确（TP 和 TN），哪些没有正确分类（FN 和 FP）

准确率、精度、召回率和 *F* 得分

可以从上面详细描述的真/假阳性/阴性计数中计算得出几个不同的评估统计数据。我们需要这么多统计数据的原因是，必须针对两个基准对手（sharp 和 monkey）捍卫我们的分214类器。

sharp 是知道我们使用哪种评估系统，并根据其选择最适合的基准模型的对手。sharp

通过使无用分类器获得高分，来尽力使评估统计数据看起来很糟糕。那可能意味着宣布所有项都为阳性，或者都为阴性。

相比之下，monkey 会随机猜测每一个实例。为了解释我们模型的性能，确定其在多大程度上击败了 sharp 和 monkey 非常重要。

第一个衡量分类器准确率的统计指标为正确预测数与总预测数之比，即

$$\text{准确率}=\frac{\mathrm{TP}+\mathrm{TN}}{\mathrm{TP}+\mathrm{TN}+\mathrm{FP}+\mathrm{FN}}$$

通过将这些得分乘以 100，我们可以得到一个准确率百分比得分。

准确率是一个比较容易解释的合理数字，因此对于任何评估环境它都适用。当一半实例为阳性而一半为阴性时，monkey 的准确率如何？ monkey 被期望通过随机猜测来达到 50% 的准确率。sharp 总是将结果全部猜测为阳性或全部为阴性，同样可以达到 50% 的准确率。在每种情况下，sharp 都会得到另一半正确的实例。

然而，准确率作为一个评价指标，本身具有局限性，特别是当阳性比阴性的数量小得多时。思考一下，开发一个分类器来诊断患者是否患有癌症，其中阳性类患有疾病（即检测结果为阳性）而阴性类则是健康的。先验分布中的绝大多数人都是健康的，所以

$$p=\frac{|\text{阳性}|}{|\text{阳性}|+|\text{阳性}|}\ll\frac{1}{2}$$

在掷硬币的实验中，monkey 的预期准确率仍为 0.5：平均来说，实验会得到一半的正面和一半的反面。但是 sharp 会判断每个人都是健康的，准确率为 1–p。假设只有 5% 的受试者真的患有这种疾病，sharp 便可以吹嘘它具有 95% 的准确率，同时认定所有患病人群会早逝。

因此，我们需要更为敏感的分类评估指标，以得到正确的阳性。“精度”衡量了该分类器判断结果为阳性时是正确的频率：

$$\text{精度}=\frac{\mathrm{TP}}{\mathrm{TP}+\mathrm{FP}}$$

由于阳性率太低（p=0.05），因此无论是 sharp 还是 monkey，都无法实现高精度。如果分类器宣告了太多的阳性标签，那么这注定会降低精度，因为太多的项目符号会错过其标签，导致许多假阳性。但是，如果分类器对阳性分类标签很吝啬，那么这些标签中将不太可能与那些罕见的阳性病历建立关联，因此分类器获得的真阳性率较低。这些基准分类器的精度与阳性概率 p=0.05 成正比，因为它们是随意预测的。 215

在癌症诊断病例中，我们可能更愿意容忍假阳性（由于误诊而使得健康的人被诊断为患有癌症）而不是假阴性（由于误诊使得患有癌症的人被诊断为没有患病，从而因贻误治疗时机而死亡）。回顾一下在所有阳性实例中证明自己正确的频率：

$$\text{召回率}=\frac{\mathrm{TP}}{\mathrm{TP}+\mathrm{FN}}$$

高召回率意味着分类器几乎没有假阴性。要做到这一点，最简单的方法就是宣布每个人都患有癌症，就像 sharp 总是回答“是”一样。该分类器的召回率高，但精度低：95% 的受试者会受到不必要的惊吓。在构建分类器时，精度和召回率之间存在一种内在的权衡：你越是大胆的预测，结果就越不可能是正确的。

但是人们偏偏想用一个单一的度量来描述他们系统的性能。“F 得分”（有时也叫作 $F1$ 得分）就是一个综合考虑了精度和召回率的调和均值：

$$F=2\cdot\frac{\text{精度}\cdot\text{召回率}}{\text{精度}+\text{召回率}}$$

F 得分是一个考虑全面的衡量指标。调和平均数总是小于或等于算术平均数，而较低的数字会产生不成比例的较大影响。要获得高 F 得分，就需要高召回率和高精度。尽管有了高精度和召回率，但我们仍然没有一个可以设法得到令人满意的 F 得分的基准分类器，因为它们的精度太低。

216

F 得分及其相关评价指标被用于评价有意义的分类器，而不是 sharp 或 monkey。为了深入了解如何解释它们，让我们考虑一类神奇平衡的分类器，它们在阳性和阴性两方面都显示出同样的准确率，如图 7.4 所示。通常情况并非如此，但为了获得高 F 得分的分类器必须平衡精度和召回率统计量，这意味着它们必须在阳性和阴性实例上都表现出良好的性能。

	monkey 预测分类 是	否
是	$(pn)q$	$(pn)(1-q)$
否	$((1-p)n)q$	$((1-p)n)(1-q)$

	平衡分类器 预测分类 是	否
是	$(pn)q$	$(pn)(1-q)$
否	$((1-p)n)(1-q)$	$((1-p)n)q$

图 7.4　monkey 分类器在 n 个实例上的预期性能，其中 $p\cdot n$ 为正，$(1-p)\cdot n$ 为负。monkey 以概率 q 来猜测结果为阳性（左）。此外，平衡分类器的预期性能会以某种方式用概率 q 正确地对每个类的成员进行分类（右）

图 7.5 总结了基准分类器和平衡分类器在癌症检测问题上的性能，并以我们所有四个评估指标为标准。这里应当吸取的教训包括：

- **当分类规模本质上不同时，准确率是一个误导性的统计数据**：一个对每一个实例无意识地回答“否”的基准分类器在癌症问题上的准确率达到 95%，甚至比在每一个类别上准确率达到 94% 的平衡分类器还要好。
- **当且仅当分类器达到平衡时，召回率才等于准确率**：当识别两个分类的准确率相同时，好事就发生了。当分类规模不同时，这不会在训练模型时自动发生。事实上，这就是在训练集中有相同数量的阳性和阴性样本通常是一种好的实践的原因之一。
- **在类别规模不均衡的情况下，很难达到很高的精度**：即使在阳性和阴性样本中均能获得 99% 准确率的平衡分类器，在癌症诊断问题上也无法达到 84% 以上的精度。这是因为阴性人群的数量是阳性人群的 20 倍。在真阳性为 5% 的背景下，以 1% 的比率对更大类别错误分类的假阳性仍然相当可观。

q	monkey 0.05	monkey 0.5	sharp 0.0	sharp 1.0	平衡分类器 0.5	平衡分类器 0.75	平衡分类器 0.9	平衡分类器 0.99	平衡分类器 1.0
准确率	0.905	0.5	0.95	0.05	0.5	0.75	0.9	0.99	1
精度	0.05	0.05	—	0.05	0.05	0.136	0.321	0.839	1
召回率	0.05	0.5	0	1	0.5	0.75	0.9	0.99	1
F 得分	0.05	0.091	—	0.095	0.091	0.231	0.474	0.908	1

图 7.5　几种分类器在不同绩效指标下的绩效

- **F 得分在任何单个统计量中表现最好，但是描述一个分类器的性能需要一起使用这四个统计量**：分类器的精度是否大于它的召回率？然后它将很少的样本标记为阳性，这样你也许可以对其进行更好的调整。召回率是否高于准确率？也许我们可以通过在估计阳性时降低侵略性来提高 F 得分。准确率与召回率相去甚远吗？那么我们的分类器就不是很平衡了。所以，看看哪一方的情况更糟，以及我们可以如何解决它。

提高模型精度（以牺牲召回率为代价）的一个有用技巧是赋予它说“我不知道”的权力。分类器通常在简单的情况下比在困难的情况下做得更好，困难程度取决于样本距离指定的可替代标签有多远。

在你要把一个问题继续下去时，定义你所提出的分类是正确的置信度至关重要。仅当你的置信度超过给定阈值时才冒险进行猜测。如果患者的检测得分接近边界，那么比起“你得了癌症”这一诊断结果，患者通常会更喜欢“疑似结果”这样的诊断，尤其是当分类器对其决策结果信心不足时。

217

我们的精度和召回率统计量必须重新考虑，以恰当地适应新的不确定类。不需要更改精度公式，我们只对被称为阳性的样本求值。但召回率的分母必须明确说明我们拒绝标注的所有元素。假设以我们的置信度测量我们是准确的，那么精度将以降低召回率为代价而增加。

7.4.2 受试者工作特征曲线

许多分类器都带有自然旋钮，你可以调整这些旋钮以更改精度和召回率之间的权衡。例如，考虑一个系统，它计算了一个数字得分以反映“等级”，也许通过评估有多少给定的测试样本看起来像癌症。某些样本会比其他样本得分更高。但是，我们应该在阳性和阴性之间划清界限吗？

如果我们的“等级”得分是准确的，那么阳性的项目得分通常要比阴性的项目高。阳性的样本将定义一个不同于阴性样本得分分布，如图 7.6 左图所示。如果这些分布完全不相交，那将是很好的，因为这样就会有一个得分阈值 t，使得所有得分 $\geq t$ 的样本都为阳性，而所有得分 $<t$ 的样本均为阴性。这将产生一个完美的分类器。

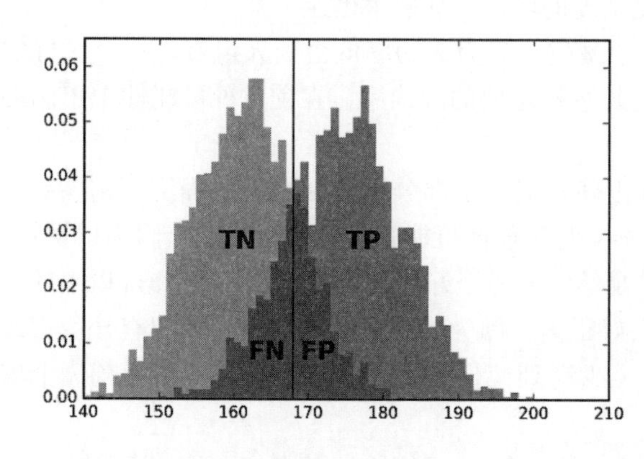

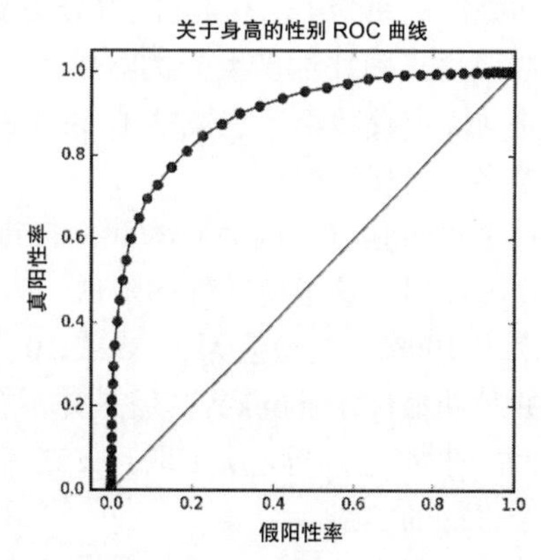

图 7.6 ROC 曲线通过在每个可能的设置中显示真阳性和假阳性之间的权衡，帮助我们选择分类器中使用的最佳阈值。monkey 的 ROC 曲线在这里是主对角线

但是，这两种分布更有可能，至少在某种程度上重叠，从而根据我们对假阳性和假阴性的相对偏好，将确定最佳阈值的问题转变为一个判断调用问题。

受试者工作特征（ROC）曲线为我们提供了在组合分类器时的完整选项空间的可视化

218 表示。该曲线上的每个点都代表一个特定的分类器阈值，由其假阳性率和假阴性率定义[⊖]。这些比率依次由错误数除以评估数据中的总阳性数来定义，并可能乘以 100% 以转换成百分比。

考虑一下当阈值从左到右扫过这些分布时会发生什么。每次跳过另一个样本时，我们要么增加真阳性（如果这个样本是阳性的）的数量，要么增加假阳性（如果这个例子实际上是阴性的）的数量。在最左边，真 / 假阳性率为 0%，因为分类器在该临界点没有任何阳性标记。尽可能向右移动，所有的样本都会被标记为正，因此两个比率都会变成 100%。在中间的每个阈值都定义了一个可能的分类器，并且延伸在真 / 假阳性率空间中定义了一条阶梯曲线，使我们从（0%，0%）过渡到（100%，100%）。

假设得分函数是由 monkey 定义的，即任意随机对每个实例打分。那么，当我们向右扫描阈值时，分类为阳性或阴性的概率应该相同。因此，我们像增加假阳性一样增加真阳性率，并且 ROC 曲线应该沿着主对角线变化。

表现好于 monkey 意味着 ROC 曲线位于对角线上方。最佳的 ROC 曲线会立即从（0%，0%）激增至（0%，100%），这意味着分类器在遇到阴性样本之前就遇到了所有阳性样本。然后，每遇到一个阴性样本都向右移动，直至最终到达右上角。

ROC 曲线下面积（AUC）常被用作衡量分类器的评分函数质量的统计量。最佳 ROC 曲线的面积为 $100\% \times 100\% \rightarrow 1$，而 monkey 得到的三角形面积为 1/2。面积越接近 1，分类效果就越好。

7.4.3 评估多类系统

许多分类问题是非二元的，这意味着它们必须在两个以上的类中进行决策。谷歌新闻中的美国新闻和国际新闻是独立的两个板块，此外还有商业、娱乐、体育、健康、科学和技术专栏。因此，控制此网站行为的项目分类器必须为每个文章分配 8 个不同种类的标签。

拥有的分类标签越多，就越难正确分类。使用 monkey 法对有 d 种类型的样本进行分类的期望准确率为 $1/d$，因此随着分类复杂度的增加，准确率迅速下降。

这使得正确评估多类分类器成为一个挑战，因为成功率低会令人沮丧。一个更好的统计量是前 k 个*成功率*，它概括了 $k \geqslant 1$ 的某些特定值的准确率。在前 k 种可能性中正确的分类标签多久出现一次？

这个度量很好，因为它为我们接近正确答案给予部分承认。接近的程度则由参数 k 决定。219 当 k=1 时，这会使准确率降低。当 k=d 时，任何可能的标签都足够了，因为根据定义，准确率为 100%。典型值为 3、5 或 10：足够大，一个好的分类器应该达到 50% 以上的准确率，并且明显优于 monkey。但是并不会好很多，因为一个有效的评估应该留有让我们改进的空间。事实上，当 k 从 1 取到 d 或者至少高到使任务变得容易时，计算所有前 k 个成功率是个很好的实践。

一个更强大的评估工具是混淆矩阵 $\boldsymbol{C}$，是一个 $d \times d$ 矩阵，其中 $C[x, y]$ 代表被标记为 y 类的 x 类样本的数量（或比例）。

如图 7.7 所示的混淆矩阵，我们应该如何读取呢？它取自我们构建的用于检测文档日期分类器的评估环境，该分类器通过对文本进行分析预测作者的创作时期。这个文档日期

⊖ 这个奇怪名字是它最初应用于调整雷达系统的性能而遗留下来的问题。

的评估例子在本章后面还会继续讨论。

最重要的特征是主对角线 $C[i, i]$，该对角线计算出将 i 类正确标记为 i 类的项数（或比例）。我们希望矩阵中有一个较重的主对角线。这是一个艰巨的任务，图 7.7 显示了一个强大但不完美的主对角线。有好几处，文档在与正确时期邻近的时期被更频繁地分类。

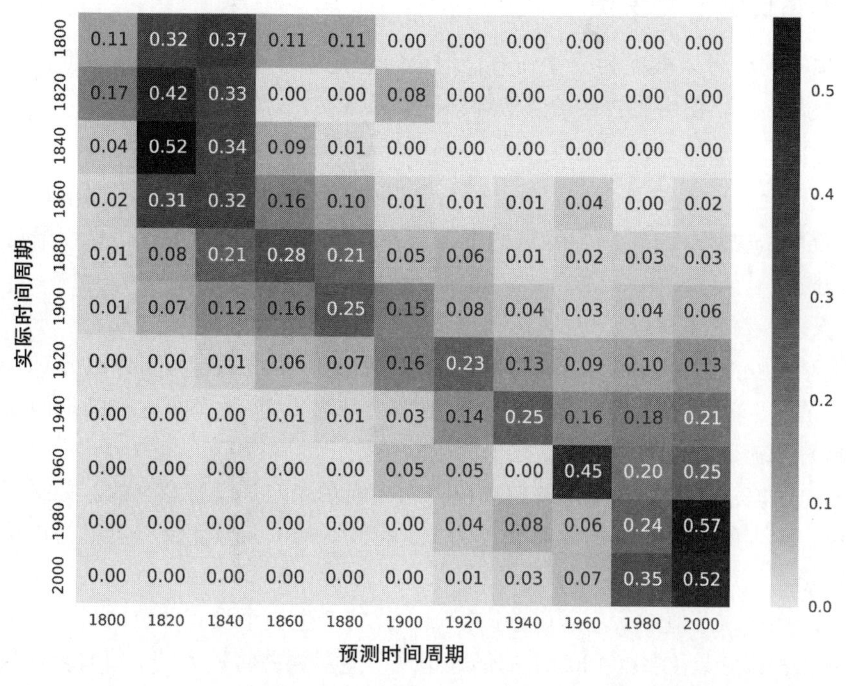

图 7.7　文档日期系统的混淆矩阵：主对角线反映准确的分类

但是，混淆矩阵最有趣的特征是不沿主对角线分布的大量 $C[i, j]$。它们代表了常见的混淆类。在我们的示例中，矩阵中将 1900 年的文档分类为 2000 年的文档有很多（6%），而没有一个 1900 年的文档被分类为 1800 年，这是一个令人不安的现象。而这种不对称性为分类器的改进提供了方向。 220

对于分类的混淆，有两个可能的原因。第一个是分类器中的 bug，这意味着我们必须更加努力地使其区分 i 和 j。但是第二个错误涉及谦卑，即意识到类 i 和 j 可能相交到一定程度，以至于错误地定义了正确答案的内容。也许 20 年来，写作风格并没有改变太多？

在谷歌新闻的例子中，科技类别之间的界限非常模糊。一篇关于商业太空飞行的文章应该分到哪个类中？谷歌认为是科学，而我认为是技术。如果两个类经常被人们混淆，那么可能说明这两个类可以进行合并，因为它们之间并没有什么本质上的区别。

混淆矩阵中的稀疏行表示训练数据中表现不佳的类，而稀疏列表示分类器不愿意分配的标签。无论哪种迹象都表明，也许我们应该考虑放弃该标签，并合并两个相似的类。

混淆矩阵的行和列为按类参数化的多重类提供了与 7.4.1 节类似的性能统计信息。precision_i 是判断为类 i 的所有项（实际上也是类 i）的比例：

$$\text{precision}_i = C[i, i] / \sum_{j=1}^{d} C[j, i]$$

$recall_i$ 是指被正确识别为 i 类的比例：

$$recall_i = C[i, i] / \sum_{j=1}^{d} C[i, j]$$

7.4.4 评估价值预测模型

数值预测问题可以被视为分类任务，但会跨越无限多个类。但是，根据预测值和实际值之间的差距，可以使用更直接的方法评估回归系统。

误差统计

对于数值而言，误差是预测 $y' = f(x)$ 与实际结果 y 间差值的函数。评估数值预测系统的性能涉及两个决策：（1）固定特定的个体误差函数，（2）选择统计信息以最好地表示完整的误差分布。

单个误差函数的主要选择包括：

221

- 绝对误差：值 $\Delta = y' - y$ 具有简单且对称的优点，因此该符号可以区分 $y' > y$ 与 $y > y'$ 的情况。问题在于将这些值聚合为汇总统计量。像 −1 和 1 这样的抵消误差是否意味着系统是完美的？通常，误差的绝对值用于消除符号。
- 相对误差：如果不知道误差的单位，那么绝对误差是没有意义的。如果以毫米为单位，则人的预测身高的绝对误差为 1.2 就很不错了，但如果以英里为单位，则非常糟糕。

  通过观察误差值的大小对误差进行归一化将产生一个没有单位的量，它可以通过分数或者百分数（乘以 100%）的形式呈现。绝对误差将较大的 y 值看得比较小的 y 值更重要，而在计算相对误差时可以校正偏差。
- 平方误差：由于 $\Delta^2 = (y' - y)^2$ 始终为正，因此对这些值进行求和是有意义的。当进行平方时，较大的误差值对总误差的贡献并不成比例：对于 Δ^2，$\Delta = 2$ 时是 $\Delta = 1$ 时的 4 倍。因此，在一个较大的集成中，离群值很容易左右误差统计。

对于任何值预测模型，绘制绝对误差分布的直方图是一个非常好的主意，因为你可以从中学到很多。分布应该是对称的，并且以零为中心，这意味着小误差比大误差更常见。而且两端的离群值应该很少。如果任何条件出现错误，则会有一种简单的方法来改进预测程序。例如，如果分布不以零为中心，则在所有预测结果中添加一个偏移常数会改进整体结果。

图 7.8 显示了两个模型的绝对误差分布，这两个模型可以根据文档中词句的使用分布预测文档的撰写年份。在左图中，显示了 monkey 随机猜测 1800 年到 2005 年之间某一年的误差分布。我们看到了什么？正如我们可能预料到的那样，误差分布是发散而糟糕的，同时也是非对称的。误差为正的文件比误差为负的文件多得多。为什么？与旧文档相比，测试语料库中显然包含了更多的现代文档，因此（year-monkey_year）通常是正值，而不是负值。即使是 monkey 也能从这个分布中学到一些东西。

222

相比之下，图 7.8 右图显示的使用朴素贝叶斯分类器得到的文档年限的误差分布看起来更好：在 0 附近有一个尖峰，而尾部很窄。但更长的尾部现在位于 0 的左边，这说明，我们依然将很多非常古老的文档视为现代文档。我们需要检查其中的一些实例，找出原因。

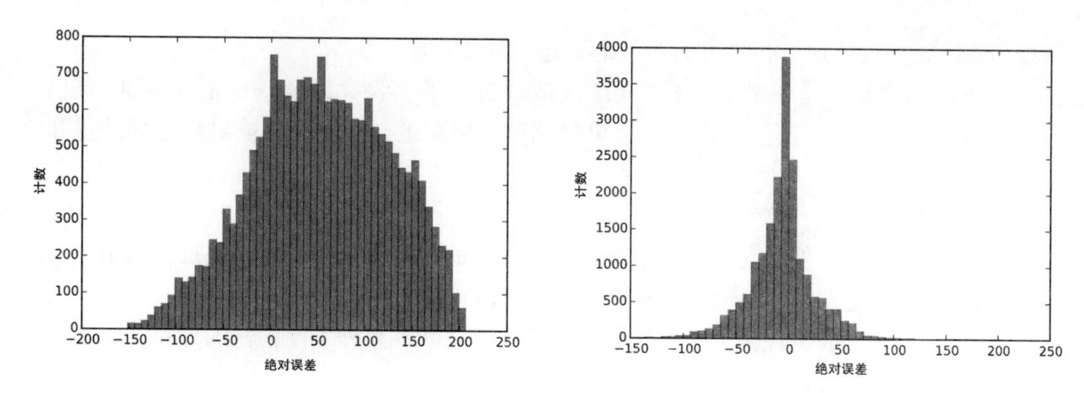

图 7.8 随机分类器（左）和朴素贝叶斯分类器（右）的误差分布直方图预测了文档撰写年份

为了比较不同的值预测模型的性能，我们需要一个汇总统计量，将这种误差分布减少到一个数字。一个常用的统计量是*均方误差*（MSE），其计算方法为

$$\text{MSE}(Y, Y') = \frac{1}{n}\sum_{i=1}^{n}(y_i' - y_i)^2$$

因为它对每一项都进行二次加权，所以离群值的影响不成比例。因此，对于有噪声的实例，中值平方误差可能是提供更多有用信息的统计量。

均方根（RMSD）误差是均方误差的平方根：

$$\text{RMSD}(\theta) = \sqrt{\text{MSE}(Y, Y')}$$

RMSD 的优点是其规模可以在与原始值相同的范围内进行解释，就像标准差比方差更易于解释一样。但这并不能消除离群值可能使总体严重偏斜的问题。 223

7.5 评估环境

任何一个数据科学项目的重要组成部分都是建立一个合理的评估环境。特别是当你需要一个*单命令程序*在评估数据上运行模型，并生成关于其有效性的图 / 报告时，如图 7.9 所示。

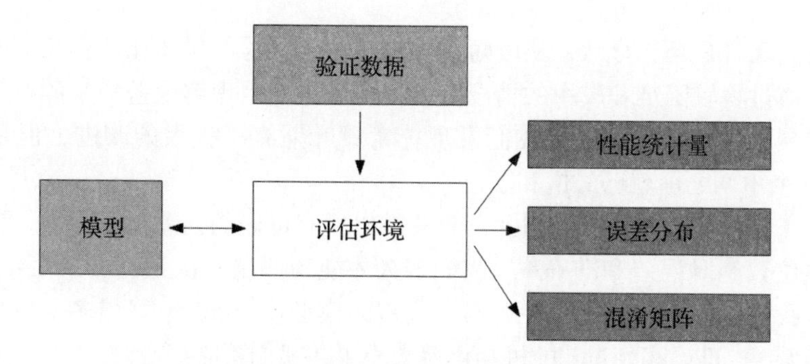

图 7.9 基本模型评估环境框图

为什么要单命令？如果运行起来不容易，你就不会经常尝试。如果结果不容易阅读和

解释，你将无法收集到足够的信息，因此不值得为之努力。

评估环境的输入是一组具有相关输出结果 / 标签的实例，以及一个正在测试的模型。系统在每个实例上运行模型，将每个结果与此黄金标准进行比较，并输出汇总统计量和分布图，表明它在该测试集上实现的性能。

一个好的评价体系具有以下特点：

- 除了二元结果外，它还会产生误差分布：你的预测在多大程度上接近正确结果，而不仅仅是它是对还是错。为便于理解，请回顾图 7.8。
- 它会自动生成包含多个图表的报告，这些图表涉及几种不同的输入分布，以便你在闲暇时仔细阅读。
- 它输出有关性能的汇总统计量，因此可以快速评估模型质量。你比上次做得更好还是更糟？

作为一个例子，图 7.10 展示了我们在前一节中介绍的两个文档日期模型的评估环境的输出。回想一下，工作内容是根据单词的使用来预测给定文档的撰写年份。那么哪些是值224得注意的？

	数据集	方法	MAE	MedAE	Acc
0	NYTimes	随机	73.335463	65.0	0.004895
1	COHA_Fiction_100	随机	79.865017	72.0	0.005287
2	COHA_Fiction_500	随机	80.505849	74.0	0.003825
3	COHA_Fiction_1000	随机	80.604837	72.0	0.003825
4	COHA_Fiction_2000	随机	79.845332	72.0	0.005737
5	COHA_News_100	随机	66.539239	59.0	0.005461
6	COHA_News_500	随机	66.267091	59.0	0.005461
7	COHA_News_1000	随机	66.077670	57.5	0.004956
8	COHA_News_2000	随机	66.225526	58.0	0.005057

	数据集	方法	MAE	MedAE	Acc
0	NYTimes	NB	21.306301	14	0.029728
1	COHA_Fiction_100	NB	32.302025	22	0.041732
2	COHA_Fiction_500	NB	25.428234	14	0.050056
3	COHA_Fiction_1000	NB	23.493926	13	0.053656
4	COHA_Fiction_2000	NB	22.493363	12	0.054781
5	COHA_News_100	NB	19.384001	14	0.030845
6	COHA_News_500	NB	16.657565	12	0.034891
7	COHA_News_1000	NB	16.282261	12	0.035093
8	COHA_News_2000	NB	16.220065	12	0.035599

图 7.10　评估环境结果，用于预测文档的撰写年份，将 monkey（左）与朴素贝叶斯分类器（右）进行比较

- *按类型细分的测试集*：观察评估环境，将输入分为 9 个单独的子集（一些新闻和一些小说），长度从 100 到 2000 个单词。因此，我们一眼就能看出我们在每个方面做得如何。
- *难度的逻辑发展*：显然，从较短的文档中确定撰写年份要比从较长的文档中更为困难。通过将较困难和较小的情况分开，可以更好地理解误差的来源。当从 100 个单词扩展到 500 个单词时，我们发现朴素贝叶斯有了很大的改进，但是这些增长在 2000 个单词之前就已经饱和了。
- *与问题相关的统计量*：我们并没有展示出所有可能的误差度量标准，仅展示了均值和中位数绝对误差和准确率（我们多久才能预测出一次正确的撰写年份）。这些足以让我们看到，新闻比小说容易，我们的模型比 monkey 好得多，而且正确识别实际年份（以准确率衡量）的机会仍然太小了，我们不必担心。

这项评估为我们提供了所需要的信息，让我们了解模型的性能状况，而不会带来从未真正看过的数字。

7.5.1 数据卫生评估

只有当你不自欺欺人的时候，评估才有意义。当人们以一种没有纪律的方式评估他们的模型，而忽略训练、测试和评估数据之间的区别时，可怕的事情就会发生。

一旦放置数据集，建立了预测模型后，第一个操作应该是将输入划分为三个部分：

- 训练数据：这部分的内容可以自由发挥。使用它来研究域，并设置模型的参数。通常，整个数据集的60%应该用于训练。
- 测试数据：约占整个数据集的20%，用以评估模型的好坏。通常，人们会尝试多种机器学习方法或基本参数设置，因此测试可以使你能够为同一任务建立所有这些不同模型的相对性能。

  对一个模型进行测试时，通常会发现它的性能不如我们所希望的那样好，这会导致另一个设计和优化周期。当模型在训练数据上表现优异但在测试数据上表现不佳时，这就表明模型存在过拟合。
- 评估数据：最后20%的数据应该留作备用，以备不时之需：在最终模型开始使用之前确认其性能。只有在你真正需要评估数据之前从未打开它时，此操作才有效。

225

将数据进行分离的理由应该是显而易见的。如果学生能提前获得答案，他们考试会做得更好，因为他们会确切地知道该学什么。但这并不能反映出他们到底学到了多少。将测试数据与训练数据分开可以衡量模型理解到的一些重要的内容。只有在模型稳定后使用最终的评估数据，才能确保测试集的细节不会通过重复的测试迭代泄露到模型中。评估集用作样本外数据以验证最终模型。

在执行原始分区时，必须小心不要创建不需要的伪影，或破坏需要的伪影。简单地按照给定的顺序对文件进行分区是危险的，因为训练和测试语料库的总体之间的任何结构差异都意味着模型的性能不会达到应有的水平。

但是，假设你正在建立一个预测未来股价的模型。随机选择全部历史记录中60%的样本作为训练数据，而不是前60%的时间中的所有样本，这样做是危险的。为什么会这样？假设你的模型从这个训练集"学习"哪些是股市波动的日子，然后根据总结出来的规律对其他股票在这几天的表现进行预测，会使得模型在测试中的表现要比实际中好得多。正确的抽样技术是相当微妙的，我们在5.2节中讨论过。

尽可能长时间地保持评估数据的神秘面纱很重要，因为一旦你使用它，它就会被破坏。就像当你已经知道笑话的含义后，第二次听到笑话时，就再也不会觉得好笑了。如果不得不破坏测试和评估集的完整性，最好的解决方案是从新的、样本外的数据开始，但这并不总是可以获得的。或者，随机地将完整的数据集重新划分为新的训练、测试和评估样本，并重新训练所有模型以重新开始。但这应该会让大家觉得不高兴。

7.5.2 放大小型评估集

将输入的数据严格划分为训练、测试和评估集的方法只有在样本足够大的情况下才有意义。假设有100 000个数据可供使用，那么在60 000个数据上进行训练和在100 000个数据上进行训练并不会有实质性的差异，因此最好对数据进行严格的评估。

但如果你只有几十个例子呢？截至本书撰写之时，美国历史上只有45位总统，因此可以对他们进行的任何分析其实都是非常小的样本统计数据。新的数据样本来得很慢，大约每 4 年才出现一次。类似的问题也出现在医疗实验中，这些实验的运行成本非常高，实验数据可能只是在不到 100 名患者中得到的。任何我们必须为人工注释付费的应用程序都意味着，我们最终得到的用于训练的数据将比我们所希望的要少。

226

当你由于无力承担费用而放弃了一部分样本数据时，你该怎么办？交叉验证将数据划分为 k 个相等大小的子样本，然后分别训练 k 个不同的模型。模型 i 在所有 $x \neq i$ 的子样本数据集上进行训练，然后用第 i 个子样本数据集进行验证。这个分类器的平均性能代表整个模型预测的准确率。

这里的极端情况是留一法交叉验证，该方法中 n 个不同的模型分别在不同的 $n-1$ 个子样本集上进行训练，以确定分类器是否良好。这样可以最大限度地提高训练数据的数量，同时还能留下一些可以评估的数据。

交叉验证的真正优势在于，它可以产生性能的标准差，而不仅仅是均值。在数据的特定子集上训练的每个分类器与对等分类器会略有不同。此外，每个分类器的测试数据将有所不同，从而导致不同的性能得分。将均值与标准差耦合并假设其服从正态分布，可以为你提供性能分布，并更好地了解如何信任结果。这使得交叉验证也非常值得在大型数据集上进行，因为你可以进行多个分区和重新训练，从而增强对模型的信心。

在交叉验证产生的 k 个模型中，你应该选择哪个作为最终的模型呢？也许你可以使用在测试集上表现最好的那个。但是更好的选择是对所有数据进行重新训练，并相信它至少会与训练较少的模型一样好。尽管这并不是理想的方法，但如果不能得到足够的数据，那么你必须尽你所能。

以下是一些可以放大小样本数据以用于训练和评估的其他方法：

- *从先前的分布中创建阴性示例*：假设一个人想要建立一个分类器，以识别谁有资格成为总统候选人。几乎没有总统候选人的真实例子（阳性的例子），由于精英阶层的比例如此之小，以至于随机选中一个人几乎可以确定是没有资格的。当阳性例子很少时，所有其他例子很可能都是阴性的，可以贴上标签以提供必要的训练数据。
- *扰动真实例子以创建相似但合成的例子*：一个避免过拟合的有用方法是通过添加随机噪声使标记的示例失真来创建新的训练样本。然后，我们用新例子保留原始结果标签。

  例如，假设我们正在尝试训练光学字符识别（OCR）系统，以识别扫描页面中某些单词的字母。最初，一个有钱人被委派使用图像中包含的字符以标记图像。我们可以通过随机添加噪声，旋转 / 平移 / 扩大感兴趣区域，将其放大到几百万张图像。在此综合数据上训练过的分类器应该比限于原始注释数据的分类器强得多。

227

- *可以的话，请给予信任*：当训练 / 测试样本的数量少于你想要的数量时，必须从每个样本中获取尽可能多的信息。

  假设我们的分类器除了输出预测的标签外，还输出一个值来衡量它对预测的信心。这个置信水平额外给了我们用来评估分类器的参考，而不仅仅是判断它是否正确地标注了标签。与认为答案是一个碰运气的事件相比，当分类器得到一个确定的预测错误时，这对分类器的打击更大。在预测总统的问题上，与一个预测结果为 32 对 13 错，但是置信度极其分散的分类器相比，我会更加相信一个预测结果仅为 30 对 15 错，但是具有一个准确的置信度的分类器。

7.6　实战故事：100% 准确

有两个商人在大学校园里看起来有些不自在，他们的深蓝色西装与我们的短裤和运动鞋相比，显得有些格格不入。他们叫作 Pablo 和 Juan，但是他们需要我们实现他们的愿景。

穿深色西装的 Pablo 解释说："商业世界仍然在纸上运作，我们有一份合同，要求将华尔街所有仍印在纸上的金融文件数字化。他们会花一大笔钱让我们用计算机扫描。现在他们雇人每份文件输入三次，以确保文件完全正确。"

这听起来令人兴奋，并且他们也有足够的资源来实现这个目标。但是有一个警告。"我们的系统不能出现任何一个差错，它可能有时会说'我不知道'。但是它无论何时调用任何一个字母都必须是 100% 正确的。"

"没问题"，我跟他们说，"只是让系统无法 100% 识别时报告'我不知道'，我可以设计一个系统来满足你的要求。"

Pablo 皱了皱眉，说："但是，这将使我们损失一大笔钱。在我们要构建的系统中，无法识别的图像将由人工读取。但我们无法承担人工读取所有内容的费用。"

我和我的同事同意承担这项工作，并且我们从零开始开发了一个合理的 OCR 系统。但有一个想法困扰着我。

"这些出钱雇你的华尔街人很聪明，不是吗？"我有一天问 Pablo。

"聪明绝顶"，他回答说。

"那么，当你说你可以建立一个 100% 准确的 OCR 系统时，他们怎么可能相信呢？"

"因为他们认为我以前做过"，他笑着说。

看来 Pablo 之前的公司已经建造了一个盒子，可以对当时电视监视器的价格数据进行数字化处理。在这种情况下，字母与单字节字符是完全相同的模式，都是按照相同的字体和大小来书写。电视信号也是数字信号，完全没有来自影像、打印不完全而形成的墨水淤积、黑点或纸张褶皱的问题。测试完美字节模式（图像）和另一个完美字节模式（设备字体中的字符）之间的精确匹配是很简单的，因为没有不确定性来源。但是，这个问题与 OCR 无关，即使二者都涉及阅读单词。 228

我们设计合理的 OCR 系统对所提供的业务文档做了所有力所能及的事情，但当然无法达到 100% 的准确。最终，华尔街的小伙子们把生意带回了菲律宾，在那里他们为每份文件付了三人的钱来输入，如果有任何异议，便采取三人两票的方式来决定。

在被承诺提供杂货店优惠券的诱惑下，我们改变了方向，开始从事读取消费者提交的手写调查表的业务。这个问题更难解决，但风险并没有那么高：每张表格他们向我们支付了 0.22 美元，而且他们并没有期望结果十分完美。我们的麻烦是雇用监狱里的罪犯输入数据的操作。当其中一名囚犯向他在调查表上找到的地址发送了威胁信时，我们中断了这项工作，这也使得我们不得不再次自己承担这项工作。但即使是那些自动化程度很高的机构也无法以少于每张 0.40 美元的价格来读取这些表格，所以在我们进行了大量咨询后，最终还是选择了与监狱合作。

这里最基本的经验就是，没有任何一个模式识别系统能在所有合理的问题上一直保持 100% 的准确率。永远不会出错的唯一方法就是永远不要做出预测。仔细评估是必要的，以衡量系统的运行状况，找到出错的地方，以便使系统更完善。

7.7 模拟模型

存在一类重要的第一原理模型，这些模型不是基于数据驱动的，但对于理解广泛多样的现象却非常有价值。模拟是试图复制真实世界系统和过程的模型，因此我们可以观察和分析它们的行为。

模拟对于证明我们对系统理解的有效性非常重要。一个可以捕捉系统的行为复杂性的简单模拟，必须通过奥卡姆剃刀原理来解释其如何工作。著名物理学家理查德·费曼曾说："我无法理解那些我不能创造出的事物。"那些你不能模拟的，以及那些不能在观测结果中得到一定准确率的东西恰恰就是你所不能理解的。

蒙特卡罗模拟使用随机数合成交替出现的现实。在微扰的条件下将事件复制数百万次，这使得可以在结果集上生成概率分布。这是排列检验背后具有统计意义的思想。我们还看到（在 5.5.2 节中），当击球手被击中或击出时，可以使用随机抛硬币来代替，因此我们可以模拟任意数量的职业生涯，并观察在职业生涯中发生的事情。

229 建立有效的蒙特卡罗模拟的关键是设计适当的离散事件模型。模型使用新的随机数复制每个决策或事件结果。在交通模型中，你必须决定向左走还是向右走，因此可以掷硬币。健康或保险模型可能必须判断今天某位患者是否会心脏病发作，因此可以扔一枚有适当加权系数的硬币。在一个金融模型中，股票的价格会在每一个时间点上下波动，这又可能是一个掷硬币模型。篮球运动员在投篮中命中或未命中，其可能性取决于他们的投篮技巧和防守队员的能力。

这种模拟的准确率取决于你分配给硬币正面和反面出现的概率。这决定了每个结果发生的频率。很明显，你并不局限于使用均匀的硬币，即正反比为 50/50 的这种情况。相反，概率需要反映在给定模型状态下事件可能性的假设。这些参数通常使用统计分析来设置，方法是观察事件在数据中的分布情况。蒙特卡罗模拟的一部分价值在于，它可以通过更改某些参数并查看会发生什么来使我们适应其他现实情况。

有效模拟的一个关键方面是评估。编程错误和建模时考虑不足是很常见的，当使用具有这种问题的模型进行模拟时，得到的结果是没有任何可信度的。关键是要阻止系统的一个或多个观察类直接合并到模型中。这提供了样本外的行为，因此我们可以将模拟结果的分布与这些观察结果进行比较。如果它们不一致，就说明你的模拟结果有问题，那就不要留着它们了。

7.8 实战故事：经过计算的赌注

有赌博的地方就有钱，有钱的地方就会有模型。在我们小时候去佛罗里达的家庭旅行中，我对回力球（Jai-Alai）这项运动产生了兴趣。而且，在我长大，学会了如何建立数学模型后，我开始痴迷于为这项运动开发一个有利可图的投注系统。

回力球是一项起源于巴斯克的运动，在比赛中，对方的球员或团队交替将球扔向墙壁并接住球，直到其中一个没有做到而丢分。投球和接球都用一个大篮子，球由山羊皮和硬橡胶制成，墙壁由花岗岩或混凝土制成。图 7.11 显示了那些快速而激动人心的动作分解。

230 在美国，回力球在佛罗里达州最受欢迎，佛罗里达州允许对比赛结果进行投注。

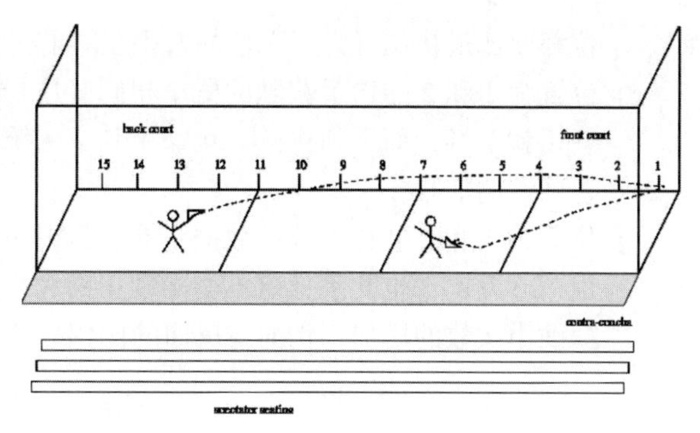

图 7.11 回力球是一种像手球一样速度快，并且令人兴奋的球类游戏，但你可以对其下注

让回力球特别受欢迎的是其非常独特的评分系统。每场比赛都有 8 名球员参赛，他们从 1 到 8 编号，以反映其在比赛中的顺序。每场比赛都从 1 号和 2 号选手开始，其余的选手耐心地排队等候。所有玩家开始比赛时的得分都为 0。比赛中的每一分都会从两名玩家中产生：一个人获胜，另一个人失败。失败的选手将排到最后一位，获胜者则会将得分累加后等待下一位选手登场，直到某位选手获得了足够的积分赢得比赛。

对我而言，很显然，即使在我还是个孩子的时候，都觉得这个得分系统对所有不同的球员都不公平。如果所处位置较为靠前，那么你就拥有更多的上场机会，即使他们在比赛后期将每次得分增加了一倍也不能完全解决问题。但是了解这些不公的程度可以使我在下注方面拥有优势。

我试图为回力球比赛建立一个投注系统，并从模拟这个非常特殊的评分系统开始。一场比赛包括一系列离散事件，可以描述为以下流程结构：

将当前玩家初始化为 1 和 2。
将玩家队列初始化为 {3，4，5，6，7，8}。
将每个玩家的总分初始化为零。
只要当前赢家的得分低于 7 分：
选择一个随机数以决定谁赢得下一分。
将模拟的获胜者得分加 1（如果超过第 7 名选手的得分，则加 2）。
将模拟的失败者放在队列的末尾。
把下一位选手从队伍前面弄下来。
当：确定当前得分赢家为比赛的赢家，则程序结束。

这里唯一需要更多阐述的步骤是模拟两个玩家之间的点。如果我们模拟的目的是查看评分系统中的偏差如何影响比赛结果，则假设所有球员均具有同等技能的情况就非常有意义了。为了给每个玩家 50/50 的机会赢得这一分，我们可以掷一个模拟硬币来确定谁赢或者谁输。

我用自己喜欢的编程语言实现了对回力球比赛的模拟，并在 1 000 000 次回力球比赛上运行了程序。模拟产生了一张统计表，里面告诉我假设所有玩家都具有相同的熟练度，那么每个下注结果的回报率是多少。图 7.12 说明了 8 个起始位置中每个位置的模拟获胜数。我们可以从这张表中得出什么结论？ 231

❑ 相比于其他位置，位置 1 和位置 2 有很大的优势。位置为前两位的选手中，任何一位都要比最初位置为第 7 位的选手获得前三名的可能性要高出一倍。

- 位置为 1 和 2 的选手获胜的概率相同。这是应该的，因为这两个玩家都是在比赛一开始就上场，而无须排队。玩家 1 和 2 的统计数据非常接近，这增加了我们对模拟正确性的信心。
- 位置为 1 和 2 的选手统计数据不同，是因为我们只模拟了 100 万场比赛。如果掷硬币 100 万次，也几乎肯定不会出现正面和反面都恰好相等的情况。但是，随着我们掷硬币次数的增加，正面与反面的比例应该逐渐接近 50/50。

位置	模拟的 获胜	模拟的 % 获胜	观测到的 获胜	观测到的 % 获胜
1	162675	16.27 %	1750	14.1%
2	162963	16.30 %	1813	14.6%
3	139128	13.91 %	1592	12.8%
4	124455	12.45 %	1425	11.5%
5	101992	10.20 %	1487	12.0%
6	102703	10.27 %	1541	12.4%
7	88559	8.86 %	1370	11.1%
8	117525	11.75 %	1405	11.3%
	1 000 000	100.00 %	12 383	100.0%

图 7.12　在回力球模拟中观测到的获胜偏差与实际比赛中观测到的结果非常匹配

1 号玩家和 2 号玩家之间的模拟差距告诉了我们有关模拟准确率的限制。我们不应该相信任何取决于如此小的观察值差异的结论。

为了验证模拟的准确率，将我们的结果与超过 12 000 场比赛的实际统计数据进行了比较，得到图 7.12。在小样本条件下，模拟结果与实验基本吻合。第 1 和第 2 的位置在实际比赛中获胜最多，而排名第 7 的获胜频率最低。

现在我们知道了在回力球比赛中每一个可能的位置下注获得回报的概率。那么我们现在准备好开始赚钱了吗？不幸的是，并没有。尽管我们已经知道开始时的顺序是决定比赛结果的一个主要因素，也许是最重要的一个，但在我们决定下注之前，仍然需要克服几个障碍：

232

- *球员技术的影响*：很明显，一个好的球员比一个坏的球员更有可能获胜，不管他们的位置如何。很明显，一个更好的预测回力球比赛的模型会将相关技能纳入排队模型。
- *博彩界人士的老练*：许多人在我之前已经注意到位置靠后带来的影响。事实上，数据分析显示，对比赛投注的大众在很大程度上考虑了投注位置对赔率的影响。然而，对我们来说幸运的是，在很大程度上，这并不意味着全部。
- *彩池大约会将下注金额的 20% 保留下来作为彩池提成*，因此我们必须比普通下注者做得更好，才能实现收支平衡。

我的模拟提供了最有可能的结果的信息。但模型自己并没有确定哪一个方案是最好的选择。好的赌注既取决于事件发生的可能性，也取决于事件发生时的回报。收益由其他博彩公众决定。为了找到最好的选择，我们不得不更加努力地工作：

- 我们必须分析过去的比赛数据，以确定谁是更好的球员。一旦我们知道谁更好，我们就可以在用抛硬币来进行模拟时对其更具有偏向性，使我们对每一场比赛的模拟都更加精确。

- ❑ 我们必须分析支付数据以建立其他投注者偏好的模型。在回力球比赛的博彩中，你是在向公众下注，因此你需要能够模拟他们的思维，以便预测特定下注的收益。
- ❑ 我们必须模拟奖池的削减对投注池的影响。当考虑到这些成本的时候，某些本来可以盈利的赌注就会出现亏损。

最终的盈亏结果证明我们做到了，初始股份的回报率达到了 544%。我的 *Calculated Bets* [Ski01] 一书中记述了我们赌博系统的全部故事。读读它，我打赌你会喜欢的。阅读关于成功模型的文章很有意思，但构造它们的过程更有趣。

7.9 章节注释

Silver 的 [Sil12] 对各种领域中的模型和预测的复杂性有着很棒的介绍。数学建模方面的教科书包括 Bender 的 [Ben12] 和 Giordano 的 [GFH13]。 233

Google 流感趋势项目是关于大数据分析的强大功能和局限性的出色案例研究。关于这方面的内容，Ginsberg 等人的 [GMP+09] 做了原始的描述，Lazer 等人的 [LKKV14] 则做了事后剖析，来了解出错的原因。

Sazaklis 等人研究了 7.6 节介绍的 OCR 系统的技术方面内容，参见文献 [SAMS97]。对于分析文档作者年份（以及相关的评估环境示例）的工作来自我的学生 Vivek Kulkarni、Parth Dandiwala 和 Yingtao Tian，参见文献 [KTDS17]。

7.10 练习

模型的属性

7-1 [3] 量子物理学比牛顿物理学要复杂得多。哪种模型通过了奥卡姆剃刀原理测试，为什么通过？

7-2 [5] 确定一组感兴趣的模型。对于每个模型，请确定这些模型具有哪些属性：

(a) 它们是离散的还是连续的？

(b) 它们是线性的还是非线性的？

(c) 它们是黑盒子还是可描述的？

(d) 它们是通用的还是为某种目的专门设置的？

(e) 它们是数据驱动还是第一原理的？

7-3 [3] 给出实践中使用的第一原理和数据驱动模型的示例。

7-4 [5] 针对以下一个或多个 *The Quant Shop* 挑战，讨论使用原则模型还是数据驱动模型更加合适：

- ❑ 环球小姐
- ❑ 电影票房
- ❑ 新生儿体重
- ❑ 艺术品拍卖价格
- ❑ 圣诞节降雪量
- ❑ 超级碗 / 大学联赛冠军
- ❑ 食尸鬼池
- ❑ 未来黄金 / 石油价格

7-5 [5] 对于以下一个或多个 *The Quant Shop* 挑战，将整个问题划分为可独立建模的子问题：

- ❑ 环球小姐
- ❑ 电影票房

234

- ❑ 新生儿体重
- ❑ 艺术品拍卖价格
- ❑ 圣诞节降雪量
- ❑ 超级碗 / 大学联赛冠军
- ❑ 食尸鬼池
- ❑ 未来黄金 / 石油价格

评估环境

7-6　[3] 假设你构建了一个分类器，它对每个可能的输入都回答“是”。那么这个分类器的精度和召回率将达到什么水平？

7-7　[3] 解释什么是精度和召回率。它们与 ROC 曲线有什么关系？

7-8　[5] 是假阳性多一些更好，还是假阴性多一些更好？说明一下原因。

7-9　[5] 解释一下什么是过拟合，以及如何控制它。

7-10　[5] 假设 $f \leqslant 1/2$ 是一个分类中阳性元素的部分。为了最大化下面的特定评估指标，monkey 应该以多大的概率 p 将关于 f 的函数样本作为阳性呢？回答一下 p 和 monkey 获得的预期评估得分。

(a) 准确率。

(b) 精度。

(c) 召回率。

(d) F 得分。

7-11　[5] 什么是交叉验证？我们如何为 k-折交叉验证选择正确的 k 值？

7-12　[8] 我们如何判断是否收集了足够的数据以训练模型？

7-13　[5] 解释为什么我们需要训练集，测试集以及验证集，以及如何有效使用它们？

7-14　[5] 假设我们要训练一个二元分类器，而其中一个类别非常少见。举一个这样的例子。我们应该如何训练这个模型？ 我们应该使用什么指标来衡量绩效？

7-15　[5] 为以下 *The Quant Shop* 挑战中的一项或多项提出基准模型：

- ❑ 环球小姐
- ❑ 电影票房
- ❑ 新生儿体重
- ❑ 艺术品拍卖价格
- ❑ 圣诞节降雪量
- ❑ 超级碗 / 大学联赛冠军
- ❑ 食尸鬼池
- ❑ 未来黄金 / 石油价格

235

7-16　[5] 建立模型以预测以下几种不确定性事件中某一个的结果，并通过事后检验对其进行严格分析：

(a) 足球、篮球和赛马等运动。

(b) 涉及多个项目的集合赌注，如足球池或 NCAA 篮球锦标赛。

(c) 机会游戏，例如特殊彩票、奇幻体育和扑克。

(d) 地方和国会选举的选举预测。

(e) 库存或商品价格预测 / 交易。

严格的测试可能会确认你的模型不够强大，无法进行可盈利的下注，这是 100% 没问题的。说实话：请确保你使用足够的新的价格 / 赔率来反映下注机会，这个数据在你下注的时候也是可以获得的。为了让我相信你的模型实际上是真正有利可图的，那就先给我一些资金，然后我会相信你。

7-17　[5] 用你喜欢的编程语言来构建通用的评估系统模型，并使用正确的数据进行设置，以评估解决特定问题的模型。你的工作平台应根据需要报告出性能统计、错误分布和 / 或混淆矩阵。

面试问题

7-18　[3] 为下列事件估计先验概率：

（a）明天太阳会升起。

（b）明年将会爆发一场涉及美国的战争。

（c）一个新生儿将活到 100 岁。

（d）今天你将遇到要与你结婚的另一半。

（e）芝加哥小熊队今年将赢得世界大赛冠军。

7-19　[5] 当讨论偏差 – 方差权衡时，我们的意思是什么？

7-20　[5] 一个测试的真阳性率为 100%，假阳性率为 5%。在这一人群中，每 1000 人中就有 1 人患有测试所确定的疾病。如果测试结果是阳性的，那么这个人真的患病的可能性有多大？

7-21　[5] 哪个更好：拥有好的数据或好的模型？你是如何定义好的？

7-22　[3] 你对将噪声注入数据集以测试模型的敏感性的想法有何看法？

7-23　[5] 你将如何定义和衡量指标的预测能力？

Kaggle 挑战

7-24　特定的补助金申请会得到资助吗？

https://www.kaggle.com/c/unimelb

7-25　谁将赢得 NCAA 篮球锦标赛？

https://www.kaggle.com/c/march-machine-learning-mania-2016

7-26　预测给定餐厅的年销售额。

https://www.kaggle.com/c/restaurant-revenue-prediction

236

第 8 章 线性代数

我们经常听说数学主要由“证明定理”组成。作家的工作主要是“写句子”吗？

——Gian-Carlo Rota

数据科学工作的数据部分需要将所有可以找到的相关信息缩减为一个或多个数据矩阵，在理想情况下矩阵最好尽可能大。每个矩阵的行表示项或示例，而列表示不同的特性或属性。

线性代数是矩阵的数学：数列的性质及其运算。这使得它成为数据科学的语言。通过线性代数，可以很好地理解许多机器学习算法。实际上，像线性回归这样的问题，其算法可以简化为一个公式，只需乘以矩阵乘积的右链就可以得到期望的结果。这样的算法既简单又令人生畏，实现起来很简单，但是很难保证其高效性和鲁棒性。

你也许在之前学习过线性代数课程，但老师讲授的内容可能好多已经不记得了。在这里，我将带你回顾所需要知道的大部分内容：矩阵的基本运算、矩阵为什么有用，以及如何对矩阵的相关内容建立直觉。

8.1 线性代数的作用

为什么线性代数如此强大？因为它可以控制矩阵的工作方式，而矩阵无处不在。重要对象的矩阵表示形式包括：

- 数据：数字数据集最常用的表示形式是 $n \times m$ 矩阵。n 行代表对象、项目或实例，而 m 列分别代表不同的特征或维度。
- 几何点集：$n \times m$ 矩阵可以表示空间中的点云。n 行的每一行代表一个几何点，m 列定义维度。某些矩阵运算具有不同的几何解释，使我们能够将实际可见的二维几何推广到高维空间。
- 方程组：线性方程由变量的总和定义，这些变量的总和由常数系数加权。例如：

$$y = c_0 + c_1 x_1 + c_2 x_2 + \cdots + c_{m-1} x_{m-1}$$

  有 n 个线性方程的线性方程组可以表示为一个 $n \times m$ 矩阵，其中每一行表示一个方程，并且 m 列中的每列与特定变量的系数相关联（在含有 c_0 的情况下，c_0 为常数“变量”1）。通常也需要表示每个方程的 y 值。这通常使用一个单独的 $n \times 1$ 数组或解值向量来完成。

- 图和网络：图由顶点和边组成，其中边定义为有序的成对顶点，例如 (i, j)。具有 n 个顶点和 m 个边的图可以表示为 $n \times m$ 矩阵 $\boldsymbol{M}$，其中 $M[i, j]$ 表示从顶点 i 到顶点 j 的边的数量（或权重）。组合性质与线性代数之间有着惊人的联系，例如，图中的路径与矩阵乘法之间的关系，以及顶点簇如何与适当的矩阵特征值 / 向量相关联。
- 重排操作：矩阵可以执行一些操作。精心设计的矩阵可以对点集进行几何运算，例如平移、旋转和缩放。将数据矩阵乘以适当的置换矩阵将重新排序行和列。运动可以由向量定义，$n \times 1$ 的矩阵足够强大，可以对诸如平移和置换之类的操作进行编码。

矩阵的普遍存在意味着已经开发了大量的基础工具可以操作它们。特别是，你喜欢的编程语言中的高性能线性代数库意味着永远不需要你亲自来实现任何矩阵基本算法。最好的库实现可以优化那些令人厌恶的事情，例如数值精度、缓存丢失以及使用多个内核，以使其刚好达到汇编语言的水平。我们的工作是用线性代数描述问题，并把算法留给这些库函数。

8.1.1　解释线性代数公式

将矩阵的乘积以简洁的公式表达出来可以提供强大的能力来完成惊人的事情，包括线性回归、矩阵压缩和几何变换。代数替换与丰富的标识集合可产生优雅的机械方式来操纵此类公式。

238

但是，我发现很难用我真正理解的方式来解释这样的操作字符串。例如，以最小二乘线性回归背后的“算法”为例，即

$$\boldsymbol{c} = (\boldsymbol{A}^{\mathrm{T}}\boldsymbol{A})^{-1}\boldsymbol{A}^{\mathrm{T}}\boldsymbol{b}$$

其中 $n \times m$ 方程组为 $\boldsymbol{A}x=\boldsymbol{b}$，$\boldsymbol{w}$ 为最佳拟合线的系数向量。

我发现线性代数具有挑战性的原因之一是命名法。必须摸索许多不同的术语和概念，才能真正弄清楚正在发生的事情。但更大的问题是，大多数证明都是代数的。就我个人而言，代数证明通常不能直观地解释事物为什么以某种方式工作。代数证明更容易以机械的方式逐步验证，而不是理解论证背后的思想。

在本章中，我将提供一个证明过程。这个证明过程以及由此中得到的定理都是错误的。

定理 1： 2=1

证明

$$\begin{gathered} a = b \\ a^2 = ab \\ a^2 - b^2 = ab - b^2 \\ (a+b)(a-b) = b(a-b) \\ a + b = b \\ 2b = b \\ 2 = 1 \end{gathered}$$

□

如果以前从未见过这样的证明，你可能会觉得它很有说服力，即使我相信在你的概念中 2≠1。每一行都是通过上面一行的式子经过代数替换得到的。事实证明，这个问题出在消除 $(a-b)$ 这项中，因为我们实际上是除以 0。

从这个证明中可以吸取什么教训？证明是关于想法的，而不仅仅是代数的运算。没有想法就意味着没有证据。要理解线性代数，你的目标应该是首先验证最简单的情形（通常为二维）以建立直觉，然后尝试想象它如何推广到更高的维度。总有一些特殊情况需要注意，例如除以零。在线性代数中，这些情况包括维度不匹配和奇异（表示不可逆）矩阵。除此之外，线性代数理论都会有效果，最好是从一般性情况而不是从这些特殊情况来考虑。

239

8.1.2 几何和向量

“向量”有一个很好的解释，即 $1\times d$ 矩阵。几何意义上的向量意味着从原点穿过 d 维中的给定点的定向射线。

将每个这样的向量 $\boldsymbol{v}$ 正规化为单位长度（每个坐标除以 $\boldsymbol{v}$ 到原点的距离），将其放在一个 d 维球体上，如图 8.1 所示：平面中的圆代表不同的点，d=3 代表着球体，$d\geqslant 4$ 代表一些无法展示的超球面体。

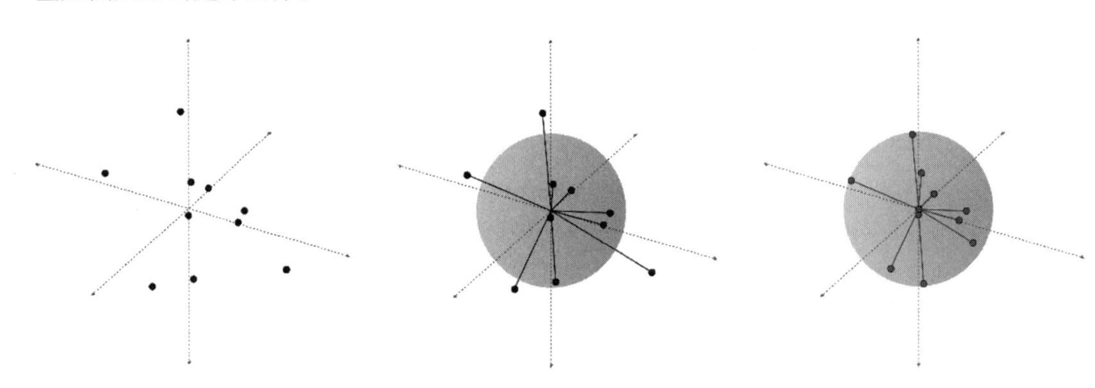

图 8.1　可以将点简化为单位球面上的向量加上量级

这种正规化证明是非常有用的。为了便于比较，点之间的距离用向量之间的夹角来代替。相邻的两个点将通过原点在它们之间定义一个小夹角：距离小意味着夹角小。忽略量级是一种缩放形式，使所有点都可以直接比较。

点积是一种很有帮助的运算，它将向量运算变为标量运算。下式定义了两个长度为 n 的向量 $\boldsymbol{A}$ 和 $\boldsymbol{B}$ 的点积：

$$\boldsymbol{A}\cdot\boldsymbol{B}=\sum_{i=1}^{n}A_iB_i$$

我们可以使用点积运算来计算向量 $\boldsymbol{A}$ 和向量 $\boldsymbol{B}$ 之间的夹角 $\theta=\angle AOB$，见图 8.2，其中 O 是原点：

$$\cos(\theta)=\frac{\boldsymbol{A}\cdot\boldsymbol{B}}{\|\boldsymbol{A}\|\|\boldsymbol{B}\|}$$

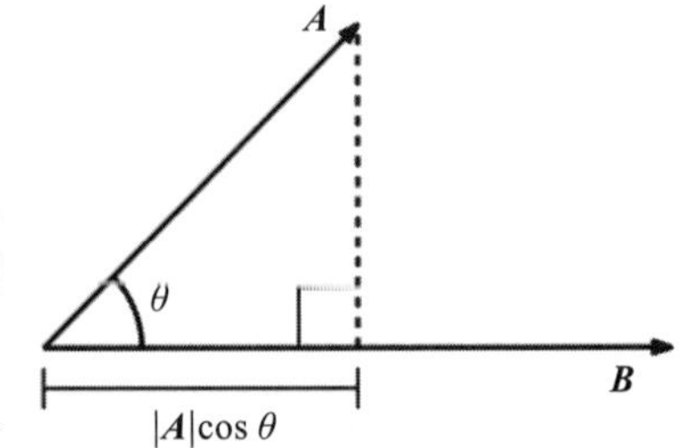

图 8.2　两个向量的点积定义了它们之间夹角的余弦

我们来分析一下这个公式。符号 $\|\boldsymbol{V}\|$ 表示 $\boldsymbol{V}$ 的长度。根据定义，单位向量的长度等于 1。一般来说，我们必须除以 $\boldsymbol{V}$，使之成为单位向量。

240

但是点积和夹角之间有什么联系呢？考虑一种最简单的情况，即在两条射线之间定义一个夹角，射线 A 在 0 度位置，射线 B 的坐标为 (x, y)。那么，单位射线为 A=(1,

0）。在这种情况下，点积为 $1 \cdot x+0 \cdot y=x$，如果 **B** 是单位向量，则点积正好是 $\cos(\theta)$ 的值。我们可以相信，这个结果对所有的 **B** 以及更高的维度都适用。

因此，较小的夹角意味着球体上的点距离更近。但是我们知道事物之间还有另一种联系。回想一下余弦函数的特殊情况，这里用弧度表示：

$$\cos(0)=1, \cos(\pi/2)=0, \cos(\pi)=-1$$

余弦函数的取值范围为 [−1, 1]，与相关系数的取值范围完全相同。此外，它们的解释也是相同的：两个相同的向量完全相关，而对立点完全负相关。正交点 / 向量（在 $\theta=\pi/2$ 的情况下）彼此之间的关系最小。

余弦函数正好是两个均值为零的变量的相关性。对于单位向量，$\|\boldsymbol{A}\|=\|\boldsymbol{B}\|=1$，因此 **A** 和 **B** 之间的夹角完全由点积定义。

课后拓展：两个向量的点积测量相似性的方法与皮尔逊相关系数完全相同。

8.2 矩阵运算可视化

假设你以前接触过一些基本的矩阵运算：转置、乘法和求逆。这一节重新温习一下这些知识。

241

但是为了让大家的感受更为直观，我将把矩阵以图像而非数字的形式表示出来，这样我们就可以看到当对它们进行操作时会发生什么。图 8.3 显示了我们的主要矩阵图像：亚伯拉罕 · 林肯总统（左）和他的纪念馆（右）。前者是一张人脸图象，而后者包含特别明显的行和列。

图 8.3 矩阵图像示例：林肯（左）和他的纪念馆（右）。中间图像是两者的线性组合，系数为 0.5

请注意，我们将静静地重新研究每一种运算之间的矩阵，因此绝对颜色并不重要。有趣的模式来自明暗之间的差异，这代表当前矩阵中的最小和最大数字。另外，请注意，矩阵 $M[1,1]$ 的初始元素表示图像的左上角。

8.2.1 矩阵加法

矩阵加法是一种很简单的运算：对于都是 $n \times m$ 维的矩阵 **A** 和 **B**，矩阵 **C**=**A**+**B** 表示为

$$C_{ij}=A_{ij}+B_{ij}，对于所有\ 1 \leqslant i \leqslant n\ 和\ 1 \leqslant j \leqslant m$$

标量乘法提供了一种同时改变矩阵中每个元素的权重的方法，也许可以将它们正规化。对于任何矩阵 **A** 和数字 c，$\boldsymbol{A}'=c \cdot \boldsymbol{A}$ 意味着

$$A'_{ij}=cA_{ij}，对于所有 1 \leqslant i \leqslant n 和 1 \leqslant j \leqslant m$$

矩阵加法和标量乘法的结合使我们能够对矩阵进行线性组合。公式 $\alpha \cdot \boldsymbol{A}+(1-\alpha) \cdot \boldsymbol{B}$ 使我们能够在 $\boldsymbol{A}$（当 $\alpha=1$ 时）和 $\boldsymbol{B}$（当 $\alpha=0$ 时）之间平顺地过渡，如图 8.3 所示。这提供了一种将图像矩阵从 $\boldsymbol{A}$ 变换到 $\boldsymbol{B}$ 的方法。

矩阵 $\boldsymbol{M}$ 的转置是将矩阵的行和列进行交换，将 $a \times b$ 的矩阵转换为 $b \times a$ 的矩阵 $\boldsymbol{M}^{\mathrm{T}}$，其中：

$$M_{ij}^{\mathrm{T}}=M_{ji}，对于所有\ 1 \leqslant i \leqslant n\ 和\ 1 \leqslant j \leqslant m$$

方阵的转置还是方阵，因此 $\boldsymbol{M}$ 和 $\boldsymbol{M}^{\mathrm{T}}$ 可以安全地相加或相乘。更一般而言，转置是用于转换矩阵的操作，以便可以与目标矩阵相加或相乘。

242

转置是将矩阵“旋转”180 度，所以 $(\boldsymbol{A}^{\mathrm{T}})^{\mathrm{T}}=\boldsymbol{A}$。对于方阵，将它与其转置矩阵相加后得到的矩阵是对称的，如图 8.4 右图所示。原因很明了：$\boldsymbol{C}=\boldsymbol{A}+\boldsymbol{A}^{\mathrm{T}}$ 意味着

$$C_{ij}=A_{ij}+A_{ji}=C_{ji}$$

图 8.4　林肯头像（左）及其转置（中）。矩阵与其转置的和矩阵沿主对角线对称（右）

8.2.2　矩阵乘法

矩阵乘法是向量点积或内积的聚合形式。回想一下，对于两个包含 n 个元素的向量 $\boldsymbol{X}$ 和 $\boldsymbol{Y}$，点积 $\boldsymbol{X} \cdot \boldsymbol{Y}$ 由下式定义：

$$\boldsymbol{X} \cdot \boldsymbol{Y}=\sum_{i=1}^{n} X_{i} Y_{i}$$

点积可以测量两个向量的“同步”程度。在计算余弦距离和相关系数时，我们已经认识了点积。它是将两个向量简化为单个数字的运算。

这两个向量的矩阵乘积 $\boldsymbol{X}\boldsymbol{Y}^{\mathrm{T}}$ 产生了一个包含点积 $\boldsymbol{X} \cdot \boldsymbol{Y}$ 的 1×1 矩阵。对于一般矩阵，乘积 $\boldsymbol{C}=\boldsymbol{A}\boldsymbol{B}$ 定义为：

$$C_{ij}=\sum_{i=1}^{k} A_{ik} \cdot B_{kj}$$

为此，$\boldsymbol{A}$ 和 $\boldsymbol{B}$ 必须共享相同的内部维数，这意味着如果 $\boldsymbol{A}$ 是 $n \times k$ 维，那么 $\boldsymbol{B}$ 必须是 $k \times m$ 维的。$n \times m$ 维的乘积矩阵 $\boldsymbol{C}$ 的每个元素都是 $\boldsymbol{A}$ 的第 i 行和 $\boldsymbol{B}$ 的第 j 列的点积。

矩阵乘法最重要的性质是：

- 具有不可交换性：可交换性表示顺序无关紧要，即 $x \cdot y=y \cdot x$。虽然我们认为整数相乘时具有交换性是理所当然的，但顺序在矩阵相乘中确实很重要。对于任意两个非方阵的矩阵 $\boldsymbol{A}$ 和 $\boldsymbol{B}$，$\boldsymbol{A}\boldsymbol{B}$ 或 $\boldsymbol{B}\boldsymbol{A}$ 中至多有一个具有相容维数。但即使是方阵乘法也不能进行交换，如下所示：

243

$$\begin{bmatrix}1 & 1\\0 & 1\end{bmatrix} \cdot \begin{bmatrix}1 & 1\\1 & 0\end{bmatrix}=\begin{bmatrix}2 & 1\\1 & 0\end{bmatrix} \neq \begin{bmatrix}1 & 1\\1 & 0\end{bmatrix} \cdot \begin{bmatrix}1 & 1\\0 & 1\end{bmatrix}=\begin{bmatrix}1 & 2\\1 & 1\end{bmatrix}$$

图 8.5 表示了相关系数矩阵

图 8.5 林肯纪念馆 $\boldsymbol{M}$（左）及其协方差矩阵。$\boldsymbol{M}\cdot\boldsymbol{M}^{\mathrm{T}}$（中）中间的大块是 $\boldsymbol{M}\cdot\boldsymbol{M}$ 中间条纹的所有行的相似性所致。$\boldsymbol{M}^{\mathrm{T}}\cdot\boldsymbol{M}$（右）的紧密网格图案反映了纪念馆上各列的规则图案

- 矩阵乘法是可结合的：可结合性赋予我们按所希望的顺序插入圆括号的权利，以我们所选择的相对顺序执行操作。在计算乘积 $\boldsymbol{ABC}$ 时，我们有两个选择：（$\boldsymbol{AB}$）$\boldsymbol{C}$ 或 $\boldsymbol{A}$（$\boldsymbol{BC}$）。包含的矩阵越多，我们可以选择的组合空间就越大，可以添加的括号数量随着矩阵数的增加呈指数级增长。所有这些都将得到相同的答案，如下所示：

$$\left(\begin{bmatrix}1&2\\3&4\end{bmatrix}\begin{bmatrix}1&0\\0&2\end{bmatrix}\right)\begin{bmatrix}3&2\\1&0\end{bmatrix}=\begin{bmatrix}1&4\\3&8\end{bmatrix}\begin{bmatrix}3&2\\1&0\end{bmatrix}=\begin{bmatrix}7&2\\17&6\end{bmatrix}$$

$$\begin{bmatrix}1&2\\3&4\end{bmatrix}\left(\begin{bmatrix}1&0\\0&2\end{bmatrix}\begin{bmatrix}3&2\\1&0\end{bmatrix}\right)=\begin{bmatrix}1&2\\3&4\end{bmatrix}\begin{bmatrix}3&2\\2&0\end{bmatrix}=\begin{bmatrix}7&2\\17&6\end{bmatrix}$$

可结合性之所以对我们很重要主要有两个原因。从代数意义上讲，它使我们能够识别式中相邻的矩阵对，并根据一个恒等式替换它们（如果我们有一个恒等式的话）。但另一个是计算问题。中间的矩阵乘积容易导致计算量的爆炸式增长。假设我们试着计算 $\boldsymbol{ABCD}$，其中 $\boldsymbol{A}$ 是 $1\times n$，$\boldsymbol{B}$ 和 $\boldsymbol{C}$ 是 $n\times n$ 的，$\boldsymbol{D}$ 是 $n\times 1$ 的。假设采用传统的嵌套循环矩阵乘积算法，乘积（$\boldsymbol{AB}$）（$\boldsymbol{CD}$）仅需进行 $2n^2+n$ 次运算。相比之下，式子（$\boldsymbol{A}$（$\boldsymbol{BC}$））$\boldsymbol{D}$ 则需要 n^3+n^2+n 次运算。

高中学过的嵌套循环矩阵乘积算法很容易通过编程实现，参见 12.3.1 节。但是请不要对其进行编程。与你喜欢的编程语言相关的高度优化的线性代数库中存在计算更快、数值更稳定的算法。对于大多数计算机科学家来说，将算法表述为大型数组的矩阵乘积，而不是使用特殊逻辑有背直觉。但是这种策略在实践中却可以产生很大的性能优势。

8.2.3 矩阵乘法的应用

从表面上看，矩阵乘法是一项烦琐的运算。当第一次接触线性代数时，我不明白为什么我们不能像处理矩阵加法那样，只将对应的数字成对相乘来处理矩阵乘法。

我们关注矩阵乘法的原因是可以用它做很多事情。本节将会对其应用进行说明。 244

协方差矩阵

矩阵 $\boldsymbol{A}$ 与其转置 $\boldsymbol{A}^{\mathrm{T}}$ 相乘是一种非常常见的运算。这是为什么？一方面，我们可以将它们进行乘法运算：如果 $\boldsymbol{A}$ 是一个 $n\times d$ 的矩阵，那么 $\boldsymbol{A}^{\mathrm{T}}$ 就是 $d\times n$ 的矩阵。因此 $\boldsymbol{AA}^{\mathrm{T}}$ 总是可以相乘的。它们在另一种情况下也是可以相乘的，即 $\boldsymbol{A}^{\mathrm{T}}\boldsymbol{A}$。

两个乘积都有很重要的意义。假设 $\boldsymbol{A}$ 是一个 $n \times d$ 的特征矩阵，由代表项或点的 n 行和代表这些项的观察特征的 d 列组成。那么：

- ❑ $\boldsymbol{C} = \boldsymbol{A} \cdot \boldsymbol{A}^{\mathrm{T}}$ 是点积的 $n \times n$ 矩阵，测量点与点之间的“一致性”。特别地，C_{ij} 是一个衡量第 i 项与第 j 项相似程度的指标。
- ❑ $\boldsymbol{D} = \boldsymbol{A}^{\mathrm{T}} \cdot \boldsymbol{A}$ 是点积的 $d \times d$ 矩阵，用于测量列（或特征）间的“同步性”。现在 D_{ij} 表示特征 i 和特征 j 之间的相似性。

这些令人讨厌的式子很常见，因此它们具有自己专有的名称：*协方差矩阵*。这个术语经常出现在数据科学家之间的对话中，因此请放心使用。我们在计算相关系数时给出的协方差公式为

$$\mathrm{Cov}(X,Y) = \sum_{i=1}^{n}(X_i - \bar{X})(Y_i - \bar{Y})$$

所以，严格地说，只有当 $\boldsymbol{A}$ 的行或列的均值为零时，这些表达式才是协方差矩阵。但是无论如何，矩阵乘积的大小达到了使特定的行或列对的值一起移动的程度。

图 8.5 显示了林肯纪念馆的协方差矩阵。较暗的点定义图像中最相似的行和列。可以试着理解这些协方差矩阵中的可见结构是从哪里来的。

245

图 8.5（中）显示了行的协方差矩阵 $\boldsymbol{M} \cdot \boldsymbol{M}^{\mathrm{T}}$。中间的大黑框代表大的点积，由两行横切纪念馆的所有白色柱子形成。这些亮带和暗带紧密相关，并且强烈的暗区有助于形成一个大的点积。与天空、山墙和楼梯相对应的那些光形成的行，具有同等的相关性和连贯性，但缺少使其点积足够大的暗区域。

右图显示了 $\boldsymbol{M}^{\mathrm{T}} \cdot \boldsymbol{M}$，这是列的协方差矩阵。所有成对的矩阵列都彼此正相关或负相关，但是穿过白色柱子的矩阵列权重较低，因此点积较小。它们共同定义了深色和浅色条纹交替出现的棋盘格。

矩阵乘法和路径

方阵可以自身相乘而无须转置。实际上，$\boldsymbol{A}^2 = \boldsymbol{A} \times \boldsymbol{A}$ 称为方阵 $\boldsymbol{A}$ 的平方。更一般地，$\boldsymbol{A}^k$ 称为矩阵 $\boldsymbol{A}$ 的 k 次幂。

当 $\boldsymbol{A}$ 表示图或网络的*邻接矩阵*时，矩阵 $\boldsymbol{A}$ 的幂具有非常自然的解释。在邻接矩阵中，当 (i,j) 是网络的边时，$A[i,j]=1$。否则，当 i 和 j 不直接相邻时，$A[i,j]=0$。

对于这种 0/1 矩阵，乘积 $\boldsymbol{A}^2$ 产生 $\boldsymbol{A}$ 中长度为 2 的路径数。特别是：

$$A^2[i,j] = \sum_{k=1}^{n} A[i,k] \cdot A[k,j]$$

对于每个中间顶点 k，存在从 i 到 j 的长度为 2 的一条路径，这样（i，k）和（k，j）都是图中的边。这些路径计数的总和由上面的点积计算。

但是，即使对于更一般的矩阵，幂次计算也很有意义。它模拟了扩散的影响，将每个元素的权重分配到相关元素之间。这些事情发生在 Google 著名的 PageRank 算法以及其他迭代过程中，例如传染蔓延。

矩阵乘法和置换

矩阵乘法通常仅用于重新排列特定矩阵中元素的顺序，如图 8.6 所示。回想一下，高性能矩阵乘法例程的速度足够快，因此它们执行这些运算的速度通常比特殊编程逻辑要快。它们还提供一种用代数公式表示此类运算的方法，从而保持了紧凑性和可读性。

$$P=\begin{bmatrix}0&0&1&0\\1&0&0&0\\0&0&0&1\\0&1&0&0\end{bmatrix}\quad M=\begin{bmatrix}11&12&13&14\\21&22&23&24\\31&32&33&34\\41&42&43&44\end{bmatrix}\quad PM=\begin{bmatrix}31&32&33&34\\11&12&13&14\\41&42&43&44\\21&22&23&24\end{bmatrix}$$

图 8.6 将矩阵乘以置换矩阵可重新排列其行和列

最基本的重排矩阵根本不起作用。单位矩阵是主对角线为 1、其他元素为 0 的 $n\times n$ 矩阵。对于 n=4，246

$$I=\begin{bmatrix}1&0&0&0\\0&1&0&0\\0&0&1&0\\0&0&0&1\end{bmatrix}$$

有 $\boldsymbol{AI}=\boldsymbol{IA}=\boldsymbol{A}$，这意味着与单位矩阵的相乘并不改变原矩阵。

请注意，$\boldsymbol{I}$ 的每一行和每一列仅包含一个非零元素。具有此性质的矩阵称为*置换矩阵*，因为位置（i, j）上的非零元素可以解释为元素 i 在转置后的位置 j 上。例如，置换（2，4，3，1）定义的置换矩阵为

$$P_{(2431)}=\begin{bmatrix}0&0&0&1\\1&0&0&0\\0&0&1&0\\0&1&0&0\end{bmatrix}$$

请注意，单位矩阵对应于置换（1, 2, ⋯, n）。

这里的关键点是我们可以将 $\boldsymbol{A}$ 乘以适当的置换矩阵以重新排列行和列，使其变成我们所希望的那样。图 8.7 显示了当我们将图像乘以“反向”置换矩阵 $\boldsymbol{r}$ 时会发生什么，其中一个置换矩阵沿次对角线排列。因为矩阵乘法通常不是可交换的，所以对于 $\boldsymbol{A}\cdot\boldsymbol{r}$ 和 $\boldsymbol{r}\cdot\boldsymbol{A}$，我们得到不同的结果。247

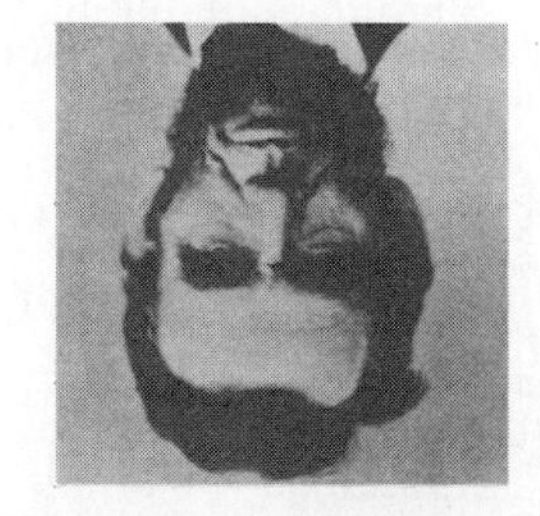
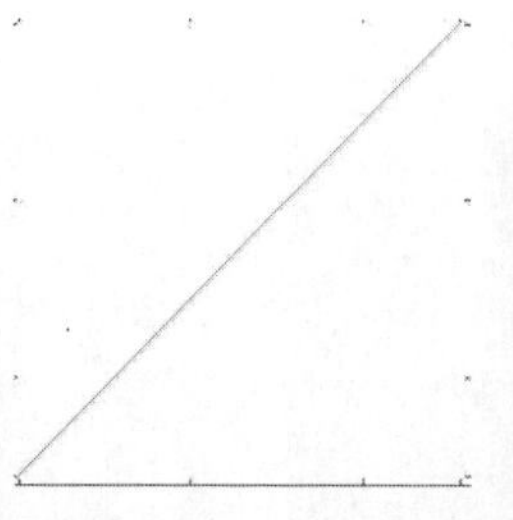

图 8.7 将林肯头像矩阵 $\boldsymbol{M}$ 乘以反向置换矩阵 $\boldsymbol{r}$（中）。乘积 $\boldsymbol{r}\cdot\boldsymbol{M}$ 将林肯头像倒置（左），而乘积 $\boldsymbol{M}\cdot\boldsymbol{r}$ 将头发分开放在头的另一侧（右）

空间旋转点

与右矩阵相乘可以具有神奇的特性。我们已经看到了如何用（$n\times 2$）维矩阵 $\boldsymbol{S}$ 表示平面中 n 个点的集合（即二维）。将这些点与右矩阵相乘可以产生自然的几何变换。

旋转矩阵 $\boldsymbol{R}_\theta$ 通过夹角 θ 执行绕原点旋转点的变换。在二维中，$\boldsymbol{R}_\theta$ 定义为

$$R_\theta=\begin{bmatrix}\cos(\theta)-\sin(\theta)\\\sin(\theta)\quad\cos(\theta)\end{bmatrix}$$

特别地，在适当的乘法 / 旋转之后，点 (x, y) 变为

$$\begin{bmatrix} x' \\ y' \end{bmatrix} = \boldsymbol{R}_\theta \begin{bmatrix} x \\ y \end{bmatrix} = \begin{bmatrix} x\cos(\theta) - y\sin(\theta) \\ x\sin(\theta) + y\cos(\theta) \end{bmatrix}$$

对于 $\theta = 180^\circ = \pi$ 弧度，$\cos(\theta) = -1$，$\sin(\theta) = 0$，因此将其缩减到 $(-x, -y)$，通过将点放在相对的象限来做正确的事情。

对于我们的（$n \times 2$）维的点矩阵 $\boldsymbol{S}$，可以使用转置函数来适当地确定矩阵的方向。检查以确认

$$\boldsymbol{S}' = (\boldsymbol{R}_\theta \boldsymbol{S}^{\mathrm{T}})^{\mathrm{T}}$$

正是我们想要做的。

$\boldsymbol{R}_\theta$ 自然的普适性在于可以使点在任意维度上旋转。此外，任意连续序列的变换可以通过将其与旋转、膨胀和反射后的矩阵相乘而实现，从而得到对复杂操作的紧凑描述。

8.2.4　单位矩阵与求逆

单位化运算在代数结构中起着重要作用。对于数字加法，因为 $0 + x = x + 0 = x$，所以 0 是单位元素。数字 1 在乘法中起相同的作用，因为 $1 \cdot x = x \cdot 1 = x$。

在矩阵乘法中，单位元素相当于单位矩阵，单位矩阵中所有的 1 都位于主对角线上。与单位矩阵相乘具有可交换性，所以 $\boldsymbol{IA} = \boldsymbol{AI} = \boldsymbol{A}$。

逆运算是将一个元素 x 降为它的单位元素。对于数值加法，x 的逆是 $-x$，因为 $x + (-x) = 0$。乘法的逆运算叫作除法。我们可以把一个数乘以它的倒数，因为 $x \cdot (1/x) = 1$。

人们一般不谈论矩阵的除法。但是经常会对矩阵求逆。如果 $\boldsymbol{A} \cdot \boldsymbol{A}^{-1} = \boldsymbol{I}$，我们就说 $\boldsymbol{A}^{-1}$ 是 $\boldsymbol{A}$ 的逆矩阵，其中 $\boldsymbol{I}$ 是单位矩阵。求逆是除法的一种特殊情况，因为 $\boldsymbol{A} \cdot \boldsymbol{A}^{-1} = \boldsymbol{I}$ 意味着 $\boldsymbol{A}^{-1} = \boldsymbol{I} / \boldsymbol{A}$。它们实际上是等价的操作，因为 $\boldsymbol{A} / \boldsymbol{B} = \boldsymbol{A} \cdot \boldsymbol{B}^{-1}$。

248

图 8.8（左）显示的是林肯照片的逆像，它看起来很像随机噪声。但将其与图像相乘，会得到单位矩阵的细主对角线，尽管它叠加在了数值误差的背景上。浮点计算本质上是不精确的，并且像求逆这样的算法会执行重复的加法和乘法运算，因此常常会在过程中累积错误。

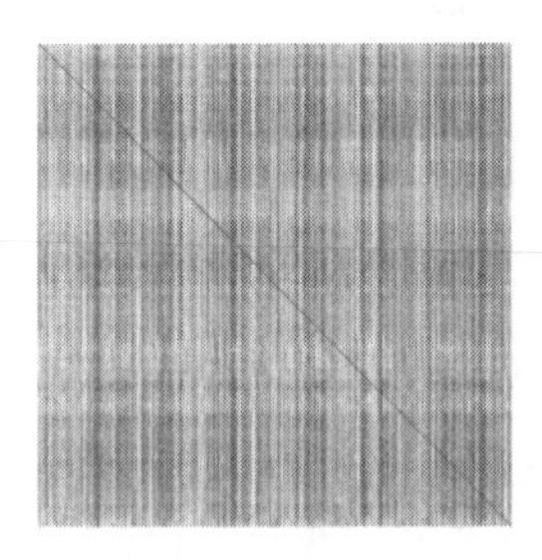

图 8.8　林肯照片的逆看起来不像一个人（左），但是 $\boldsymbol{M} \cdot \boldsymbol{M}^{-1}$ 产生单位矩阵，由于数值精度问题，对小的非零项取模

我们如何计算矩阵的逆？存在一个闭形式，用于寻找 2×2 矩阵的逆矩阵 $\boldsymbol{A}^{-1}$，即

$$\boldsymbol{A}^{-1} = \begin{bmatrix} a & b \\ c & d \end{bmatrix}^{-1} = \frac{1}{ad - bc} \begin{bmatrix} d & -b \\ -c & a \end{bmatrix}$$

更一般地，存在一种通过使用高斯消除来求解线性系统来对矩阵求逆的方法。

请注意，只要对角线的乘积相等，即 $ad=bc$，那么在求逆的过程中分母就会是 0。这告诉了我们这些矩阵不是可逆的或者奇异的，这意味着逆矩阵不存在。正如不能将数字除以零一样，我们也无法求出奇异矩阵的逆矩阵。

我们称可以求逆的矩阵为非奇异矩阵，当矩阵具有此性质时，我们会有更大的操作空间。矩阵是否可逆的检验标准是看其行列式是否不为零。对于 2×2 矩阵，行列式是其对角线乘积之间的差，恰好是上面求逆矩阵公式中的分母。

此外，行列式仅仅适用于方阵，因此只有方阵才有可能是可逆的。计算该行列式的复杂度为 $O(n^3)$，因此计算大型矩阵非常费时，事实上这和试图用高斯消除法求逆矩阵是一样费时的。 249

8.2.5 矩阵求逆与线性系统

线性方程是由常数系数乘以变量求和来定义的：

$$y = c_0 + c_1x_1 + c_2x_2 + \cdots + c_{m-1}x_{m-1}$$

因此，n 个线性方程组的系数可以表示为 $n\times m$ 的矩阵 $\boldsymbol{C}$。这里，每一行代表一个方程，每一列代表一个不同变量的系数。

通过将两个矩阵相乘 $\boldsymbol{C}\cdot\boldsymbol{X}$，我们可以在一个特定的 $m\times 1$ 输入向量 $\boldsymbol{X}$ 上很方便地计算出所有 n 个方程。结果将是一个 $n\times 1$ 向量，记录了 n 个线性方程中每个方程的解 $f_i(X)$，其中 $1\leqslant i\leqslant n$。这里的特殊情况是常数项 c_0。为了正确解释，$\boldsymbol{X}$ 中的相关列应该包含所有的列。

如果我们将 $\boldsymbol{X}$ 泛化为包含 p 个不同点的 $m\times p$ 矩阵，则乘积 $\boldsymbol{C}\cdot\boldsymbol{x}$ 将得到 $n\times p$ 矩阵，并在单个矩阵乘法中针对每个方程对每个点求值。

但对 n 个方程组的主要操作是求解它们，意味着计算向量 $\boldsymbol{X}$ 需要为每个方程提供一个目标向量 $\boldsymbol{Y}$。给出解值 $\boldsymbol{Y}$ 的 $n\times 1$ 向量和系数矩阵 $\boldsymbol{C}$，求 $\boldsymbol{x}$ 使 $\boldsymbol{C}\cdot\boldsymbol{x}=\boldsymbol{Y}$。

矩阵求逆可用于求解线性系统。将 $\boldsymbol{CX}=\boldsymbol{Y}$ 的两边乘以 $\boldsymbol{C}$ 的逆可得到：

$$(\boldsymbol{C}^{-1}\boldsymbol{C})\boldsymbol{X} = \boldsymbol{C}^{-1}\boldsymbol{Y} \rightarrow \boldsymbol{X} = \boldsymbol{C}^{-1}\boldsymbol{Y}$$

因此，方程组可以通过对 $\boldsymbol{C}$ 求逆，然后将 $\boldsymbol{C}^{-1}$ 乘以 $\boldsymbol{Y}$ 来求解。

高斯消除是求解线性系统的另一种方法，我相信你之前已经看到过这种方法。回想一下，它通过进行行加 / 减运算来简化方程矩阵 $\boldsymbol{C}$，直到化为单位矩阵，从而求解方程问题。 250 由于每个方程式都被简化为 $X_i = Y_i'$ 的形式，因此读取变量的值变得很简单，其中 $\boldsymbol{Y}'$ 是将这些相同的行运算应用于原始目标向量 $\boldsymbol{Y}$ 的结果。

可以用同样的方式对矩阵求逆，如图 8.9 所示。通过行操作将系数矩阵简化为单位矩阵 $\boldsymbol{I}$，从而得到逆矩阵。我把它看作 Dorian Gray 算法：系数矩阵 $\boldsymbol{C}$ 转化为单位矩阵，而目标 $\boldsymbol{I}$ 则转化为逆矩阵⊖。

因此，可以用矩阵求逆来求解线性系统，用线性系统解算器来求逆矩阵。所以，这两个问题在某种意义上是等价的。通过计算逆矩阵，可以将给定系统 $\boldsymbol{C}$ 的多个 $\boldsymbol{Y}$ 向量简化为一个矩阵乘法运算，从而降低了多个 $\boldsymbol{Y}$ 向量求解的计算量。但是，使用 LU 分解法可以更高效地实现这一目的，如 8.3.2 节所述。高斯消除法比反演法在数值上更稳定，是求解线性方程组的常用方法。

⊖ 在 Oscar Wilde 的小说 *The Picture of Dorian Gray* 中，主人公依然美丽，而他的照片却随着岁月的流逝而变得苍老不堪。

$$[\boldsymbol{A}|\boldsymbol{I}]=\left[\begin{array}{ccc|ccc}6&4&1&1&0&0\\10&7&2&0&1&0\\5&3&1&0&0&1\end{array}\right]=\left[\begin{array}{ccc|ccc}1&1&0&1&0&-1\\0&1&0&0&1&-2\\5&3&1&0&0&1\end{array}\right]$$

$$=\left[\begin{array}{ccc|ccc}1&0&0&1&-1&1\\0&1&0&0&1&-2\\5&3&1&0&0&1\end{array}\right]=\left[\begin{array}{ccc|ccc}1&0&0&1&-1&1\\0&1&0&0&1&-2\\0&0&1&-5&2&2\end{array}\right]$$

$$\rightarrow\boldsymbol{A}^{-1}=\begin{bmatrix}1&-1&1\\0&1&-2\\-5&2&2\end{bmatrix}$$

图 8.9　矩阵的逆可以通过高斯消除来计算

8.2.6　矩阵的秩

当存在 n 个线性无关方程和 n 个未知数时，方程组是唯一确定的。例如，线性系统

$$2x_1+1x_2=5$$
$$3x_1-2x_2=4$$

该方程是唯一确定的，唯一解是点（$x_1=2$，$x_2=1$）。

相反，如果系统中存在某一行（方程式）可以由其他行表示的情况，则方程式的系统具有不确定性。例如：

$$2x_1+1x_2=5$$
$$4x_1+2x_2=10$$

该系统是不确定的，因为第二行是第一行的两倍。应该清楚的是，我们没有足够的信息来求解不确定的线性方程组。

矩阵的秩可以度量线性独立行的数目。一个 $n\times n$ 矩阵的秩应该是 n，以便正确定义所有操作。

通过高斯消除法可以计算矩阵的秩。如果矩阵是欠定的，那么某些变量将在缩行操作中消失。欠定系统和奇异矩阵之间也有联系：回想一下，它们是通过行列式为零来判别的。这就是交叉积的差（$2\cdot2-4\cdot1$）等于零的原因。　251

特征矩阵的秩往往比我们期望的要低。示例中的矩阵往往包含重复的条目，这将导致矩阵的两行相同。多个列也很可能相等：例如，假设每个记录包含以英尺和米为单位测量的高度。

这些事情肯定会发生，而且一旦发生就很糟糕。林肯纪念馆图像上的某些算法在数值上失效了。结果显示，我们的 512×512 图像的秩只有 508，因此并非所有行都是线性独立的。为了使其成为一个满秩矩阵，可以在每个元素中添加少量随机噪声，这将增加秩而不会造成严重的图像失真。这个错误可能会让你的数据在没有警告信息的情况下通过一个算法，但它预示着数字问题的到来。

线性系统“几乎”都不是满秩的，这会由于数值问题而导致更大的精度损失。这是由称为条件数的矩阵不变量证明的，在线性系统的情况下，它可以衡量 $\boldsymbol{X}$ 值对于 $\boldsymbol{Y}=\boldsymbol{AX}$ 中 $\boldsymbol{Y}$ 的微小变化的敏感程度。

在评估结果时，要注意数值计算的不确定性。例如，对于任何所谓的解 $\boldsymbol{X}$，计算 $\boldsymbol{AX}$ 并查看 $\boldsymbol{AX}$ 与 $\boldsymbol{Y}$ 之间的对比结果，这是一个好习惯。理论上，两者应该完全相同，但实际上，计算的粗糙程度可能会令你惊讶。

8.3 因式分解矩阵

将矩阵 $\boldsymbol{A}$ 分解为矩阵 $\boldsymbol{B}$ 和 $\boldsymbol{C}$ 表示除法的一个特殊方面。我们已经知道任何一个非奇异矩阵 $\boldsymbol{M}$ 都有逆矩阵 $\boldsymbol{M}^{-1}$，所以单位矩阵 $\boldsymbol{I}$ 可以被分解为 $\boldsymbol{I}=\boldsymbol{M}\boldsymbol{M}^{-1}$。这证明了一些矩阵（如 $\boldsymbol{I}$）可以被分解，而且它们可能有许多不同的分解方式。在这种情况下，每个可能的非奇异矩阵 $\boldsymbol{M}$ 定义一个不同的因式分解。

矩阵分解是数据科学中的一个重要的抽象，它导致了简洁的特征表示和类似主题建模思想的产生。它通过诸如 LU 分解的特殊分解在解决线性系统中起着重要的作用。

不幸的是，找到这样的因式分解是有问题的。分解整数是一个难题，尽管当浮点数被允许使用时，复杂性就会消失。分解矩阵的难度更大，对于特定矩阵，可能无法进行精确的分解，尤其是当我们寻求分解因子 $\boldsymbol{M}=\boldsymbol{X}\boldsymbol{Y}$ 时，其中 $\boldsymbol{X}$ 和 $\boldsymbol{Y}$ 具有指定的维数。

8.3.1 为什么是因子特征矩阵

可以从分解矩阵的角度来看许多重要的机器学习算法。假设我们得到了一个 $n\times m$ 的特征矩阵 $\boldsymbol{A}$，通常来说，其中的行表示项目 / 示例，而列则表示示例的特征。 252

现在假设我们可以将矩阵 $\boldsymbol{A}$ 分解，意思是把它表示为 $\boldsymbol{A}\approx\boldsymbol{B}\cdot\boldsymbol{C}$ 的乘积形式，其中 $\boldsymbol{B}$ 是 $n\times 1$ 矩阵而 $\boldsymbol{C}$ 为 $k\times m$ 矩阵。假设 $k<\min(n, m)$，如图 8.10 所示，这是大有裨益的，有如下以下几个原因：

- $\boldsymbol{B}$ 和 $\boldsymbol{C}$ 一起提供了矩阵 $\boldsymbol{A}$ 的精简表示形式：特征矩阵通常是大型的、难以处理的事物。因子分解提供了一种将大型矩阵的所有信息编码为两个较小矩阵的方法，这两个矩阵将比原始矩阵小。
- 在式中，$\boldsymbol{B}$ 代替 $\boldsymbol{A}$ 充当了一个更小的特征矩阵：因子矩阵 $\boldsymbol{B}$ 像原始矩阵 $\boldsymbol{A}$ 一样具有 n 行。然而，由于 $k<m$，因此它的列数大大减少。这意味着 $\boldsymbol{A}$ 中的“大多数”信息现在编码在 $\boldsymbol{B}$ 中。列数越少就意味着矩阵越小，使用这些新特性构建的任何模型所需的参数也越少。这些更抽象的特性也可能会引起其他应用程序的兴趣，如对数据集行的简明描述。
- $\boldsymbol{C}^{\mathrm{T}}$ 代替 $\boldsymbol{A}^{\mathrm{T}}$ 成为特征上的小特征矩阵：转置特征矩阵可将列 / 特征转换为行 / 项目。因子矩阵 $\boldsymbol{C}$ 具有 m 行和 k 列表示它们的属性。在许多情况下，m 个原始“特征”本身就值得单独建模。

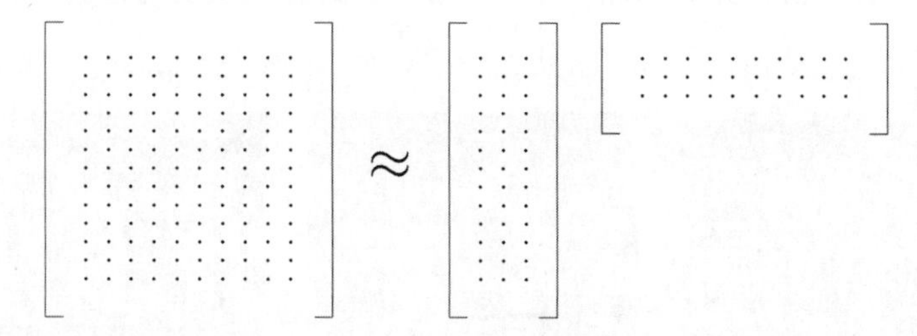

图 8.10　将特征矩阵分解为 $\boldsymbol{A}\approx\boldsymbol{B}\cdot\boldsymbol{C}$，得到的 $\boldsymbol{B}$ 为项的更简洁表示，$\boldsymbol{C}$ 为特征 $\boldsymbol{A}^{\mathrm{T}}$ 的更简洁表示

考虑文本分析中的一个代表性示例。可能我们想要使用文档中的词汇来表示 n 个文档，其中每个文档都是一条推文或其他社交消息。我们的 m 个特征中的每一个都对应于一个不同的词汇，$A[i,j]$ 将记录单词 w_j（比如，cat）出现在 i 中的次数。英语中的工作词汇大而长，

因此也许我们可以将其限制在 m=50 000 个最常用的单词上。大多数信息都很短，不超过几百个字。因此，我们的特征矩阵 $\boldsymbol{A}$ 将非常稀疏，含有大量的零。

现在假设我们可以因式分解为 $\boldsymbol{A}=\boldsymbol{BC}$。其中内部尺寸 k 相对较小，假设 k=100。现在，253每个帖子将由 $\boldsymbol{B}$ 的一行来表示，$\boldsymbol{B}$ 只包含 100 个数字，而不是全部的 50 000 个数字。这使得以有意义的方式比较文本的相似性变得容易得多。这个 k 维矩阵可以被认为类似于文档中的“主题”，因此所有有关体育的帖子应阐明一组与关系有关的主题。

矩阵 $\boldsymbol{C}^{\mathrm{T}}$ 现在可以被认为是包含每个词汇表单词的特征向量。这是很有趣的。我们希望在相似上下文中所应用的词具有相似的主题向量。黄色和红色之类的颜色词在主题空间中看起来可能非常相似，而棒球和看台应该有相当远的关联。

请注意，在试图使用语言作为特征的任何问题中，此单词主题矩阵都可能有用。与社交消息帖子的联系在很大程度上已经消失，因此它将适用于其他领域，例如书籍和新闻。事实上，这种压缩字嵌入在自然语言处理（NLP）中是一个非常强大的工具，对于这部分将在 11.6.3 节中讨论。

8.3.2　LU 分解与行列式

LU 分解是一种特殊的矩阵分解，可以将一个矩阵分解为一个单位下三角矩阵 $\boldsymbol{L}$ 和一个上三角矩阵 $\boldsymbol{U}$ 的乘积，这样 $\boldsymbol{A}=\boldsymbol{L}\cdot\boldsymbol{U}$。

如果矩阵中主对角线上方或者下方元素全部为零，则该矩阵为三角形。下三角矩阵 $\boldsymbol{L}$ 在主对角线以上全部为零。因式中另一个因子 $\boldsymbol{U}$ 是上三角矩阵。由于 $\boldsymbol{L}$ 的主对角线由所有的主对角线组成，我们可以将整个分解压缩到与原 $n\times n$ 矩阵相同的空间中。

LU 分解的主要价值在于它在求解线性系统 $\boldsymbol{AX}=\boldsymbol{Y}$ 时特别有用，尤其是在求解具有相同 $\boldsymbol{A}$ 但不同 $\boldsymbol{Y}$ 的多个问题时。矩阵 $\boldsymbol{L}$ 是通过高斯消除后主对角线上方所有值的结果。一旦形成这种三角形，剩下的方程就可以直接简化。矩阵 $\boldsymbol{U}$ 反映了在构建 $\boldsymbol{L}$ 的过程中进行了哪些行操作。简化 $\boldsymbol{U}$ 并将 $\boldsymbol{L}$ 应用于 $\boldsymbol{Y}$ 所需的工作量要比从头开始求解 $\boldsymbol{A}$ 要少。

LU 分解的另一个重要作用是产生一个计算矩阵行列式的算法。$\boldsymbol{A}$ 的行列式是 $\boldsymbol{U}$ 的主对角线元素的乘积，如我们所见，行列式为零意味着矩阵不是满秩的。

图 8.11 说明了林肯纪念馆的 LU 分解。两个三角形矩阵都有明显的纹理。这个特殊的 LU 分解函数（在数学中）利用了这样一个事实：系统中的方程可以在不丢失信息的情况下排列。对于图像而言，情况并非如此，尽管位置不正确，但我们可以看到纪念馆白色柱被254准确重建。

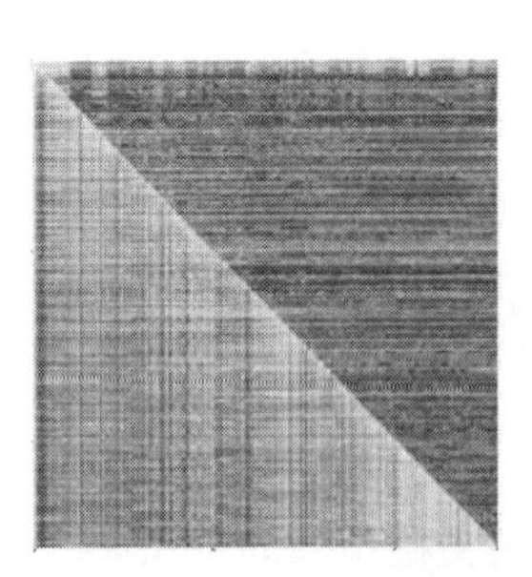
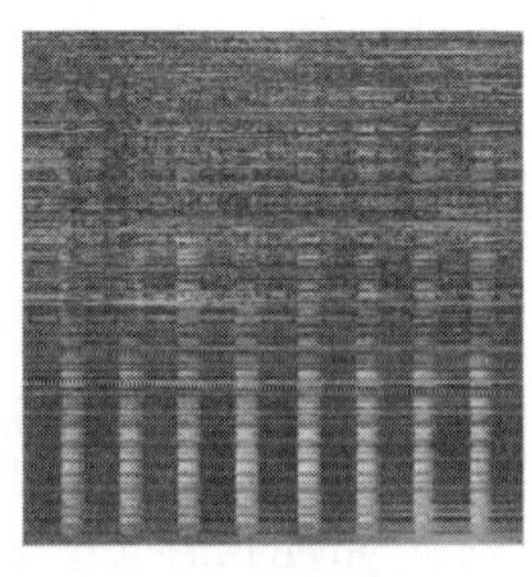

图 8.11　林肯纪念馆的 LU 分解（左），乘积 $\boldsymbol{L}\cdot\boldsymbol{U}$（中）。$\boldsymbol{LU}$ 矩阵的行在计算过程中进行了置换，但是如果正确排序，则可以完全重建图像（右）

8.4 特征值和特征向量

将向量 $\boldsymbol{U}$ 乘以方阵 $\boldsymbol{A}$ 效果与将其乘以标量 1 的效果相同。考虑下面这两个例子，请手动检查它们：

$$\begin{bmatrix}-5 & 2\\2 & -2\end{bmatrix}\cdot\begin{bmatrix}2\\-1\end{bmatrix}=-6\begin{bmatrix}2\\-1\end{bmatrix}$$

$$\begin{bmatrix}-5 & 2\\2 & -2\end{bmatrix}\cdot\begin{bmatrix}1\\2\end{bmatrix}=-1\begin{bmatrix}1\\2\end{bmatrix}$$

这两个等式的特点是在等号左右两边都有相同的 2×1 向量 $\boldsymbol{U}$ 的乘积。$\boldsymbol{U}$ 一方面与矩阵 $\boldsymbol{A}$ 相乘，另一方面与标量 λ 相乘。在这种情况下，当 $\boldsymbol{AU}=\lambda\boldsymbol{U}$ 时，λ 就被认为是矩阵 $\boldsymbol{A}$ 的特征值，$\boldsymbol{U}$ 是矩阵 $\boldsymbol{A}$ 的特征向量。

这种"特征向量 - 特征值"对是一件很有趣的事情。标量 λ 对 $\boldsymbol{U}$ 的作用和对整个矩阵 $\boldsymbol{A}$ 的作用是一样的，这说明它们一定很特殊。同时，特征向量 $\boldsymbol{U}$ 和特征值 λ 一定编码了大量关于 $\boldsymbol{A}$ 的信息。

此外，对于任何矩阵，通常都存在多个这样的"特征向量 - 特征值"对。请注意，上面的两个例子中都是作用于同一个矩阵，但是 $\boldsymbol{U}$ 和 λ 却是不同的。

8.4.1 特征值的性质

特征值理论比我在本书中介绍到的理论更能让大家深入了解线性代数。但是，总的来说，我们可以总结出其中对我们很重要的一些属性：

- 每个特征值都有一个相关的特征值。他们总是成对出现的。
- 一般来说，每一个满秩的 $n\times n$ 矩阵来说，矩阵都有 n 个特征向量特征值对。 255
- 对称矩阵的每对特征向量都是相互正交的，就像平面上的 x 轴和 y 轴是正交的一样。如果两个向量的点积为零，则称它们是正交的。注意到 $(0,1)\cdot(1,0)=0$，就像之前的例子中 $(2,-1)\cdot(1,2)=0$ 一样。
- 由此得出的结论是，特征向量在某些 n 维空间中可以起到维或基的作用。这让许多矩阵得到了几何学意义上的解释。特别地，任何矩阵都可以被编码，其中每个特征值代表其相关特征向量的大小。

8.4.2 计算特征值

通过分解秩为 n 的矩阵的 n 个不同特征值，可以得到其特征方程。从定义中的等式 $\boldsymbol{AU}=\lambda\boldsymbol{U}$ 开始，我们应该相信，当我们乘以单位矩阵 $\boldsymbol{I}$ 时，这个等式是不变的，所以

$$\boldsymbol{AU}=\lambda\boldsymbol{IU}\rightarrow(\boldsymbol{A}-\lambda\boldsymbol{I})\boldsymbol{U}=0$$

对于例子中的矩阵，我们得到

$$\boldsymbol{A}-\lambda\boldsymbol{I}=\begin{bmatrix}-5-\lambda & 2\\2 & -2-\lambda\end{bmatrix}$$

请注意，如果我们将向量 $\boldsymbol{U}$ 乘以任何标量值 c，等式 $(\boldsymbol{A}-\lambda\boldsymbol{I})\boldsymbol{U}=0$ 依然成立。这意味着存在无穷多个解，因此线性系统一定是欠定的。

在这种情况下，矩阵的行列式一定为零。对于一个 2×2 矩阵，其行列式就是交叉积相减 $ad-bc$，因此，

$$(-5-\lambda)(-2-\lambda)-2\cdot 2=\lambda^2+7\lambda+6=0$$

用求根公式对 λ 求解得到 $\lambda=-1$ 和 $\lambda=-6$。更一般来说，行列式 $|\boldsymbol{A}-\lambda\boldsymbol{I}|$ 是一个 n 次多项式，因此这个特征方程的根定义了 a 的特征值。

与任何给定特征值相关的向量都可以通过求解线性系统来计算。例如上面的例子中，我们知道：

$$\begin{bmatrix}-5 & 2\\ 2 & -2\end{bmatrix}\cdot\begin{bmatrix}\mu_1\\ \mu_2\end{bmatrix}=\lambda\begin{bmatrix}\mu_1\\ \mu_2\end{bmatrix}$$

对于任何特征值 λ 和对应的特征矩阵 $\boldsymbol{U}=\begin{bmatrix}\mu_1\\ \mu_2\end{bmatrix}$。一旦我们确定了 λ 的值，我们有一个由 n 个方程和 n 个未知数组成的系统，因此可以求解 $\boldsymbol{U}$ 的值。对于 $\lambda=-1$：

$$-5\mu_1+2\mu_2=-1\mu_1\rightarrow -4\mu_1+2\mu_2=0$$

$$2\mu_1+(-2\mu_2)=-1\mu_2\rightarrow 2\mu_1+(-1\mu_2)=0$$

256
可以解出 $\mu_1=1$，$\mu_2=2$，得到了对应的特征矩阵。

对于 $\lambda=-6$，可以得到：

$$-5\mu_1+2\mu_2=-6\mu_1\rightarrow 1\mu_1+2\mu_2=0$$

$$2\mu_1+(-2\mu_2)=-6\mu_2\rightarrow 2\mu_1+4\mu_2=0$$

由于这个系统是欠定的，所以 $\mu_1=1$，$\mu_2=2$，该值的任何常数的倍数都可以作为特征向量。这是解释得通的，因为 $\boldsymbol{U}$ 在等式 $\boldsymbol{AU}=\lambda\boldsymbol{U}$ 的两边，并且对于任何常数 c，向量 $\boldsymbol{U}'=c\cdot\boldsymbol{U}$ 都满足定义。

特征值 / 向量计算的快速算法是一种基于称为 QR 分解的矩阵分解方法。其他算法都尝试避免求解完整的线性系统。例如，另一种方法反复使用 $\boldsymbol{U}'=(\boldsymbol{AU})/\lambda$ 来计算对 $\boldsymbol{U}$ 的越来越好的近似值，直到收敛为止。当条件合适时，这可能比求解完整的线性系统快得多。

一般来说，最大特征值及其对应特征向量比其他的更重要。为什么这么说呢？因为它们对矩阵 $\boldsymbol{A}$ 的贡献较大。因此，高性能线性代数系统使用特殊的方法来寻找 k 个最大（和最小）特征值，然后使用迭代方法来重建每个特征值的向量。

8.5　特征值分解

任何一个 $n\times n$ 对称矩阵 $\boldsymbol{M}$，都可以分解为 n 个特征向量积的和。我们称之为 n 个特征对 (λ_i, U_i)，对于 $1\leqslant i\leqslant n$。按惯例我们按顺序从小到大排序，所以对于所有 i，有 $\lambda_i\geqslant\lambda_{i-1}$。

由于每个特征向量是一个 $n\times 1$ 矩阵，所以当它乘以它的转置矩阵后，会得到一个 $n\times n$ 矩阵 $\boldsymbol{U}_i\boldsymbol{U}_i^{\mathrm{T}}$，这与原始矩阵 $\boldsymbol{M}$ 具有完全相同的维数。我们可以计算这些矩阵的线性组合，用其相应的特征值加权。实际上，这会重建原始矩阵，因为：

$$\boldsymbol{M}=\sum_{i=1}^{n}\lambda_i\boldsymbol{U}_i\boldsymbol{U}_i^{\mathrm{T}}$$

该结果仅适用于对称矩阵，因此我们不能使用它来编码图像。但是协方差矩阵始终是对称的，并且它们对矩阵的每一行和每一列的基本特征进行编码。

因此，协方差矩阵可以通过其特征值分解来表示。这比初始矩阵占用的空间稍大一些：n 个长度为 n 的特征向量加上 n 个特征值与对称矩阵上三角中的 $n(n+1)/2$ 个元素加上主对角线。

然而，仅仅使用与最大特征值相关的特征向量，我们就可以得到矩阵的一个很好的相似矩阵。较小的维数对矩阵值的贡献很小，因此可以将其排除，且产生的误差很小。这种降维方法对于生成更小、更有效的特征集非常有用。

257

图 8.12（左）显示了纪念馆协方差矩阵 $\boldsymbol{M}$ 从其最大的单一特征向量，即 $\boldsymbol{U}_1 \cdot \boldsymbol{U}_1^{\mathrm{T}}$，以及相关的误差矩阵 $\boldsymbol{M}-\boldsymbol{U}_1 \cdot \boldsymbol{U}_1^{\mathrm{T}}$ 的重建。即使是单一特征向量在重建、恢复大中心块等特征方面也做了非常重要的工作。

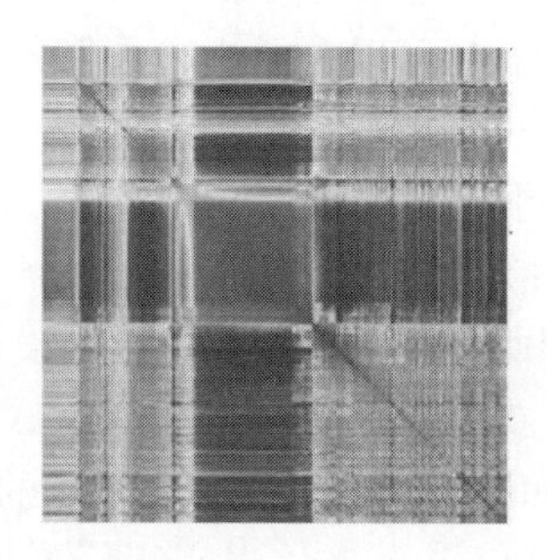

图 8.12　纪念馆最大的特征向量集用来捕捉协方差矩阵的大部分细节

图 8.12（右）中的曲线图显示错误发生在不完整的区域，因为更细微的细节需要额外的向量来编码。图 8.13 显示了分别使用 1、5 和 50 个最大特征向量时的误差图。当我们重建更精细的细节时，误差区域变得更小，误差值也更小。意识到即使使用 50 个特征向量也要比恢复理想矩阵所必需的 512 个向量的精度差了 10%，但是这个近似已经足够好了。

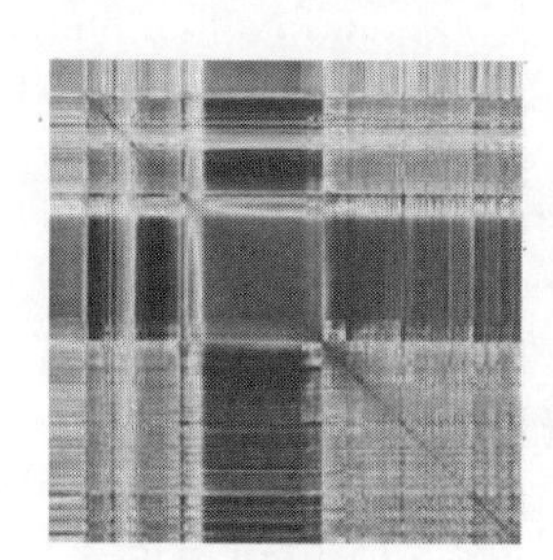

图 8.13　使用 1 个、5 个和 50 个最大特征向量重建纪念馆时出现的错误

8.5.1　奇异值分解

特征值分解是种很好的做法。但它只适用于对称矩阵。奇异值分解是一种更通用的矩阵分解方法，它类似于将一个矩阵降为由向量定义的其他矩阵之和。

$n \times m$ 实矩阵 $\boldsymbol{M}$ 的奇异值分解将其分解为三个矩阵 $\boldsymbol{U}$、$\boldsymbol{D}$ 和 $\boldsymbol{V}$，其维数分别为 $n \times n$、$n \times m$ 和 $m \times m$。其分解的形式为⊖

258

$$\boldsymbol{M}=\boldsymbol{U}\boldsymbol{D}\boldsymbol{V}^{\mathrm{T}}$$

中心矩阵 $\boldsymbol{D}$ 具有对角矩阵的性质，这意味着所有非零值都像单位矩阵 $\boldsymbol{I}$ 一样位于主对角上。

不必为如何找到这个因式分解而担心。相反，让我们专注于它的含义。乘积 $\boldsymbol{U} \cdot \boldsymbol{D}$ 具有 $U[i, j]$，乘以 $D[i, j]$ 的效果，因为 $\boldsymbol{D}$ 中除了主对角线外，其余所有项都是零。因此，$\boldsymbol{D}$

⊖ 如果 $\boldsymbol{M}$ 包含凸数，则此广义值为 $\boldsymbol{M}=\boldsymbol{U}\boldsymbol{D}\boldsymbol{V}^*$，其中 $\boldsymbol{V}^*$ 表示 $\boldsymbol{V}$ 的共轭转置。

可以被解释为测量 $\boldsymbol{U}$ 的每一列的相对重要性，或者通过 $\boldsymbol{D}\cdot\boldsymbol{V}^{\mathrm{T}}$ 测量 $\boldsymbol{V}^{\mathrm{T}}$ 中每一行的重要性。这些 $\boldsymbol{D}$ 的权重值称为 $\boldsymbol{M}$ 的奇异值。

假设 $\boldsymbol{X}$，$\boldsymbol{Y}$ 分别为 $n\times 1$ 和 $1\times m$ 的矩阵，那么它们外积得到的矩阵 $\boldsymbol{P}=\boldsymbol{X}\otimes\boldsymbol{Y}$ 为 $n\times m$ 维，其中 $P[j,k]=X[j]Y[k]$。传统的矩阵乘法 $\boldsymbol{C}=\boldsymbol{A}\cdot\boldsymbol{B}$ 可以表示为这些外积之和，即

$$\boldsymbol{C}=\boldsymbol{A}\cdot\boldsymbol{B}=\sum_{k}\boldsymbol{A}_k\otimes\boldsymbol{B}_k^{\mathrm{T}}$$

其中 $\boldsymbol{A}_k$ 是由 $\boldsymbol{A}$ 的第 k 列定义的向量，$\boldsymbol{B}_k^{\mathrm{T}}$ 是由 $\boldsymbol{B}$ 的第 k 行定义的向量。

综上所述，矩阵 $\boldsymbol{M}$ 可以表示为奇异值分解得到的向量的外积之和，即 $(\boldsymbol{UD})_k$ 和 $(\boldsymbol{V}^{\mathrm{T}})_k$，其中 $1\leqslant k\leqslant m$。此外，奇异值 $\boldsymbol{D}$ 定义了每一个外积对 $\boldsymbol{M}$ 的贡献，因此仅取与最大奇异值相关联的向量就足以得到 $\boldsymbol{M}$ 的近似值。

259

图 8.14（左）显示了与林肯面部前 50 个奇异值相关的向量。如果仔细观察，你会发现前 5 到 10 个向量是如何比后面的向量更深浅不均，这表明早期向量勾勒出了矩阵的基本结构，随后的向量增加了更多的细节。图 8.14（右）显示了当我们添加额外向量时，矩阵与其重建之后的矩阵之间的均方误差是如何缩小的。

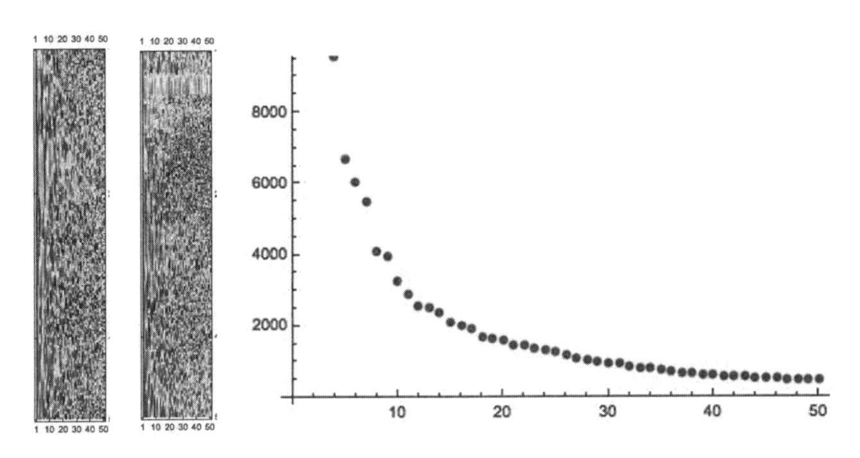

图 8.14　林肯分解中的奇异值矩阵（奇异值数量为 50）

当我们观察重建图像本身时，这些效果变得更加生动。图 8.15（左）显示了只用前 5 个最大向量时构建出的林肯的面部图像，这只用了不到进行完美重建所需向量的 1%。但即使仅凭这张模糊图像，也可以把他从警察队伍中辨认出来。图 8.15（中）展示了包含 50 个向量时的更详细的信息。虽然误差图（图 8.15（右））突出显示了丢失的细节，但这看起来与打印的原始图像一样好。

  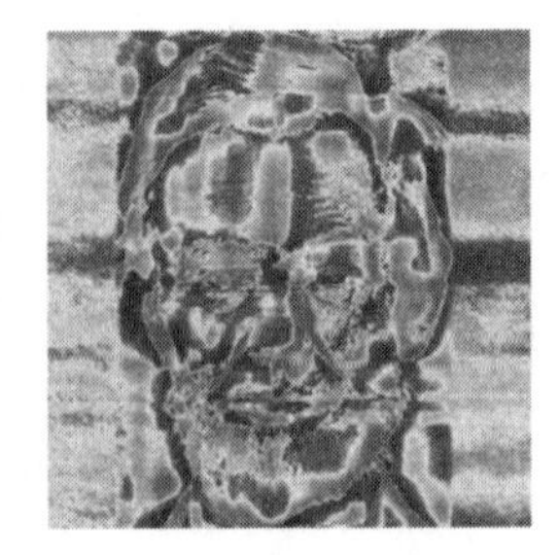

图 8.15　林肯的脸分别由 5 个（左）和 50 个（中）奇异值重建，右图为 k=50 时的误差

课后拓展：奇异值分解（SVD）是一种有效的降维方法。

8.5.2 主成分分析

主成分分析（PCA）是一种与数据降维密切相关的技术。像 SVD 一样，我们将定义向量以表示数据集。像 SVD 一样，我们将按先后顺序对它们进行排序，这样就可以用很少的成分进行重构近似表示。主成分分析和奇异值分解是如此密切相关，以至于为了实现我们的目的而无法将其清楚区分开。它们以同样的方式做同样的事情，但是切入的方向却不同。

主成分定义了最适合点的椭球体的轴。这组轴的原点是点的质心。PCA 从识别项目点的方向开始，以便解释最大方差。从某种意义上讲，穿过质心的线最适合这些点，使其类似于线性回归。然后，我们可以将每个点投影到该线上，并且该相交点定义了相对于质心的线上的特定位置。这些投影位置现在定义了新表示的第一个维度（或主成分），如图 8.16 所示。 260

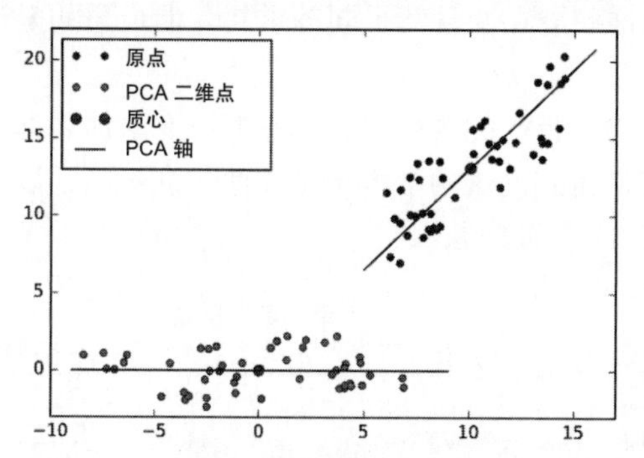

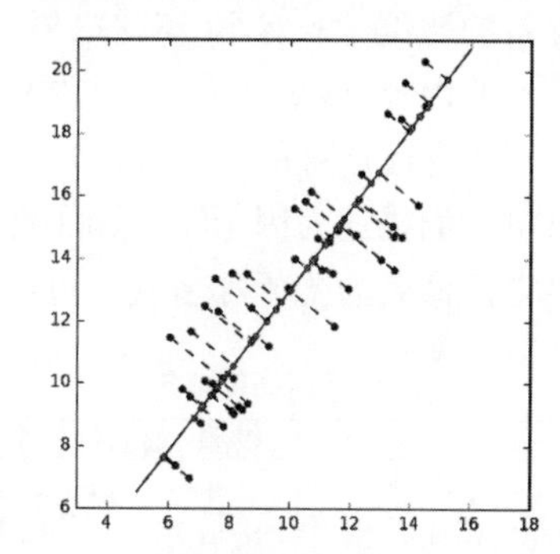

图 8.16 PCA 将黑点投影到正交轴上，旋转以产生红色（左）的交替表示。每个分量的值是通过将每个点投影到适当的轴（右）来给出的

对于每个随后的分量，我们寻找与所有先前行正交的行 l_k，并解释剩余方差的最大值。每个维度彼此正交意味着它们像坐标轴一样，建立与特征向量的连接。每一个后续维度的重要性都比之前的维度低，因为我们首先选择了最有希望的方向。以后的成分只会逐渐提供更精细的细节，因此，当它足够小时，我们可以停止操作。

假设 x 和 y 的维度实际上是相同的。我们预计回归线在这两个维度上投影到 $y = x$ 上，因此可以在很大程度上将它们替换为一个维度。主成分分析将原始维度的线性组合构造成新的维度，将高度相关的维度压缩到低维空间中。统计因子分析是一种识别最重要的正交维度（通过相关性测量）的技术，可以解释大部分的方差。

相对较少的组件足以捕获点集的基本结构。剩下的可能是噪声，通常最好从数据中去除。经过 PCA（或 SVD）降维后，我们应该得到更干净的数据，而不仅仅是更小的维数。

课后拓展：PCA 和 SVD 本质上是计算同一事物的两种不同方法。它们应等效地用作特征矩阵的低维近似值。 261

8.6 实战故事：人的因素

在我们为 *Who's Bigger*？一书分析历史人物的过程中，我首先惊讶于 PCA 和 SVD 等降维方法的强大作用。回想一下（从 4.7 节的实战故事中）我们如何分析维基百科的结构和内容，并最终为 80 多万篇关于人的英文文章中的每一篇抽取了 6 个特征，如 PageRank 和文章长度。这将每个人都简化为一个 6 维特征向量，我们将对其进行分析，以判断其相对重要性。

但事实证明事情并不像我们想象的那么简单。根据不同的特定变量排序得到的结果各不相同。目前并不清楚如何解释它们。

我的合著者查尔斯说："我们的特征中有太多的变量和随机噪声。""让我们找出这些观测到的变量背后的主要因素，它们真正显示了正在发生的事情。"

查尔斯的解决方案是因子分析，它是 PCA 的一种变体，而 PCA 又是 SVD 的一种变体。所有这些技术都将特征矩阵压缩为一组较小的变量或因子，目的是让这些因子解释整个特征矩阵中的大部分方差。我们期望因子分析能够提取一个定义个体显著性的单一基本因子。但是相反，我们的输入变量产生了两个独立的解释数据的因子。两者解释了大致相等的方差的比例（31% 和 28%），这意味着这些潜在变量几乎同等重要。但最酷的是这些因子所显示的内容。

因子（或奇异向量、主成分）只是原始输入特征的线性组合。它们没有附加名称，所以通常只将它们描述为因子 1 和因子 2。但我们得到的这两个因子是如此与众不同，以至于查尔斯将它们命名为德望和名气，可以在图 8.17 中看到原因。

最高德望排名

人名	德望	显著性	名气 / 德望
Napoleon	8	2	C G
Carl Linnaeus	13	31	C G
Plato	23	25	C G
Aristotle	27	8	C G
F. D. Roosevelt	30	43	C G
Plutarch	32	258	C G
Charles II	33	78	C G
Elizabeth II	35	132	C G
Queen Victoria	38	16	C G
William Shakespeare	42	4	C G
Pliny the Elder	43	212	C G
Tacitus	52	300	C G
Herodotus	58	123	C G
Charles V	61	84	C G
George V	64	235	C G

最高名气排名

人名	名气	显著性	名气 / 德望
The Undertaker	2	2172	C G
Vijay	8	4456	C G
Edge	10	2603	C G
Kane	13	2229	C G
John Cena	16	2277	C G
Beyoncé Knowles	19	1519	C G
Triple H	26	1596	C G
Rey Mysterio	36	2740	C G
Britney Spears	37	689	C G
Ann Coulter	45	3376	C G
Jesse McCartney	48	4236	C G
Roger Federer	57	743	C G
Ashley Tisdale	60	4445	C G
Michael Jackson	75	180	C G
Dwayne Johnson	78	1446	C G

图 8.17　德望和名气因素在区分两类名人方面做得很好

我们的德望因子很大程度上来自（或统计学中的术语"负载"）PageRank 的两种形式。德望似乎准确地捕捉到了基于成就的识别的概念。相比之下，名气因子对页面点击率、修订和文章长度的影响更大。名气因素更能抓住人们（有些人可能会说粗俗）对名誉的看法。歌手、演员和其他艺人的曝光度最好用名气来衡量，然后用德望来衡量。

要了解德望和名气之间的区别，可以比较图 8.17 中每个因子排名最高的数字。左边的德高望重的人物显然是老式的重量级人物，他们十分有地位和成就。他们是哲学家、国王和政治家。图 8.17（右）中列出的这些名字是如此完整的名人，以至于前四名的名字在世上是独一无二的。他们是职业摔跤手、演员和歌手。很明显，在我们的名气 – 德望计量表中，只有两个人物显现出了德望，分别是 Britney Spears（1981—）和 Michael Jackson（1958—2009），他们都是现代名人柏拉图式的理想。

我发现令人惊奇的是，这些无监督方法能够挑出两种截然不同的名声，而无须任何带有标签的训练样本，甚至无须对它们所寻找的东西有任何先入之见。因子 / 向量 / 分量只是反映了被找到的数据中的内容。

262

这个名气 – 德望连续体是一个有指导意义的例子，它体现了降维方法的效果。根据定义，所有因子 / 向量 / 分量必须相互正交。这意味着它们各自测量不同的东西，而两个相关联的输入变量却不能。在应用程序的上下文中，对主成分进行一些探索性的数据分析以找出它们的真正含义是值得的。这些因子由你自己决定，就像给猫或狗取名一样，所以选择你喜欢的名字吧。

8.7 章节注释

市面上很多受欢迎的教科书中都有关于线性代数的介绍，包括文献 [LLM15，Str11，Tuc88]。Klein 的 [K1e13] 介绍了计算机科学中的线性代数，强调编程和应用，如编码理论和计算机图形学。

8.8 练习

基本线性代数

8-1 [3] 分别给出满足下面条件一组方阵 $\boldsymbol{A}$ 和 $\boldsymbol{B}$：

(a) $\boldsymbol{AB}=\boldsymbol{BA}$（可交换）

(b) $\boldsymbol{AB}\neq\boldsymbol{BA}$（不可交换）

一般来说，矩阵乘法是不可交换的。

263

8-2 [3] 证明：矩阵加法是可结合的，即对于相容的矩阵 $\boldsymbol{A}$、$\boldsymbol{B}$ 和 $\boldsymbol{C}$，有 $(\boldsymbol{A}+\boldsymbol{B})+\boldsymbol{C}=\boldsymbol{A}+(\boldsymbol{B}+\boldsymbol{C})$。

8-3 [5] 证明：矩阵乘法具有结合性，即对于相容的矩阵 $\boldsymbol{A}$、$\boldsymbol{B}$ 和 $\boldsymbol{C}$，有 $(\boldsymbol{AB})\boldsymbol{C}=\boldsymbol{A}(\boldsymbol{BC})$。

8-4 [3] 证明：当 $\boldsymbol{A}$ 和 $\boldsymbol{B}$ 是同阶对角矩阵时，$\boldsymbol{AB}=\boldsymbol{BA}$。

8-5 [5] 证明：如果 $\boldsymbol{AC}=\boldsymbol{CA}$，并且 $\boldsymbol{BC}=\boldsymbol{CB}$，那么 $\boldsymbol{C}(\boldsymbol{AB}+\boldsymbol{BA})=(\boldsymbol{AB}+\boldsymbol{BA})\boldsymbol{C}$。

8-6 [3] 矩阵 $\boldsymbol{MM}^{\mathrm{T}}$ 和 $\boldsymbol{M}^{\mathrm{T}}\boldsymbol{M}$ 是对称的方阵吗？请解释原因。

8-7 [5] 证明：$(\boldsymbol{A}^{-1})^{-1}=\boldsymbol{A}$。

8-8 [5] 证明：对于任何非奇异矩阵 $\boldsymbol{A}$，都有 $(\boldsymbol{A}^{\mathrm{T}})^{-1}=(\boldsymbol{A}^{-1})^{\mathrm{T}}$。

8-9 [5] 矩阵的 LU 分解是唯一的吗？对你的回答进行论证。

8-10 [3] 说明如何求解矩阵方程 $\boldsymbol{Ax}=\boldsymbol{b}$。

8-11 [5] 证明：如果 $\boldsymbol{M}$ 是一个不可逆的平方矩阵，则 LU 分解 $\boldsymbol{M}=\boldsymbol{L}\cdot\boldsymbol{U}$ 公式中的 $\boldsymbol{L}$ 或 $\boldsymbol{U}$ 在其对角线上都有一个零。

特征值和特征向量

8-12 [3] 设 $\boldsymbol{M}=\begin{bmatrix}2 & 1\\ 0 & 2\end{bmatrix}$。找到 $\boldsymbol{M}$ 的所有特征值。$\boldsymbol{M}$ 是否有两个线性无关的特征向量？

8-13 [3] 证明：$\boldsymbol{A}$ 和 $\boldsymbol{A}^{\mathrm{T}}$ 的特征值是相同的。

8-14 [3] 证明：对角矩阵的特征值与对角元素相等。

8-15 [5] 假设矩阵 $\boldsymbol{A}$ 有一个特征向量 $\boldsymbol{v}$ 和特征值 λ，证明：$\boldsymbol{v}$ 也是 $\boldsymbol{A}^2$ 的特征向量，并求出相应的特征值。对于矩阵 $\boldsymbol{A}^k$（$2\leqslant k\leqslant n$）的情况又是如何？

8-16　[5] 假设 $\boldsymbol{A}$ 是具有特征向量 $\boldsymbol{v}$ 的可逆矩阵，证明：$\boldsymbol{v}$ 也是 $\boldsymbol{A}^{-1}$ 的特征向量。

8-17　[8] 证明：矩阵 $\boldsymbol{M}\boldsymbol{M}^{\mathrm{T}}$ 与 $\boldsymbol{M}^{\mathrm{T}}\boldsymbol{M}$ 的特征值相同。它们的特征向量也一样吗？

实施项目

8-18　[5] 将矩阵乘法库函数的计算速度与嵌套循环算法的计算速度进行比较。

- 随机 $n \times n$ 矩阵乘积的库速度有多快，是否随 n 的变大时间变长？
- $n \times m$ 和 $m \times n$ 矩阵的产出是什么，其中 $n \ll m$？
- 通过首先在内部转置 $\boldsymbol{B}$ 来计算 $\boldsymbol{C}=\boldsymbol{A}\cdot\boldsymbol{B}$，在多大程度上提高了实施的性能，所以所有点积都沿着矩阵的行计算，以提高缓存性能？

264

8-19　[5] 使用高斯消去法解方程组 $\boldsymbol{C}\cdot\boldsymbol{X}=\boldsymbol{Y}$，将此方法与流行的库函数进行比较：

(a) *速度*：对于密集系数矩阵和稀疏系数矩阵，运行时间比较结果如何？

(b) *准确率*：尤其当矩阵条件数增加时，数值残差 $\boldsymbol{CX}-\boldsymbol{Y}$ 的大小是多少。

(c) *稳定性*：你的程序在一个奇异矩阵上崩溃了吗？对于几乎奇异的矩阵，通过在奇异矩阵中添加一点随机噪声来创建效果怎么样？

面试问题

8-20　[5] 为什么向量化被认为是一种强大的数值代码优化方法？

8-21　[3] 什么是奇异值分解？什么是奇异值？什么是奇异向量？

8-22　[5] 解释“长”和“宽”格式数据之间的区别。在实践中，每一种都可能在什么时候出现？

Kaggle 挑战

8-23　从脑电波中分析出某人正在想什么。

https://www.kaggle.com/c/decoding-the-human-brain

8-24　判断某个学生是否能正确回答了给定的问题。

https://www.kaggle.com/c/WhatDoYouKnow

265 ~ 266

8-25　根据加速度计数据识别手机用户。

https://www.kaggle.com/c/accelerometer-biometric-competition

第9章 线性回归和logistic回归

一个技术生疏的预测者使用统计数据就像一个醉汉使用灯柱——为了支撑身体，而不是照明。

——Andrew Lang

线性回归是最具代表性的“机器学习”方法，用于从训练数据中建立数值预测和分类模型。它提供了一项对比研究：

- 线性回归有一个华丽的理论基础，但在实践中，这种代数公式通常被丢弃，以便得到更快、更具启发性的优化。
- 根据定义，线性回归模型是线性的。这提供了一个见证这些模型的局限性的机会，并开发出一些巧妙的技术来推广到其他形式中。
- 线性回归同时鼓励建立包含数百个变量的模型，并使用正则化技术来确保大多数变量都会被忽略。

线性回归是一种基本的建模技术，应该作为构建数据驱动模型的基础方法。这些模型通常易于构建，易于解释，并且在实践中通常做得很好。有了足够的技能和努力，更先进的机器学习技术可能会产生更好的性能，但可能得到的回报往往并不值得付出如此大的努力。首先建立线性回归模型，然后决定是否值得进一步优化，以获得更好的结果。

267

9.1 线性回归

给定一个包含 n 个点的集合，线性回归试图找到最接近或适合点的线。我们这么做的原因很多，其中一个是为了简化和压缩：我们可以用一条位于 xy 平面上的可以描述大量噪声数据点的整齐线来代替它们，如图9.1所示。回归线可以显示数据中的潜在趋势并突出显示离群值的位置和规模大小，因此回归线对于可视化非常有用。

然而，让我们最感兴趣的是回归可以作为一种数值预测方法。可以设想每个观测点 $p = (x, y)$ 是函数 $y = f(x)$ 的结果，其中 x 表示特征变量，y 表示独立目标变量。给定 n 个这样的点 $\{p_1, p_2, \cdots, p_n\}$ 的集合，寻找最能解释这些点的 $y = f(x)$。此函数 $y = f(x)$ 对点进行插值或建模，提供了一种方法来估计与任何可能的 x' 对应的 y'，即 $y' = f(x')$。

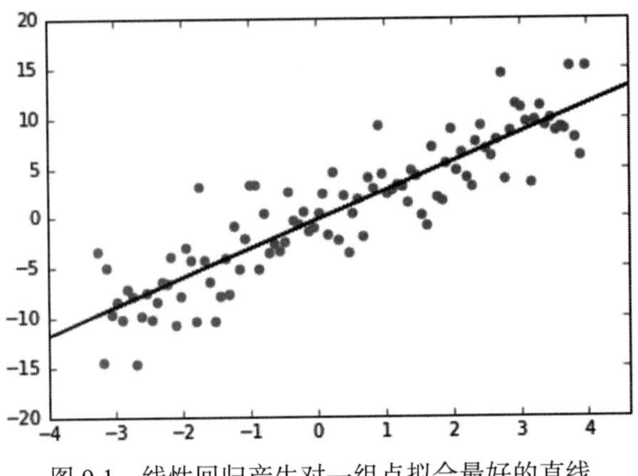

图 9.1　线性回归产生对一组点拟合最好的直线

9.1.1　线性回归与对偶

回归和求解线性方程之间具有一定的关联，这将是一个有趣的探索。求解线性系统是寻找位于 n 条给定直线上的交点。在回归中，则是已知 n 个点，然后寻找坐落在“所有”点上的直线。这里有两个不同点：（a）线的点互换；（b）在约束条件下找到最佳匹配与完全约束问题（“所有”与所有）。

点和线之间的区别被证明是微不足道的，因为它们实际上是一回事。在二维空间中，点（s, t）和线 $y = mx + b$ 分别由 $\{s, t\}$ 和 $\{m, b\}$ 两个参数定义。此外，通过适当的对偶变换，这些线等价于另一个空间中的点。特别地，考虑下面的变换：

268

$$(s,t) \leftrightarrow y = sx - t$$

现在，位于一条直线上的任何一组点都被映射到一组与一个单一点相交的直线上，因此，在算法上，找到一条与一组点相交的直线与找到一个与一组直线相交的点是一样的。

图 9.2 给出了一个例子。图 9.2 左图中的交点是 $p = (4, 8)$，它对应于右图中的红线 $y = 4x-8$。这个红点 p 由黑色和蓝色线的交点定义。在双重空间中，这些线变成了位于红线上的黑色和蓝色点。左边的三个共线点（一个红色和两个黑色或蓝色）映射为三条通过右边一个公共点的线：一个红色和两个相同颜色的线。这种二元性转换以一种有意义的方式逆转了点和线的角色。

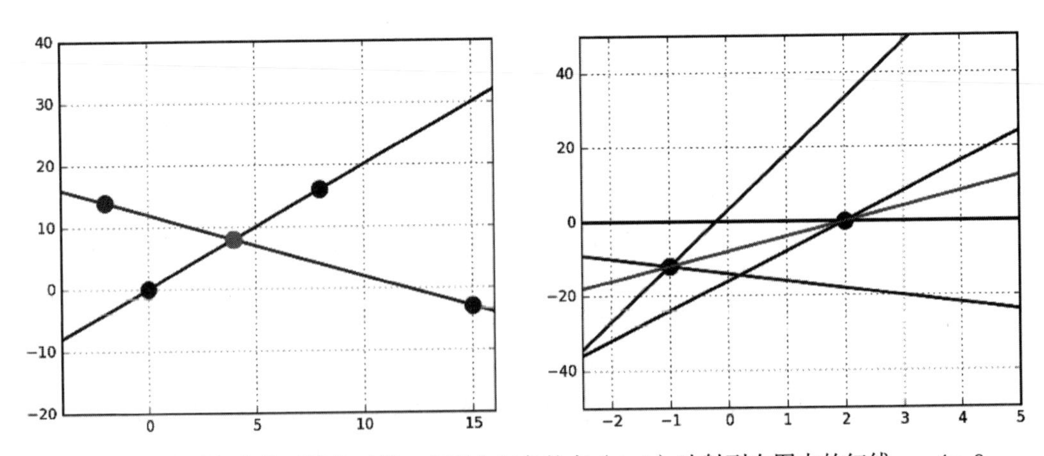

图 9.2　点在对偶变换下等价于线。左图中红色的点（4, 8）映射到右图中的红线 $y = 4x-8$。左图三个共线点的两组对应于通过右图同一点的三条线（附彩图）

定义线性回归的最大区别是寻找一条尽可能接近所有点的直线。为了使这项工作顺利进行，必须小心地以适当方式测量误差。

9.1.2　线性回归误差

拟合线 $f(x)$ 的残差是预测值与实际值之间的差。如图 9.3 所示，对于特定的特征向量 $\boldsymbol{x}_i$ 和对应的目标值 $\boldsymbol{y}_i$，定义残差 $\boldsymbol{r}_i$ 为

$$\boldsymbol{r}_i = \boldsymbol{y}_i - f(\boldsymbol{x}_i)$$

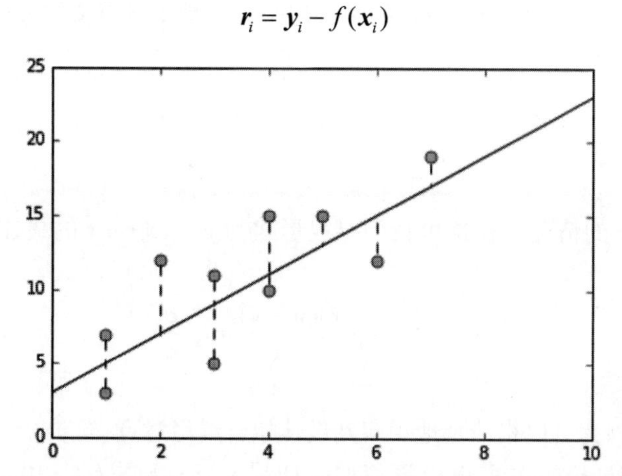

图 9.3　最小二乘法中的残差是 $\boldsymbol{y}_i - f(\boldsymbol{X})$ 向下到 $\boldsymbol{X}$ 的投影，而不是直线和点之间的最短距离

这正是我们所要关心的，但请注意，这并不是定义误差的唯一方法。离直线最近的距离实际上是由穿过目标点的垂直平分线定义的。但是，我们正在寻求由 $\boldsymbol{x}_i$ 预测的 $\boldsymbol{y}_i$ 的值，因此就目的而言，残差是正确的误差概念。 269

最小二乘回归法可以求得所有点残差的平方和的最小值。之所以选择此度量法，是因为：（1）平方残差忽略了误差的符号，因此正残差和负残差不会相互抵消；（2）这产生了一种非常好的闭形式，可用于寻找最佳拟合线的系数。

9.1.3　寻找最优拟合

线性回归寻求使所有训练点的平方误差之和最小化的线 $y = f(x)$，例如，下式中最小的系数向量 $\boldsymbol{\omega}$：

$$\sum_{i=1}^{n}(y_i - f(x_i))^2, \text{其中} f(x) = \omega_0 + \sum_{i=1}^{m-1}\omega_i x_i$$

假设我们试图拟合 n 个点，每个点都是 m 维的。每个点的前 $m-1$ 维的特征向量是 $(x_1, \cdots, x_{m-1})$，最后一个值 $y = x_m$ 作为目标或因变量。

我们可以将这 n 个特征向量编码为 $n \times (m-1)$ 矩阵。我们可以通过在矩阵前加上一列，把它变成 n x m 的矩阵 $\boldsymbol{A}$。该列可被视为一个“常数”特征，当乘以适当的系数时，该特征成为拟合线的 y 截距。此外，n 个目标值可以很好地表示为 $n \times 1$ 的向量 $\boldsymbol{b}$。

我们所寻求的最优回归线 $f(x)$ 由一个系数为 $\boldsymbol{\omega} = \{\omega_0, \omega_1, \cdots, \omega_{m-1}\}$ 的 $m \times 1$ 向量所定义。在这些点上计算这个函数正好是 $\boldsymbol{A} \cdot \boldsymbol{\omega}$ 的乘积，生成目标值预测的 $n \times 1$ 向量。因此 $(\boldsymbol{b} - \boldsymbol{A} \cdot \boldsymbol{\omega})$ 是残值向量。 270

如何找到最佳拟合线的系数？向量 $\boldsymbol{\omega}$ 由下式给出：

$$\boldsymbol{\omega}=(\boldsymbol{A}^{\mathrm{T}}\boldsymbol{A})^{-1}\boldsymbol{A}^{\mathrm{T}}\boldsymbol{b}$$

首先，在试图理解它之前，让我们先探索一下。右边这项的维数是

$$((m\times n)(n\times m))(m\times n)(n\times 1)\rightarrow(m\times 1)$$

它与目标向量 $\boldsymbol{\omega}$ 的维数完全匹配，因此这是很好的。此外，$(\boldsymbol{A}^{\mathrm{T}}\boldsymbol{A})$ 在数据矩阵的列 / 特征上定义协方差矩阵，求它的转置矩阵类似于求解方程组。式子 $\boldsymbol{A}^{\mathrm{T}}\boldsymbol{b}$ 计算了 m 个特征中每个特征的数据值和目标值的点积，从而提供了对每个特征与目标结果之间相关程度的度量。我们还不明白为什么这样做，但应该清楚的是，这个方程是由有意义的成分组成的。

课后拓展：最小二乘回归线由 $\boldsymbol{\omega}=(\boldsymbol{A}^{\mathrm{T}}\boldsymbol{A})^{-1}\boldsymbol{A}^{\mathrm{T}}\boldsymbol{b}$ 定义，这意味着求解回归问题归结为对矩阵进行逆运算和乘法运算。该公式适用于小型矩阵，但梯度下降算法（见 9.4 节）将在实践中被证明更有效。

考虑单个变量 x 的情况，在这里我们寻找形式为 $y=\omega_0+\omega_1 x$ 的最佳拟合线。这条线的斜率由下式给出：

$$\omega_1=\sum_{i=1}^{n}\frac{(x_i-\bar{x})(y_i-\bar{y})}{\sum_{i=1}^{n}(x_i-\bar{x})^2}=r_{xy}\frac{\sigma_x}{\sigma_y}$$

同时 $\omega_0=\bar{y}-\omega_1\bar{x}$，因为可以很清楚地观察到最佳拟合线经过点 $(\bar{x},\bar{y})$。

这里与相关系数 r_{xy} 的关系是很清楚的。如果 x 与 y 无关 $(r_{xy}=0)$，那么 ω_1 实际上为 0。即使它们完全相关 $(r_{xy}=1)$，我们也必须缩放 x 以使其在 y 的正确大小范围内，这就是 σ_x/σ_y 的作用。

现在，想一下线性回归公式从何而来？应该清楚的是，在最佳拟合线中，我们不能改变任何系数 $\boldsymbol{\omega}$，以期得到更好的拟合。这意味着误差向量 $(\boldsymbol{b}-\boldsymbol{A}\boldsymbol{\omega})$ 必须与每个变量相关联的向量 $\boldsymbol{x}_i$ 正交，否则将需要一种方法改变系数以更好地对它进行拟合。

正交向量的点积为零。因为 $\boldsymbol{A}^{\mathrm{T}}$ 的第 i 列有一个带误差向量的零点积，所以 $(\boldsymbol{A}^{\mathrm{T}})(\boldsymbol{b}-\boldsymbol{A}\boldsymbol{\omega})=\bar{0}$，其中 $\bar{0}$ 是一个全零的向量。简单的代数运算后得到：

271

$$\boldsymbol{\omega}=(\boldsymbol{A}^{\mathrm{T}}\boldsymbol{A})^{-1}\boldsymbol{A}^{\mathrm{T}}\boldsymbol{b}$$

9.2 更好的回归模型

给定一个 n 个点的矩阵 $\boldsymbol{A}$，每个点都为 $m-1$ 维，以及 $n\times 1$ 的目标数组 $\boldsymbol{b}$，我们可以通过转置并乘以适当的矩阵得到期望的系数矩阵 $\boldsymbol{\omega}$。这就定义了一个回归模型。大功告成！

但是，建立更好的回归模型需要若干步骤。其中一些涉及操作输入数据以提高建立准确模型的可能性，但另一些则涉及更多的概念性问题，即我们的模型应该是什么样的。

9.2.1 删除离群值

线性回归寻求使所有训练点的平方误差之和最小化的线 $y=f(x)$，即使所有训练点的平方误差之和最小化的系数向量 $\boldsymbol{\omega}$：

$$\sum_{i=1}^{n}(y_i-f(x_i))^2,\text{其中}f(x)=\omega_0+\sum_{i=1}^{m-1}\omega_i x_i$$

由于残差的二次方权重，外围点会极大地影响拟合。距离预测值为 10 个单位的点残差

的影响是距离为 1 个单位的点的影响的 100 倍。有人可能认为这是可以的，但应该清楚的是，离群值对最佳拟合线的形状有很大的影响。当离群值代表的是噪声而不是信号时，就产生了一个问题，因为回归线会也会尽可能地将不好的数据点包含进去，而不仅仅是拟合好的数据。

我们在图 6.3 中第一次遇到这个问题，在 Anscombe 四重线中，4 个小数据集具有相同的汇总统计和回归线。其中两个点集由于孤立的离群值点而实现了它们的魔力。去掉离群值，拟合线就可以穿过数据的中心。

272

图 9.4 中展示了包含（左）和不包含（右）离群值点情况中的最佳拟合回归线。右边的拟合明显要好得多：没有离群值的 r^2 为 0.917，而有离群值的 r^2 为 0.548。

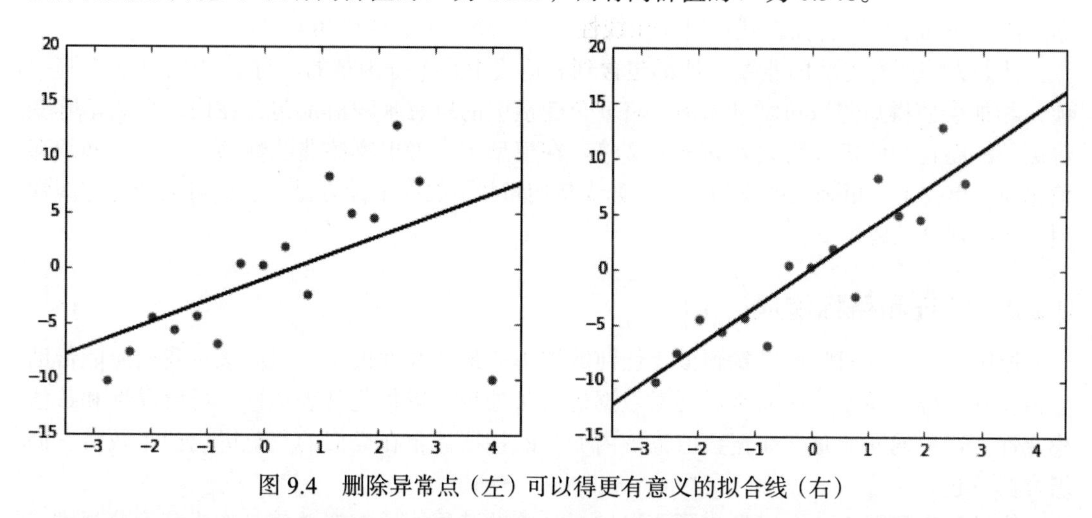

图 9.4　删除异常点（左）可以得更有意义的拟合线（右）

因此，识别外围点并遵循一定的原则移除它们，可以产生更稳健的拟合。最简单的方法是拟合整个点集，然后使用残差 $r_i = (y_i - f(x_i))^2$ 的大小确定点 p_i 是否为离群值。但是，在删除之前，一定要确信这些点确实是离群值。否则，你将得到一个让你印象深刻的线性拟合，该拟合只有在包含这些异常点的集合中才会发挥作用。

9.2.2　拟合非线性函数

线性关系比非线性关系更容易理解，并且在缺乏更好数据的情况下非常适合作为默认假设。许多现象由于变量与输入变量大致成比例增长，因此本质上就是线性的：

- 收入与工作时间大致呈线性关系。
- 房屋的价格与居住面积大致呈线性增长。
- 人们的体重与吃的食物量大致呈线性增长。

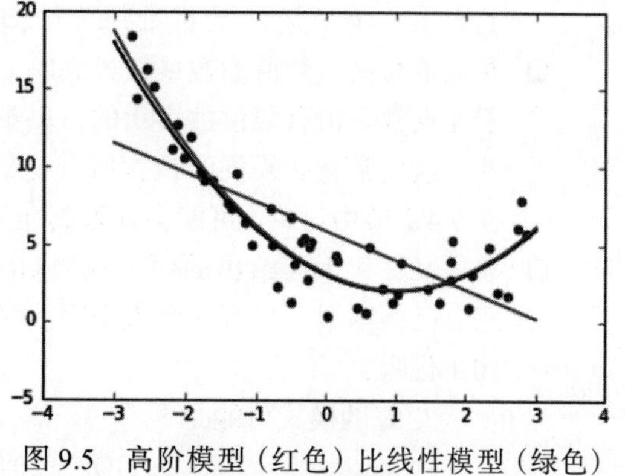

图 9.5　高阶模型（红色）比线性模型（绿色）拟合得更好（附彩图）

当线性回归试图拟合事实上具有潜在线性关系的数据时，它做得很好（图 9.5）。但是，一般来说，没有一个有趣的函数是完全线性的。事实上，有一个古老的统计学的规则：如果你希望一个函数是线性的，那么只在两点上对其进行度量就好了。

如果不仅仅局限于线性函数，那么可以大大增加我们建模可用的形状的种类。线性回归适合直线，而不适用于高阶曲线。但是，我们可以通过在数据矩阵中添加一个值为 x^2 的额外变量（除了 x 之外）来拟合二次型。模型 $y = \omega_0 + \omega_1 x + \omega_2 x^2$ 是二次函数，但请注意，它是其非线性输入值的线性函数。我们可以通过在数据矩阵中加入适当的高阶变量，并形成它们的线性组合来拟合任意复杂函数。通过在数据矩阵中显式地包含正确的成分变量，可以拟合任意多项式和指数 / 对数，例如，$\sqrt{x}, \lg(x), x^3, 1/x$。

额外的特性也可以用来捕捉输入变量对之间的非线性交互作用。矩形 A 的面积是长度乘以宽度，这意味着不能将 A 精确地近似为长度和宽度的线性组合。但是，一旦我们在数据矩阵中添加了区域特征，就可以使用线性模型捕获这种非线性相互作用。

然而，将所有可能的非线性项都包含到表达式中是十分困难的。将 $1 \leqslant i \leqslant k$ 的所有幂次项 x^i 相加会使得矩阵数量增加 k 倍。将 n 个变量中的所有乘积对都包含在内，会使矩阵变得更差，而且会使矩阵增大到 $n(n+1)/2$ 倍。在模型中应考虑哪些非线性项？这一点必须谨慎选择。事实上，更强大的学习方法（如支持向量机）的一个优点是，它们可以合并非线性项，而无须显式地枚举。273

9.2.3　特征和目标缩放

原则上，线性回归可以找到拟合任何数据集的最佳线性模型。但应该尽我们所能帮助它们找到正确的模型。这通常需要对数据进行预处理，以优化其表达性、可解释性和数值稳定性。这里的问题是，在宽数值范围内变化的特征需要在类似的宽范围内的系数将它们组合在一起。

假设我们想建立一个模型来预测以美元计算的某国国民生产总值，作为其人口规模 x_1 和文化水平 x_2 的函数，这两个因素似乎都是这个模型的合理组成部分。事实上，这两个因素可能对经济活动的数量有着同样的贡献。它们的运作规模完全不同：全国人口从几万人到十几亿人不等，而根据定义，识字的人口比例在 0 到 1 之间。可以想象到的拟合模型类似下面这样：

$$\mathrm{GDP} = 10\,000 x_1 + 10\,000\,000\,000\,000 x_2 (\text{美元})$$

这非常糟糕，原因如下：

- *系数不具可读性*：请快速地告诉我上式中 x_2 的系数是多少。我们很难处理这些数字的大小（10 万亿），也很难判断哪个变量对结果的贡献更大。是 x_1 还是 x_2？
- *数值不精确*：数值的数量级过大时，使用数值优化算法会遇到麻烦。这不仅仅是由于浮点数是由有限位数表示的，更重要的是，许多机器学习算法都是由常量参数化的，这些常量必须同时包含所有变量。例如，在梯度下降搜索中使用固定步长（将在 9.4.2 节中讨论）可能会导致其在某些方向上过度过冲，而在其他方向上下冲。274
- *表述欠妥*：上面给出的用于预测 GDP 的模型表面上看起来很愚蠢。假设我决定组建自己的国家，只有一个人识字。我们就真的认为斯基纳兰的国民生产总值应该是 10.1 亿吗？

  更好的模式可能是

$$\mathrm{GDP} = 20\,000 x_1 x_2 (\text{美元})$$

这可以解释为 x_1 中的每一个人都以其文化水平所调节的速率创造财富。这通常需要用适当的乘积项生成数据矩阵。但是也有可能通过适当的目标缩放（对数），该模型直接变为线性回归。

现在，我们考虑三种不同形式的缩放，它们解决了这些不同类型的问题。

特征缩放：Z 得分

我们之前已经讨论过 Z 得分，它分别对每个特征的值进行缩放，以使得均值为 0，且范围是可比较的。设 μ 为给定特征的均值，σ 为标准差。那么 x 的 Z 得分是 $Z(x)=(x-\mu)/\sigma$。

在回归中使用 Z 得分可以解决可解释性问题。由于所有特征都有相似的均值和方差，系数的大小将决定这些因素对预测的相对重要性。实际上，在适当的条件下，这些系数将反映每个带目标的变量的相关系数。此外，这些变量现在处在相同的范围内，这使得算法优化变得简单。

次线性特征缩放

考虑构建一个用来分析一个孩子将要接受的教育年限 y 与家庭收入之间关系的线性模型。教育年限在 0 到 12+4+5=19 年之间变化，因为我们考虑了完成博士学位的可能性。家庭收入水平 x 可以在 0 到比尔 · 盖茨拥有的财富之间变化。但是请注意，没有一种形如 $y=\omega_1 x+\omega_0$ 的模型可以为我的孩子和比尔 · 盖茨的孩子提供合理的答案。收入对教育水平的真正影响可能是在低收入家庭：平均来说，贫困线以下的孩子学历可能不超过高中；而中高收入家庭的孩子一般都接受了大学教育。但是，如果不把盖茨的孩子在学校的学习时间增加到几百甚至几千年，就无法使用线性模型来分析二者之间的关系。 275

最大值 / 最小值和中位数之间存在巨大差距，意味着不存在这样的系数，它可以使用该特征而不使较大数值变得更大。收入水平是服从幂律分布的，但是这些幂律变量的 Z 得分并没有什么作用，因为它们只是线性变换。关键是用诸如 $\log(x)$ 和 $\sqrt{x}$ 之类的次线性函数替换 / 增强此类特征 x。这些变换后的变量的 Z 得分对于从中建立模型将具有更大的意义。

次线性目标标度

小尺度变量需要小尺度指标，才能用小尺度系数实现。尝试从 Z 得分变量预测 GDP，这需要非常大的系数。否则你怎么能从 −3 到 +3 的线性变量组合中得到数万亿美元的结果呢？

或许将目标变量的单位从美元变为 10 亿美元会有所帮助，但这里还有一个更深层次的问题。当函数的特征服从正态分布时，就只能将其回归到类似的分布目标。像 GDP 这样的统计数据很可能服从幂律分布：相对而言，贫穷的小国很多，而富裕的大国很少。正态分布变量的任何线性组合都不能有效地实现幂律分布目标。

这里的解决方案是，尝试预测幂律目标 y 的对数 ($\log_c(y)$) 通常比预测 y 本身要好。当然，$c^{f(x)}$ 值可以用来估计 y，但是现在我们可以在整个范围内进行有意义的预测。用对数处理幂律函数通常会产生表现更好、更正态的分布。

它还使我们能够实现更广泛的功能。假设预测国内生产总值的“正确”函数实际上是：

$$\mathrm{GDP}=20\,000 x_1 x_2 (\text{美元})$$

如果没有交互变量，则无法通过线性回归来表达。但请注意：

$$\log(\text{GDP}) = \log(20\,000 x_1 x_2) = \log(20\,000) + \log(x_1) + \log(x_2)$$

276 因此，只要特征矩阵也包含原始输入变量的对数，就可以实现任意交互积的对数。

9.2.4 处理高度相关的特征

我们将讨论的最后一个陷阱是高度相关的功能问题。拥有与目标高度相关的特性是一件非常好的事情：这些特性使我们能够构建高度预测模型。但是，拥有多个彼此高度相关的特性也可能会带来麻烦。

假设你的数据矩阵中有两个完全相关的特征，比如受试者以英尺为单位的身高 (x_1) 和以米为单位的身高 (x_2)，由于 1 米等于 3.280 84 英尺，所以这两个变量是完全相关的。但是拥有这两个变量并不能真正帮助我们的模型，因为添加一个完全相关的特性并不能提供额外的信息来进行预测。如果这些重复的特征真的对我们有价值，那么意味着我们可以通过从任何数据矩阵中对列数据进行复制来构建越来越精确的模型！

但相关的特征对模型是有害的，而不仅仅是中性的。假设因变量是关于高度的函数。请注意，该模型可以仅依赖于 x_1 或仅依赖于 x_2 又或依赖于 x_1 和 x_2 的任意线性组合来构建。那么哪种模型才是正确的结果呢？

这的确令人困惑，但可能会发生更糟糕的事情。协方差矩阵中的行是相关的，因此计算 $\boldsymbol{\omega} = (\boldsymbol{A}^{\mathrm{T}}\boldsymbol{A})^{-1}\boldsymbol{A}^{\mathrm{T}}\boldsymbol{b}$ 就需要对奇异矩阵求逆！计算回归的数值方法容易失败。

这里的解决办法是通过计算适当的协方差矩阵，识别相关性过强的特征对。如果它们是隐藏的，可以去掉它们当中的任何一个变量而几乎不会影响模型的作用。但最好是通过合并这些特征来完全消除这些相关性。这是通过降维解决的问题之一，使用了 8.5.1 节所讨论的奇异值分解等技术。

9.3 实战故事：出租车司机

我为自己生活中的许多事情感到骄傲，但也许最为自豪的是成为一名纽约人。我住在地球上最令人兴奋的城市，真正的宇宙中心。天文学家，至少是优秀的天文学家，会告诉你，每年的新年都是以纽约时代广场的落球仪式开始的，然后以光速辐射到世界其他地方。

纽约出租车司机因其精明和街头智慧而受到全世界的尊敬。按照惯例，每次乘车都要给司机小费，但没有既定的惯例规定应该给多少小费。在纽约的餐馆里，给服务生小费的“正确”数额是税费的 2 倍，但我没有听说过任何以这种方式给出租车司机付小费。我的算法是将出租车车费四舍五入，然后根据多快到达目的地再额外给几美元。但是我一直不确定这种方式是否合适。我是一个小气鬼吗？还是一个傻瓜？

我们有望从 1.2.4 节中讨论的出租车数据集中得到答案。这里包含了超过 8000 万条记录，包括日期、时间、接送地点、行驶距离、车费和小费等记录。人们是否为长途旅行或是短途旅行而支付了不成比例的费用？愿意在深夜还是在周末支付更高昂的车费？其他人是否会像我一样奖励速度快的司机？这些应该都会在数据里找到答案。277

我的学生 Oleksii Starov 接受了这项挑战。我们在数据集中添加适当的特征来捕获其中的一些概念。为了精确地捕捉像深夜和周末这样的情况，我们设置了二进制指示变量，其中 1 表示旅行是深夜，0 表示一天中的其他时间。最终回归方程的系数为：

变量	LR 系数	变量	LR 系数
（截距）	0.08370835	周末	−0.02823731
持续时间	0.00000035	工作日	0.06977724
距离	0.00000004	高峰时间	0.01281997
车费	0.17503086	深夜	0.04967453
通行费	0.06267343	乘客数	−0.00657358
附加费	0.01924337		

对这个结果可以进行一下简单的解释。真正重要的只有一个变量：计价器上的车费。这个模型中的小费占总车费的 17.5%，同时对其他因素进行了微调。事实证明，单价模式的小费（相当于每程车费的 18.3%）与“十因子”模式一样准确。

车费与旅行距离和旅行持续时间之间有很强的相关性（相关系数分别为 0.95 和 0.88），但这两个因素都是计算车费公式的一部分。它们与车费的相关性如此之强，以至于这两个变量都不能提供更多的额外信息。令我们失望的是，我们无法真正厘清一天中的时间或其他因素的影响，因为这些相关性太弱了。

对这些数据进行更深入的研究后发现，数据库中的每笔小费都是用信用卡支付的，而不是用现金支付。在每次现金交易后将小费金额输入计价器是一件乏味且费时的事情，尤其是当你急于在每隔 12 小时的轮班中获得尽可能多的车费时。此外，真正的纽约出租车司机很机灵，而且很聪明，他们不想为了别人都不知道的小费而纳税。

我总是用现金支付车费，但是使用信用卡支付的人会看到一个界面，在上面他们可以选择准备支付的小费。数据清楚地显示，他们中的大多数人都是盲目地按中间键，而不是根据司机的服务质量而慎重选择。

用 8000 万个车费支付记录来拟合具有 10 个变量的简单线性回归模型，未免有些过犹不及。更好地利用此数据的方式是用其构建数百个甚至数千个不同的模型，每个模型都针对特定的旅行类别而设计。也许我们可以为每对城市邮政编码之间的行程建立一个单独的模型。回想一下我们在图 1.7 中呈现的小费支付行为地图。

278

虽然求解程序花了几分钟的时间才在如此大的数据集上找到最佳拟合，但是这意味着需要一些比这里使用的矩阵求逆算法更快、更鲁棒的算法。这些算法将回归视为参数拟合问题，我们将在下一节进行讨论。

9.4　参数拟合回归

线性回归的闭形公式 $\boldsymbol{\omega}=(\boldsymbol{A}^{\mathrm{T}}\boldsymbol{A})^{-1}\boldsymbol{A}^{\mathrm{T}}\boldsymbol{b}$ 简洁而优雅。但由于它在实际应用中存在一些问题，使其在计算上处于次优状态。大型矩阵求逆速度慢，容易产生数值的不稳定性。此外，公式适用范围很窄：这里的线性代数公式很难扩展到更一般的优化问题。

但是有一种可替代的方法可以描述和解决线性回归问题，在实践中它被证明更好用。这种方法可以使算法更便捷，结果更稳定，并且可以很容易地适应其他学习算法。它将线性回归建模为一个*参数拟合*问题，并使用搜索算法来寻找这些参数的最佳值。

对于线性回归，我们在所有可能的系数集上寻找直线最适合的参数。具体地说，我们寻求使所有训练点的误差平方之和最小化的线 $y=f(x)$，即使得下式结果最小的系数向量 $\boldsymbol{\omega}$。

$$\sum_{i=1}^{n}(y_i-f(x_i))^2,\ 其中 f(x)=\omega_0+\sum_{i=1}^{m-1}\omega_i x_i$$

为了更容易理解，我们举一个例子。假设我们试图构建一个 y 关于单变量或单特征 x 的线性模型，所以 $y = f(x)$ 意味着 $y = \omega_0 + \omega_1 x$。为了确定回归直线，我们寻找使误差、成本或损失（即样本点和回归线之间距离的平方差之和）最小的参数对，即点值和线之间的平方差之和。

每一对可能的参数值 (ω_0, ω_1) 都会定义一条线，但我们真正想要得到的是使误差或损失函数 $J(\omega_0, \omega_1)$ 最小的值，其中

$$J(\omega_0, \omega_1) = \frac{1}{2n}\sum_{i=1}^{n}(y_i - f(x_i))^2 = \frac{1}{2n}\sum_{i=1}^{n}(y_i - (\omega_0 + \omega_1 x_i))^2$$

公式中的误差平方和这项我们应该是很清楚的，但是里面的 $1/(2n)$ 是从何而来呢？$1/n$ 是将误差转换为每行的平均误差，而 $1/2$ 是出于技术原因的一种惯例。但要清楚的是，$1/(2n)$ 对优化结果没有任何影响。对于任何一个参数对 (ω_0, ω_1)，这个系数都是相同的，因此它对参数的选择没有影响。

279

那么我们如何才能找到 ω_0 和 ω_1 的正确值呢？我们可能会尝试一系列随机值对，并保留得分最好的一个，即使得损失函数 $J(\omega_0, \omega_1)$ 最小的参数对。但似乎很难找到最好的甚至是一个像样的解决方案。为了更系统地检索参数，必须利用隐藏在损失函数中的特殊属性。

9.4.1　凸参数空间

最后的讨论结果是，损失函数 $J(\omega_0, \omega_1)$ 定义了 (ω_0, ω_1) 空间中的一个曲面，我们感兴趣的是这个空间中 z 值最小的点，其中 $z = J(\omega_0, \omega_1)$。

让我们再将这个问题简化一些，将 ω_0 设为 0 来确保该回归线通过原点。那么现在就只剩下一个参数还没有确定，就是直线的斜率 ω_1。在图 9.6（左）某些坡度在拟合图 9.6（左）中的数据点方面要比其他坡度好得多，其中 $y = x$ 线显然是所需的拟合。

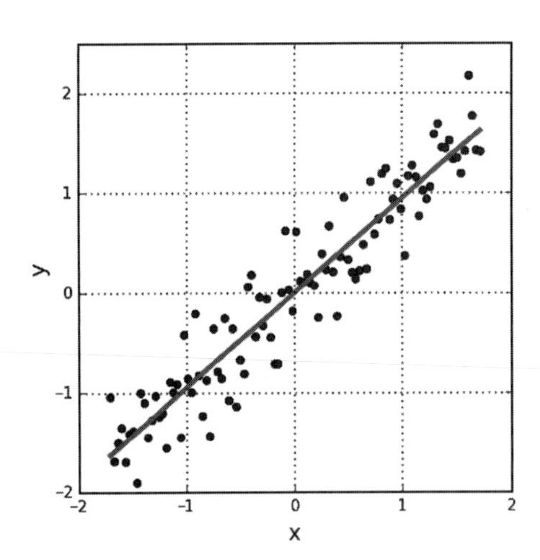

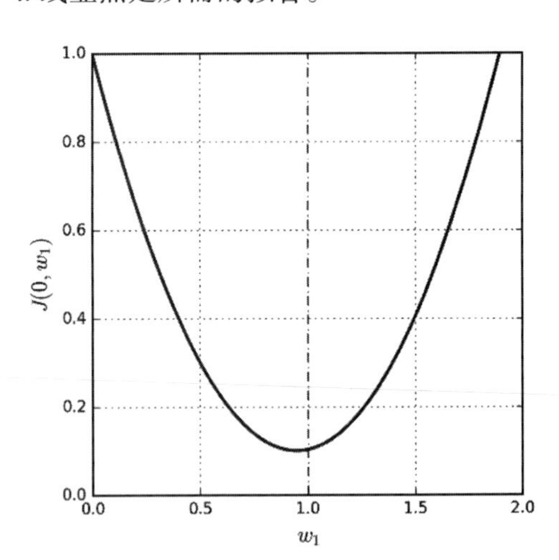

图 9.6　图中可以通过标识出最小化误差的 ω_1，找到最佳的可能的回归线 $y = \omega_1 x$，该拟合误差由最小值凸函数定义

图 9.6（右）显示了拟合误差（损失）随 ω_1 的变化情况。有趣的是，误差函数的形状有点像抛物线。它在曲线底部达到一个最小值。这个最低点的 x 值定义了回归线的最佳斜率 ω_1，它恰好是 $\omega_1 = 1$。

任何凸曲面都只有一个局部极小值。此外，对于任何凸搜索空间，很容易找到这个最

小值：只要沿着向下的方向一直走，直到找到它为止。从表面上的任意一点出发，可以从该点向任一方向跨出一小步到达另外一点。有些方向会让我们获得更大的价值，而另一些则会把我们带离正确方向。如果我们能确定哪一步会到达更低的点，那么将更接近最小值。但只要还没有到达最低点，就一定会有这样的方向！

280

图 9.7 显示了在 (ω_0, ω_1) 空间中针对全量回归问题得到的曲面。损失函数 $J(\omega_0, \omega_1)$ 看起来像一个具有单个最小 z 值的碗，同时它定义了直线的两个参数的最佳值。最重要的是，这个损失函数 $J(\omega_0, \omega_1)$ 也是凸函数，对于任何维数的线性回归问题，它都是凸的。

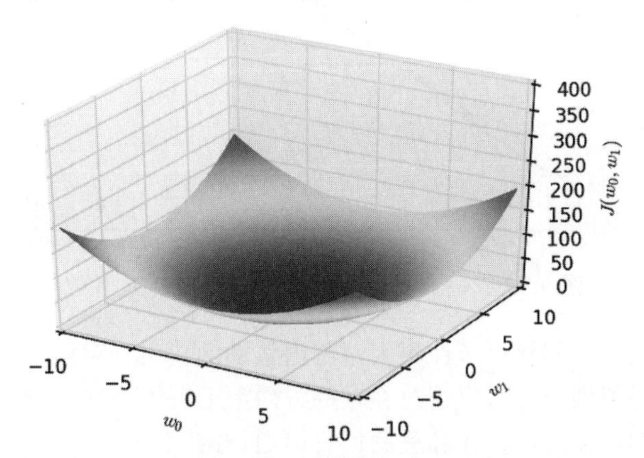

图 9.7 线性回归定义了一个凸参数空间，其中每个点代表一条可能的直线，而最小点定义了最佳拟合直线

如何判断给定函数是否为凸函数呢？回想一下，当你对一个变量 x 进行微积分时，你学会了如何求函数 $f(x)$ 的导数 $f'(x)$，它对应于 $f(x)$ 曲面上每个点的斜率值。当这个导数为零时，意味着你获得了某个让你感兴趣的点，不管它是局部极大值还是局部极小值。回忆二阶导数 $f''(x)$，它是导数 $f'(x)$ 的导数。根据这个二阶导数 $f''(x)$ 的符号，可以确定你得到的是最大值还是最小值。

小结：对这些导数的分析我们可以知道哪些函数是凸函数，哪些不是凸函数。我们不会在这里深入研究。但是一旦损失函数是凸函数，我们就知道可以相信梯度下降法这种计算过程，它通过向下降来搜索全局最优解。

9.4.2 梯度下降法

只要从任意点开始，反复向下降，就可以求出凸函数的极小值。只有一点没有下降的可能：全局最小值本身。正是这一点定义了最佳拟合回归线的参数。

281

但是怎么能找到一个指引我们往下去的方向呢？同样，首先考虑单个变量的情况，因此我们求出最合适的直线的斜率 ω_1，其中 $\omega_0 = 0$。假设当前的候选坡度为 x_0。由于被限制在一维直线中，所以我们只能向左或向右移动。在每个方向尝试移动一个微小量，则变成 $x_0 - \varepsilon$ 和 $x_0 + \varepsilon$。如果 $J(0, x_0 - \varepsilon) < J(0, x_0)$，那么应该向右移动；如果 $J(0, x_0 + \varepsilon) < J(0, x_0)$，那么应该向左移动。如果两者都不满足，则意味着 J 已经无法再降低，这就说明我们已经找到了最小值。

$f(x_0)$ 处的向下方向由该点处切线的坡度确定。正斜率意味着最小值一定在该点的左侧，而负斜率意味着在右侧。该斜率的大小描述了下降的陡度：$J(0, x_0 - \varepsilon)$ 与 $J(0, x_0)$ 之间相差了多少？

这个斜率可以通过求得过点 $(x_0, J(0, x_0))$ 和 $(x_0, J(0, x_0-\varepsilon))$ 的唯一直线近似得到，如图 9.8 所示。这正是计算导数时所做的，导数确定了在每个点上曲线的切线。

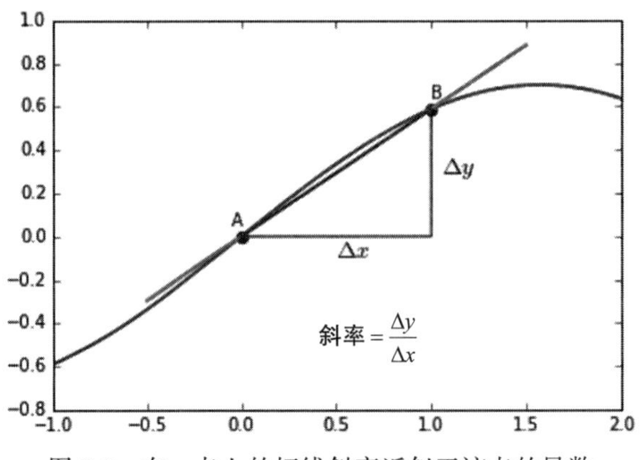

图 9.8　在一点上的切线斜率近似于该点的导数

随着维度的增加，我们获得了在更大范围内移动的自由。对角线移动让我们可以同时跨越多个维度。但是原则上，可以通过在轴的方向上沿着不同维度分为多个步骤获得相同的效果。想想曼哈顿的街道网，在那里我们可以通过南北向和东西向的台阶移动到任何我们想去的地方。找到这些方向需要计算每个维度上的目标函数的偏导数，即

282

$$\frac{\partial}{\partial \omega_j}=\frac{2}{\partial \omega_j}\frac{1}{2n}\sum_{i=1}^{n}(f(x_i)-b_i)^2=\frac{2}{\partial \omega_j}\frac{1}{2n}\sum_{i=1}^{n}(\omega_0+(\omega_1 x_i)-b_i)^2$$

通过梯度下降法进行回归的伪代码如图 9.9 所示。

但是，沿各个维度蜿蜒前行看起来缓慢而笨拙。我们想如超人一样，一下就可以越过障碍物。偏导数的大小定义了每个方向上的陡峭程度，而得到的向量（即每向北一步向西三步）定义了从这个点向下的最快路径。

二维梯度下降搜索

反复迭代直至收敛 {

$$\omega_0^{t+1} := \omega_0^t - \alpha \frac{\partial}{\partial \omega_0} J(\omega_0^t, \omega_1^t)$$

$$\omega_1^{t+1} := \omega_1^t - \alpha \frac{\partial}{\partial \omega_1} J(\omega_0^t, \omega_1^t)$$

}

图 9.9　用于通过梯度下降法进行回归的伪代码。变量 t 表示计算的迭代次数

9.4.3　什么是正确的学习速率

损失函数的导数指引我们朝着最小值的正确方向前行，它决定了回归问题的参数。但它不能告诉我们需要走多远，这个方向的坡度值随着行走距离的增加而减小。确实，从纽约开车到迈阿密最快的方法是往南走，但在某些时候你需要更详细的指示。

梯度下降搜索操作步骤：找到最佳方向，迈出一步，然后重复操作，直到我们找到目标。步骤的多少称为学习速率，它定义了找到最小值的速度。每次设置如小婴儿步伐一样的步长，并反复查阅地图（即求偏导数）确实会让我们达到目的，但只是过程非常缓慢。

然而，并不是步长越大越好。如果学习速率太高，可能会错过最小值，如图 9.10（右）所示。这可能意味着随着在每个步骤运行中越过该点，这反而会使速度变得更慢，或者随着我们最终获得的 $J(\omega)$ 值比以前高，甚至会出现负面作用。

283

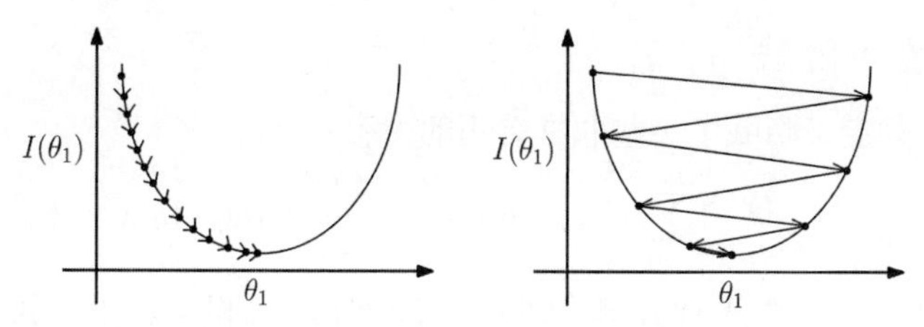

图 9.10　学习速率 / 步长的影响。过小的步长需要多次迭代才能收敛，而过大的步长会导致我们错过最小值

原则上来说，我们希望在搜索开始时有一个较高的学习速率，但随着我们逐渐接近目标，学习速率会降低。我们需要在优化过程中关注损失函数的值。如果进程太慢，那么可以在步长前增加一个乘法因子（比如 3）或直接放弃：要接受我们的拟合线的当前参数值并认为它足够好。但如果 $J(\omega)$ 的值变大，那么意味着已经超出了目标。这就说明我们的步长太大，所以应该用一个乘法因子降低学习速率：比如 1/3。

这方面的细节是杂乱而具有启发性的，并且是特别的。但幸运的是，用于梯度下降搜索的库函数已经内置了调整学习速率的算法。想必这些算法已经被高度优化了，并且通常会进行正确的计算。

但是曲面的形状决定了梯度下降搜索如何成功地找到全局最小值。如果碗状曲面的表面相对平坦，就像一块板，那么真正的最低点可能会被噪声和数值误差所掩盖。即使我们最终找到了最小值，也可能需要很长时间才能到达。

然而，当损失函数不是凸函数时，更糟糕的事情就发生了，这意味着可能有许多局部极小值，如图 9.11 所示。图中所示的并不是线性回归的情况，但是在我们将遇到的许多其他有趣的机器学习问题中确实发生了。

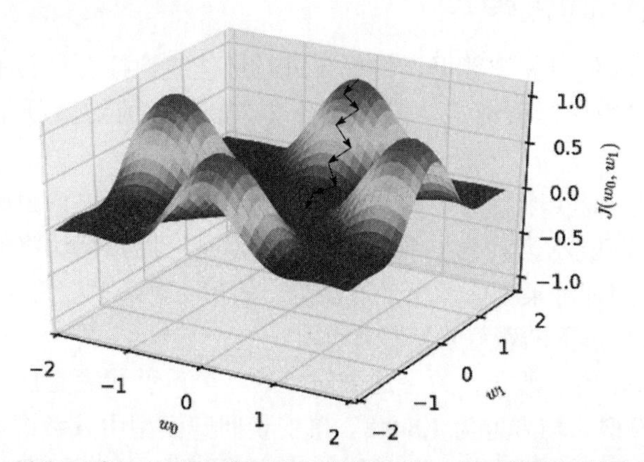

图 9.11　梯度下降法找到凸曲面的局部极小值，但不能保证是全局最优解

对于非凸函数，全局优化很容易陷入局部最小值。假设我们想从山谷中的小屋到达滑雪坡的顶部。如果我们先走到旅馆的二楼，那我们将永远被困住，除非有某种机制可以让我们后退一步，使我们摆脱局部最优状态。这就是模拟退火等搜索启发式方法的价值所在，它提供了一种摆脱局部最优的方法，使我们朝着全局最优目标前进。

284

课后拓展：尽管梯度下降法在非凸函数优化中不能保证得到全局最优解，但是其仍然有用。不同的是，此时我们应该从不同的初始化点进行重复操作，并使用我们找到的最佳局部极小值定义我们的解决方案。

9.4.4 随机梯度下降法

损失函数的代数定义隐藏了一些非常有用的内容：

$$\frac{\partial}{\partial \omega_j}=\frac{2}{\partial \omega_j}\frac{1}{2n}\sum_{i=1}^{n}(f(x_i)-b_i)^2=\frac{2}{\partial \omega_j}\frac{1}{2n}\sum_{i=1}^{n}(\omega_0+(\omega_1 x_i)-b_i)^2$$

就是这个求和公式。为了计算每个维度 j 的最佳方向和变化率，我们必须遍历所有 n 个训练点。对于每个步骤，评估每个偏导数所需的时间与训练点数呈线性关系！对于关于出租车数据集的线性回归，这意味着进行 8000 万次平方差的计算只是为在向目标前行一小步确定了最佳方向。

这太疯狂了。取而代之的是，我们可以尝试仅使用少量示例来估计导数的近似值，并希望得到的方向确实是向下的。平均而言，应该如此，因为在每一点最终都会对方向进行判断。

随机梯度下降是一种优化方法，该方法基于对少量训练点进行抽样（理想情况下随机抽取），然后使用它们来估计我们当前位置的导数。使用的批量越小，评估就越快，尽管我们应该更加怀疑估计的方向是否正确。通过优化梯度下降的学习速率和批次大小，可以实现凸函数的快速优化。在调用库函数过程中隐藏了这些细节。

285

搜索过程中每一步随机选择的代价都可能是巨大的。更好的方法是将训练点集排列顺序随机化一次，以避免它们被规则地呈现，然后通过简单地向下移动列表来构建批次。这样我们就可以确保全部 n 个训练点最终都会对搜索做出贡献，理想情况下，在优化过程中会多次反复扫描所有点集。

9.5 通过正则化简化模型

线性回归很适合对任意 n 个数据点的集合进行最佳线性拟合，其中每个数据点由 $m-1$ 个自变量数值和给定的目标值确定。但是契合度“最佳”的结果可能并不是我们真正想要的。

问题就出在这里。$m-1$ 个特征中的大多数可能与目标不相关，因此它们没有真正的预测能力。通常，这些将显示为具有小系数的变量。但是，回归算法将使用这些变量对直线进行微调，以减少给定训练集上的最小平方误差。使用噪声（不相关变量）拟合噪声（真正相关变量上的简单模型留下的残差）会带来问题。

如实战故事中所详述的那样，关于这个问题的一个典型代表是出租车小费模型。使用 10 个变量的全回归模型的均方差为 1.5448。单变量回归模型中只考虑车费的影响，结果稍差，误差为 1.5487。但这只是噪声。根据奥卡姆剃刀原理，单变量模型显然更好。

使用无约束回归时则会出现其他问题。我们已经看到了如何在具有强相关特征的模型中引入模糊性。如果特征 A 和特征 B 完全相关，那么同时使用这两个变量得到的准确率与使用其中任何一个的准确率相同，而同时使用这两个变量会导致模型更加复杂，可解释性变差。

为回归提供一组丰富的特征是正确的，但是要记住“最简单的解释才是最好的”，最简单的解释意味着建立好的数据模型所用到的变量要尽可能少。理想情况下，回归模型将选择最重要的变量并对其进行拟合，但我们讨论的目标函数只是试图将误差平方和最小化。我们需要通过正则化的方式改变目标函数。

9.5.1 岭回归

正则化是在目标函数中添加间接条件以支持模型保持系数较小的方法。假设我们用系数函数而不是训练数据作为第二项来推广损失函数：

286

$$J(\boldsymbol{\omega})=\frac{1}{2n}\sum_{i=1}^{n}(y_i-f(x_i))^2+\lambda\sum_{j=1}^{m}\omega_j^2$$

在这个公式中，我们添加了与模型中所使用的系数平方和成比例的惩罚函数。通过对系数进行平方运算，可以使我们不考虑符号，只关注大小。常数 λ 调节正则化约束的相对强度。λ 越大，就越难对以增加残差为代价降低系数大小进行优化。最终将一个不相关变量的系数设置为 0 比用它过拟合训练集更有价值。

像上面损失函数中的一样，惩罚系数平方和的方法称为*岭回归*或 Tikhonov *正则化*。假设因变量都被适当地归一化且均值为零，那么它们的系数大小是对目标函数值的度量。

我们如何优化岭回归的参数？最小二乘公式的自然扩展可以完成此任务。令 $\boldsymbol{\Gamma}$ 为 $n\times n$ “系数权重惩罚”矩阵。为了简单起见，设 $\boldsymbol{\Gamma}=\boldsymbol{I}$（单位矩阵）。我们试图最小化的平方和损失函数变为

$$\|\boldsymbol{A}\boldsymbol{\omega}-\boldsymbol{b}\|^2+\|\boldsymbol{\lambda}\boldsymbol{\Gamma}\boldsymbol{\omega}\|^2$$

符号 $\|\boldsymbol{v}\|$ 表示 $\boldsymbol{v}$ 的范数，向量或矩阵上的距离函数。模 $\|\boldsymbol{\Gamma}\boldsymbol{\omega}\|^2$ 就是当 $\boldsymbol{\Gamma}=\boldsymbol{I}$ 时系数的平方和。这样看来，对 $\boldsymbol{\omega}$ 进行优化的闭形式可以认为是

$$\boldsymbol{\omega}=(\boldsymbol{A}^{\mathrm{T}}\boldsymbol{A}+\boldsymbol{\lambda}\boldsymbol{\Gamma}^{\mathrm{T}}\boldsymbol{\Gamma})^{-1}\boldsymbol{A}^{\mathrm{T}}\boldsymbol{b}$$

因此，可以将范式方程推广到正则化。但是，我们也可以计算这个损失函数的偏导数，并使用梯度下搜索在大型矩阵上更快地完成这项工作。任何情况下，都很容易用岭回归和它的变异方法 LASSO 回归的库函数解决问题。

9.5.2 LASSO 回归

岭回归优化用来选择小的系数。由于平方和成本函数，因此最大的系数成为主要惩罚的对象。因此可以避免使用 $y=\omega_0+\omega_1x_1$ 形式的模型，其中 ω_0 是一个大的正数，而 ω_1 是一个偏移较大的负数。

虽然岭回归可以有效地降低系数的大小，但这个标准并没有真正将它们变为零，也没有从模型中完全消除变量。这里的另一个选择是尽量减少系数绝对值的和，这和降低系数较大的值同样令人高兴。

287

LASSO 回归（又称“最小绝对值收敛和选择算子”）满足以下条件：在系数上最小化 L_1 度量，而不是岭回归的 L_2 度量。使用 LASSO 回归时，我们为系数的总和指定了一个明确的约束 t，并且优化在此约束下使平方和误差最小：

$$J(\boldsymbol{\omega},t)=\frac{1}{2n}\sum_{i=1}^{n}(y_i-f(x_i))^2\text{ 且满足}\sum_{j=1}^{m}|\boldsymbol{\omega}_j|\leqslant t$$

指定较小的 t 值可以收紧 LASSO，进一步限制系数 $\boldsymbol{\omega}$ 的大小。

下面的一个示例体现了 LASSO 回归如何将小的系数归为零，观察它对于一个特定 t 值的出租车小费模型的影响：

变量	LR 系数	LASSO	变量	LR 系数	LASSO
（截距）	0.08370835	0.079601141	距离	0.00000004	0.00000004
持续时间	0.00000035	0.00000035	车费	0.17503086	0.17804921

（续）

变量	LR 系数	LASSO	变量	LR 系数	LASSO
通行费	0.06267343	0.00000000	高峰时间	0.01281997	0.00000000
附加费	0.01924337	0.00000000	深夜	0.04967453	0.00000000
周末	−0.02823731	0.00000000	乘客数	−0.00657358	0.00000000
工作日	0.06977724	0.00000000			

如你所见，LASSO 回归法将大部分系数归为零，从而得到一个更简单、更稳健的模型，它在拟合数据方面几乎与无约束线性回归一样好。

但为什么 LASSO 回归法会主动将系数驱动到零呢？这与指标 L_1 的形状是环形的有关。如图 10.2 所示，圆 L_1 的环形（与原点等距的点集合）并不是圆形的，但有顶点和像边、面这样的低维特征。将系数 $\boldsymbol{\omega}$ 限制在半径为 t 的 L_1 的环形表面上，使它很可能碰到这些低维特征中的一个，这意味着未使用的维度的系数将变为零。

LASSO 回归和岭回归哪个效果更好？这要视情况而定。这两种方法应该都存在于你最喜欢的优化库函数中，因此可以对每种方法都尝试一下，看看会发生什么。

9.5.3 拟合与复杂性的权衡

我们如何为正则化参数 λ 和 t 设置正确的值？使用足够小的 λ 或足够大的 t 提供小惩罚，以防选择了使训练误差最小的系数。相比之下，使用非常大的 x 或非常小的 t 可以确保系数很小，尽管这会产生较大的建模误差。调整这些参数使我们能够找到过拟合和欠拟合之间的最佳平衡点。

288

通过对这些模型在适当的正则化参数 t 的较大范围内进行优化，可以获得评估误差与 t 的关系图。对小参数训练数据的拟合比对多参数训练数据的拟合更具稳健性。

处理这种取舍在很大程度上取决于个人的喜好。但是现在已经开发了一些衡量指标来帮助人们对模型进行选择。最杰出的是赤池信息准则（AIC）和贝叶斯信息准则（BIC）。我们不会深入研究它们的名字，所以在这一点上，你可以把这些指标看作一种神奇的法术。但是你的优化 / 评估系统可能很好地为这些准则生成的拟合模型输出它们，从而提供了一种可以对参数数量不同的模型进行比较的方法。

尽管岭回归 /LASSO 回归是基于幅度惩罚系数的，但如果想得到 k 个参数，它们不会显式地将其设置为零。你必须亲自动手将那些无用的变量设为零。自动特征选择方法可能决定将小系数归零，但是从所有可能的特征子集中显式构造模型通常在计算上是不可行的。

首先要删除的特征应该是：(a) 系数小的特征，(b) 与目标函数的相关性低的特征，(c) 与模型中的另一个特征的相关性很高的特征，以及 (d) 与目标没有明显合理关系的特征。例如，一项著名的研究曾表明，美国国内生产总值（GDP）与孟加拉国黄油年产量之间存在着很强的相关性。明智的建模者可以通过自动化方法无法实现的方式删除此变量。

9.6 分类与 logistic 回归

我们经常面临这样的挑战：根据一组已经识别好的物品对其他物品进行正确分类：

- 图像中的车辆是汽车还是卡车？给定的组织样本是恶性的肿瘤，还是良性的？
- 这是一封垃圾邮件，还是用户感兴趣的个性化内容？

❑ 社交媒体分析试图从相关数据中识别出人们的属性。某个人是男性还是女性？他们倾向于投票给民主党还是共和党？

分类是对给定输入记录的正确标签进行预测的问题。该问题不同于回归，因为标签是离散的实体，而不是连续的函数值。试图从两种可能性中选择正确的答案似乎比预测无穷的数量要容易得多，但因错误而引起的麻烦也容易得多。

289

在本节中，主要介绍使用线性回归建立分类系统的方法，但这只是一个开始。分类是数据科学中的一个基本问题，我们将在接下来的两章中看到其他几种分类方法。

9.6.1　分类回归

通过将训练样本的类名转换为数字，可以将线性回归应用于分类问题。现在，让我们把注意力限制在两个类别的问题上，即二元分类。我们将在 9.7.2 节中将其推广到多类问题。

将这些类编号为 0/1 可以很好地用于二元分类器。按照惯例，“正”类为 0，“负”类为 1：

❑ 男性 = 0/ 女性 = 1

❑ 民主党 = 0/ 共和党 = 1

❑ 垃圾邮件 = 1/ 非垃圾邮件 = 0

❑ 恶性 = 1/ 良性 = 0

负类 /1 通常表示较少见或更特殊的情况。这里面并不涉及正 / 负类的价值的评判：实际上，当两类的大小相等时，选择是任意的。

我们可以考虑为特征向量 x 拟合得到一条回归线 $f(x)$，其中目标值是这些 0/1 标签，如图 9.12 所示。这里蕴含一些逻辑。类似于正面训练的例子应该比接近负面的例子得到更低的得分。我们可以将 $f(x)$ 的返回值设为阈值，将其解释为一个标签：$f(x)\leqslant 0.5$ 意味着 x 为正类，反之，x 为负类。

290

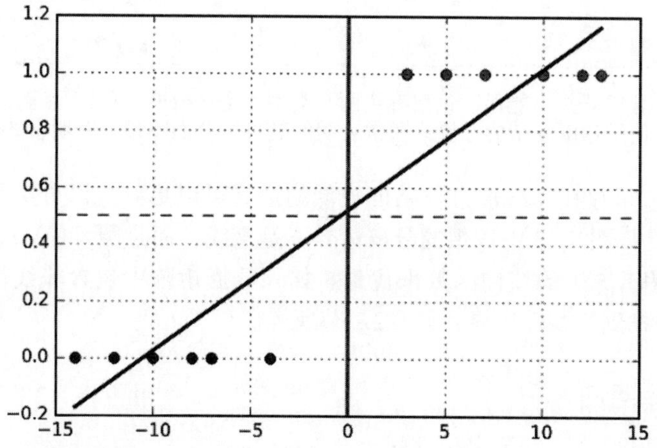

图 9.12　即使存在完美的分隔线（$x = 0$），最优回归线也会从所有类别数据中穿过

但是这种表述有一些问题。假设我们在训练数据中添加了一些“非常负类”的样本。回归线将向这些样本倾斜，从而使更多边缘示例的正确分类处于危险之中。这是不幸的，因为无论如何，我们本可以对这些非常负的样本进行适当的分类。我们真的希望这条线在

两个类别之间划开，作为一个边界，而不是作为一个穿过这些类别的记分员。

9.6.2 决策边界

正确的分类方法是将特征空间划分为若干个区域，这样每一个给定区域内的所有点都将被指定为同一个标签。区域由它们的边界定义，因此我们希望回归能够找到分隔线，而不是拟合线。

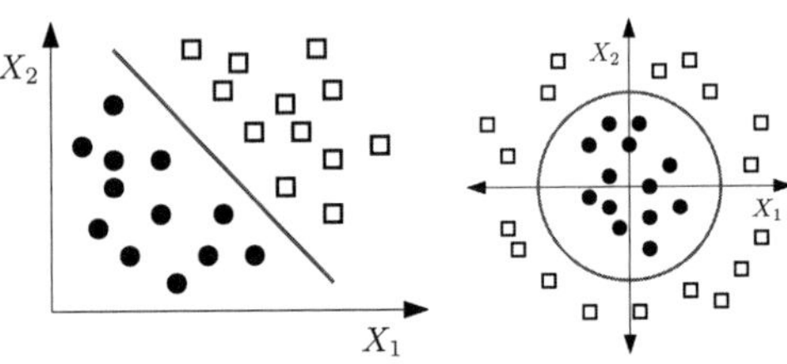

图 9.13　分隔线在要素空间中划分出了两个类别（左）。但是，非线性分隔符更适合拟合某些训练集（右）

图 9.13（左）显示了如何将二元分类的训练样本视为特征空间中的有色点。分类准确与否取决于区域内各点的一致性。这意味着相临近的点往往具有相似的标签，并且区域之间的边界往往是清晰的而不是模糊的。

理想情况下，我们的这两个种类将在特征空间中被很好地分离，因此一条线就可以很容易地将它们分区开来。但一般来说，会有离群值存在。我们需要根据分离结果的“纯度”来判断分类器，惩罚那些位于直线错误一侧的点的错误分类。

如果我们设计一个足够复杂的边界，这个边界可以通过一个给定的标签来捕获所有的样本，那么任何一组数据点都可以被完美地分割。如图 9.14 所示。这种复杂的分隔符通常反映了对于训练集的过拟合。线性分隔线具有简单和稳健性的优点，我们将看到使用 logistic 回归可以有效地构造线性分隔符。

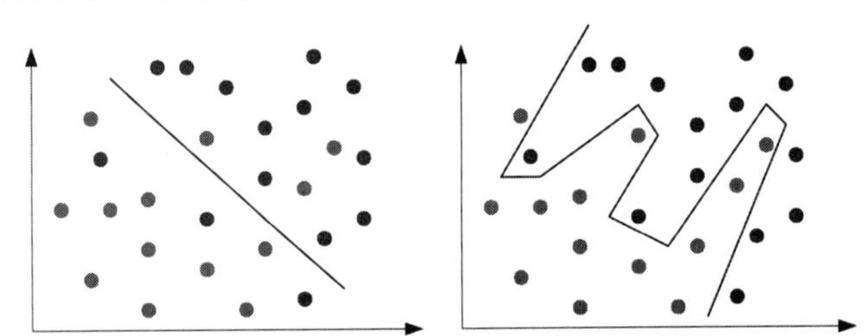

图 9.14　线性分类器并不能保证每次都将两个类型完全区分开（左）。然而，为了完全区分开而使用过度复杂的分界线通常表明的是过拟合而不是一个明智的选择（右）

更一般地，如果存在非线性且复杂度较低的边界可以更好地区分类别，那么我们也会对它们感兴趣。比如图 9.13 中理想的分离边界不是直线，而是圆（右）。但是，它可以作为二次特征（如 x_1^2 和 x_1x_2）的线性函数来找到。如果数据矩阵中包含非线性特征，则可以使用 logistic 回归来找到非线性边界，如 9.2.2 节所述。

291

9.6.3 logistic 回归

回想一下我们在 4.4.1 节中介绍过的 logit 函数 $f(x)$：

$$f(x)=\frac{1}{1+\mathrm{e}^{-cx}}$$

此函数将实数 $-\infty<x<\infty$ 作为输入值，并产生一个范围为 [0, 1] 的值，即概率值。图 9.15 绘制了 logit 函数 $f(x)$，它是一个 S 形曲线：两边是平坦的，中间陡然上升。

292

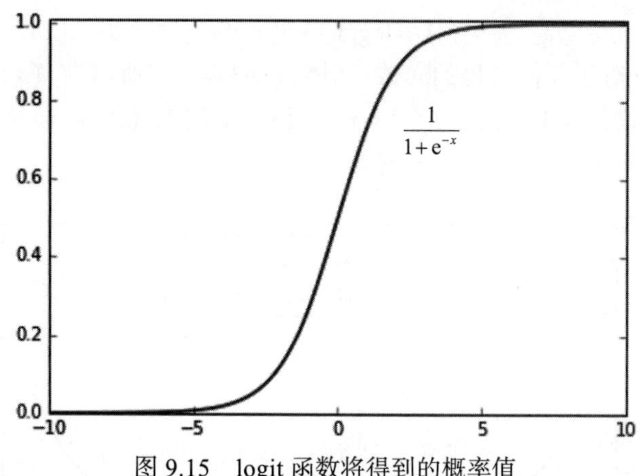

图 9.15　logit 函数将得到的概率值

logit 函数的形状使得其特别适合用于对分类边界进行解释。特别是，x 作为一个得分，它反映了某个点 p 位于分隔两个类别的线 l 的上 / 下或左 / 右的距离。我们希望 $f(x)$ 可以衡量 p 应该被贴上负面标签的概率。

logit 函数只使用一个参数就将得分映射为概率。需要重点关注的是曲线的中点和端点。logit 表明 $f(0)=1/2$，这意味着边界线上某个点的标签本质上是在两种概率之间掷硬币。样本离这个边界的距离越远，就越可以做出明确的决定，所以 $f(\infty)=1$ 和 $f(-\infty)=0$。

我们的置信度作为距离的函数，受常数 c 调节。c 的值接近于零使得从正到负的过渡非常缓慢。相比之下，我们可以通过给 c 指定一个足够大的值将 logit 函数转换成一个阶梯函数，这意味着距离边界的较小距离转化为分类置信度的大幅增加。

为有效地使用 logit 函数进行分类，需要进行如下几个操作步骤：

- 将 $f(x)$ 扩展到单个变量以外的全 m 维输入向量 $\boldsymbol{x}$。
- 设定得分分布中点的阈值 t（此处为零）。
- 调节跃迁陡度的标度常数 c 的值。

我们可以通过对线性函数 $h(\boldsymbol{x}, \boldsymbol{\omega})$ 中的数据实现这三个目标，其中

$$h(\boldsymbol{x}, \boldsymbol{\omega}) = \omega_0 + \sum_{i=1}^{m-1} \omega_i \cdot x_i$$

然后可以将其纳入 logit 函数以生成分类器：

$$f(\boldsymbol{x}) = \frac{1}{1+e^{-h(\boldsymbol{x}, \boldsymbol{\omega})}}$$

请注意，$h(\boldsymbol{x}, \boldsymbol{\omega})$ 的系数足够丰富，可以用来编码阈值 ($t=\omega_0$) 和陡峭度（c 本质上是 ω_1 到 ω_{n-1} 的均值）参数。

剩下的唯一问题是如何将系数向量 $\boldsymbol{\omega}$ 拟合到训练数据中。回想一下，对于每个输入向量 x_i，我们都有一个 0/1 的类标签 y_i 与之对应，其中 $1 \leqslant i \leqslant n$。我们需要一个惩罚函数，将适当的成本归因于作为类 y_i 为正（即 $y_i=1$）的概率的返回函数 $f(x_i)$。

让我们首先考虑 y_i 真正是 1 的情况。理想情况下 $f(x_i)=1$，所以当它小于 1 时，我们要惩罚它。实际上，我们希望在 $f(y_i) \to 0$ 时对其进行严厉的惩罚，因为如果真是这样的话，就意味着分类器表明元素 i 是 −1 类的可能性很小。

293

当 $y_i=1$ 时，对数函数 $\text{cost}(x_i, 1) = -\log(f(x_i))$ 被证明是一个很好的惩罚函数。回想一下 2.4 节中对数（或反指数函数）的定义，即

$$y=\log_b x \to b^y = x$$

如图 9.16 所示，对于任何合理的底数，对数 $\log(1)=0$，所以当 $f(x_i)$ 等于 1 时，就不进行惩罚，为了正确识别 $y_i=1$。由于 $b^{\log_b x}=x$，当 $x\to 0$ 时 $\log(x)\to -\infty$。这使得我们对 y_i 的分类越是错误，对 $\text{cost}(x_i,1)=-\log(f(x_i))$ 的惩罚就越严厉。

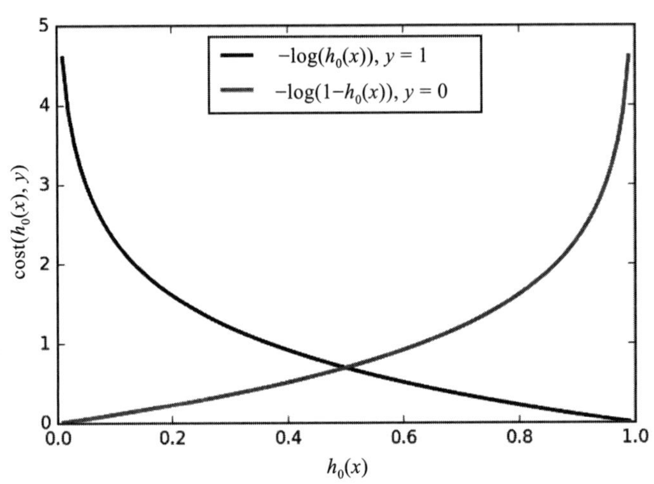

图 9.16　正类（左）和负类（右）元素的成本惩罚。如果分类正确，则惩罚为零，标签的概率为 1，但惩罚会随着错误置信度的增加而增加

现在考虑 $y_i=0$ 的情况。由于 $f(x_i)$ 的较高数值，即 $f(x_i)\to 1$，因此我们要惩罚分类器。稍微思考一下就会知道现在正确的惩罚是 $\text{cost}(x_i,0)=-\log(1-f(x_i))$。

将上述这些联系起来，注意当我们将成本 $\text{cost}(x_i,1)$ 乘以 y_i 时会发生什么。只有两个可能的结果，即 $y_i=0$ 或 $y_i=1$。这有着预期的效果，因为在不适用惩罚的情况下，惩罚会归零。类似地，乘以（$1-y_i$）有着相反的效果：当 $y_i=1$ 时，将惩罚归零，当 $y_i=0$ 时则启用惩罚。通过将成本乘以适当的度量变量，可以将 logistic 回归的损失函数定义为下面的代数公式：

$$J(\omega)=\frac{1}{n}\sum_{i=1}^{n}\text{cost}(f(x_i,\omega),y_i)=-\frac{1}{n}\left[\sum_{i=1}^{n}y_i\log f(x_i,\omega)+(1-y_i)\log(1-f(x_i,\omega))\right]$$

294

这个损失函数的优点在于它是凸函数，这意味着我们可以通过梯度下降找到最适合训练样本的参数 $\boldsymbol{\omega}$。因此，我们可以利用 logistic 回归找出两个类别之间的最佳分隔线，为二元分类提供一种自然的方法。

9.7　logistic 分类中的几个问题

建立有效的分类器（见图 9.17）有许多细微差别，这些问题与 logistic 回归和我们将在接下来的两章中探讨的其他机器学习方法相关。其中包括管理非平衡类的大小、多类分类以及构造来自独立分类器的真实概率分布。

9.7.1　均衡训练分类

思考一下下面的分类问题，这是任何国家的执法机构都非常感兴趣的。根据你掌握的关于某个人 p 的数据，决定 p 是否是恐怖分子。

295

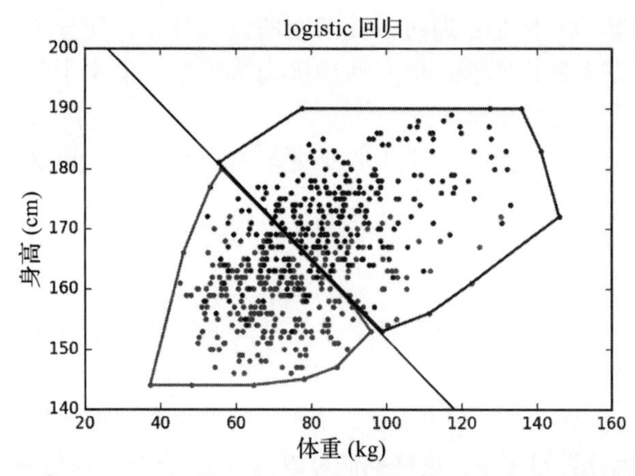

图 9.17 在体重 – 身高空间中，logistic 回归分类器对区分男女的最佳表现。右上方区域是 223 个男性和 65 个女性，左下方区域是 229 个女性和 63 个男性。

数据质量将最终决定分类器的准确率，但无论如何，这个问题的某些方面使它变得异常棘手。事实上，普通民众中没有多少恐怖分子。

在美国，我们普遍享受着和平与安全。如果整个国家只有大约 300 名真正的恐怖分子，我也不会感到惊讶。在一个有着 3 亿人口的国家，这意味着每百万人中只有一人是活跃的恐怖分子。

这种不平衡有两个主要后果。首先，任何有意义的分类器都注定会有很多假阳性。即使我们的分类法被证明是正确的，正确率是当时闻所未闻的 99.999%，那它也会将 3000 名无辜者归类为恐怖分子，是我们实际要抓获的坏人数量的十倍。7.4.1 节中也讨论了与精度和召回率相关的类似问题。

这种不平衡的第二个后果是，不会有许多真实的恐怖分子的样本供训练使用。我们可能有数万无辜的人可以作为正 /0 类的例子，但只有几十个已知的恐怖分子是负 /1 类的训练样本。

想想 logistic 分类器在这种情况下会怎么做。与将更多的无辜百姓分类为恐怖分析相比，即使错误地将所有恐怖分子归类为清白之人，也不会对损失函数造成太大影响。与追捕恐怖分子相比，它更可能划清界限，清除所有人。这个例子的寓意是，通常最好使用相同数量的正类和负类样本。

但是，某一类可能的例子也许十分难找。那么，有什么办法来生成更好的分类器吗？

- **通过舍弃较大类中的部分样本强制平衡类**：这是实现类平衡的最简单方法。如果你有足够的稀有类元素来构建一个还不错的分类器，那么这个方法完全合理。通过舍弃不需要的多余样本，我们创建了一个不利于大多数类的更难的问题。
- **复制较小类的元素，最好带干扰**：获得更多训练样本的一个简单方法是克隆，将复制的样本以不同的名称插入训练集中。添加足够多的样本就会使类平衡。

  然而，这个公式并不稳定。因为将一个额外的真实复制样本移到边界的右侧也会导致所有复制样本发生偏移，所以这些相同的数据样本可能会引起数值不稳定，而且肯定会有过拟合的倾向。最好在每个克隆的样本中添加一定数量的随机噪声，噪声与总体的方差一致。这使得分类器更难找到它们，从而最小化过拟合。
- **与较大类的实例相比，少数训练样本的权重更大**：参数优化的损失函数中包含了单独一项，表示每个训练实例的误差。为了将更多的权重分配给最重要的样本而添加系数，会遇到一个凸优化问题，因此仍可以通过随机梯度下降对其进行优化。

296

上述三种解决方案的共性是：通过改变潜在的概率分布，使分类器具有偏向性。对于一个分类器而言，知道复制样本在一般总体中极为罕见这一事实十分重要，也许可以通过指定贝叶斯先验分布让分类器知道。

当然，最好的解决方案是从稀有类中收集更多的训练样本，但这并不总是可行的。所以这三种方法是我们能想到的最好方法。

9.7.2 多类分类

分类任务（见图 9.18）通常涉及在两个以上不同的标签中进行挑选。思考一个识别给定电影类型的问题。逻辑上的可能性包括剧情片、喜剧、动画、动作片、纪录片和音乐剧。

用一种自然但具有误导性的方法来表示 k 个不同的类，这会使得类数超过 0/1 分类所能表示的范围。在头发颜色分类问题中，也许我们可以指定金发 = 0，棕色 = 1，红色 = 2，黑色 = 4，依此类推，直到我们标注了所有可能的颜色。然后我们可以通过线性回归来预测颜色类型。

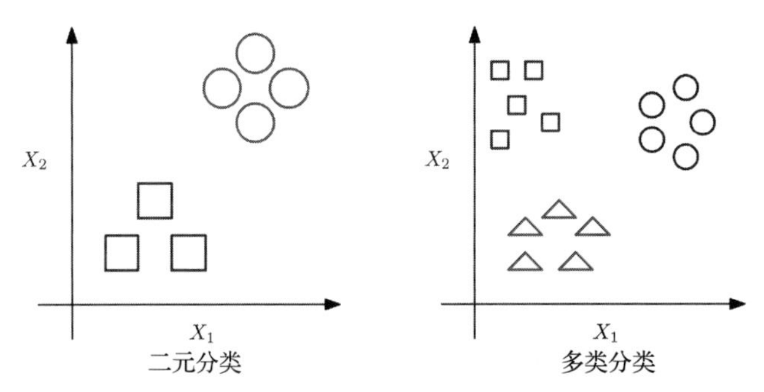

图 9.18 多类分类问题是二元分类的拓展

但这通常都是不明智的。定序型数据按照递增或递减的顺序排列。如果你的类没有反映出定序数据，那么类编号将是一个无意义的回归目标。

思考一下上述头发颜色编号问题。红头发应该介于棕色和黑色之间（如当前定义）还是介于金色和棕色之间？灰发是金发的浅色调（比如分类为 −1），还是由于年龄增长而发生的一种特殊状况？据推测，造成白发的特征因素（青少年的年龄和数量）与产生金发的因素（发廊数量和北欧血统）完全正交。如果是这样，就不可能有一个线性回归系统可以将头发颜色作为一个连续变量来拟合，从而将这些颜色从深色头发中分离出来。

定序型数据可以正确定义某些类集合。例如，考虑一下当人们根据调查问题给自己打分时形成的课程，比如“Skiena 的课程太繁重了”或“你给这部电影打了几星？”

297

完全同意 ↔ 大体同意 ↔ 中立 ↔ 大体不同意 ↔ 完全不同意

四星 ↔ 三星 ↔ 双星 ↔ 一星 ↔ 零星

由这样的李克特量表定义的类是有序的，因此，这样的类编号是绝对合理的。特别地，错误地将一个元素分配给相邻的错误类比将它分配给相距最远的错误类更容易发生。

但总的来说，类标签并不是有序的。解决多类歧视的更好的想法是构建多个一对多的分类器，如图 9.19 所示。对于每个可能的类 C_i，其中 $1 \leqslant i \leqslant c$，我们训练一个 logistic 分类器以便从与之相连的所有类中识别出元素 C_i 的类。为了识别与新元素 x 相关联的标签，我们对所有这些分类器的 c 进行测试，并返回关联概率最高的标签 i。

这种方法应该看起来简单合理，但是请注意，分类问题中的类越多，就越难处理。想想前面提到的 monkey 问题。通过掷硬币，monkey 应该能够正确地标记出任何二元分类问题中 50% 的样本。但现在假设有 100 个类，monkey 只有 1% 的概率会猜对。这项工作现在变得非常困难，即使一个出色的分类器也很难对这个问题做出很好的解答。

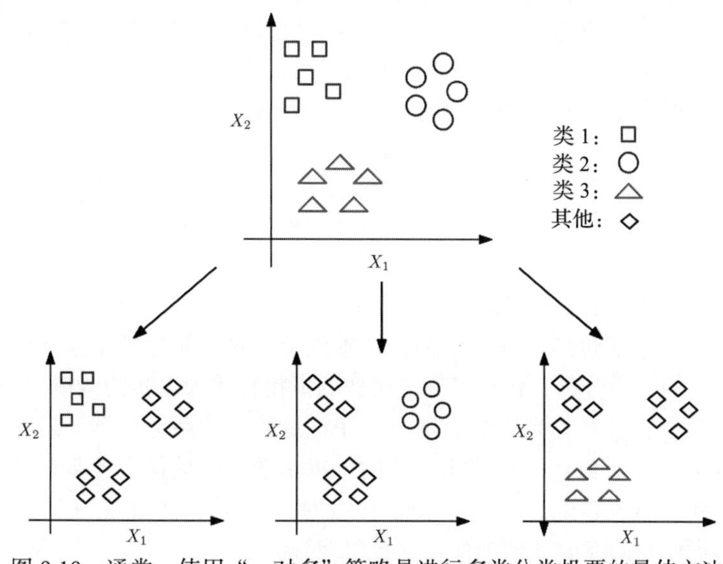

图 9.19　通常，使用“一对多”策略是进行多类分类投票的最佳方法

9.7.3　分层分类

当问题中包含的类很多时，将它们分组到树结构或层次结构中以提高准确率和效率是值得的。假设我们构建了一个二叉树，其中每个单独的类由一个叶节点表示。每个内部节点代表一个分类器，用于区分左派生物和右派生物。 298

要使用此层次结构对新的样本 x 进行分类，我们需要从根部开始。对 x 运行根分类器将会指定它是属于左边的子树还是右边的子树。向下移动一个级别，将 x 与新节点的分类器进行比较，并保持循环，直到碰到一个定义了标签的叶子节点并将其分配给 x 为止。这个过程所花费的时间与树的高度成正比，理想情况下，如果我们明确要与每个类进行比较，那么类 c 的数量是对数的，而不是线性的。基于这种方法的分类器称为决策树，将在 11.2 节中进一步讨论。

理想情况下，这个层次结构可以根据领域内的相关知识构建，以确保相似的类被放在一起。这样做有两个好处。第一，它使与被错误分类的样本相似的事物更有可能仍然被分到这个标签。第二，它意味着中间节点可以定义更高阶的概念，从而可以更准确地识别。假设一个图像分类问题中的 100 个类中含有“汽车”“卡车”“船”“自行车”。当所有这些类都是中间节点“车辆”的派生物时，可以将该节点的路径解释为一个低分辨率、高精度的分类器。

分类的另一个独立风险随着类数量的增加而加剧。某些类的成员（比如“大学生”）比其他类要多得多（比如“摇滚明星”）。最大类和最小类的规模之间的相对差距通常随着类数的增加而增大。

在这个例子中，让我们认同“摇滚明星”往往是郁郁寡欢、外表邋遢的男性，这为所有分类器提供了有用的特征。然而，只有一小部分郁郁寡欢、外表邋遢的男性成为摇滚明星，因为很少有人能在这个要求很高的职业中取得成功。如果分类系统对标签上的先验分布没有一个正确的认识，那么就注定会产生许多假阳性的误报，因为它们过于频繁地分配稀有的标签。

这是贝叶斯分析的核心：在新的证据面前更新我们当前（先前）对概率分布的理解。在这里，证据是来自分类器的结果。如果在推理中包含一个合理的先验分布，就可以确保样本需要特别有力的证据才能将罕见的类标签分配给它。

9.7.4 分拆函数与多项式回归

想一下，我们首选的多类分类方法包括训练独立的单类分类器与所有 logistic 分类器 $F_i(x)$，其中 $1 \leqslant i \leqslant c$，$c$ 是不同的标签数。还有一个小问题，我们通过 logistic 回归得到的概率并不是真实的概率值。把它们变成真实的概率需要引入分拆函数的概念。

299

对于任何特定样本 x，将 x 的所有可能标签的“概率”相加会得到 $T=1$，其中

$$T = \sum_{i=1}^{c} F_i(x)$$

但这并不意味着一定要这样。所有这些分类器都是独立训练的，因此没有什么强迫它们必须进行求和，即 $T=1$。

一种解决方案是将所有这些概率除以适当的常数，即 $F'(x) = F(x)/T$。这听起来像一个毫无意义的工作，而事实也确实如此。但是，本质上，这就是物理学家在谈论分拆函数时所做的事情，把它们作为分母，将与概率成比例的事物转化为真实的概率。

多项式回归是一种更具原则性的方法，用于训练独立的单分类器与所有分类器，以计算正确概率。这涉及为对数优势比使用正确的分拆函数，对数优势比采用结果值的指数计算。除此之外，我不想再多说，但是在你最喜欢的机器学习库中寻找一个多项式回归函数，看看它在面对多类回归问题时如何工作，这是很明智的。

在贝叶斯分析中出现了一个与分拆函数有关的概念。我们经常面临着根据证据 E 确定最可能的样本标签（例如 A）的挑战。回想一下，贝叶斯定理指出了：

$$P(A \mid E) = \frac{P(E \mid A)P(A)}{P(E)}$$

将其计算为真实概率需要知道分母 $P(E)$ 的大小，而这很难计算。但是如果通过比较 $P(A \mid E)$ 和 $P(B \mid E)$ 来确定标签 A 是否比标签 B 更有可能时，就不再需要知道 $P(E)$ 的大小，因为这两个表达式中的 $P(E)$ 是相同的。像物理学家一样，我们可以放弃它，咕哝着说“分拆函数”。

9.8 章节注释

线性回归和 logistic 回归是统计和优化中的最基本的问题。关于线性 logistic 回归及其应用的教材包括文献 [JWHT13，Wei05]。

用梯度下降方法解决回归的想法来自 Andrew Ng（吴恩达），在他的 CourSera 机器学习课程中有相关的讲解。我强烈建议那些对这个问题有兴趣的人观看他的视频讲座。

采用孟加拉国黄油产量准确预测标准普尔 500 指数的发现归于 Leinweber [Lei07]，不幸的是，与大多数虚假的相关性一样，它在被发现后立即崩溃，不再具有预测效力。

300

9.9 练习

线性回归

9-1 [3] 在 $n \geqslant 6$ 个点上构造一个样本，其中样本点的最优回归线为 $y=x$，即使没有任何输入点直接位于该线上。

9-2 [3] 假设拟合一条回归线，根据苹果的重量预测其货架期。对于特定的苹果，预测保质期为 4.6 天。苹果残差为 −0.6 天。我们是高估了还是低估了苹果的保质期？解释你的理由。

9-3 [3] 假设想要找到最佳的拟合函数 $y=f(x)$，其中 $y=\omega^2 x+\omega x$。如何用线性回归法求出 ω 的最佳值？

9-4 [3] 假设我们有机会从 $y=\omega^2 x$ 以及 $y=\omega x$ 中选择一个作为形如 $y=f(x)$ 函数的最佳拟合模型，其中 ω 为常数系数。哪一个更通用，还是说它们没有区别？

9-5 [5] 解释什么是长尾分布，并提供有长尾的相关现象的三个例子。为什么它们在分类和回归问题中很重要？

9-6 [5] 使用线性代数库 / 包，实现闭形式回归求解 $\boldsymbol{\omega}=(\boldsymbol{A}^{\mathrm{T}}\boldsymbol{A})^{-1}\boldsymbol{A}^{\mathrm{T}}\boldsymbol{b}$。相对于现有计算器，它的性能如何？

9-7 [3] 确定 logit 函数中的常数 c 的不同值对距离边界 0.01、1、2 和 10 个单位数据分类概率的影响。

线性回归实验

9-8 [5] 用线性回归拟合非线性函数的效果实验。对于给定的 (x, y) 数据集，构造变量集为 $\{1, x, \cdots, x^k\}$ 的最佳拟合线，用于不同 k 的范围。在这个过程中，模型在拟合误差和一般稳健性方面是变好还是变差？

9-9 [5] 线性回归中特征尺度效应的实验研究。对于具有至少两个特征（维度）的给定数据集，将一个特征的所有值乘以 10^k，其中 $-10 \leqslant k \leqslant 10$。此操作是否会导致拟合中的数值准确率损失？

9-10 [5] 在线性回归中实验高度相关的特征的影响。对于给定的 (x, y) 数据集，用少量但不断增加的随机噪声复制 x 的值。当新列与原始列完全相关时，返回的是什么？随着随机噪声的增加会发生什么？

9-11 [5] 测试离群值对线性回归的影响。对于给定的 (x, y) 数据集，构造最佳拟合线。不断删除残差最大的点，再重新进行拟合。在这个过程中，预测的坡度序列是否相对稳定？

9-12 [5] 正则化对线性回归 /logistic 回归的影响实验。对于给定的多维数据集，使用（a）无正则化、（b）岭回归和（c）LASSO 回归构造最佳拟合线；后两种方法使用一系列约束值。当我们减少参数的大小和数量时，模型的准确率如何变化？ 301

实施项目

9-13 [5] 使用线性 /logistic 回归为下列 *The Quant Shop* 挑战之一建立模型：

（a）环球小姐
（b）电影总票房
（c）新生儿体重
（d）艺术品价格
（e）白色圣诞节
（f）足球比赛冠军
（g）食尸鬼池
（h）黄金 / 石油价格

9-14 [5] 这个关于预测 NCAA 大学篮球锦标赛结果的故事很有启发性：http://www.nytimes .com/2015/03/22/opinion/sunday/making-march-madness-easy.html。实现这样一个 logistic 回归分类器，并将其扩展到足球等其他运动。

面试问题

9-15 [8] 假设使用随机梯度下降法训练一个模型，我们如何知道模型是否收敛到唯一解？

9-16 [5] 梯度下降法总是收敛到同一点吗？

9-17 [5] 使用线性回归需要什么样的前提假设？如果不符合这些假设呢？

9-18 [5] 如何训练 logistic 回归模型？我们如何解释它的系数？

Kaggle 挑战

9-19 根据配料表确定正在煮的食物。
https://www.kaggle.com/c/whats-cooking

9-20 哪些客户对他们的银行满意？
https://www.kaggle.com/c/santander-customer-satisfaction

9-21 工作者需要做什么才能完成工作？
https://www.kaggle.com/c/amazon-employee-access-challenge 302

第 10 章

距离和网络方法

当指标变成目标时，它就不再是一个好的指标。

——Charles Goodhart (Goodhart's Law)

一个点 $n \times d$ 的数据矩阵由 n 个样本 / 行组成，每个样本 / 行由 d 个特征 / 列定义，它自然地定义了 d 维几何空间中 n 个点的集合。将样本解释为空间中的点，这提供了一种强有力的思考方法，就像天上的星星一样。哪些恒星离太阳最近，即我们最近的邻居？星系是通过对数据进行聚类而确定的自然恒星群。哪些恒星与我们的太阳共享银河？

空间中的点集合与网络中的顶点之间有着密切的联系。通常，我们从几何点集出发，通过将紧邻的点连接形成边来构建网络。相反，我们可以从网络中构建点集，通过在空间中嵌入顶点，使得嵌入中的连接顶点对彼此靠近。

几何数据中几个重要问题很容易推广到网络数据，包括最近邻分类和聚类。因此，我们在本章中将这两个主题放在一起，以便更好地利用它们之间的协同作用。

10.1 测量距离

在 d 维的几何空间中，关于点 p 和点 q 最基本的问题是如何很好地测量它们之间的距离。对此显然没有什么问题需要说明，因为传统的欧几里得定理显然是用来测量距离的。欧几里得矩阵的定义为：

303

$$d(p,q)=\sqrt{\sum_{i=1}^{d}|p_i-q_i|^2}$$

但是还有其他合理的距离概念要考虑。实际上，什么是距离度量？它与任意其他的评分函数有何不同？

10.1.1 距离度量

距离度量在其增长方向上与相似性得分具有明显不同（如相关系数）。距离度量随着物体的缩小而变小，而相似函数则相反。

假设任何合理的距离度量都具有某些有用的数学性质。如果说距离度量满足以下性质，那么它就是度量：

- 非负性：对于任意的 x 和 y，$d(x,y)\geqslant 0$。
- 恒等性：当且仅当 $x=y$ 时，$d(x,y)=0$。

- 对称性：对于任意的 x 和 y，$d(x, y) = d(y, x)$。
- 三角形不等式原则：对于任意的 x、y 和 z，$d(x, y) \leqslant d(x, z) + d(z, y)$。

这些性质对于数据推理非常重要。事实上，许多算法只有在距离函数是可度量的情况下才能正常使用。

欧几里得距离是一种度量，这就是为什么这些条件对我们而言如此司空见惯。然而，有些其他同样看起来正常的相似性度量却不是距离度量：

- 相关系数：因为范围在 −1 到 1 之间，所以无法保证非负。同样也不满足恒等性，因为序列与自身的相关性为 1。
- 余弦相似性 / 点积：与相关系数相似，由于不满足非负性和恒等性而不是距离度量。
- 有向网络中的旅行时间：在有单向街道的世界中，x 到 y 的距离不一定与 y 到 x 的距离相同。
- 最便宜的机票：这通常会违反三角不等式原则，因为由于航空公司奇怪的定价策略，从 x 到 y 的最便宜的飞行方式很可能是经过 z 的弯路。

相比之下，某些众所周知的距离函数其实是度量，例如字符串匹配中使用的编辑距离，只是并不是那么显而易见。与其假设，不如证明或反驳这四个基本性质中的每一个，以确保理解你正在使用的是什么。

304

10.1.2　L_k 距离度量

欧氏距离只是一个更一般的距离函数族中的特例，称为 L_k 距离度量或范数：

$$d_k(p, q) = \sqrt[k]{\sum_{i=1}^{d} |p_i - q_i|^k} = \left(\sum_{i=1}^{d} |p_i - q_i|^k \right)^{1/k}$$

参数 k 提供了一种在最大维度差异和总维度差异之间进行权衡的方法。k 的值可以是介于 1 到正无穷之间的任意数字，其中特别常用的值包括：

- 曼哈顿距离（$k = 1$）：如果我们忽略像百老汇这样的例外，曼哈顿的所有的街都是东西走向的，所有的路都是南北走向的，因此形成了一个规则的网格。两个地点之间的距离就是南北差异和东西差异的总和，因为高层建筑阻止了任何可能的捷径。

  类似地，L_1 或曼哈顿距离是维度之间偏差的总和。由于一切都是线性的，所以在两个维度中每一个维度上相差 1 等于在一个维度上相差 2。由于我们不能利用对角线这个捷径，所以两点之间通常有许多可能的最短路径，如图 10.1 所示。

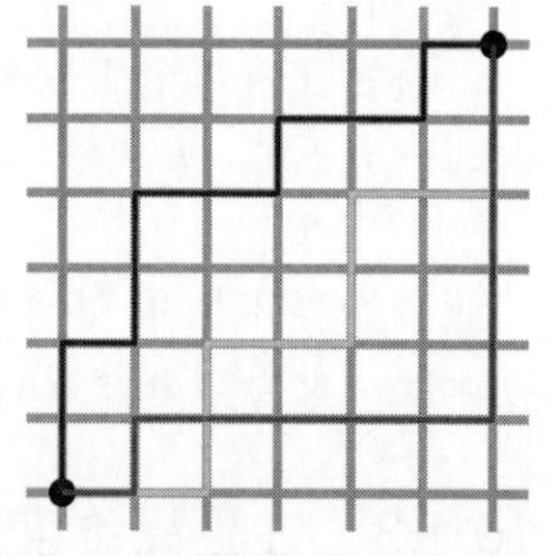

图 10.1　跨网格的许多不同路径具有相等的曼哈顿（L_1）距离

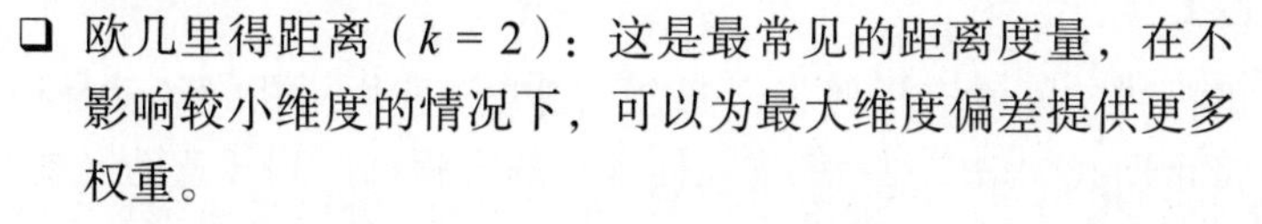

- 欧几里得距离（$k = 2$）：这是最常见的距离度量，在不影响较小维度的情况下，可以为最大维度偏差提供更多权重。
- 最大连通分支（$k = \infty$）：随着 k 值的增加，较小的维数差异逐渐变为不相关。如果 $a > b$，那么 $a^k \gg b^k$。当 $b^k / a^k \to 0$ 时，可以将 $b^k + a^k$ 的 k 次方根近似为 a。

  考虑点 $p_1 = (2, 0)$ 和点 $p_2 = (2, 1.99)$ 到原点的距离：

305

- 当 $k = 1$ 时，距离分别是 2 和 3.99。
- 当 $k = 2$ 时，距离分别是 2 和 2.821 36。

- 当 $k = 1000$ 时，距离分别是 2 和 2.000 01。
- 当 $k = \infty$ 时，距离分别是 2 和 2。

L_∞ 度量返回最大的一维差作为距离。

我们对欧几里得距离很满意，因为我们生活在一个欧几里得世界里。我们相信毕达哥拉斯定理的真理，即直角三角形的边服从 $a^2 + b^2 = c^2$ 的关系。在 L_k 距离的世界中，毕达哥拉斯定理是 $a^k + b^k = c^k$。

同样，我们对圆是圆形的概念也很满意。回想一下，圆被定义为距原点 p 为 r 处的点的集合。更改距离的定义，就可以更改圆的形状。

L_k“圆”的形状决定围绕中心点 p 的那些点是相等的邻点。图 10.2 说明了形状如何随 k 变化。在曼哈顿距离（$k = 1$）下，圆看起来像一颗钻石。对于 $k = 2$，它是我们熟悉的圆形物体。对于 $k = \infty$，此圆将延伸到一个面向轴的框中。

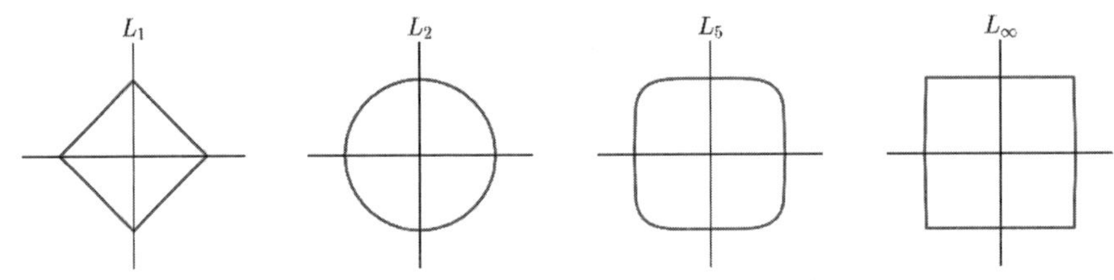

图 10.2　定义等距的圆的形状随 k 变化

在 k 从 1 到 ∞ 的变化过程中，形状从钻石平滑变到方盒。选择 1 的值等效于选择了最适合我们领域的圆的模型。这里的区别在高维空间中变得尤为重要：我们关心的是所有维度的偏差，还是主要关注最大的偏差？

课后拓展：选择正确的 k 值可以对距离函数的意义产生重大影响，特别是在高维空间中。

306

要使所得的“距离”值满足度量性质，必须取第 k 次幂项之和的 k 次根。然而，在许多应用中，我们将只使用距离进行比较：判断是否 $d(x, p) \leqslant d(x, q)$，而不是使用公式中或孤立的值。

因为在将每个维度距离提高到 k 次方之前要取其绝对值，所以距离函数内的总和总是得到一个正值。k 次根 / 幂函数是单调的，这意味着对于大于等于 0 的 x，y 和 k：

$$(x > y) \to (x^k > y^k)$$

因此，如果不取求和的 k 次根，比较距离的顺序就不变。避免 k 次方根计算节省了时间，这在进行多次距离计算时被证明非常有用，例如在最近邻搜索中。

10.1.3　在更高维度上工作

我个人对维度超过 3 的高维空间没有任何集合概念。通常，我们所能做的就是通过线性代数来思考高维几何：将帮助我们对二维 / 三维几何理解的方程推广到任意的 d 维空间，这是我们的思考方式。

我们可以培养出一些直觉，通过投影方法处理高维数据集，从而将维度降低到我们可以理解的水平。通过完全忽略另外的 $d-2$ 维将剩下的二维数据进行可视化投影通常是有帮助的，而不是研究维度对的点状图。通过像主成分分析这样的降维方法（见 8.5.2 节），我们可以结合高度相关的特征来产生更清晰的表达。当然，在这个过程中会丢失一些细节：是噪声还是细微差别取决于你的解释。

应当清楚的是，随着数据集中维度数量的增加，隐含的一层意思是说，每个维度在整体中的重要性都降低了。在测量特征空间中两个点之间的距离时，要明白，维度大意味着有更多的方法可以使点彼此靠近（或远离）：我们可以想象它们在除了一个维度之外的所有其他维度上几乎都相同。

这使得距离度量的选择在高维数据空间中显得尤为重要。当然，我们可以始终坚持使用 L_2 距离，因为这是一个安全且标准的选择。但是如果我们想测量在多个维度上都接近的点时，我们更喜欢倾向于 L_1 度量。相反，如果在任何一个维度上都不接近，那么我们也许应该对更接近 L_∞ 的度量感兴趣。

思考选择哪种方式的办法是：我们是更关心随机添加到我们特征中的噪声，还是更关心导致大型伪影的异常事件。如果是前一种情况，那么 L_1 是不可取的，因为度量将距离内所有维度的噪声相加。但伪影使 L_∞ 的可靠性受到怀疑，因为任何一列中的一个重大错误都将极大影响整个距离计算。 307

课后拓展：随意选择最佳距离度量。评估不同函数在梳理数据集中元素的相似性方面的工作情况。

10.1.4 维度平均

L_k 距离度量隐式地对每个维度进行平均加权。但未必一定这样。有时我们会遇到这样一个问题：根据某些特定领域的知识，对于相似性的影响，某些特征比其他特征更为重要。我们可以使用系数 c_i 对该信息进行编码，以指定每个维度的不同权重：

$$d_k(p,q)=\sqrt[k]{\sum_{i=1}^{d}|p_i-q_i|^k}=\left(\sum_{i=1}^{d}c_i|p_i-q_i|^k\right)^{1/k}$$

我们可以将传统的 L_k 距离看作这个更一般性的公式的一个特例，其中 $c_i=1$ 对于 $1\leqslant i\leqslant d$。这个维度加权距离仍然满足度量性质。

如果你拥有关于某些特定点之间的期望距离的真实数据，则可以使用线性回归拟合系数 c_i，以使训练集得到最佳匹配。但是，一般来说，维度加权距离通常不是一个好主意。除非你有确切的理由知道某些维度比其他维度更重要，否则你只是将你的偏好编码到距离公式中。

但是，如果你在计算距离之前不对变量进行规范化处理，那么会产生更严重的偏差。假设我们可以选择以米或公里为单位报告距离。那么距离函数中相差 30 米的实际影响将是 $30^2=900$ 或 $0.03^2=0.0009$，两者在权重上相差了 100 万倍。

正确的方法是在计算距离之前，用 Z 得分将每个维度的值标准化。将每个值 x_i 替换为其 Z 得分：$z=(x-\mu_i)/\sigma_i$，其中 μ_i 是维度 i 和其标准差 σ_i 的均值。现在，对于所有维度，x_i 的期望值均为零，并且如果一开始它们是正态分布的，那么分布被严格控制了。如果要分配一个特定的维度，比如说，分布的幂律，则必须采取更加严格的措施。复习 4.3 节中有关的技术规范，例如在计算 Z 得分之前先用对数对其处理。

课后拓展：维度加权距离度量作为一个补救措施，最常见的用途是掩盖你未正确规范化数据这一事实。别掉进这个陷阱里。在计算距离之前，将原始值替换为 Z 得分，以确保所有维度对结果的贡献相等。

308

10.1.5 点与向量

向量和点都是由数字数组定义的，但对于表示特征空间中的元素，它们在概念上却是不同的。向量将方向与大小分离，因此可以认为是在单位球体表面上定义点。

要了解这一点的重要性，请考虑从单词主题计数中识别最近文档的问题。假设我们已经根据主题将英语词汇划分为 n 个不同的子集，因此每个词汇单词正好位于其中一个主题中。我们可以将每一篇文章 A 表示为一个词袋，作为 n 维空间中的一个点 $\boldsymbol{p}$，其中 p_i 为文章 A 中出现的来自主题 i 的单词数。

如果我们想让一篇关于足球的长文章接近一篇关于足球的短文章，此时这个向量的大小并不重要，重要的是它的方向。如果没有长度的规范化，那么所有小的 tweet-length 文档都会在原点附近聚集，而不是按照我们的意愿在主题空间中进行语义聚类。

范数是向量大小的度量，本质上是只涉及一个点的距离函数，因为第二个点被认为是原点。向量本质上是正规化点，在这里我们用 $\boldsymbol{p}$ 的每个维度的值除以它的 L_2 范数 $L_2(\boldsymbol{p})$，它是 $\boldsymbol{p}$ 点和原点 O 之间的距离：

$$L_2(\boldsymbol{p})=\sqrt{\sum_{i=1}^{n} p_i^2}$$

进行该正规化后，每个向量的长度将为 1，这将该点转化为单位球面上围绕原点的点。

我们有几种可能的距离度量可用于比较向量对。第一类由 L_k 度量定义，包括欧几里得距离。这一方法之所以可行，是因为球体表面上的点仍然是空间中的点。但是也许可以根据两个向量之间定义的夹角更有意义地考虑两个向量之间的距离。我们已经看到，$\boldsymbol{p}$ 和 $\boldsymbol{q}$ 两点之间的余弦相似性是它们的点积除以它们的 L_2 范数：

$$\cos(\boldsymbol{p},\boldsymbol{q})=\frac{\boldsymbol{p}\cdot\boldsymbol{q}}{\|\boldsymbol{p}\|\|\boldsymbol{q}\|}$$

对于先前的正规化向量，这些范数等于 1，所以现在唯一需要考虑的就是点积。

此处的余弦函数是一个相似度函数，而不是距离度量，因为较大的值表示较高的相似度。将余弦距离定义为 $1-|\cos(\boldsymbol{p},\boldsymbol{q})|$ 可以产生满足三个度量性质（除三角形不等式之外）的距离度量，真正的距离度量遵循角距离，其中

309

$$d(\boldsymbol{p},\boldsymbol{q})=1-\frac{\arccos(\cos(\boldsymbol{p},\boldsymbol{q}))}{\pi}$$

这里 arccos() 是反余弦函数 $\cos^{-1}()$，π 是弧度制中最大的角度。

10.1.6 概率分布之间的距离

回想一下 KS 检验（5.3.3 节），它使我们能够确定两组样本是否可能来自相同的潜在概率分布。

这表明我们经常需要一种方法来比较一对分布，并确定它们之间的相似性或距离。一个典型的应用是测量一个分布与另一个分布的接近程度，从而提供一种方法来确定一组可能模型中的最佳模型。

原则上，对点所描述的距离度量可用于测量给定离散变量范围 R 上两个概率分布 P 和 Q 的相似性。

假设 R 可以取 d 个可能值中的任何一个，比如 $R=\{r_1,\cdots,r_d\}$。让 $p_i(q_i)$ 表示在 $P(Q)$ 分布下 $X=r_i$ 的概率。因为 P 和 Q 都是概率分布，所以，

$$\sum_{i=1}^{d} p_i = \sum_{i=1}^{d} q_i = 1$$

当 $1 \leqslant i \leqslant d$时，$p_i$ 和 q_i 值的范围可以看作表示 P 和 Q 的 d 维点，其距离可以使用欧氏度量计算。

尽管如此，还有一些更专业的方法可以更好地评估概率分布的相似性。它们基于信息论中的熵概念，熵定义了从分布中抽取的样本值的不确定性度量。这使得这个概念有些类似方差。

概率分布 P 的熵 $H(P)$ 由下式给出：

$$H(P) = \sum_{i=1}^{d} p_i \log_2 \left(\frac{1}{p_i} \right) = -\sum_{i=1}^{d} p_i \log_2(p_i)$$

和距离一样，熵也是一个非负的量。上面的两个求和公式仅仅是在实现方式上有些不同。因为 p_i 是一个概率，所以通常小于 1，因此 $\log(p_i)$ 通常为负。因此，要么在取对数之前先取概率的倒数，要么对每个项前面加负号，就可以使所有 P 的 $H(P) \geqslant 0$。

熵是一种不确定性的度量。考虑当 $p_1 = 1, p_i = 0$ 时，对于 $2 \leqslant i \leqslant d$ 时的分布。这就像是投掷一个里面装了水银的骰子，尽管上面有 d 面，但结果是确定的。当然了，$H(P) = 0$，因为 p_i 或 $\log_2(1)$ 在求和中的每个项都是零。现在考虑 $1 \leqslant i \leqslant d$ 时 $q_i = 1/d$ 的分布。此时表示公平掷骰子，最大不确定分布为 $H(Q) = \log_2(d)$。

310

不确定性的另一面是信息。熵 $H(P)$ 对应于从 P 样本中揭示出的信息量。当有人告诉你一些你已经知道的事情时，你从中什么也学不到。

概率分布的标准距离测度基于熵和信息论。Kullback-Leibler（KL）散度度量了使用分布 Q 代替分布 P 时获得的不确定性或信息损失量。特别是，

$$\mathrm{KL}(P \| Q) = \sum_{i=1}^{d} p_i \log_2 \frac{p_i}{q_i}$$

假设 $P = Q$，那么就不会得到同时也不会失去任何东西，并且 $\mathrm{KL}(P, P) = 0$，因为 $\lg(1) = 0$。但是用 Q 代替 P 的效果越差，$\mathrm{KL}(P \| Q)$ 就会变得越大，当 $p_i > q_i = 0$ 时，该值变为无穷大。

KL 散度类似距离测度，但不是度量，因为它不是对称的，即 $\mathrm{KL}(P \| Q) \neq \mathrm{KL}(Q \| P)$，并且也不满足三角不等式。然而，它却是 Jensen-Shannon 散度 $\mathrm{JS}(P, Q)$ 的基础：

$$\mathrm{JS}(P, Q) = \frac{1}{2} \mathrm{KL}(P \| M) + \frac{1}{2} \mathrm{KL}(Q \| M)$$

其中分布 M 是 P 和 Q 的均值，即 $m_i = (p_i + q_i)/2$。

$\mathrm{JS}(P, Q)$ 在保持 KL 散度的其他性质的同时，还具有明显的对称性。此外，$\sqrt{\mathrm{JS}(P, Q)}$ 将三角形不等式转化为一个真正的度量。这是用于测量概率分布之间距离的正确函数。

10.2 最近邻分类

距离函数使我们能够识别哪些点最接近给定目标。这提供了强大的功能，并且是最近邻分类的引擎。给出一组带标记的训练样本，寻找与未带标记点 p 最相似的训练样本，然后从其最近的标记邻居中提取 p 的类标签。

这里的想法很简单。我们使用到给定查询点 q 的最近标记点来表示 q。如果我们正在处理一个分类问题，那么我们将给 q 分配与其距离最近的相同的标签。如果我们在处理一个回归问题，则将 q 指定为其最近的均值 / 中值。如果我们假设（1）特征空间一致地捕获

了相关元素的性质，以及（2）距离函数在遇到相似行 / 点时有意义地识别相似行 / 点，则这些预测是合理的。

311　最近邻分类法有三个优点：

- 简单性：最近邻法不是什么高深莫测的东西。数学中没有什么是比距离度量更令人生畏的了。这一点很重要，因为这意味着我们可以确切地知道发生了什么，避免成为错误或误解的受害者。
- 可解释性：研究一个给定查询点 q 的最近邻可以准确地解释分类器为什么要做出这样的决定。如果不认同这个结果，你可以系统地进行调试。相邻的点是否标记错误？你的距离函数是否未能找出 q 的逻辑对等组项？
- 非线性：最近邻分类器的决策边界是分段线性的，但可以随训练样本群任意起皱，如图 10.3 所示。从微积分中我们知道，分段线性函数一旦变得足够小，就会逼近光滑曲线。因此，最近邻分类器使我们能够实现非常复杂的决策边界，实际上，它们的表面非常复杂，以至于没有简洁的表示。

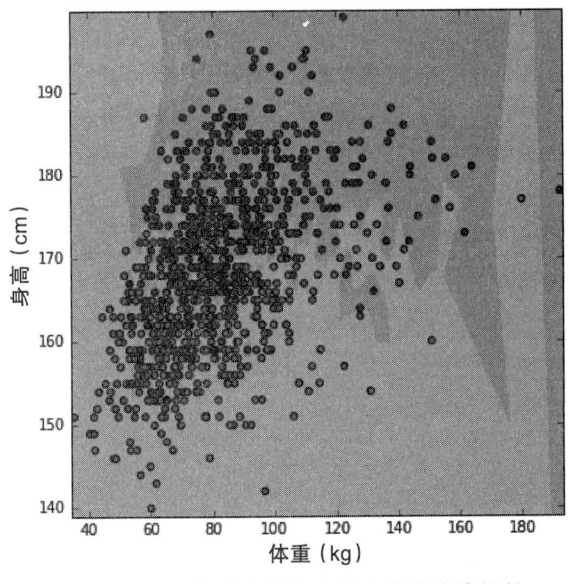

图 10.3　最近邻分类器的决策边界是非线性的

建立有效的最近邻分类器有几个需要注意的方面，包括与稳健性和效率相关的技术问题。但最重要的是学会欣赏类比的作用。在下面的章节中将讨论这些问题。

10.2.1　寻找好的类比

312　某些知识性学科依赖于类比的力量。律师不直接从法律中推理，而是依赖于判例，即受尊敬的法学家先前裁决的案件的结果。当前案例（我赢或我输）的正确判决是一个函数，在此函数中，可以证明先前案例与当前案件具有最基本的相似性。

同样，很多医学实践都取决于经验。这位老乡村医生回想她以前治过的病人，回忆起那些和你有相似症状并且被救治过来的病人，然后对你使用相同的治疗方案。我现在的医生 Learner 已经 80 多岁了，但我相信他比那些只依赖医学院教的最新东西的狂妄的年轻人更可靠。

从最近邻方法中获得最大的好处包括学会了尊重类比推理。预测房价的正确方法是什么？我们可以根据地段面积和卧室数量等特征描述每一处房产，并为每个属性分配一美元的权重，再通过线性回归将其相加。或者我们可以寻找“comps”，在相似的社区寻找类似的房产，并预测一个与我们看到的价格相似的价格。第二种方法所用的是类比推理。

我希望你能收集一些与你所在领域相关或你感兴趣的数据集，并做一些寻找最近邻的实验。一直为我提供素材的一个网站是 http://www.baseball-reference.com，它根据每个球员迄今为止的统计数据为他们匹配 10 个最相似的球员。我发现这些类比不可思议地唤起了人们的记忆：被识别的玩家通常扮演着相似的角色和风格，而这些角色和风格通常不易被统计数据明确地捕捉到。但不知为何，它的确做到了。

试着用你关心的另一个领域——书籍、电影、音乐或其他什么——来感受一下近邻方法和类比的力量。

课后拓展：识别到你所知点的 10 个最相近的邻居，是了解给定数据集的优势和局限性的绝妙方法。可视化这些类比应该是处理任何高维数据集的第一步。

10.2.2　*k* 最近邻法

为了对给定的查询点 q 进行分类，最近的邻居方法返回标签 q'，即最接近点 q 的标签。这是一个合理的假设，假设特征空间的相似性意味着标签空间的相似性。然而，这种分类仅仅基于一个训练样本，这应该会让我们更好地前行。

通过对多个近邻进行投票，可以实现更稳健的分类或插值。假设我们找到最接近查询的 k 个点，其中 k 通常是 3 到 50 之间的某个值，具体大小取决于 n 的大小。标记点的排列与 k 的选择将特征空间划分为多个区域，特定区域中的所有点都分配了相同的标签。

以图 10.4 为例，它试图从身高和体重的数据中构建一个性别分类器。一般来说，女性比男性更矮、更轻，但也有很多例外，特别是在决策边界附近。如图 10.4 所示，增加 k 会产生边界更平滑的更大区域，表示更稳健的决策。然而，我们使用的 k 越大，我们做出的决策就越一般。选择 $k = n$ 只是多数分类器的另一个名称，在这里，我们为每个点分配最常见的标签，而不考虑其个别特征。

313

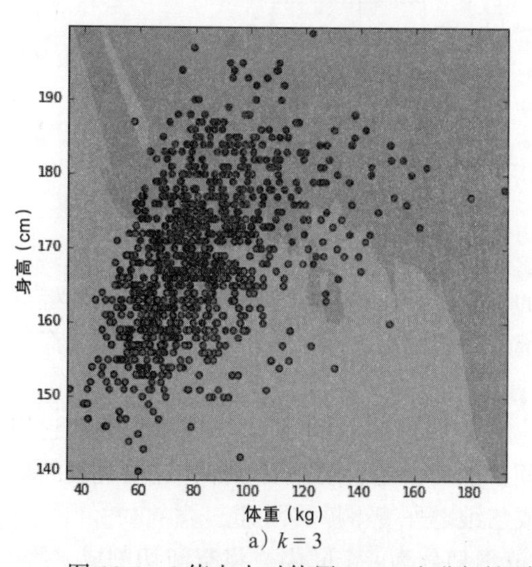

a）$k = 3$

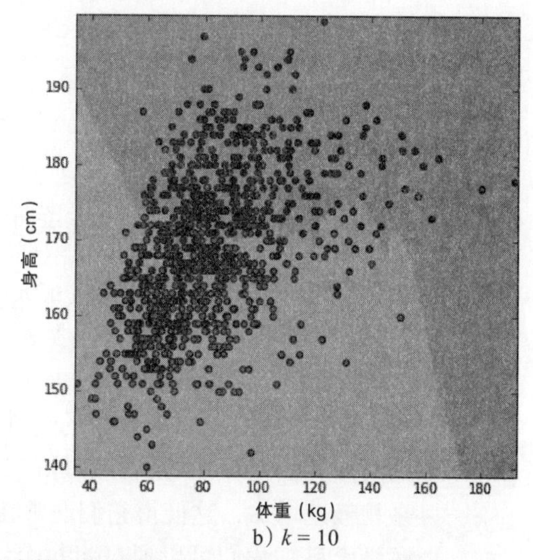

b）$k = 10$

图 10.4　k 值大小对使用 k-NN 法进行性别分类时决策边界的影响。比较 k=3、k=10 和 k=1 时（图 10.3）的决策边界

设置 k 值的正确方法是将一部分带标签的训练样本分配为评估集，然后尝试使用参数 k 的不同值来查看何时可以获得最佳性能。一旦选定了 k，这些评估值就可以返回到训练 / 目标集。

对于一个二元分类问题，我们希望 k 是奇数，以便找到的最近标签不会出现相等的情况。总的来说，赞成票和反对票的数目之差可以解释为我们对这一决定的信心的一种度量。

几何近邻法中存在潜在的不对称性。每个点都有一个最近的邻居，但对于离群值，即便是离它们最近的点可能距离也很远。实际上，这些离群值在分类中可能起着很大的作用，可以将大量特征空间定义为最近邻。然而，如果你正确地选择了训练样本，这应该是一个很大程度上无人居住的区域，一个特征空间中很少出现点的区域。

通过对 k 个最近点的值取均值，可以将最近邻分类的思想推广到函数插值中。房地产网站（www.zillow.com）很可能会使用该方法根据临近的房价预测某处房子的价格。这种平均方法可以用非均匀权重推广，根据距离等级或大小对点进行不同的估值。类似的想法也适用于所有的分类方法。

314

10.2.3 发现最近邻

最近邻分类方法的最大限制可能是运行时成本。以 $O(nd)$ 为代价，通过执行 n 个显式距离比较后，可以将 d 维空间中的查询点 q 与 n 个这样的训练点进行比较。由于有数千甚至数百万个训练点可用，这种搜索可能会给所有的分类系统带来明显的滞后性。

加速搜索的一种方法是使用几何数据结构。常用的方法包括：

- Voronoi 图：对于一组目标点，我们希望将其周围的空间划分为多个单元格，以便每个单元格恰好包含一个目标点。此外，我们希望每个单元的目标点都是距离该单元的所有点中最近的那个。这种分区称为 Voronoi 图，如图 10.5a 所示。

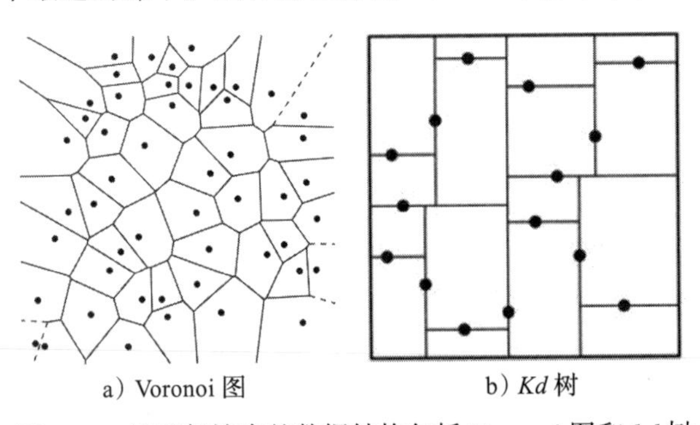

a）Voronoi 图　　b）*Kd* 树

图 10.5　最近邻搜索的数据结构包括 Voronoi 图和 *kd* 树

Voronoi 图的边界是由点对（a, b）之间的垂直平分线确定的，每个垂直平分线将空间分成两 8 部分：一部分包含 a，另一部分包含 b，这样 a 的一半上的所有点都比 b 更接近 a，反之亦然。

Voronoi 图是用于思考数据的绝佳工具，并且有许多很好的特性。建立和搜索它们的有效算法是存在的，特别是在二维空间。然而，随着维数的增加，这些过程的复杂性极速增加，这使得它们通常在二维或三维之外变得极其困难。

- 网格索引：我们可以通过将每个维度的范围划分为 r 个间隔或将空间切割成 d 维。例如，考虑一个二维空间，其中每个轴表示的都是概率，因此范围为 0 到 1 之间。

315

这个范围可以划分为 r 个大小相等的区间，使得第 i 个区间为 $[(i-1)/r, i/r]$。

这些间隔在空间上划分出了规则的网格，因此我们可以将每个训练点与其所属的网格单元相关联。搜索问题现在变成了通过数组查找或二分搜索来识别点 q 的正确网格单元，然后将 q 与该单元中的所有点进行比较以识别最近邻的问题。

这样的网格索引是有效的，但也存在潜在的问题。首先，训练点可能不是均匀分布的，许多单元格可能为空，如图 10.6 所示。建立一个非均匀的网格可能会导致一个更为平衡的排列，但是很难快速找到包含 q 的单元格。但我们也不能保证 q 的最近邻的点真的会与 q 在同一个单元内，尤其当 q 非常靠近单元边界时。这意味着我们还必须搜索相邻的单元格，以确保找到绝对最近的点。

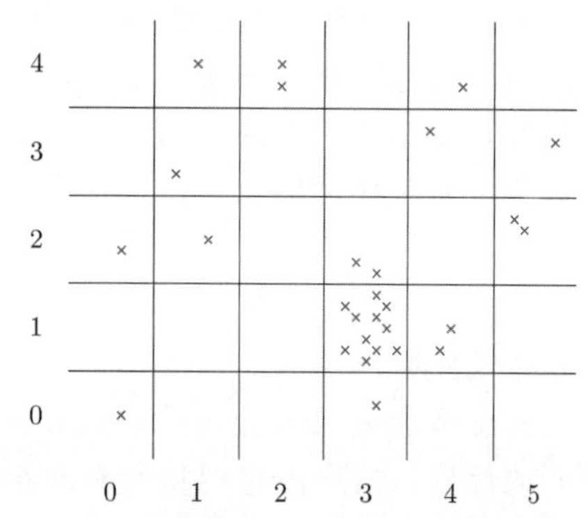

图 10.6　当点均匀分布时，网格索引数据结构提供了一种对最近邻的快速访问方法，但当某些区域中的点密集聚集时，访问效率会很低

- ❑ *kd* 树：存在一类基于树的数据结构，它们使用便于搜索的层次划分法来划分空间。从任意一个作为根的维度开始，*kd* 树中的每个节点定义了中线 / 平面，该中线 / 平面根据该维度对点进行均等分割。使用不同的维度在每一侧重复进行构造，依此类推，直到节点定义的区域仅包含一个训练点。

316

这种层次结构非常适合进行搜索。从根部开始，测试查询点 q 是在中线 / 平面的左侧还是右侧。这样可以确定 q 位于哪一侧，从而确定位于树的哪一侧。搜索时间是 $\log n$，因为我们在树的每一步都将点集一分为二。

存在许多这样的空间分区搜索树的结构可供使用，其中一种或多种可能会在你喜欢的编程语言的函数库中得以实现。有些提供了更快的问题搜索方法，如最近邻法，也但可能牺牲了一定的准确率。

尽管这些方法确实可以在适当的维度空间（例如 $2 \leqslant d \leqslant 10$）中加快最近邻搜索的速度，但是随着维数的增加，它们的有效性也在逐渐降低。原因是两个点可以彼此靠近的方式的数量随着维数的增加而迅速增加，这使得切除那些没有机会包含最接近点 q 的那些区域变得更加困难。对于维度足够高的数据，确定性最近邻搜索最终被简化为线性搜索。

10.2.4　局部敏感哈希

为了获得更快的运行速度，我们必须摒弃寻找精确的最近邻点的想法，并做出一个很好的猜测。我们希望根据相似度将附近的点成批地放入一个区域中，并快速地为我们的查询点 q 找到最合适的区域 B。此时只需计算 q 与该区域中的点之间的距离即可，这样当 $|B| \ll n$ 时，就可以节省搜索时间。

这是上一节中介绍的网格索引背后的基本思想，但是在实践中，搜索结构会变得难以控制和不平衡。更好的方法是采用哈希。

局部敏感哈希（LSH）是由一个哈希函数 $h(p)$ 定义的，该函数以点或向量作为输入，并产生一个数字或代码作为输出，使得当 a 和 b 彼此接近时，$h(a)=h(b)$；当 a 和 b 彼此远离时，$h(a) \neq h(b)$。

这种局部敏感的哈希函数很容易充当与网格索引相同的角色，不必对此大惊小怪。我们可以简单地从一个由一维散列值组成的表格入手，通过搜索 $h(q)$ 查找查询点 q 的潜在匹配项。

如何构建这种对位置敏感的哈希函数？首先，当限制为向量而不是点时，最容易理解该想法。回想一下，可以将 d 维向量集视为球体表面上的点，即 $d=2$ 时的圆。

让我们考虑通过该圆的原点的任意直线 l_1，它将圆切成两半，如图 10.7 所示。实际上，我们可以通过简单地选取一个随机夹角 $0 \leqslant \theta_1 \leqslant 2\pi$ 来随机地选取 l_1。这个夹角定义了通过原点 O 的直线的斜率，通过原点 O 和角 θ_1 可以确定直线 l_1。如果随机选择，那么 l_1 应该对向量进行大致分区，将其中的一半划分到左侧，其余部分划分到右侧。 317

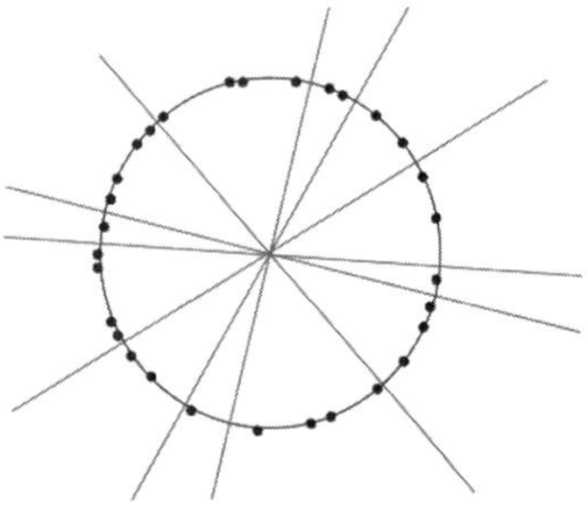

图 10.7　圆上的邻近点通常位于通过原点的随机线的同一侧。每个点对应的局部敏感哈希码可以组成任意特定行序列的测试序列（左或右）

现在添加第二个随机分隔线 l_2，它应该拥有与 l_1 相同的性质。然后，它们将所有向量划分为四个区域 $\{LL, LR, RL, RR\}$，这些区域由它们分隔线 l_1 和 l_2 的状态所确定。

任一向量 $\boldsymbol{v}$ 的最近邻都应与 $\boldsymbol{v}$ 位于同一区域，除非我们不走运，并且 l_1 或 l_2 会将它们分开。但 v_1 和 v_2 都在 L 的同一侧的概率 $p(v_1, v_2)$ 取决于 v_1 和 v_2 之间的夹角。特别是 $p(v_1, v_2) = 1 - \theta(v_1, v_2)/\pi$。

从而计算出 n 个点和 m 个随机平面的近邻被保留的确切概率。在这 m 个平面上的 L 和 R 的模式为任意向量 $\boldsymbol{v}$ 定义了一个 m 位局部敏感哈希码 $h(\boldsymbol{v})$。当我们从示例的两个平面移到更长码时，每个存储单元的预期点数下降到 $n/2^m$，尽管其中一个 m 平面将向量与其真正的最近邻区分开的风险有所增加。

注意，这种方法可以很容易地推广到二维之外的空间。设超平面由其法向向量 $\boldsymbol{r}$ 定义，该法向量 $\boldsymbol{r}$ 垂直于平面。$s = \boldsymbol{v} \cdot \boldsymbol{r}$ 的符号决定了想要查询的向量 $\boldsymbol{v}$ 位于哪一侧。回想一下，两个正交向量的点积为 0，所以如果 $\boldsymbol{v}$ 正好位于分离平面上，那么 $s=0$。此外，如果 $\boldsymbol{v}$ 高于这个平面，s 为正；如果 $\boldsymbol{v}$ 低于这个平面，s 为负。因此，第 i 个超平面仅为哈希码贡献了一位，其中 $h_i(q) = 0$，当且仅当 $\boldsymbol{v} \cdot r_i \leqslant 0$。

这样的函数可以超越向量推广到任意点集。此外，可以通过为每个项目构建多组哈希码（涉及不同组的随机超平面）提高其精度。只要 q 与其真正的最近邻共享至少一个哈希码，我们最终将遇到包含这两个点的存储单元。 318

请注意，LSH 的目标与用于加密应用程序或管理哈希表的传统哈希函数正好相反。传统的哈希函数试图确保相似项成对，以至于产生的哈希值相差很大，因此我们可以识别变化并充分利用表格的范围。相比之下，LSH 要求相似项接收完全相同的哈希码，因此我们可以通过冲突（数值的异同）识别相似性。通过 LSH，最近的相邻点都存储在同一区域内。

在数据科学中，除了最近邻搜索之外，局部敏感哈希还有其他应用。其中最重要的也许就是从复杂的对象（如视频或音乐流）构造压缩的特征表示。由这些流区间构造的 LSH 码定义了可能适合作为模式匹配或模型构建特征的数值。

10.3　图、网络和距离

图 $G = (V, E)$ 定义在一组顶点 V 上，并且包含一组从 V 开始的有序或无序顶点对形成

的边 E。在对道路网络进行建模时，这些顶点可以表示城市或路口，两两之间由道路 / 边相连。在分析人与人之间的相互作用时，顶点通常代表人，人与人之间的相互关系由线连接表示（图 10.8）。

许多其他现代数据是以图或网络形式建模的：

- 万维网（WWW）：图中每个网页都有一个顶点，如果网页 x 中包含一个到网页 y 的超链接，则存在一个有向边 (x, y)。
- 产品 / 客户网络：任何一家拥有众多客户和产品类型的公司都会有这样的网络：无论是亚马逊、Netflix，还是街角的杂货店。这里有两种类型的顶点——一种用于客户，另一种用于产品。边 (x, y) 表示客户 x 购买了产品 y。
- 遗传网络：这里的顶点代表特定生物体中的不同基因 / 蛋白质。把它当作野兽的零件清单。边 (x, y) 表示 x 和 y 之间存在相互作用。可能是基因 x 可以调节基因 y，或者 x 和 y 蛋白结合在一起形成了一个更大的复合体。这样的交互网络对有关底层系统工作的大量信息进行编码。

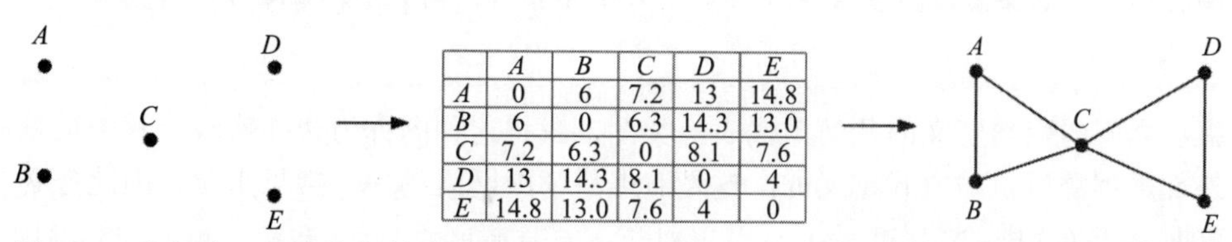

	A	B	C	D	E
A	0	6	7.2	13	14.8
B	6	0	6.3	14.3	13.0
C	7.2	6.3	0	8.1	7.6
D	13	14.3	8.1	0	4
E	14.8	13.0	7.6	4	0

图 10.8　空间中一组点之间的成对距离（左）定义了一个完整的加权图（中）。通过距离截断的阈值移除所有长边，留下一个稀疏的图来捕获点的结构（右）

图和点集是密切相关的对象。两者都由表示集合中元素的离散实体（点或顶点）组成。它们都编码了距离和关系的重要概念，无论是近距离的还是相互独立的。点集可以有意义地用图来表示，而图可以用点集来表示。

319

10.3.1　加权图与诱导网络

图中的边捕获二元关系，其中每一条边 (x, y) 都表示 x 和 y 之间存在一种关系。这种关系的存在有时是关于它的所有已知信息，例如网页之间的连接或某人购买了特定产品的事实。

但这种关系的强度或亲密程度往往有一个内在的衡量标准。当然，我们可以在道路网络中发现这一点：每个路段都有一段长度或行程时间，这对于在两点之间找到最佳行程路线至关重要。如果一个图的每一条边都有一个与之相关联的数值，那么这个图称为**加权图**。

这种加权通常（但并不总是）被自然地解释为距离。实际上，我们可以将空间中包含 n 个点的数据集解释为 n 个顶点上的完全加权图，其中边的权重 (x, y) 是空间中 x 和 y 点之间的几何距离。对于许多应用程序，此图对有关点的所有相关信息进行编码。

图最常见的表示方式是由 $n \times n$ 邻接矩阵表示。定义一个非边符号 x。当且仅当顶点 $i, j \in V$ 由边 $(i, j) \in E$ 连接时，矩阵 $\boldsymbol{M}$ 表示图 $G = (V, E)$。对于没有加权的网络图，通常边符号为 1，而 $x = 0$。对于距离加权图，边 (i, j) 的权重是它们之间的旅行成本，因此设置 $x = \infty$ 表示 i 和 j 之间没有任何直接联系。

网络的这种矩阵表示法具有相当强大的功能，因为为了使用它们，我们可以引入线性代数中的所有工具。不幸的是，这样做是有代价的，因为一旦网络中的顶点超过几百个，存储 $n \times n$ 矩阵的代价将是无比巨大的。存在更有效的方法来存储大型稀疏图，里面有许多顶点，但是点对之间的连接边相对较少。我不会在这里讨论图算法的细节，但是请你放心地参考我的书 *The Algorithm Design Manual*[Ski08]，以便你了解更多。

图 / 网络的图形通常通过在平面中为每个顶点分配一个点，并在这些顶点之间绘制线来表示边。这样的节点连接图表对于可视化你正在使用的网络结构是非常有价值的。可以使用力导向布局（force-directed layout）从算法上对它们进行构建，其中边的作用像弹簧一样，使相邻的成对顶点间彼此靠近，而非彼此排斥。

320

这样的图在图形结构和点位置之间建立了联系。嵌入是一个图的顶点的点表示，它捕获了图形结构的某些方面。对图的邻接矩阵执行特征值或奇异值分解之类的特征压缩（见 8.5 节）会产生一个低维表示，用作每个顶点的点表示形式。图嵌入的其他方法包括 DeepWalk，将在 11.6.3 节中讨论。

课后拓展：点集可以有意义地用图 / 距离矩阵表示，图 / 距离矩阵可以有意义地用点集（嵌入）表示。

由点之间的距离定义的几何图代表一类图，我将这种图称为诱导网络，其中边是通过某些外部数据源以机械方式定义的。这是数据科学中网络的一个常见来源，因此务必要注意将数据集转换为图的方式。

距离或相似度函数通常用于在一组元素上构建网络。通常我们感兴趣的是将每个顶点连接到其 k 个最近 / 最相似顶点的边。我们通过选择一个适度的 k 值（比如 $k \approx 10$）得到一个稀疏图，这意味着即使对于 n 的大值，也可以很容易地使用它。

但是，还有一些其他类型的诱导网络。通常，只要顶点 x 和 y 具有共同的有意义的性质，就将它们连接起来。例如，我们可以从人们的简历中构建一个诱导的社交网络，将在同一公司工作或在同一时期就读同一所学校的任何两个人联系起来。这样的网络往往具有块状结构，其中还会存在由大量的顶点子集形成的完全连接的团状结构。毕竟，如果 x 与 y 毕业于同一学院，同时 y 与 z 也毕业于同一学院，那么这意味着 (x, z) 也一定是图中的边。

10.3.2　对图的讨论

有关图的词汇对于使用它们非常重要。交谈是言行合一的一个重要部分。图的几个基本性质（图 10.9）会影响它们所表示的内容以及如何被使用。因此，任何图问题的第一步都是确定要处理的图的类型：

- 无向与有向：如果边 $(x, y) \in E$（这意味着 (y, x) 也在 E 中），那么图 $G = (V, E)$ 是无向的。如果不是，我们称图是有向的。城市之间的道路网通常是无向的，因为任何一条大路都有双向车道。城市内的街道网络几乎总是有方向的，因为至少有一些单行道潜伏在某处。网页图通常是定向的，因为从页面 x 到页面 y 的链接不需要进行交互。

321

- 加权与未加权：如 10.3.1 节所述，加权图 G 中的每条边（或顶点）都被赋予一个数值或权重。道路网络图的边可以根据其长度、行驶时间或速度限制进行加权，具体取决于应用程序。在未加权图中，不同边和顶点之间的成本没有区别。

距离图本质上是加权的，而社交 / 网络图通常是未加权的。该差异决定了与顶点相关联的向量的特征是 0/1 还是重要的数值，这些数值可能必须进行标准化处理。

- 简单与非简单：某些类型的边使处理图的任务变得复杂。自循环（或自圈）是只涉及一个顶点的一条边 (x, x)。如果边 (x, y) 在图中出现的次数超过一次，那么它就是一个多边。

  这两种结构在进行特征生成的预处理时都需要特别注意。因此，任何没有出现它们的图都称为简单图。在分析开始时，我们经常试图同时去除自循环和多边。

- 稀疏与稠密：当只有一小部分可能的顶点对（对于 n 个顶点上的简单无向图为 $\binom{n}{2}$）在顶点之间定义了边时，图是稀疏的。其中大部分顶点对定义了边的图称为稠密图。在所谓的稀疏图和所谓的稠密图之间没有真正的界限，但通常稠密图的边数是二次方的，而稀疏图的大小是线性的。 322

  稀疏图通常由于特定的原因而呈现稀疏状态。由于道路交叉口的存在，道路网络必须是稀疏图。我听说过的最可怕的十字路口是 9 条不同道路的终点。k 最近邻图的顶点数恰好是 k。与邻接矩阵相比，稀疏图可以实现更多空间有效的表示，从而可以表示更大的网络。

- 嵌入与拓扑：如果顶点和边被指定了几何位置，则嵌入一个图。因此，任何图的绘制都是一个嵌入，它可能具有算法意义，也可能不具有算法意义。

  有时，图的结构完全由其嵌入的几何形状定义，正如我们在距离图的定义中所看到的那样，权重由每对点间的欧式距离定义。SVD 的邻接矩阵的低维表示也可以称为嵌入，即捕获图的大部分连通信息的点表示。

- 有标记与无标记：在有标记的图中，每个顶点都被赋予一个唯一的名称或标识符，以区别于所有其他顶点。而在无标记的图中就没有这样的区分。

  在数据科学应用中出现的图通常是自然和有意义的标记，例如交通网络中的城市名称。这些信息可作为代表性示例的标识符，并在适当的时候提供与外部数据源的链接。

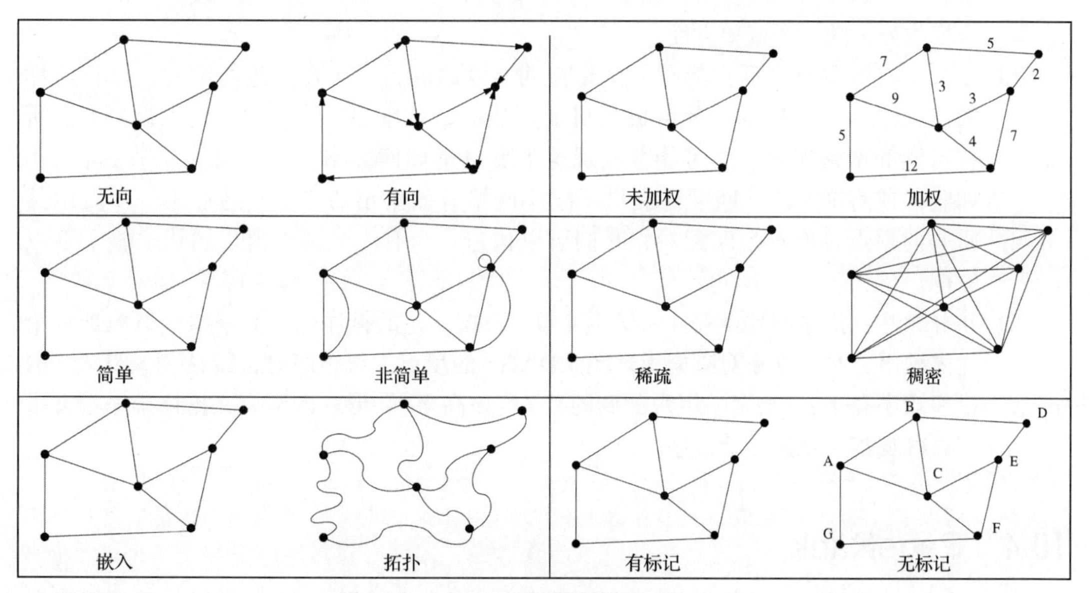

图 10.9　图的重要特性 / 特征

10.3.3 图论

图论是数学的一个重要领域，它研究网络的基本性质以及如何计算网络。大多数计算机科学的学生是通过离散结构或算法课程接触图论的。

寻找最短路径、连通分支、生成树、割集、匹配和拓扑排序这些经典算法可以应用于任何合理的图中。但是，我还没有看到这些工具像我认为的那样普遍应用于数据科学之中。原因之一是数据科学中的图往往很大，其复杂性使得这些工具可以做的事情很有限。但是更多的是因为人们没有看到本质：距离或相似度矩阵实际上只是图，是完全可以利用其他工具完成的东西。

我借此机会回顾这些基本问题与数据科学的联系，并鼓励感兴趣的读者通过我编写的算法书 [Ski08] 来加深理解。 323

- *最短路径*：对于距离“矩阵” m，$m[i, j]$ 的值应反映顶点 i 和 j 之间的长度最小的路径。注意，成对距离的独立估计通常是不一致的，并且不一定满足三角形不等式。但是当 $m'[i, j]$ 表示在矩阵 m 中 i 到 j 的*最短路径距离*时，它就必须满足度量性质。这很可能会提供比原始矩阵更好的分析矩阵。
- *连通分支*：图中每个不相交部分称为连通分支。识别图是由单个分支还是多个分支组成非常重要。首先，如果对每个分支进行处理，那么你运行任何一个算法都会获得更好的性能。由于合理的考虑，单独分支可以是独立的，例如，由于海洋，美国和欧洲之间没有公路交叉口。但是，单独分支可能暗示着困难，例如处理伪影或连通性不足。
- *最小生成树*：生成树是连接图中所有顶点的最小边集，本质上是图已连通的证明。最小权值生成树是图结构最稀疏的表示形式，有助于可视化。实际上，我们将在 10.5 节中展示最小生成树在聚类算法中的重要作用。
- *边切割*：图中的集群由顶点 c 的子集定义，其特征是（a）c 内的顶点对之间有相当大的相似性；（b）c 的内部和外部的顶点之间具有弱连通性。在边 (x, y) 中，其中 $x \in c$ 且 $y \notin c$ 定义了将集群与图的其余部分分离的切割，这使得发现这样的切割成为聚类分析的一个重要方面。
- *匹配*：将图中每个顶点都与一个相似的、可靠的另一个顶点进行配对。进行这样的匹配之后，有趣的比较就成为可能。例如，观察在一个属性（比如性别）上所有可能的亲密配对后，可能会发现这个变量是如何影响一个特定的结果变量（比如收入或寿命）的。匹配还提供了减小网络有效大小的方法。通过用一个表示其质心的顶点替换每个匹配对，我们可以构造一个有一半顶点但仍然代表整个顶点的图。
- *拓扑排序*：排序问题就是（回忆第 4 章）根据一定的排序标准对一组项目施加一个优先顺序。*拓扑排序*对有向无环图（DAG）的顶点进行排序时，边 (i, j) 意味着 i 的排序顺序高于 j。给定一组观测到的“i 应该高于 j”形式的约束，拓扑排序定义了与这些观察一致的元素排序。 324

10.4 PageRank

对图中顶点的相对重要性进行分类通常是有价值的。也许最简单的概念是基于顶点维度，即连接顶点 v 和图的其余部分的边的数目。连接到顶点的线越多，它可能就越重要。

顶点 v 的维度是用来表征与 v 相关元素的一个很好的特性。但一个更好的选择是 PageRank[BP89]，它是 Google 搜索引擎背后最核心的算法。PageRank 忽略了网页的文本内容，只关注网页之间超链接的结构。当然，重要的网页（顶点）的维度数应高于不太重要网页（顶点）的维度值。但是链接到你的页面的重要性也很重要。有一大群推荐你去工作的联系人是很好的，但如果其中一个是现任美国总统，那就更好了。

浏览在网络上随机出现的文本是理解 PageRank 最好的一种方法。假设我们从任意顶点开始，然后从可能性集中随机选择一个链出链接。现在重复这个过程，在每个步骤跳到当前位置的一个随机相邻网页。顶点 v 的 PageRank 是一个概率的度量，从一个随机顶点开始，经过一系列这样的随机步骤，最终将到达 v。v 的 PageRank（$PR(v)$）的基本公式为

$$PR_j(v) = \sum_{(u,\,v)\in E} \frac{PR_{j-1}(u)}{\text{out-degree}(u)}$$

这是一个递归公式，迭代次数为 j。我们为网络中的每个顶点 v_i 初始化 $PR_0(v_i)=1/n$，其中 $1\leqslant i\leqslant n$。PageRank 值在每次迭代中都会发生变化，但会以惊人的速度收敛到稳定的值。对于无向图，这个概率与每个顶点的入度基本相同，但是有向图会发生更有趣的事情。

实际上，PageRank 的理念是，如果所有道路都通向罗马，那么罗马一定是一个相当重要的地方。重要的是到达页面的路径。这就是使 PageRank 难以进行的原因：其他人必须链接到你的网页，而你对自己做的任何增强自己影响力的事情都是无关紧要的。

我们可以对这个最基本的 PageRank 公式进行一些调整，使结果更有趣。为了在网络中扩散得更快，我们允许可以跳到任意顶点（而不是链接的相邻网页）的路径。设 p 为下一步跟踪链路的概率，也称为阻尼因子。那么

$$PR_j(v) = \sum_{(u,\,v)\in E} \frac{(1-p)}{n} + p\frac{PR_{j-1}(u)}{\text{out-degree}(u)}$$

其中 n 是图中的顶点数。其他增强的地方涉及对网络本身进行更改。通过将每个顶点的边添加到一个超级顶点，我们保证了随机游走不会被困在网络的某个小角落。可以删除自循环和平行边（多边），以避免重复产生偏差。 325

PageRank 也有线性代数层面上的解释。设 $\boldsymbol{M}$ 是顶点转移概率的矩阵，所以 M_{ij} 是我们从 i 到 j 的下一步的概率。很显然，如果存在从 i 到 j 的有向边，那么 $M_{ij}=1/\text{out-degree}(u)$，反之为 0。PageRank 向量的第 j 轮估计值 PR_j 可以用下式计算：

$$PR_j = \boldsymbol{M}\cdot PR_{j-1}$$

在估计了收敛值之后，$\boldsymbol{PR}=\boldsymbol{M}\cdot\boldsymbol{PR}$，或者 $\lambda\boldsymbol{U}=\boldsymbol{MU}$，其中 $\lambda=1$，$\boldsymbol{U}$ 代表 PageRank 向量。这是定义特征值的方程，因此 PageRank 值的 $n\times 1$ 向量是由链接所定义的转移概率矩阵的主特征向量。因此，用于计算特征向量和快速矩阵乘法的迭代方法可以实现 PageRank 的高效计算。

PageRank 在剔除最中心顶点方面的工作效果如何？为了提供一些可视化效果，我们在维基百科英文版的网络上运行了 PageRank，其中主要关注与人相关的页面。表 10.1a 列出了排名最高的 10 位历史人物。

表 10.1　在 2010 年英语维基百科中具有最高 PageRank 值的历史人物

a）从维基百科图中得到的

PageRank PRI（所有页面）
1 Napoleon
2 George W. Bush
3 Carl Linnaeus
4 Jesus
5 Barack Obama
6 Aristotle
7 William Shakespeare
8 Elizabeth II
9 Adolf Hitler
10 Bill Clinton

b）仅限于与他人有链接中得到的

PageRank PR2（只与人相关的页面）
1 George W. Bush
2 Bill Clinton
3 William Shakespeare
4 Ronald Reagan
5 Adolf Hitler
6 Barack Obama
7 Napoleon
8 Richard Nixon
9 Franklin D. Roosevelt
10 Elizabeth II

这些高 PageRank 值的人很容易被视为非常重要的人物。其中最不为人所知的可能是卡尔·林奈（Carl Linnaeus，1707—1778）。他是生物学的“分类学之父”，其林奈系统（属种，例如智人）被用来对地球上的所有生命进行分类。他是一位伟大的科学家，但是为什么他得到了 PageRank 的高度评价呢？由于维基百科上所有由他第一次分类得到的动植物的页面都会链接到他，所以成千上万的生命形式为他的页面提供了显著的路径。

林奈的例子揭示了 PageRank 中一个潜在的缺陷：我们真的想让植物和其他无生命的物体投票决定谁是最杰出的人吗？图 10.10a 显示了巴拉克·奥巴马（Barack Obama）的完整 PageRank 图的一个子集。例如，请注意，尽管与奥巴马相关的链接看起来非常合理，但我们仍然只需在维基百科上的恐龙页面中进行两次点击就可以跳转到奥巴马页面。灭绝的野兽应该为总统的地位做出贡献吗？

326

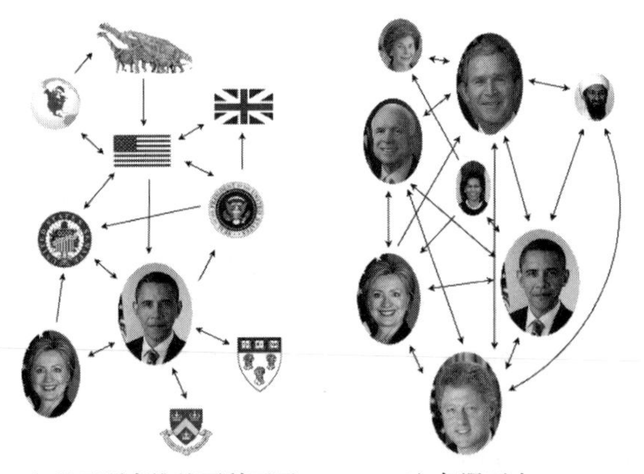

a）基于所有维基百科页面　　b）仅限于人

图 10.10　巴拉克·奥巴马的 PageRank 图

从给定网络中添加和删除边集会产生不同的网络，其中一些网络可以使用 PageRank 从而更好地揭示其潜在的重要性。假设我们只使用连接人的维基百科边来计算 PageRank（表示为 PR2）。这种计算将忽略一切来自地点、组织和低等生物所带来的贡献。图 10.10b 显示了当我们将贡献者只限制为人时巴拉克·奥巴马的 PageRank 图的一个示例。

此图上的 PageRank 所支持的人群略有不同，如表 10.1b 所示。耶稣、林奈和亚里士多德（公元前 384—322 年）[8] 已经不复存在，取而代之的是最近的三位美国总统，他们显然与许多重要人物有直接的联系。那么哪个版本的 PageRank 更好，PR1 还是 PR2？两者似乎都捕捉到了具有实质性但不具有压倒性相关性（0.68）的合理的中心性概念，因此两者作为数据集中的潜在特征都是有意义的。

10.5　聚类

聚类是根据相似度对点进行分组的问题。通常，项目来自少量的逻辑“源”或“解释”，聚类是揭示这些源头的一个好方法。想象一下，如果一个外星人遇到大量人类的身高和体重数据时会发生什么。他们可能会发现，似乎有两个聚类代表不同的人群，一个始终大于另一个。如果外星人真的很在行，那么他们可能会把这些人群称为“男性”和“女性”。实际上，图 10.11 中的两个身高体重聚类都高度集中在一个特定的图中。 327

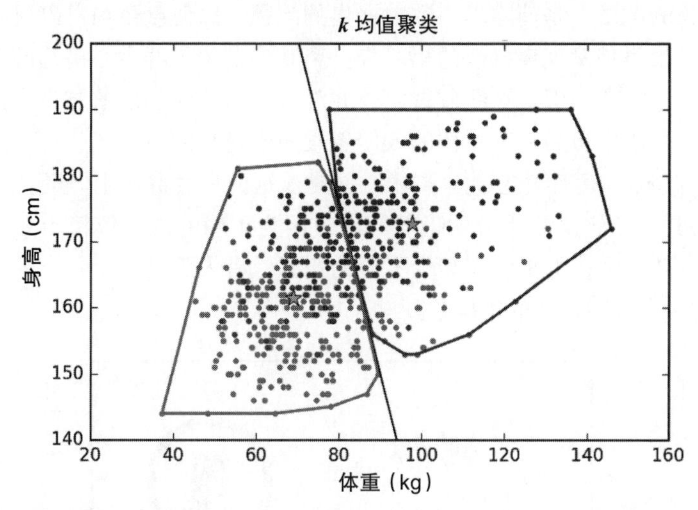

图 10.11　在权值高的空间进行聚类，采用 2 均值聚类。左边有 240 名女性和 112 名男性，右边有 174 名男性和 54 名女性。将其与在同一数据集上训练的 logistic 回归分类器进行比较，如图 9.17 所示（附彩图）

二维点图上的图案通常很容易看到，但我们经常需要处理人类无法有效可视化的高维数据。现在需要算法来为我们找到这些图案。聚类也许是处理任何有趣的数据集需要做的第一件事。具体步骤包括：

- 做出假设：了解到你的数据集中似乎有四个不同的群体，这引发了关于它们为何存在的问题。如果这些集群足够紧凑并且彼此明显分离，那么必然存在一个使其发生的原因，而找到它就是你要做的事情。一旦为每个元素分配了一个集群标签，就可以研究同一集群的多个代表，找出它们的共同点，或者查看来自不同集群的元素对儿，并确定它们不同的原因。
- 在较小的数据子集上建模：数据集通常包含与特征列（m）相关的数量庞大的行（n）：想想 8000 万次的出租车数据，每次行程就有 10 个记录字段。聚类提供了一种逻辑方法，可以将一组大的记录划分为（比如）100 个不同的子集，每个子集按相似性排序。这些分离出来的集群中的每一个仍然包含足够多的记录来用于预测模型，并且与在所有元素上进行训练的通用模型相比，在此受限项目类别上所得的模型可能

328 更准确。现在进行预测需要通过最近邻搜索来确定查询项 q 所属的集群，然后使用该集群的适当模型调用 q。

- *数据缩减*：对数以百万甚至数十亿的数据进行处理或可视化是难以承受的。考虑确定与给定查询点最近的邻居或尝试理解具有 100 万点的点图的计算成本。一种方法是通过相似度对点进行聚类，然后指定每个集群的质心来表示整个集群。这样的最近邻模型具有很强的鲁棒性，因为你正在报告集群的一致性标签，并且它带有一个自然的置信度度量：该一致性在填充集群上的准确率。
- *离群值检测*：任何数据收集过程汇总都会产生某些与其他所有元素都不同的元素。它们的产生可能是由于数据输入错误或错误的测量。也许他们暗示了数据的不真实性或其他不当行为。或者可能是由于外部数据的意外混合，一些奇怪的苹果可能会破坏整个篮子。

  *离群值检测*本质上是消除不一致数据集的问题，以便剩余项可以更好地反映所需要的总体。聚类是发现离群值的第一步。离其分配的集群中心最远的集群元素在此位置并不是很合适，但在这些位置之外并没有更适合它们的落脚点。这使得它们成为离群值。由于来自另一个总体的入侵者倾向于将它们自己聚集在一起，我们很可能会对现有集群中心距离其他集群中心异常遥远的小集群产生怀疑。

聚类本身就是一个定义不十分明确的问题，因为正确的集群依赖于上下文和旁观者的眼睛。看看图 10.12。你在那里看到多少不同的集群？有人看到 3 个，有人看到 9 个，还有人看到了介于这两个数字之间的集群数。

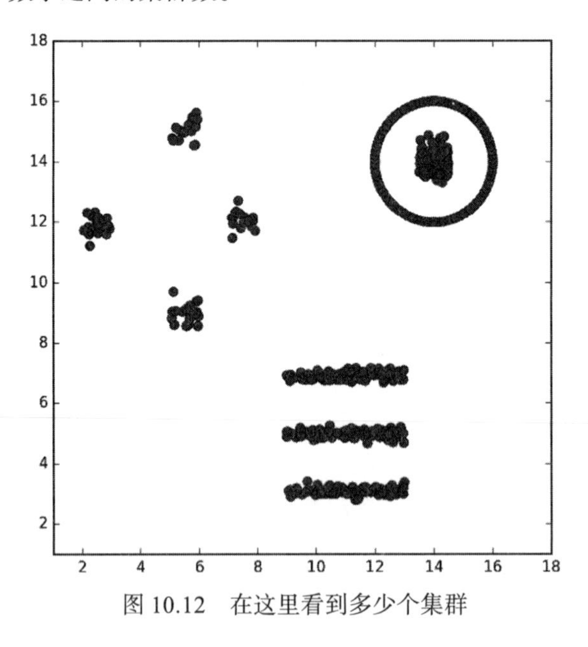

图 10.12　在这里看到多少个集群

你能看到多少集群在某种程度上取决于你想看到多少。可以将人分为两类，即聚集者和*分裂者*，具体取决于他们的区分倾向。分裂者看到狗后，会细分为贵宾犬、猎犬和可卡犬。而聚集者则只会将狗看作哺乳动物。分裂者会得出更令人兴奋的结论，而聚集者不太可能过拟合他们的数据。具体抱有哪种心态要视任务而定。

目前已经开发了许多不同的聚类算法，我们将在下一节回顾最常用的几种方法：k 均值，凝聚聚类（agglomerative clustering）和谱聚类。但是这很容易让人不知作何选择。如果数据表现出足够强大的集群，那么任何一种方法都可以找到类似的东西。但是当算法返回一致性非常差的集群时，通常数据集比算法本身更应该受到责备。 329

课后拓展：确保你使用的距离度量标准能够准确反映你要查找的相似性。聚类算法的具体选择通常证明远不如其基础的相似性 / 距离度量重要。

10.5.1 *k* 均值聚类

在确切定义聚类算法应返回什么作为答案方面，我们有些松懈。一种可能是用它所在的聚类的名称标记每个点。如果有 k 个集群，这些标签可以是从 1 到 k 的整数，其中用 i 标记点 p 意味着它在第 i 个集群中。等效的输出表示形式可能是 k 个单独的点列表，其中列表 i 表示第 i 个集群中的所有点。

但是一个更抽象的概念说明了每个集群的*中心点*。通常我们认为正常的集群是紧凑的高斯型的区域，那里有一个理想的中心，定义了点“应该”所在的位置。给定这些中心的集合，对这些点进行聚类变得很容易：只需将每个点 p 分配给离它最近的中心点 C_i。第 i 个集群由最近的中心为 C_i 的所有点组成。

k 均值聚类是一种快速、简单、普遍有效的聚类方法。它首先猜测集群中心可能在哪里，评估这些中心的质量，然后对它们进行优化，以做出更好的中心估计。 330

该算法首先假设数据中将有 k 个集群，然后继续为每个集群选择初始中心。这可能意味着从 n 个点的集合 S 中随机选择 k 个点并称之为中心，或者从 S 的边界框中随机选择 k 个点。现在，用所有 k 个中心对 S 中每个点进行测试，并将 S 中的每个点指定给其当前最近的中心。现在，我们可以将每个集群的中心作为分配给它们的点的质心，从而得出更好的估计。重复此操作，直到集群分配足够稳定（可以是与上一次的操作结果相比没有发生变化）。图 10.13 提供了这个 k 均值过程的伪代码。

```
K 均值聚类
选取 k 个点作为初始集群中心 C_1, …, C_k.
重复直至收敛 {
  对于 1≤i≤n 将 p_i 映射到其最近的集群中心 C_j
  计算最近点 C_j′ 的质心，1≤j≤k
  对所有的 1≤j≤k，令 C_j = C_j′
}
```

图 10.13 k 均值聚类算法的伪代码

图 10.14 展示了 k 均值的动画效果。对于集群中心的初始猜测是非常糟糕的，并且将点初始分配到中心位置，分割了真实的集群而不是保留了它们。但是随着质心逐渐移动，进入以我们希望的方式分离的点的位置，情况则迅速得到改善。请注意，k 均值过程不一定以得到 k 个中心的最佳可能集终止，仅在提供逻辑停止点的局部最优解下即可。最好用不同的随机初始化方法重复整个过程，并接受所有发现的最佳聚类。均方差是每个点 P 与其中心 C 之间距离的平方和再除以总点数 n。可以将两个聚类中较好的一个确定为具有较低均方差或其他合理的误差统计量。

中心还是质心

对于作为分配给它的点集合 S' 的函数的中心点，至少存在两种可能的标准计算一个新的估计值。点集的质心 C 通过取每维的均值来计算。对于第 d 维： 331

$$C_d = \frac{1}{|S'|}\sum_{p \in S'} p[d]$$

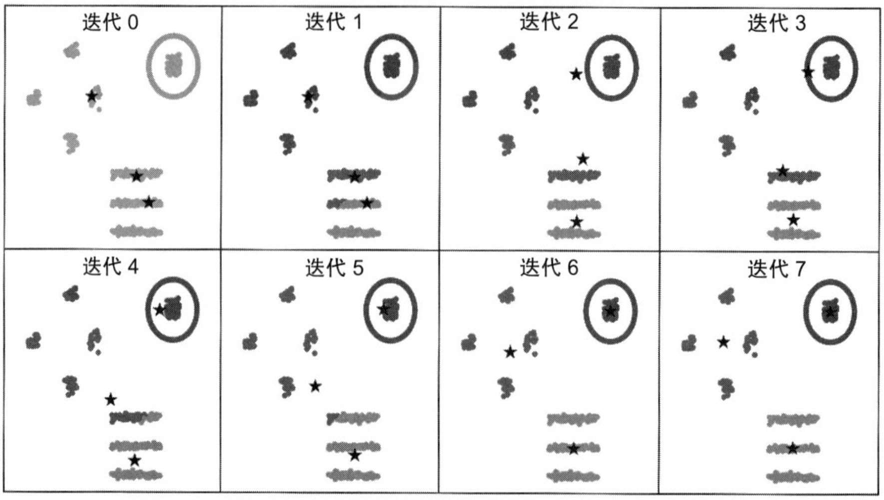

图 10.14　k 均值（对于 $k = 3$）的迭代收敛于稳定且准确的聚类。由于三个初始集群中心不幸地都放置在了靠近逻辑中心的位置，因此共需要进行 7 次迭代

质心是 S' 的质量中心，通过该点定义的向量之和为零。这个衡量标准为任意一个 S' 定义了一个唯一的中心。计算速度是使用质心的另一个好处。对于 S' 中的 n 个维度为 d 的点，使用该方法的时间为 $O(nd)$ 时间，这意味着点的输入大小是线性的。

对于数值数据点，在适当的 L_k 度量（如欧几里得距离）上使用质心应该起到很好的效果。然而，当对具有非数值属性的数据记录（如分类数据）进行聚类时，质心的定义并不明确。7 个金发、2 个红发和 6 个灰发人的质心是什么？我们讨论了如何在分类记录上构造有意义的距离函数。这里的问题与其说是度量相似性，不如说是构建一个有代表性的中心。

有一种解决办法，有时称之为 k 均值算法。假设我们将 S' 中的中心点 C 定义为集群代表，而不是质心。这是与集群中所有其他点的距离之和最小的点：

332

$$C = \arg\min_{c \in S'} \sum_{i=1}^{n} d(c, p_i)$$

使用中心点定义集群的一个优点是，假定输入点对应于具有可识别名称的元素，它将为集群提供一个潜在的名称和标识。

使用最中心的输入样本作为中心意味着只要我们有一个有意义的距离函数，就可以运行 k 均值算法。此外，我们不会因为选择中心点而失去太多的精度。实际上，在可以计算质心的数值样本中我们知道，通过最中心点的距离总和最多是质心的 2 倍。质心的最大优势在于，其计算速度比最中心的顶点快 n 倍。

使用中心顶点表示集群可以很自然地将 k 均值算法扩展到图和网络中去。对于加权图，可以采用最短路径算法构造矩阵 $\boldsymbol{D}$，使得 $D[i, j]$ 是图中顶点 i 到顶点 j 的最短路径的长度。一旦构造出了 $\boldsymbol{D}$，k 均值法就可以通过读取该矩阵的距离来进行，而不必调用距离函数。对于未加权的图，可以有效地使用诸如广度优先搜索之类的线性时间算法来按需计算图距离。

有多少集群

k 均值聚类的本质是一种混合模型的思想。假定数据的来源并非单一的，而是来自 k 个不同的总体。每个来源生成的点都与其中心相似，但是又具有一定程度的变化或差异。一个数据集有多少个集群的根本问题是：选择样本时要抽取多少个不同的总体？

k 均值算法的第一步是初始化 k（图 10.15），即给定数据集中的集群数。有时，我们对希望看到的集群数量有一个预先的判断：将 2 个或 3 个集群用于平衡或可视化，或者当将较大的输入文件划分为较小的集合以进行单独建模时，可能会有 100 个或 1000 个集群被划分出来作为新的来源。

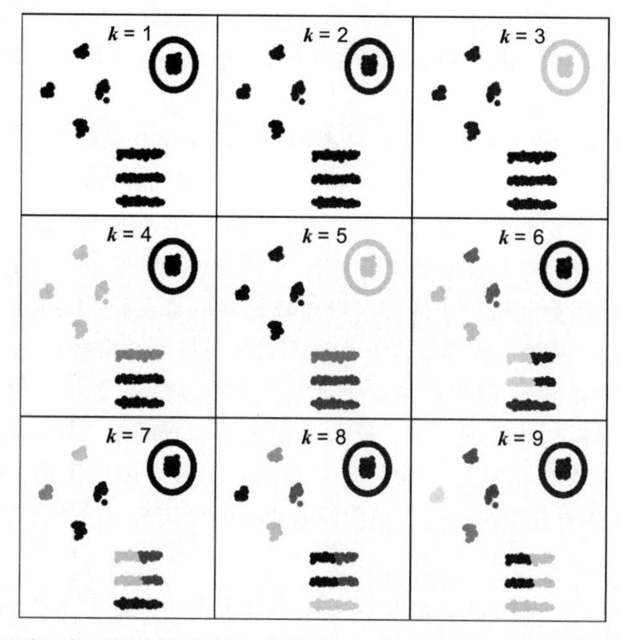

图 10.15　k 从 1 到 9 来运行 k 均值算法。当 $k = 3$ 时，找到了正确的聚类。但是对于较大的 k 值，该算法无法正确区分嵌套圆形集群和细长的集群

但一般来说这里面有一个问题，那就是集群的“正确”数量通常是未知的。实际上，首先进行聚类的主要原因是我们对数据集结构的理解有限。

找到合适 k 值的最简单方法是尝试所有的 k 值，然后从中选择最好的 k 值。从 $k = 2$ 开始，直到你觉得达到自己可以花费的最长时间为止，运行 k 均值算法并根据中心点的均方差（MSE）评估聚类结果。绘制此曲线会得到一条如图 10.16 所示的误差曲线。图中给出了随机中心的误差曲线。

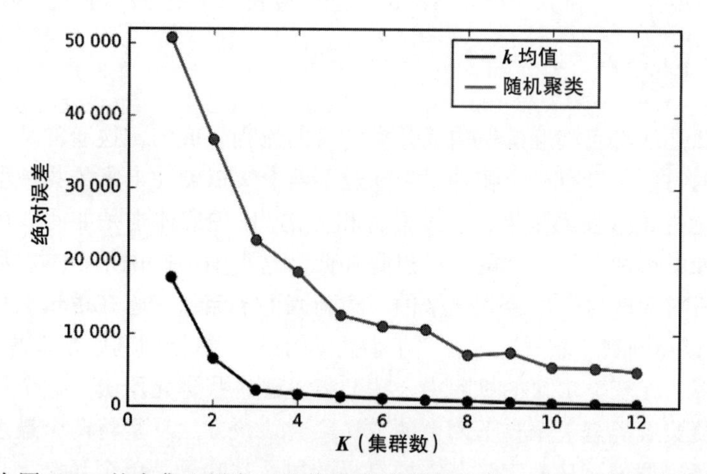

图 10.16　在图 10.12 的点集上进行 k 均值聚类的误差曲线，反映了数据中的三个主要集群。给出了随机集群中心的误差曲线，可供比较

这两条误差曲线都显示出，随着集群中心越来越多，点与它们的中心之间的MSE随之减小。但是一种错误的解释是建议我们需要尽可能使用大的 k 值，因为当允许的中心更多时，MSE会降低。事实上，在随机位置 r 处插入一个新的中心到先前的 k 均值解中，只有当新插入的中心比先前的中心更接近几个输入点时，才会使得均方差变小。这会在 r 周围划分出一个新的集群，但是也有可能直接在（k+1）个中心上运行 k 均值算法时得到更好的聚类。

333~334

我们从图10.16中的误差曲线中寻找的是曲线下降速率开始降低时的 k 值，因为我们已经超过了真实来源的数量，所以每个额外的中心就像是前面讨论中的一个随机点。误差曲线应该看起来像是打字姿势中的手臂：它从肩膀到肘部迅速向下倾斜，然后从肘部到手腕的下降速度减慢。我们希望 k 值正好位于肘部。与随机中心相似的MSE误差图相比，这一点可能更容易识别，因为随机中心的相对误差降低率应与我们过去看到的情况类似。缓慢的向下移动告诉我们，额外的集群并没有为我们做任何特别的事情。

每个新的集群中心向模型中添加 d 个参数，其中 d 是点集的维数。奥卡姆剃刀原理告诉我们，最简单的模型才是最好的，这也是使用肘部弯曲来选择 k 的哲学基础。有一些正式的绩效标准，其中包括使用参数的数量和预测误差来评估模型，例如赤池信息准则（AIC）。但是，在实践中，应该有信心根据误差曲线的形状为 k 做出合理的选择。

期望最大化

k 均值算法是一类基于期望最大化（EM）的学习算法中最突出的例子。这里面的细节比我在书中所提到的统计知识要多得多，但是在 k 均值算法的两个逻辑步骤中可以观察到这一原理：(a) 将点分配给离它们最近的估计集群中心；(b) 使用这些点的分配改进集群中心的估计。赋值运算是算法的期望或E-step，质心计算是参数最大化或M-step。

就 k 均值算法而言，“期望”和“最大化”这两个名词并没有引起我的共鸣。然而，使用迭代参数拟合算法的一般形式似乎是一件很明智的事情，该算法根据先前模型的误差逐轮对参数进行改进。例如，我们可能已经部分地标记了分类数据，在这些数据中，确信分配给正确类的训练示例相对较少。我们可以基于这些训练实例构建分类器，并使用它们将未标记的点分配给候选类。这可能定义了更大的训练集，因此我们应该能够为每个类别建立更好的模型。现在，重新分配点并再次进行迭代应收敛于更好的模型。

335

10.5.2 凝聚聚类

许多数据源是从由底层层次结构或分类定义的流程生成的。这通常是一个进化过程的结果：在开始的时候，只有一个物种，它通过不断交叉以创建丰富的物种世界。所有动物和植物物种都是进化过程的结果，人类语言和文化 / 伦理群体也是如此。在较小但仍然真实的程度上，像电影和书籍这样的产品也是如此。这本书可以说是一本“数据科学教材”，它是从“计算机科学教材”中分离出来的一个新兴的子流派，它在逻辑上可以追溯到“工程教材”，也可以追溯到“教材”或者“非小说类图书”，最终回到原始来源：也许是“书”。

理想情况下，在聚类项目的过程中，我们将重建这些进化历史。这个目标在凝聚聚类中是明确的，凝聚聚类是一个自下而上的方法集合，该方法反复将两个最近的集群合并到一个更大的超级集群中，从而定义了一棵有根的树，其叶子是单个元素，其根定义了所有的类。

图 10.17 说明了应用于基因表达数据的凝聚聚类。在这里，每一列代表一个特定的基因，每行代表测量得到的每个基因在特定条件下的活跃程度的实验结果。作为一个类比，假设每一列代表不同人，每一行是对他们在一个特定的选举后对他们精神的评估。获胜党的支持者会比平时更兴奋（绿色），而失利党的选民则会情绪低落（红色）。世界上大多数人都不在乎（黑色）。就像人类一样，基因也是如此：不同的事物会使它们开合，分析基因表达数据可以揭示是什么在让它们运转。

图 10.17　基因表达数据的凝聚聚类（附彩图）

那么我们如何解读图 10.17 呢？在图中可以清楚地看到，有一些块状物的行为都相似，它们在相似的条件下开合。这些块的发现被反映在矩阵上方的树结构上：相似性很强的区域与小枝相关联。树的每个节点表示两个集群的合并。节点的高度与要合并的两个集群之间的距离成比例。边越高，合并这些集群的可行性就越低。矩阵的列已进行排列以反映该树的组织，使我们能够可视化以 14 个维度（每一行定义一个不同的维度）量化的数百个基因。 336

生物聚类通常与这种*树状图*或*系统树*相关联，因为它们是进化过程的结果。事实上，这里看到的类似基因表达行为的集群是有机体进化出一种新功能的结果，这种功能改变了某些基因对特定条件的反应。

使用聚集树

凝聚聚类会在项目分组的顶部返回一棵树。在砍掉这棵树的最长边之后，剩下的就是由聚类算法（例如 k 均值）产生的不相交的项目组。但是这棵树是一个神奇的东西，它的作用远不止仅是对元素进行分割：

- *集群和子集群组织*：树中的每个内部节点都定义了一个特定的集群，由其下面的所有叶节点元素组成。但是树描述了这些集群之间的层次结构，从叶子附近最精细/特定的集群到根附近最普通的集群。理想情况下，树的节点定义值得注意的概念：如果被询问，领域专家可以解释的自然分组。这些不同级别的粒度非常重要，因为它们定义了在进行聚类之前我们可能没有注意到的结构概念。
- *聚类过程的可视化*：此聚集树的图向我们介绍了许多聚类过程，特别是如果该图反映了每个合并步骤的成本。理想情况下，在树的根部附近会有非常长的边，这表明最高级别的集群被很好地分离并属于不同的分组。我们可以判断分组是否平衡，或者高级分组的大小是否存在实质性差异。小集群合并为大集群的长链通常是一个不好的信号，尽管选择合并准则（将在下面讨论）可能会使树的形状产生偏差。离群值在系统树上很好地显示出来，作为单体元素或小集群，它们通过长边连接在根附近。
- *集群距离的自然度量*：任何树 T 的一个有趣特性是，在任意两个节点 x 和 y 之间，T 中只有一条路径。凝聚聚类树中的每个内部顶点都有一个与其相关联的权重，即将其下面的两个子树合并在一起的成本。可以通过两个叶子之间的路径上的合并成本之和计算两个叶子之间的“集群距离”。如果树是没有问题的，这可能比与 x 和 y 相关的记录之间的欧几里得距离更有意义。

337

- 新项目的有效分类：聚类的一个重要应用是分类。假设将产品聚集在一个商店中，以建立集群的分类。现在一个新的产品来了，应将它应该归入哪一类？

  对于 k 均值，c 个集群中的每一个均按其质心进行分类，因此对新元素 q 进行分类就减少了 q 与所有 c 个质心之间的距离计算以识别最近的集群。层次树方法可能是一种更快的计算方法。假设我们已经预先计算了每个节点下左右子树上所有叶子的质心。要识别新元素 q 在层次结构中的正确位置，首先将 q 与根的左子树和右子树的质心进行比较。两个质心中距 q 最近的一个就认为是当层中 q 的正确位置，所以我们继续从那里向下搜索一层。这种搜索需要的时间与树的高度而不是叶子的数量成比例。所需时间通常从 n 减小到了 $\log(n)$，其效率更高。

理解二元合并树可以用许多不同的方式绘制，但是它们反映的结构完全相同，因为对于哪边是左子树，哪边是右子树是没有明确定义的。这意味着，通过翻转树中 $n-1$ 个内部节点的任何子集的方向，n 个叶就有 2^{n-1} 种不同的置换。试着理解此分类法时，请意识到这一点：如果以另一种方式进行翻转，那么从左到右顺序看起来很远的两个项目很可能是邻居。左子树最右边的节点可能在右子树最左边的节点旁边，尽管它们在分类上确实相距很远。

构造凝聚集群树

基本的凝聚聚类算法非常简单，可以用两句话来描述。最初，每个元素都被分配到自己的集群。通过在两个最近的集群上加一个根，将它们合并为一个集群，然后重复此操作，直到只剩下一个集群。

剩下的问题就是如何计算集群之间的距离。当集群中包含单个元素时，方法很简单：使用你最喜欢的距离度量即可，如 L_2。但是对于两个不平凡集群之间的距离计算就有一些不同的合理解答，这就导致了输入相同的情况下会产生不同的树，并会对生成的集群的形状产生深远的影响。几种主要的树如图 10.18 所示。

338

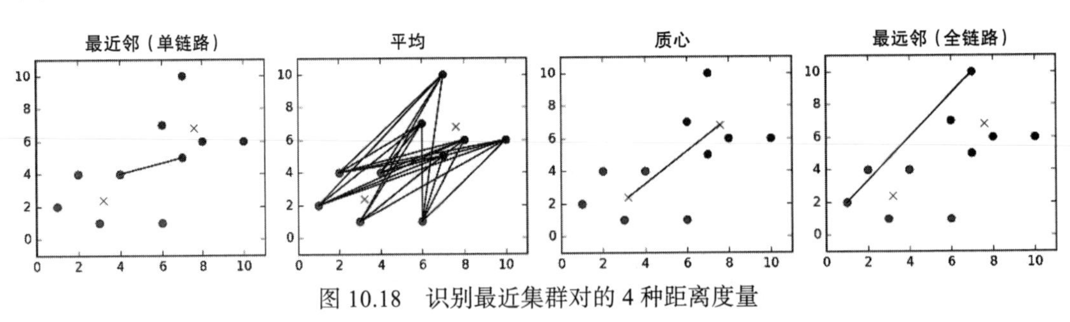

图 10.18　识别最近集群对的 4 种距离度量

- 最近邻（单链路）：这里集群 C_1 和 C_2 之间的距离由跨越它们的最近点对定义，即

$$d(C_1, C_2) = \min_{x \in C_1, y \in C_2} \| x - y \|$$

  使用此度量称为单链路聚类（图 10.19），因为合并的决策仅基于集群之间的单个最近链路。

  图 G 的最小生成树是从 G 的边以最低总成本连接所有顶点的树。满足单链接准则的凝聚聚类与 Kruskal 算法基本相同，Kruskal 算法通过重复添加未在新兴树中创

建循环的最小权边来创建图的最小生成树（MST）。 339

MST（具有 n 个节点和 $n-1$ 个边）和集群树（具有 n 个叶子、$n-1$ 个内部节点和 $2n-2$ 个边）之间的连接有些微妙的关系。MST 中插入边的顺序从最小“最大”描述了集群树中的合并顺序，如图 10.20 所示。

柏拉图式的理想集群是紧凑的圆形区域，通常像 k 均值聚类一样从质心辐射出去。相比之下，单链路聚类倾向于创建相对较长、较瘦的集群，因为合并决策仅基于边界点的接近程度。单链路聚类速度很快，但容易出错，因为离群值很容易将两个定义良好的集群合并在一起。

- **平均链路**：在这里，我们计算所有跨集群点对之间的距离，并对它们取均值，以得出比单链路更稳健的合并准则，即

$$d(C_1, C_2) = \frac{1}{|C_1||C_2|}\sum_{x\in C_1}\sum_{y\in C_2}\|x-y\|$$

这将倾向于避免单链路的瘦集群，但计算成本更高。平均链路聚类的直接实现是 $O(n^3)$，因为 n 个合并中的每一个都可能需要接触 $O(n^2)$ 边来重新计算最近的剩余集群。这比可以在 $O(n^2)$ 时间内实现的单链路聚类慢 n 倍。

- **最近的质心**：这里我们保持每个集群的质心，并将集群对与最近的质心合并。这样做主要有两个优点。首先，它倾向于产生类似平均链路的集群，因为集群中的离群点的影响随着集群大小（点数）的增加而减小。其次，在最简单的实现中，比较两个集群的质心要比测试所有的 $|C_1||C_2|$ 点对快得多。当然，质心只能针对所有数值的记录进行计算，但该算法可以适用于使用每个集群中最中心的点作为一般情况的代表。

- **最远链路**：合并两个集群的成本是它们之间最远的一对点，即

$$d(C_1, C_2) = \min_{x\in C_1,\, y\in C_2}\|x-y\|$$

这听起来像是疯了，但这是通过惩罚遥远离群（异常）元素的合并使集群保持完整的最严格的准则。

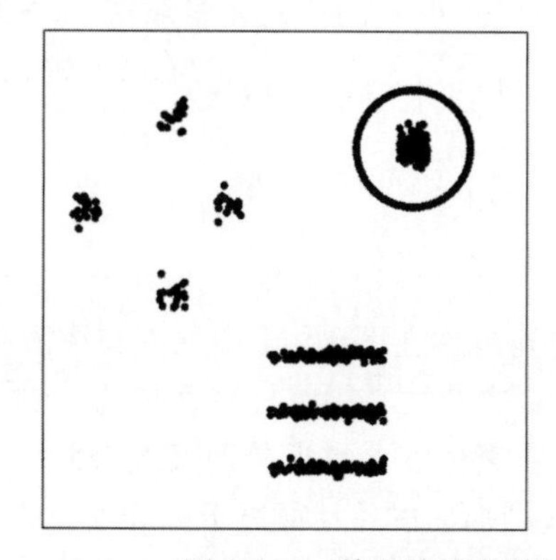
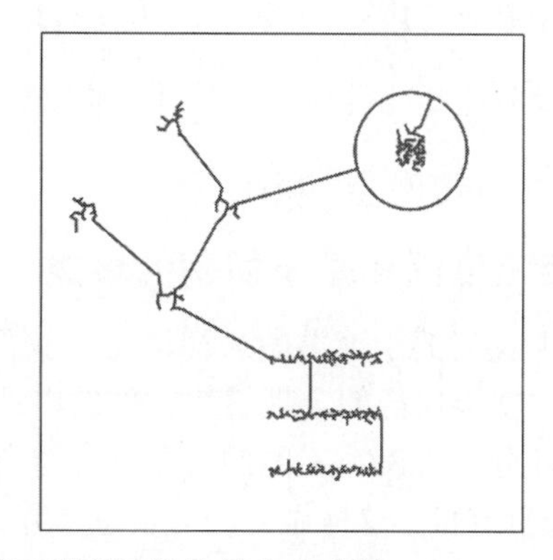

图 10.19　单链路聚类等效于找到网络的最小生成树

其中哪一个最好？与往常一样，视情况而定。对于非常大的数据集，我们最关心的是使用速度最快的算法，这些算法通常是具有适当数据结构的单链路或最近的质心。对于小到中等规模的数据集，我们最关心的是质量，鲁棒性更强的方法更具吸引力。 340

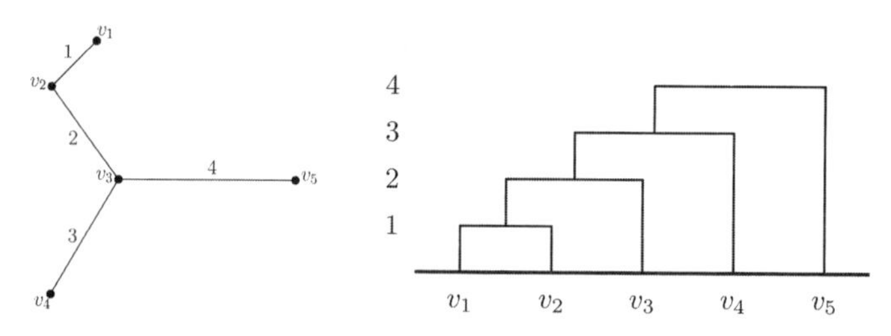

图 10.20 Kruskal 的最小生成树算法确实是单链路凝聚聚类，如右图的集群树所示

10.5.3 比较聚类

通常的做法是在同一个数据集上尝试几种聚类算法，并从中找到最适合我们目标的算法。如果两种算法都适用，那么由它们所产生的聚类应该相当相似，但是通常需要测量它们到底有多相似。这意味着需要定义一个关于聚类的相似性或距离度量。

每个集群都由元素的子集定义，无论它们是点还是记录。集 s_1 和集 s_2 的 Jaccard 相似性 $J(s_1, s_2)$ 定义为它们的交集和并集之比：

$$J(s_1, s_2) = \frac{|s_1 \cap s_2|}{|s_1 \cup s_2|}$$

因为两个集合的交集总是不大于其元素的并集，所以 $0 \leqslant J(s_1, s_2) \leqslant 1$ 。Jaccard 相似性在很多情况下都是一个有用的度量，例如，在比较两个不同距离度量下一个点的 k 最近邻的相似性时，或者一个条件下的顶部元素与另一度量下的顶部元素匹配的频率。

这种相似性度量可以转化为一个合适的距离度量 $d(s_1, s_2)$ ，称为 Jaccard 距离。其中

$$d(s_1, s_2) = 1 - J(s_1, s_2)$$

此距离函数的值域范围为 0 到 1，但其满足度量的所有性质，包括三角形不等式。

每个聚类都被一个通用集的分割描述，并且可能有许多部分。兰德指数（Rand index）是两个聚类 c_1 和 c_2 之间相似性的自然度量。如果聚类是兼容的，则 c_1 的同一子集中的任何元素对都应在 c_2 的同一子集中，并且 c_1 的不同集群中的任何元素对在 c_2 中都应是区分开的。兰德指数计算此类一致的项目对的数量，然后将其除以总对数 $\binom{n}{2}$ ，以创建从 0 到 1 的比率，其中 1 表示相同的聚类。

10.5.4 相似度图和基于切割的聚类

回想一下我们关于聚类的最初讨论，我曾问过你在图 10.21 中的点集中看到了多少集群。为了得出 9 个集群的合理答案，你的内部聚类算法必须掌控一些技巧，例如将围绕中心泡泡点的环分类为两个不同的集群，并避免将疑似彼此靠近的两条线合并。如图 10.21a 所示，k 均值没有机会这样做，因为它总是寻找圆形集群并且很适于拆分细长的集群。在凝聚聚类过程中，只有具有正确阈值的单链路才能做对，但是很容易被一个单一的闭点对欺骗而将两个集群合并。

341 集群并不总是圆的。要知道有些集群并不需要足够密集的点也可以具有足够的连续性，对于这些集群，我们并不打算将其一切为二。我们寻找适当的相似度图中连通的集群。

一个 $n \times n$ 相似矩阵 $\boldsymbol{S}$ 对每对元素 p_i 和 p_j 进行评分。相似性本质上是距离的倒数：当 p_i 接近 p_j 时，则与 p_i 相关联的元素必须与 p_j 相似。衡量相似性的标准是从 0 到 1，0 表示

完全不同，1 表示完全相同。这可以通过使 $S[i, j]$ 成为距离的反指数函数来实现，该函数由参数 β 调节：

$$S[i, j] = \mathrm{e}^{-\beta\|p_i - p_j\|}$$

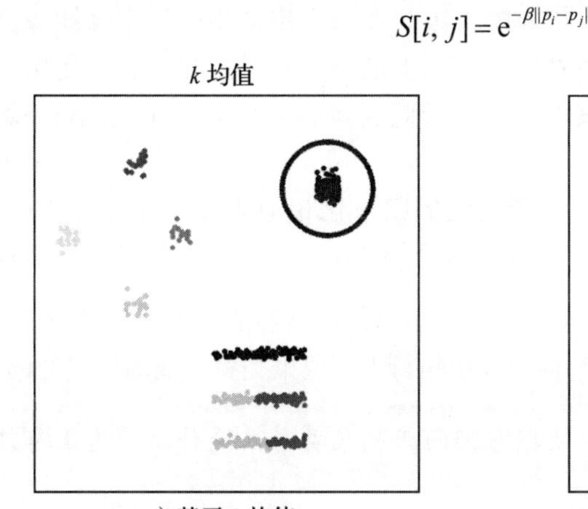

a）基于 k 均值　　b）基于切割的谱聚类

图 10.21　在我们的 9 个集群样本上，给出了基于 k 均值和基于切割的谱聚类的结果。谱聚类在这里正确地找到了 k 均值不能找到的连通集群

它之所以能够起作用，是因为 $\mathrm{e}^0 = 1$，当 $x \to \infty$ 时，$\mathrm{e}^{-x} = 1/\mathrm{e}^x \to 0$。

相似度图在每对顶点 i 和 j 之间都具有一个加权边 (i, j)，反映了 p_i 和 p_j 的相似度，这正是上面描述的相似矩阵。但是，我们可以通过将所有小项（对于那些阈值小于某些 t 值的 $S[i, j]$）设置为零来使该图变得稀疏。这大大减少了图中的边数。我们甚至可以将所有大于 t 的 $S[i, j]$ 的权重设置为 1，从而将其转换为未加权图。

切割图

相似度图中的实际集群具有密集区域的外观，这些区域仅松散地连接到图的其余部分。集群 C 具有权值，权值是集群内边的函数：

342

$$W(C) = \sum_{x \in C} \sum_{y \in C} S[i, j]$$

将 C 连接到图的其余部分的边定义了一个切割（cut），这意味着一组边在 C 中具有一个顶点，而其他的则在图（V-C）中。此切割的权重 $W'(C)$ 定义为

$$W'(C) = \sum_{x \in C} \sum_{y \in V-C} S[i, j]$$

理想情况下，集群将有一个高权重 $W(C)$ 但较小的切割权重 $W'(C)$，如图 10.22 所示。集群 C 的电导率是重量与内部重量之比 $W'(C)/W(C)$，更好的集群具有较低的电导率。

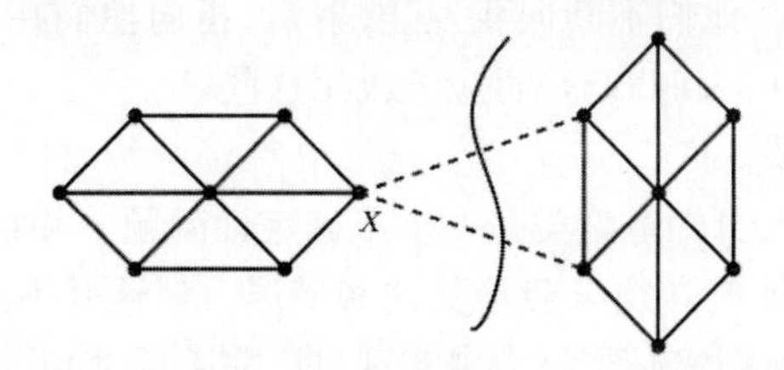

图 10.22　相似度图中的低权重切割识别自然集群

寻找低电导的集群是一个富有挑战性的工作。令人惊讶的是，线性代数提供了帮助。相似矩阵 S 是对称矩阵，这意味着它可以进行在 8.5 节中讨论的特征值分解。我们发现主

要的特征向量导致了 S 的块状近似，附加特征向量的贡献则逐渐提高了近似程度。根据不同的解释，去掉最小的特征向量可以去除细节或噪声。

请注意，理想的相似矩阵是一个块状矩阵，因为在每个集群中，我们都期望具有高度相似对之间的密集连接，同时与其他集群的顶点几乎没有交集。这建议我们使用 $\boldsymbol{S}$ 的特征向量来定义鲁棒的特征来对顶点进行聚类。在执行此变换后的特征空间上执行 k 均值聚类将产生良好的集群。

这种方法称为谱聚类，我们构造了一个适当的归一化相似矩阵，称为拉普拉斯算子，其中 $\boldsymbol{L}=\boldsymbol{D}-\boldsymbol{S}$，$\boldsymbol{D}$ 是度加权单位矩阵，所以 $D[i,j]=\sum_j S[i,j]$。$\boldsymbol{L}$ 的 k 个最重要的特征向量定义了一个 $n\times k$ 特征矩阵。奇怪的是，由于拉普拉斯矩阵的特殊性质，用于聚类的最有价值的特征向量具有最小的非零特征值。在此特征空间中执行 k 均值聚类将生成高度连通的集群。343

课后拓展：对于你手头上的数据，处理它们的正确聚类算法是什么？这里有许多需要考虑的问题，但其中最为重要的几个是：

- 什么是正确的距离函数？
- 如何正确归一化变量？
- 适当可视化后，得到的集群看起来合理吗？虽然聚类永远都不会是完美的，因为算法读不懂你的心思。但是它足够好吗？

10.6 实战故事：集群轰炸

在我休假期间，在一家大型媒体 / 科技公司的研究实验室中接待我的是 Amanda Stent，她是自然语言处理（NLP）小组的负责人。她做事非常有效率，也很有礼貌，而且通常沉着冷静。但只要对她的挑衅足够大，她就会火冒三丈，当她咕哝着“产品人员”时，我从声音听出了她的愤怒。

她在实验室的任务之一是与需要语言技术专业知识的公司产品小组进行交流。这里的违规者使用的是新闻产品，负责向用户展示他们感兴趣的最新文章。文章聚类模块是这项工作的重要组成部分，因为它将所有关于同一故事 / 事件撰写的文章分类到一起。用户并不想阅读 10 篇关于同一个棒球比赛或互联网热点事件的不同文章。重复向用户展示某个文章聚类中的故事被证明非常烦人，所以将它们从我们的网站上剔除掉了。

但是，文章聚类仅在集群本身准确时才会有用。

“这是他们第三次来找我抱怨聚类的问题。他们从来没有给我具体的例子来说明问题所在，只是抱怨集群不够好。他们不断向我发送链接，指向他们在 Stack Overflow 上发现的有关新聚类算法的帖子，并询问我们是否应该改用这些。”

我同意帮她和他们谈谈。

首先，我要确保产品人员知道聚类是一个不确定性问题，并且无论他们使用哪种算法，都会偶尔出现错误，所以他们必须学会接受这些错误。但这并不意味着在当前的聚类算法上没有任何改进的余地，他们将必须努力去实现自己完美的梦想。

其次，我告诉他们，只有给出明确的例子说明问题出在哪里，才有可能解决问题。我问他们 20 个文章对的例子，这些文章对是由算法共同聚类的，但本不应该如此。还有 20 个本来属于同一个集群的文章对的例子，但是这种相似性并没有被算法识别出来。344

这达到了预期的效果。他们认为我的建议是明智的，而且是诊断问题所必需的。他们告诉我他们会很快做到的。但这需要他们亲自进行操作，而每个人都忙于太多的事情，所以我再也没有收到他们的回信，我剩下的假期就在一个非常和谐的氛围中度过了。

几个月后，Amanda 告诉我说她再次与产品人员进行交谈。有人发现他们的聚类模块只使用标题中的单词作为特征，而忽略了实际文章的全部内容。算法本身没有问题，仅是特征方面存在问题，只要一旦获得了更丰富的特征集，它的效果就会好得多。

这个故事的寓意是什么？一个人必须知道自己的局限性，聚类算法也是如此。现在就去访问谷歌新闻，并仔细研究文章聚类。如果你有一个敏锐的眼光，就会发现几个小错误，也许有些事情真的很尴尬。但是更令人惊讶的是，这种方法在总体上运作得很好，你可以从成千上万的不同来源生成一个信息丰富的、非冗余的新闻提要。有效的聚类从来都不是完美的，但可能非常有价值。

第二个寓意是，特征工程和距离函数在聚类中的重要性远大于特定的算法方法。这些产品人员梦想着一个高性能的算法可以解决所有的问题，但最终也只是对标题进行了聚类。头条新闻旨在引起人们的注意，而不是说明故事。历史上最好的新闻标题都不可能将其与同样故事相关的更清晰的导语联系起来。

10.7 章节注释

距离计算是计算几何学领域中进行点集运算和数据结构研究的基础。对计算几何具有很好介绍的书籍包括文献 [O'ROI，dBvKOS00]。

Samet 的 [Sam06] 是 *kd* 树和其他空间数据结构上最近邻搜索的最佳参考。书中对它们所有主要的（和许多次要的）变体都有详细的介绍。此外，文献 [Sam05] 提供了简短的说明。Indyk 的 [Ind04] 根据随机投影方法在高维近似最近邻搜索中调查了最邻近的结果。

图论是对图的抽象性质的研究，West 的 [Wes00] 是一个很好的介绍。网络代表现实世界实体之间的经验连接，用于对有关实体的信息进行编码。Easley 和 Kleinberg 的 [EK10] 讨论了社会网络科学的基础。

聚类，又称集群分析，是统计学和计算机科学中的一个经典课题。代表性的著作方法包括 Everitt 等人的 [ELLS11] 和 James 等人的 [JWHT13]。

345

10.8 练习

距离度量

10-1 [3] 证明：欧氏距离实际上是一个度量。

10-2 [5] 对于所有的 $p \geqslant 1$，证明：L_p 距离是一个度量。

10-3 [5] 对于所有的 $p \geqslant 1$，证明：加权维度的 L_p 距离是一个度量。

10-4 [3] 对数据进行实验以使自己确信：（a）余弦距离不是一个真正的距离度量；（b）角距离是一个距离度量。

10-5 [5] 证明：文本字符串上的编辑距离定义了度量。

10-6 [8] 证明：从长度为 1 的直线上均匀独立地选择的两点之间的期望距离为 1/3。

最近邻分类

10-7 [3] 假设存在联系，给定点 p 在二维空间中的最大近邻数是多少？

10-8 [5] 继上一个问题之后，在二维中，给定点 p 作为其最近邻的最大不同点个数是多少？

10-9 [3] 在二维空间中的 $n \geq 10$ 个点上构造一个二元分类点集，其中每个点将根据其最近邻进行错误分类。

10-10 [5] 重复前面的问题，但是我们现在根据每个点的三个最近邻（$k = 3$）对其进行分类。

10-11 [5] 假设一个 2 类，$k = 1$ 的最近邻分类器至少训练了三个正点和三个负点。

（a）这个分类器是否可能将所有新样本标记为肯定？

（b）如果 $k = 3$ 怎么办？

网络

10-12 [3] 在下面的图中，解释哪些节点具有最大的“入度”和“出度”：

（a）电话图，其中边 (x, y) 表示 x 给 y 打电话。

（b）推特图，其中边 (x, y) 表示 x 关注 y。

10-13 [3] 网络顶点度的幂律分布通常是*优先连接机制*（即新边更容易连接到高度节点的机制）的结果。对于下面的每个图，建议它们的顶点度分布是什么，如果它们是幂律分布，则描述优先附着机制可能是什么。

（a）像 Facebook 或 Instagram 这样的社交网络。

（b）万维网上的网站。

346

（c）连接城市的道路网。

（d）产品 / 客户网络，如亚马逊或 Netflix。

10-14 [5] 对于以下每一个图论性质，给出一个满足该性质的真实网络和一个不满足该性质的例子。

（a）有向与无向。

（b）加权与未加权。

（c）简单与非简单。

（d）稀疏与密集。

（e）嵌入与拓扑。

（f）有标记与无标记。

10-15 [3] 证明：在任何简单图中，顶点度为奇数的顶点总是偶数个。

10-16 [3] 实现一个简单的 PageRank 算法，并在你喜欢的网络上测试它。哪些顶点被突出显示为最中心？

聚类

10-17 [5] 对于包含点（4, 10），（7, 10）（4, 8），（6, 8），（3, 4），（2, 2），（5, 2），（9, 3），（12, 3），（11, 4），（10, 5）和（12, 6）的数据集，显示来自下列的聚类：

（a）单链路聚类

（b）平均链路聚类

（c）最远邻（全链路）聚类

10-18 [3] 对于以下每一个 *The Quant Shop* 预测挑战，提出可能将最近邻法或类比法用于下列任务中去的可用数据：

（a）环球小姐

（b）电影总票房

（c）新生儿体重

（d）艺术品价格

（e）白色圣诞节

（f）足球冠军

（g）食尸鬼池

（h）黄金 / 石油价格

10-19　[3] 对于 $k = 2$，在下列点上手动进行 k 均值聚类：

$$S = \{(1,4),(1,3),(0,4),(5,1),(6,2),(4,0)\}$$

绘制点和最终的集群。

347

10-20　[5] 实现两个简单的 k 均值算法：一个使用数字质心作为中心，另一个将中心限制为数据集的输入点。然后进行实验。哪种算法平均收敛速度更快？哪种算法产生绝对误差和均方差较低的聚类，误差是多少？

10-21　[5] 假设 s_1 和 s_2 是从具有 n 个元素的集合中随机选择的子集。Jaccard 相似度 $J(s_1, s_2)$ 的期望值是多少？

10-22　[5] 在你觉得会出现自然集群的地方中找到一个数据集，它可能出现在人群、大学、公司或电影中。通过一个或多个算法对其进行聚类，比如 k 均值和凝聚聚类。然后根据你对相关领域的了解评估生成的集群。它们做得足够好吗？是否出了什么问题？你能解释一下为什么算法没有完全重建你头脑中的东西吗？

10-23　[5] 假设我们试图在一维中对 $n = 10$ 个点进行聚类，其中点 p_i 的位置为 $x = i$。对于下面这些点的凝聚聚类树是什么？

（a）单链路聚类
（b）平均链路聚类
（c）全链路 / 最远邻聚类

10-24　[5] 假设我们试图在一维中对 $n = 10$ 个点进行聚类，其中点 p_i 的位置为 $x = 2^i$。对于下面这些点的凝聚聚类树是什么？

（a）单链路聚类
（b）平均链路聚类
（c）全链路 / 最远邻聚类

实施项目

10-25　[5] 做实验研究合并准则（单链路、质心、平均链路、最远链路）对生成的集群树属性的影响。哪个通向最高的树？最平衡的吗？它们的运行时间如何比较？哪种方法产生的结果最符合 k 均值聚类？

10-26　[5] 对不同算法 / 数据结构的性能进行实验，以查找查询点 q 最近邻（在 d 维的 n 个点中）。每种方法保持可行的最大值 d 是多少？基于 LSH 的启发式方法比保证精确的最近邻法快多少，而损失的准确率是多少？

面试问题

10-27　[5] 维数诅咒是什么？ 它如何影响距离和相似性度量？

10-28　[5] 什么是聚类？描述一个执行聚类的示例算法。我们如何知道它是否在我们的数据集上产生了合适的集群？

10-29　[5] 我们如何才能估计出对于给定数据集所需要的集群的正确数量？

348

10-30　[5] 无监督学习和有监督学习有什么区别？

10-31　[5] 如何通过降低数据的维度处理数据集中的相关特征。

10-32　[5] 解释什么是局部最优。为什么它在 k 均值聚类中很重要？

Kaggle 挑战

10-33　在给定的社交网络中，哪些人最有影响力？

https://www.kaggle.com/c/predict-who-is-more-influential-in-a-social-network

10-34　谁注定要成为在线社交网络中的朋友？

https://www.kaggle.com/c/socialNetwork

10-35　预测消费者最有可能购买的产品。

https://www.kaggle.com/c/coupon-purchase-prediction

349 ~ 350

第 11 章

机器学习

任何足够高级的作弊形式都和学习密不可分。

—— Jan Schaumann

在我大部分职业生涯中，我都高度怀疑机器学习的重要性。这些年来，我参加了许多会谈，提出了宏大的主张，但收效甚微。而很明显，形势已经转变。当今计算机科学中最有趣的工作都是围绕着机器学习展开的，既有强大的新算法，也有令人兴奋的新应用。

这场革命的发生有几个原因。首先，可用的数据量和计算能力跨过了一个不可思议的门槛，使得即使是使用旧方法，机器学习系统也可以做一些有趣的事情。这激发了开发更多可扩展方法的活动，并增加了对数据资源和系统开发的投资。开源软件的文化值得尊敬，因为新的想法很快就变成了可用的工具。如今，机器学习是一个爆炸性的领域，令人兴奋。

到目前为止，我们已经详细讨论了两种基于数据的建模方法，线性回归和最近邻方法。对于许多应用，这就是你需要知道的全部内容。如果你有足够的标记好的训练数据，所有的方法都可能产生良好的效果。但如果没有，所有的方法都有可能会失败。最好的机器学习算法的影响可能会有所不同，但区别通常只出现在边界上。我觉得这本书的目的是让你从只会爬行到学会步行，以便你可以从更专业的书籍中学会如何跑。

也就是说，人们已经开发了一系列有趣而重要的机器学习算法。我们将在本章中回顾这些方法，以了解每种方法的优缺点以及几个与绩效相关的内容：

- 能力和表现力：机器学习方法在所支持的模型的丰富性和复杂性上有所不同。线性回归拟合线性函数，而最近邻方法则定义分段线性分离边界，具有足够的分段来逼近任意曲线。更强大的表现能力为更精确的模型提供了可能，与此同时也增加了过拟合出现的可能。
- 可解释性：像深度学习这样强大的方法常常会产生完全不可解读的模型。在实践中，它们可能提供非常精确的分类，但是无法提供人类可理解的解释来说明它们做出决定的原因。相比之下，线性回归模型中的最大系数确定了最强大的特征，而最近邻的身份使我们能够独立地确定这些类比的置信度。

  我个人认为，可解释性是模型的一个重要属性。一般来说，通常我更愿意采用我可以理解的模型，即使这个模型的性能并不是最好的。这可能不是一个被普遍认同的观点，但是你可以确定自己是否真正了解模型及其特定的应用领域。
- 易用性：某些机器学习方法具有相对较少的参数或决策，这意味着它们可以立即使用。线性回归和最近邻分类在这方面都很简单。相比之下，支持向量机（SVM）等方法提供了更大的范围，可以通过适当的设置来优化算法性能。我的感觉是，可用的机器学习工具将继续变得更好：更容易使用，更强大。但现在，某些方法使得用户在不知道自己在做什么的情况下以失败告终。

- 训练速度：不同方法在拟合模型所需参数的速度上有很大不同，这决定了你在实践中究竟可以使用多少训练数据。传统的线性回归方法对大型模型的拟合成本很高。相比之下，在构建合适的搜索数据结构之外，最近邻搜索几乎不需要任何训练时间。
- 预测速度：不同的方法对新的需要查询元素 q 做出分类决策的速度不同。线性 / logistic 回归很快，只需计算输入记录中字段的加权和。相比之下，最近邻搜索需要针对大量的训练测试显式地测试 q。一般来说，需要在训练速度上进行权衡：你可以现在告诉我答案，也可以稍后告诉我。

图 11.1 给出了我对本章中所讨论的方法大致符合这些性能维度的主观评价。这些评级不是 G-d 的声音，理性的人可以有不同的意见。希望他们能以一种有用的方式审视机器学习算法的前景。当然，没有任何一种机器学习方法能够主导其他所有方法。这一观察结果在适当命名的*无免费午餐定理*中被形式化，这证明在所有问题上不存在比所有其他机器学习算法更好的单一机器学习算法。

352

方法	表现力	可解释性	易用性	训练速度	预测速度
线性回归	5	9	9	9	9
最近邻	5	9	8	10	2
朴素贝叶斯	4	8	7	9	8
决策树	8	8	7	7	9
支持向量机	8	6	6	7	7
Boosting	9	6	6	6	6
图模型	9	8	3	4	4
深度学习	10	3	4	3	7

图 11.1 机器学习方法的主观排名分为 5 个维度，等级从 1 到 10，等级越高，表现越好

也就是说，仍然可以根据从业者的使用优先级对方法进行排序。我在这本书中对方法的排序（和图 11.1）从那些易于使用 / 调整的方法开始，但是它们的区分能力比最先进的方法要低。一般而言，我建议你从简单的方法开始，如果准确率的潜在提高确实是合理的，则可从列表中逐步进行。

读者很容易滥用我将在本章中介绍的内容，因为有一种本能的驱动使得你去尝试所有可能的机器学习算法，并选择报告准确率最高或 F1 得分最高的模型。简单地通过一个库调用完成，这很容易实现，然后你可能会发现所有模型对你的训练数据运行结果都差不多。此外，你会发现它们之间的所有性能差异更可能是由于模型自身的差异而非洞察力。像这样的实验就是发明统计显著性检验的目的。

决定模型质量的最重要因素是特征的质量。在第 3 章中，我们讨论了很多有关数据清洗的问题，其中涉及数据矩阵的正确准备。在 11.5.4 节，在讨论深度学习之前，我们深入研究了特征工程。

最后一点说明。数据科学家倾向于使用他们最喜欢的机器学习方法，他们提倡的方式与他们最喜欢的编程语言或运动队类似。这其中很大一部分是经验，也就是说，因为他们

最熟悉某个特定的实现，所以在他们手中工作得最好。但是另一部分原因是神奇的思维，353他们注意到某个库函数在一些示例中略胜于其他库函数，并且不恰当地进行了推广。

不要掉进这个陷阱里。根据以上标准选择最适合你的任务所需要的方法，并通过各种旋钮和控制杆获得足够的经验以优化模型的性能。

11.1　朴素贝叶斯

回想一下，若 $p(A \cap B) = p(A) \cdot p(B)$，则 A 和 B 两个事件是独立的。如果事件 A 是“我最喜欢的运动队今天赢了”，B 是“股市今天涨了”，那么 A 和 B 很可能是独立的。但通常来说并不是这样。考虑以下情况：如果 A 是“我这学期在数据科学中得了 A”，B 是“我这学期在另一门课上得了 A”。这些事件之间存在依赖关系：无论是学习还是饮酒的热情重新高涨，都会以相关的方式影响课堂表现。一般来说，

$$p(A \cap B) = p(A) \cdot p(B \mid A) = p(A) + p(B) - p(A \cup B)$$

如果一切都是独立的，那么概率世界将变得简单得多。朴素的贝叶斯分类算法将事件交叉并假设独立性，以避免需要计算这些混乱的条件概率。

11.1.1　公式

假设我们希望将向量 $\boldsymbol{X} = (x_1, \cdots, x_n)$ 分类为 m 个类 $C_1, \cdots, C_m$ 之一。我们试图计算给定 $\boldsymbol{X}$ 的每个可能类别的概率，这样我们就可以为 $\boldsymbol{X}$ 分配具有最高概率的类别标签。根据贝叶斯定理，有

$$p(C_i \mid \boldsymbol{X}) = \frac{p(C_i) \cdot p(\boldsymbol{X} \mid C_i)}{p(\boldsymbol{X})}$$

我们来解析这个方程。表达式 $p(C_i)$ 是先验概率，即没有任何具体证据的类别标签的概率。我知道你更有可能是黑发而不是红发，因为世界上有黑发的人比红发的人多[⊖]。

分母 $p(\boldsymbol{X})$ 给出了在所有可能的输入向量上的给定输入向量 $\boldsymbol{X}$ 的概率。确定 $p(\boldsymbol{X})$ 的确切值似乎很难，但这通常不是必须的。注意这个分母对于所有类都是相同的。我们仅试图为 $\boldsymbol{X}$ 指定一个类标签，因此 $p(\boldsymbol{X})$ 的值对我们的决定没有影响。选择概率最高的类意味着

$$C(\boldsymbol{X}) = \underset{i=1,\cdots,m}{\arg\max} \frac{p(C_i) \cdot p(\boldsymbol{X} \mid C_i)}{p(\boldsymbol{X})} = \underset{i=1,\cdots,m}{\arg\max}\, p(C_i) \cdot p(\boldsymbol{X} \mid C_i)$$

354

剩下的表达式 $p(\boldsymbol{X} \mid C_i)$ 表示当已知类为 C_i 时，输入向量为 $\boldsymbol{X}$ 的概率。但这个似乎也有点不容易确定。一个男性体重为 150 磅和身高为 5 英尺 8 英寸的概率分别是多少？应该清楚的是，$p(\boldsymbol{X} \mid C_i)$ 通常很小：属于该类别的向量有很多，但其中只有一个是我们的给定项。

但现在假设我们生活的地方一切事情都是独立的，即事件 A 和事件 B 同时发生的概率总是 $p(A) \cdot p(B)$，那么

$$p(\boldsymbol{X} \mid C_i) = \prod_{j=1}^{n} p(x_j \mid C_i)$$

现在，真正完全相信世界中所有事情都是独立的人通常都非常幼稚（朴素），朴素贝叶斯因此得名。但这样的假设确实使计算变得容易得多。把它们放在一起：

$$C(\boldsymbol{X}) = \underset{i=1,\cdots,m}{\arg\max}\, p(C_i) \cdot p(\boldsymbol{X} \mid C_i) = \underset{i=1,\cdots,m}{\arg\max}\, p(C_i) \prod_{j=1}^{n} p(x_j \mid C_i)$$

⊖　维基百科表明世界上只有 1%～2% 的人头发是红色。

最后，为了获得更好的数值稳定性，应该对乘积取对数，使之变成一个求和的公式。概率的对数为负数，但不太可能发生的事件比常见的事件具有更大的负数值。因此，完整的朴素贝叶斯算法由以下公式给出：

$$C(\boldsymbol{X})=\underset{i=1,\cdots,m}{\arg\max}\left(\log(p(C_i))+\sum_{j=1}^{n}\log(p(x_j\mid C_i))\right)$$

我们如何计算 $p(x_j|C_i)$？从训练数据上来说这很容易，特别地，如果 x 是一个分类变量，比如“具有红头发”。我们可以简单地选择训练集中的所有属于 i 类的样本，并计算其中具有 x 属性的部分。该部分定义了 $p(x_j|C_i)$ 的合理估计值。当 x_j 是一个数值变量时，就需要更多的想象力，如“年龄 =18”或“在给定文档中 dog 这个单词出现了 6 次”等，但原则上都是通过在训练集中观察该类样本出现的频率。

355

图 11.2 说明了朴素贝叶斯的计算过程。在左边，它展示了一张 10 种天气状况的观测表，以及每一次的观测结果：是去海滩，还是待在家里。右边的表格已经被细分了，以给出在给定的天气状况中采取不同行动的概率。根据这些概率，我们可以使用贝叶斯定理计算：

$$\begin{aligned}&P(\text{去海滩}\mid\text{晴},\text{温度适宜},\text{湿度高})\\&=P(\text{晴}\mid\text{去海滩})\times P(\text{温度适宜}\mid\text{去海滩})\times P(\text{湿度高}\mid\text{去海滩})\times P(\text{去海滩})\\&=(3/4)\times(1/4)\times(2/4)\times(4/10)=0.0375\end{aligned}$$

$$\begin{aligned}&P(\text{不去海滩}\mid\text{晴},\text{温度适宜},\text{湿度高})\\&=P(\text{晴}\mid\text{不去海滩})\times P(\text{适宜}\mid\text{不去海滩})\times P(\text{湿度高}\mid\text{不去海滩})\times P(\text{不去海滩})\\&=(1/6)\times(2/6)\times(2/6)\times(6/10)\\&=0.0111\end{aligned}$$

因为 0.0375> 0.0111，所以朴素贝叶斯告诉我们应该去海滩。请注意，（晴，温度适宜，湿度高）的特定组合出现在训练数据中是无关紧要的。我们的决策是基于总概率，而不是最近邻分类中的某一行。

日期	天气	温度	湿度	去海滩
1	晴	高	高	是
2	晴	高	正常	是
3	晴	低	正常	否
4	晴	适宜	高	是
5	下雨	适宜	正常	否
6	下雨	高	高	否
7	下雨	低	正常	否
8	多云	高	高	否
9	多云	高	正常	是
10	多云	适宜	正常	否

a）列表事件

P（X| 类）	分类的概率	
天气	去海滩	不去海滩
晴	3/4	1/6
下雨	0/4	3/6
多云	1/4	2/6
温度	去海滩	不去海滩
高	3/4	2/6
适宜	1/4	2/6
低	0/4	2/6
湿度	去海滩	不去海滩
高	2/4	2/6
正常	2/4	4/6
P（海滩日）	4/10	6/10

b）边际概率分布

图 11.2　支持朴素的贝叶斯计算有关今天是否是去海滩的好日子的概率：列表事件和边际概率分布

11.1.2　处理零计数（折扣）

在朴素贝叶斯算法中，有一个不易察觉但非常重要的与特征准备相关的问题。观测到的计数并不能准确地捕捉罕见事件的频率，因为这些事件通常有一条长尾巴。

这个问题首先由数学家拉普拉斯提出，他问：太阳明天升起的概率是多少？它可能接近 1，但不完全是 1.0。尽管自从人类开始注意到这个问题以来，太阳每天早晨都像上了发条一样每天升起，大约持续了有 3650 万个早晨，但太阳不会永远这样升起。地球或太阳爆炸的时刻将会在某一天到来，虽然在今晚发生的可能性很小，但并不是完全没有可能。

在任何有限的数据集中，总是有一些事件还没有被发现。你很可能有 100 个人的记录，他们都没有红头发。当我们在对有红头发的人进行分类时，得出它的概率为 0/100=0 的结论是有很大问题的，因为这意味着红头发在任何一个类别中都不可能出现。更糟糕的是，如果整个训练集中只有一个红头发，比如说被标记为 C_2 级，那么不管其他的情况如何，我们的朴素贝叶斯分类器都认为未来每个红头发的人都一定在 C_2 类中。

356

折扣（discounting）是一种统计方法，通过显式保留概率质量来调整尚未发生的事件的计数。最简单、最流行的方法是加法折扣，即我们将所有结果（包括未发现的结果）加 1。例如，假设我们从不透明的盒子里随机且有放回地取球。看到 5 个红色和 3 个绿色球之后，在下一次取球时看到另外一种颜色的可能性有多大？如果我们采用加 1 折扣法，则

$$P(\text{红色}) = (5+1)/((5+1)+(3+1)+(0+1)) = 6/11$$

$$P(\text{绿色}) = (3+1)/((5+1)+(3+1)+(0+1)) = 4/11$$

那么剩下的那种颜色球的概率为

$$P(\text{新颜色}) = 1/((5+1)+(3+1)+(0+1)) = 1/11$$

对于少量样本或大量已知类，折扣会导致概率值较大幅度地减小。当我们使用加 1 折扣时，我们会发现抽到红球的可能性从 5/8 = 0.625 变为 6/11 = 0.545。但这是一个更安全、更可靠的估计，当我们看到足够多的样本后，这些差异将会消失。

你应该知道还有其他的折扣方法被开发出来，而加 1 折扣并不是对所有的情况来说都是最好的选择。话虽如此，不使用折扣计数会带来一些麻烦，因此人们也不会因使用加 1 折扣而被解雇。

折扣在自然语言处理中变得尤为重要，在自然语言处理中，传统的*词袋表示*将文档建模为该语言全部词汇（例如 100 000 个单词）的单词频率计数向量。因为单词的使用频率受幂律（Zipf 定律）的支配，所以尾部的单词非常罕见。你以前见过 defenestrate[⊖]这个英语单词吗？更糟糕的是，受困于书本内容的限制，导致很多文档太短以至于不能包含全部的 100 000 个单词，因此无论我们在哪里查看，都注定会看到零。加 1 折扣会使这些计数向量变成敏感的概率向量，其中看到罕见的、迄今为止还没有被计数的单词的概率是非零的。

11.2 决策树分类

决策树是用于对任意输入向量 $\boldsymbol{X}$ 进行分类的二进制分支结构。决策树中的每个节点都包含针对某个字段 $x_i \in \boldsymbol{X}$ 的简单特征比较，例如"是否 $x_i \geq 23.7$？"每个这样的比较的结果是真或者假，决定我们是否应该继续到达给定节点的左或右子节点。这些结构有时称为*分类树和回归树*（CART），因为它们可以应用于更广泛的一类问题中。

357

⊖ 这个单词的意思是把某人扔出窗外。

决策树将训练样本划分成相对统一的类组合，使得决策变得容易。图 11.3 给出了一个决策树的例子，它旨在预测你在泰坦尼克号沉船事故中幸存的概率。每行 / 实例都经过唯一的从根到叶的路径进行分类。这里的根检验反映了海军的传统——女性和儿童优先，73% 的女性幸存下来，因此仅凭此特征就足以对女性做出预测。树的第二层反映了儿童优先：10 岁或以上的任何男性都被认为不走运。即使是年龄更小的儿童也必须通过最后一道关卡：他们通常只有在有兄弟姐妹为他们游说的情况下才能登上救生艇。

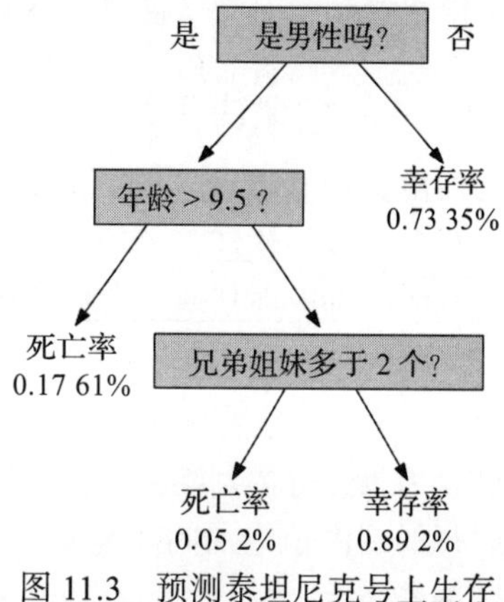

图 11.3 预测泰坦尼克号上生存概率的简单决策树模型

该模型在训练集上的准确率是多少？这取决于每一片叶子上样本所属的类别，以及这些叶子样本的纯度。如图 11.3 所示，对每个节点的覆盖率和存活率（纯度）的乘积求和，得到该树的分类准确率 A 为

$$A=(0.35)(73\%)+(0.61)(83\%)+(0.02)(95\%)+(0.02)(89\%)=78.86\%$$

对于这样一个简单的决策过程，78.86% 的准确率还不错。我们可以通过完成这棵树把它推高到 100%，这样 1317 名乘客中的每一个人都有属于自己的一片叶子，用他们的最终命运来标记这个节点。也许 23 岁的二等男性公民比 22 岁或 24 岁的男性更有可能生存，这一观察表明，树可以利用其来提高训练的准确率。但是，这样一棵复杂的树可能会产生过拟合，从而发现树上的一些结构是没有意义的。图 11.3 中的树是可解释的、鲁棒的，并且相当准确。除此之外，每个人都是为了自己而活。

决策树的优点包括：

- 非线性：每个叶子代表决策空间的一部分，但要通过潜在的复杂路径才能到达。这个逻辑链允许决策树表示高度复杂的决策边界。 358
- 支持分类变量：决策树除了使用数值数据外，还自然使用分类变量，例如“if hair color = red”。分类变量不太适合其他大多数机器学习方法。
- 可解释性：决策树是可解释的，你可以阅读它们并努力理解它们依据什么进行推理。因此，决策树算法可以告诉你一些你可能从未见过的有关数据集的信息。此外，可解释性可以让你判断你是否信任它将做出的决定，即它是否出于正确的理由而做出决定？
- 鲁棒性：决策树可能的数量随着特征和可能的测试的数量呈指数增长，这意味着我们可以随心所欲地构建决策树。构造多个随机决策树（CART）并将每个决策树的结果作为给定标签的投票，增加了模型的鲁棒性，并允许我们评估分类的可信度。
- 回归应用：在决策树中遵循相似路径的项目子集在属性上可能是相似的，而不仅仅是一个标签。对于每一个这样的子集，可以使用线性回归为这些叶项的数值建立一个特殊的预测模型。它可能比在所有实例中训练的更通用的模型表现得更好。

决策树最大的缺点是缺乏优雅性。logistic 回归和支持向量机等学习方法都使用数学。高等概率论、线性代数、高维几何，你知道的，也需要数学。

相比之下，决策树更像是黑客的游戏。在训练过程中，有很多很酷的旋钮需要扭转，而帮助你正确扭转它们的理论相对较少。

但事实上，决策树模型在实践中非常有效。梯度增强决策树（GBDT）是目前在 Kaggle

竞赛中最常用的机器学习方法。我们将分阶段解决这个问题。首先是决策树，然后在下一节介绍 Boosting。

11.2.1 构建决策树

决策树是以自顶向下的方式构建的。我们从一个给定的训练实例集合开始，每个训练实例具有 n 个特征，并用 m 个类 $C_1, \cdots, C_m$ 进行标记。决策树中的每个节点都包含一个二分类判断标准，即从给定特征派生的逻辑条件。

具有一组离散值的特征 v_i 可以很容易通过等式检验转换成二元判断标准："特征 $x_i = v_{ij}$ 吗？"因此，存在与 x_i 相关的 $|v_i|$ 不同的判断标准。通过将阈值 t 添加为数字特征可以将其转换为二元分类判断标准："特征 $x_i \geqslant t$ 吗？"。潜在的有趣阈值 t 的集合由在训练集合中 x_i 所呈现的观测值间的间隙定义。如果完整的观测值集为（10，11，11，14，20），那么 t 可能值的集合为 $t \in (10, 11, 14)$ 或者 $t \in (10.5, 11.5, 17)$。两个阈值集产生的观测值分区相同，但如果将其扩展至训练看不到的未来值时，使用每个间隙的中点似乎更合理。

我们需要一种方法来评估每个判断标准对划分从该节点可达的训练样本集合 S 的贡献程度。理想的判断标准 p 是 S 的纯分区，因此类标签是不会相交的。在这个理想情况下，来自每个 C_i 类的 S 的所有成员将仅出现在树的一侧，但是，这种绝对不相容的情况通常是不可能的。我们还需要产生 S 的均衡拆分判断标准，这意味着左子树包含的元素与右子树包含的元素大致相同。均衡的拆分使得分类过程更快，并且可能会更具鲁棒性。将阈值 t 设置为 x_i 的最小值会从 S 中选取一个孤立元素，从而产生一个完全纯净但最大程度不平衡的拆分。

因此，我们的选择标准应兼顾平衡和纯度，以最大程度地从测试中学习。度量项目子集 S 纯度的一种方法是无序的逆或熵。设 f_i 表示 C_i 类中属于 S 的部分。然后可以计算 S 的信息熵 $H(S)$：

$$H(S) = -\sum_{i=1}^{m} f_i \log_2 f_i$$

负号的存在使得整个表达式的值为正，因为一个真得分的对数总是负的。

我们来分析这个公式。当所有元素都属于一个类时，所有的元素都仅对一个类做出了贡献，这意味着某个类 j 的 $f_j = 1$。类 j 对 $H(S)$ 的贡献是 $1 \cdot \log_2 1 = 0$，与所有其他类的贡献相同：$0 \cdot \log_2 0 = 0$。最混乱的版本是当所有 m 类都被平均表示时，即 $f_j = 1/m$。然后，根据上述定义，$H(S) = \log_2 m$。熵越小，节点的分类效果越好。

应用于树节点的潜在拆分值是它减少系统熵的程度。假设布尔判断标准 p 将 S 划分为两个不相交的子集，那么 $S = S_1 \cup S_2$。然后 p 的信息增益由下式定义：

$$IG_p(S) = H(S) - \sum_{j=1}^{2} \frac{|S_i|}{|S|} H(S_i)$$

我们寻找使这个信息增益最大的判断标准 p' 作为 S 的最佳拆分器。由于对树的两边都进行了评估，因此该准则隐式地倾向于平衡拆分。

另一种纯度度量已经被定义，并在实践中使用。基尼不纯度基于另一个数量 $(f_i(1-f_i))$，该值在两种纯拆分情况下均为零：$f_i = 0$ 或者 $f_i = 1$。

$$I_G(f) = \sum_{i=1}^{m} f_i(1-f_i) = \sum_{i=1}^{m}(f_i - f_i^2) = \sum_{i=1}^{m} f_i - \sum_{i=1}^{m} f_i^2 = 1 - \sum_{i=1}^{m} f_i^2$$

优化基尼不纯度的判断选择标准的定义与之类似。

我们需要一个终止条件来完成启发式算法。什么时候节点足够纯净，可以将其称为叶子呢？通过设置信息增益阈值 ε，可以在其他测试奖励小于 ε 时停止划分。

另一种策略是构建完整的树，直到所有的叶子都是纯的，然后消除贡献最少信息增益的节点，对树进行修剪。大的全集内根附近可能没有良好的分离器，这很常见，但是随着集合中元素的减少，会出现更好的分离器。这种方法的好处是不会在流程中过早终止运行。

11.2.2 实现异或

使用特定的机器学习方法，某些决策边界形状可能很难，甚至不可能被拟合。众所周知的是，线性分类器不能用来拟合某些简单的非线性函数，比如异或（XOR）。logit 函数 A⊕B 的定义为：

$$A \oplus B = (A \cup \bar{B}) \cup (\bar{A} \cup B)$$

对于二维点 (x, y)，可以以 A 为“$x \geqslant 0$”，B 为“$y \geqslant 0$”对判断条件进行定义吗？然后在图 11.4a 所示的 xy 平面上，有两个不同区域的 $A \oplus B$ 为真，另外两个象限为假。用一条线划分两个区域的需求解释了为什么线性分类器无法进行 XOR。 361

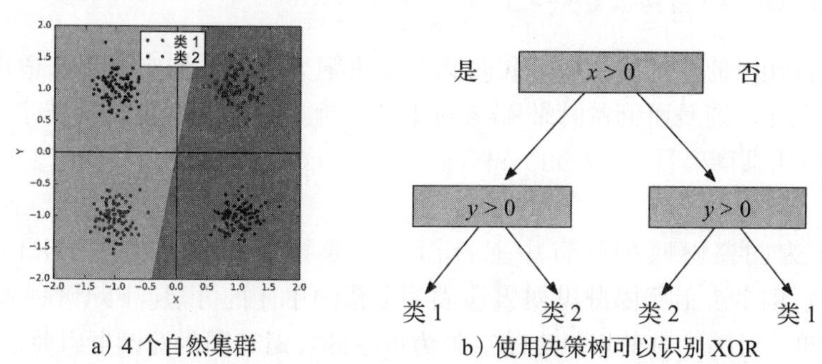

a）4 个自然集群　　b）使用决策树可以识别 XOR

图 11.4　线性分类器无法拟合异或函数。在左边，我们在 xy 空间中展示了 4 个自然集群。这表明了 logistic 回归完全无法找到有意义的分隔符，但是即便一棵很小的决策树也可以轻松完成这项工作（右）

尽管决策树可以识别 XOR，但这并不意味着容易找到执行该决策的树结构。使 XOR 难以处理的原因是，即使选择了正确的根节点，也无法看到自己正朝着更好的分类方向前进。在上面的例子中，选择根节点“$x > 0$ 吗？”不会在任何一侧明显增加类的纯度。由于我们的信息增益为零，因此只有在展望另一个水平时，该测试的价值才变得显而易见。

贪婪的决策树构造启发式算法在诸如 XOR 等问题上失败了。这表明，在困难的情况下，更复杂、计算成本更高的树构建程序更具价值，这些过程与计算机象棋程序类似，现在不是评估移动 p 的价值，而是评估移动几次以后的价值。

11.2.3 决策树集合

在任何训练集上都可以建立大量可能的决策树，而且，如果我们不断改进，直到所有的叶子都是纯的，那么每一棵决策树都会对所有训练样本进行完美的分类。这就意味着要构建成百上千棵不同的树，并对每棵树计算一个查询项 q，以返回一个可能的标签。通过让每棵树投下独立的一票，我们就可以确信最常见的标签将是正确的标签。

为了避免群体思维，我们需要树的多样性。重复使用一个确定的构造过程来找到最好的树是毫无价值的，因为它们都是相同的。更好的方法是在每个树节点上随机选择一个新的分割维度，然后为这个变量找到定义判别标准的最佳阈值。

但即使是随机维数选择，生成的树往往也是高度相关的。一个更好的方法是套袋，在相对较小的随机元素子集上构建尽可能好的树。如果处理得当，生成的树应该彼此相对独立，提供多种分类器以供使用，从而促进群体的决策智慧。

使用决策树集合除了具有鲁棒性之外还有一个优点。树之间的一致程度为任何分类决策提供了一种置信度度量。在 1000 棵树中，其中 501 棵树上出现的大多数标签与 947 棵树上出现的大多数标签有很大区别。

可以将此得分理解为概率，但更好的方法是将这个数字输入到 logistic 回归中，以便更好地衡量置信度。假设有一个二元分类问题，设 f_i 表示在输入向量 $\boldsymbol{X}_i$ 上挑选类 C_1 的树的得分。在决策树集合中运行整个训练集。现在定义一个 logistic 回归问题，其中 f_i 是输入变量，而 X_i 是输出变量。对于任何观测到的一致性得分，所得的 logit 函数将确定适当的置信水平。

362

11.3　Boosting 和集成学习

将大量带有噪声的“预测变量”聚合到一个更强大的分类器中的想法适用于算法以及群体。通常情况下，许多不同的特征都与因变量弱相关。那么，我们怎样才能把它们组合成一个更强的分类器呢？

11.3.1　用分类器投票

集成学习是将多个不同的分类器组合成一个预测单元的方法。11.1 节中的朴素贝叶斯方法与其有些类似，因为它使用每个特征作为单独的相对较弱的分类器，然后将它们相乘。线性 /logistic 回归具有类似的解释，因为它为每个特征分配了权重，使集成的预测能力最大化。

但更普遍的是，集成学习的中心思想还是围绕着投票的理念。我们知道，通过在随机元素子集上构造成百上千棵决策树，会使决策树的总体功能变得更强。群体智慧来自思想的多样性胜过拥有最强专业知识的个人。

民主建立在一人一票的原则上。可能你受过良好教育，对最佳行动方案具有理性的判断，但是在投票时，大厅里滔滔不绝讲着无意义话的愚蠢至极的人与你的重要性是一样的。就社会的动态而言，民主是有道理的：共同的决定对愚蠢的人的影响和对你的影响一样大，所以平等意味着所有人在这件事上都应该享有平等的发言权。

但是，相同的论点不适用于分类器。使用多元分类器最正常的方法是给每个分类器一个投票权，并选取得票最多的那个。但是为什么每个分类器都要得到相同的选票呢？

图 11.5 表明了为分类器分配权重的复杂程度。这个例子由 5 个分类器组成，每个分类器对 5 个项进行分类。所有的分类器的表现都很好，每一个的正确率都达到了 60%，除了 v_1，其准确率为 80%。然而，分类器集体做出的选择并不比表现最差的单个分类器的分类效果更好，准确率都为 60%。但是，如果我们去掉分类器 v_4 和 v_5，并平等地权衡剩余部分，则会得到一个完美的分类器。使 v_2 和 v_3 有价值的不是其整体的准确率，而是它们在最棘手的问题（D，尤其是 E）上的性能。

项 / 投票人	V_1	V_2	V_3	V_4	V_5	大多数	最佳权重
A	*		*	*	*	*	*
B	*		*	*	*	*	*
C	*	*		*	*	*	*
D	*	*					*
E		*	*				*
% 准确性	80%	60%	60%	60%	60%	60%	100%
最佳权重	1/3	1/3	1/3	0	0		

图 11.5 即使投票人都具有相同的准确率，投票的平均权重也不一定总能产生最佳的分类器，因为某些问题比其他问题更难解决（这里为 D 和 E）。“*”表示给定投票人对给定项进行了正确分类

似乎有三种主要的方法来给分类器 / 投票人分配权重。最简单的方法可能是给过去被证明准确的分类器分配更高的投票权重，即将 v_I 乘以权重 t_i / T，其中 t_i 是正确对 v 分类的次数，并且 $T = \sum_{i=1}^{c} t_i$。请注意，在图 11.5 的例子中，这个加权方案并不会比多数裁定的规则更好。 363

第二种方法可能是使用线性 /logistic 回归找到最佳的权重。在二元分类问题中，两个类别分别表示为 0 和 1。每个分类器的 0-1 结果可以用作预测实际分类值的特征。该公式将发现与正确答案关联的更好的分类器的非均匀权重，但不会显式地寻求最大化正确分类数。

11.3.2 Boosting 算法

第三个想法是推动。关键在于要根据对样本正确分类的难度来给予它们权重，并根据样本分类正确的权重而不仅仅是计数来奖励分类器。

为了设置分类器的权重，我们将调整训练样本的权重。大多数分类器都会对简单的训练样本进行适当的分类：分类器能够正确处理的困难情况越多，我们对它的奖励也越大。

代表性的 Boosting 算法是 AdaBoost，如图 11.6 所示。在这里我们不会展示过多的细节，特别是关于每轮权重调整的细节。假设我们的分类器将被构造为形如“是 $(v_i \geq t_i)$？”的非线性分类器的并集，即采用阈值特征作为分类器。

AdaBoost

对 1...T 中的 t：

- 选择 $f_t(x)$：
  - 找到最小化 ε_t 的弱学习器 $h_t(x)$：误分类点的加权和误差 $\varepsilon_t = \sum_i w_{i,t}$
  - 选择 $\alpha_t = \frac{1}{2}\ln\left(\frac{1-\varepsilon_t}{\varepsilon_t}\right)$
- 添加到集成
  - $F_t(x) = F_{t-1}(x) + \alpha_t h_t(x)$
- 更新权重：
  - 对所有的 i，$w_{i,t+1} = (w_{i,t})\mathrm{e}^{-y_i \alpha_t h_t(x_i)}$
  - 重新正规化 $w_{i,t+1}$ 使得 $\sum_i w_{i,t+1} = 1$

图 11.6 AdaBoost 算法的伪代码

对于 $t=\{0,\cdots,T\}$，该算法会运行 T 轮。起始时，所有训练样本（点）的权重应该相等，所以对于所有点 $x_1,\cdots,x_n$， $w_{i,0}=1/n$。我们考虑所有可能的特征 / 阈值分类器，并找到使得 364 ε_t 最小的 $f_i(x)$，即错误分类点的权重之和。新分类器的权重取决于它在当前点集上的精度，由下式计算：

$$\alpha_t=\frac{1}{2}\ln\left(\frac{1-\varepsilon_t}{\varepsilon_t}\right)$$

对点的权重进行了标准化，所以 $\sum_{i=1}^{n}w_i=1$，因此一定存在一个误差为 $\varepsilon_t\leqslant 0.5$ 的分类器[⊖]。

在下一轮中，误分类点的权重将被提高，使其变得更加重要。假设 $h_t(x_i)$ 为 x_i 的预测类别（−1 或 1），而 y_i 为正确的类或该点。$h_t(x_i)\cdot y$ 的符号反映类是同意（正）还是不同意（负）。然后，我们根据下式来调整权重：

$$w'_{i,\,t+1}=w_{i,\,t}\mathrm{e}^{-y_i\alpha_t h_t(x_i)}$$

在对所有参数重新正则化之前，它们的和仍为 1，即

$$C=\sum_{i=1}^{n}w'_{i,\,t+1},\ w_{i,\,t+1}=w'_{i,\,t+1}/C$$

图 11.7 中的示例将最终分类器显示为三个阈值单变量分类器的线性之和。把它们看作 365 最简单的决策树，每棵决策树只有一个节点。AdaBoost 所分配的权重并不一致，但在这种情况下，它们的行为并不像大多数分类器那样就有严重的倾向性。观察由于阈值测试 / 决策树的离散性而导致的非线性决策边界。

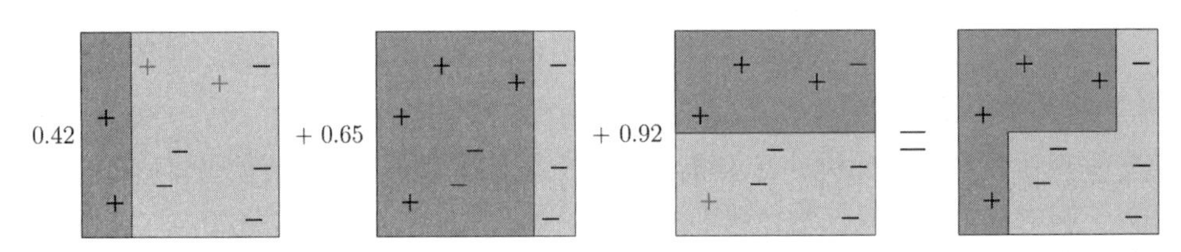

图 11.7　最终的分类器是一个加权集合，它可以正确地对所有点进行分类，尽管每个分量分类器中的错误都以深灰色突出显示

Boosting 算法在作为基本分类器应用于决策树时尤其有价值。流行的梯度增强决策树（GBDT）方法通常从一棵小的树开始，每棵树可能有 4 到 10 个节点。这些树分别编码一个足够简单的逻辑，即它们不会对数据过拟合。分配给这些树中每棵树的相对权重来自一个训练过程，该过程试图拟合前几轮的误差（残差），并增加正确分类较难样本的树的权重。

Boosting 算法努力将每个训练实例正确分类，这意味着对最困难的实例进行分类时尤为困难。有句谚语说“棘手的案件会导致糟糕的法律”，这表明难以裁决的案件为后面其他案件的分析提供了不好的依据。这是反对 Boosting 算法的一个重要论据，因为尽管该方法通常在实践中表现良好，但它似乎有过拟合的倾向。

当训练数据不符合完美的黄金标准时，过拟合的危险就变得尤其严重。人们在进行手动注释时，通常是主观且不一致的，这导致了以牺牲信号为代价的噪声放大。最好的 Boosting 算法将通过正则化处理过拟合问题。目的是尽可能减少非零系数的数量，并避免对集成中的任何一个分类器过于信任。

⊖ 考虑两个分类器，一类为 C_0，当 $x_i\geqslant t_i$ 时；另一类为 C_1，当 $x_i<t_i$ 时。当一个分类器出错时，另一个分类器则一定是正确的，所以这两个分类器中必须有一个达到 50%。

课后拓展：Boosting 算法可以有效地利用弱分类器。然而，当你的训练样本中有一小部分被错误地注释时，它会以特别不理智的方式表现出来。

11.4 支持向量机

支持向量机（SVM）是构建非线性分类器的重要方法。它们可以看作是 logistic 回归的相对关系，用两类标签寻找直线 / 平面 l 的最佳分离点。logistic 回归将查询点 q 分配给它的类标签，这取决于 q 是否位于该行 l 的上方或下方。此外，它还使用 logit 函数将 q 到 l 的距离转换为 q 所属的已识别类的概率。366

logistic 回归中的优化考虑包括最小化所有点上的误分类概率之和。相比之下，支持向量机的工作原理是在两个类别之间寻找最大边距的线性分隔符。图 11.8 显示了由一条线隔开的灰色和黑色点。这条线使得 d 到最近的训练点间的距离最大化，即灰色和黑色之间的最大边距。这是在两个类之间建立决策边界的自然目标，因为边界越大，训练点就越不易被错误分类。最大边距分类器应该是两个类之间最可靠的分隔符。

有几个特性可帮助定义灰色和蓝色点集之间的最大边距分隔符：

- 最佳分割线一定在通道的中心，距最近的灰点和最近的黑点的距离都为 d。如果不是这样，那么我们可以将线进行移动，直到它处于平分线位置，从而在这个过程中扩大边距。
- 实际的分隔通道通过与少量灰色和黑色点的接触定义，其中“少量”表示最多为点维数的 2 倍，因为表现良好的点集避免了 $d+1$ 个点存在于任意维度 d 的平面上。这与 logistic 回归不同，logistic 回归的所有点都有助于拟合最佳位置的直线。这些接触点就是定义通道的支持向量。367

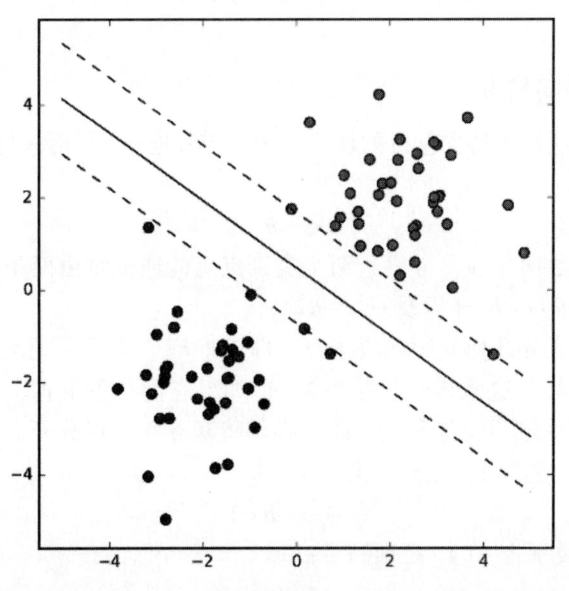

图 11.8 支持向量机力求最大限度地分离两类数据，从而在分隔线上创建一个通道（附彩图）

- 灰点或黑点区域内的点对最大边距分隔符完全没有影响，因为我们需要所有相同颜色的点都位于边界的同一侧。我们可以删除这些内部点或在内部移动它们，但是最大边距分隔线的距离将不会改变，直到其中一个点离开自身区域并进入分隔条。
- 并非总是可以通过直线将灰色与黑色完美地分开。想象一个黑点位于灰点包围圈内的某个位置，那就没有办法仅用一条线把这个黑色的点从灰色中切割开。

logistic 回归和支持向量机都在点集之间插入分隔线。但它们各自根据不同的标准进行了优化，因此可能是不同的，如图 11.9 所示。logistic 回归寻求一种分隔符，该分隔符使我们对所有点求和分类的总置信度最大化，而 SVM 的宽边距分隔符在集合之间的最接近点上表现最佳。两种方法通常会产生相似的分类器。 368

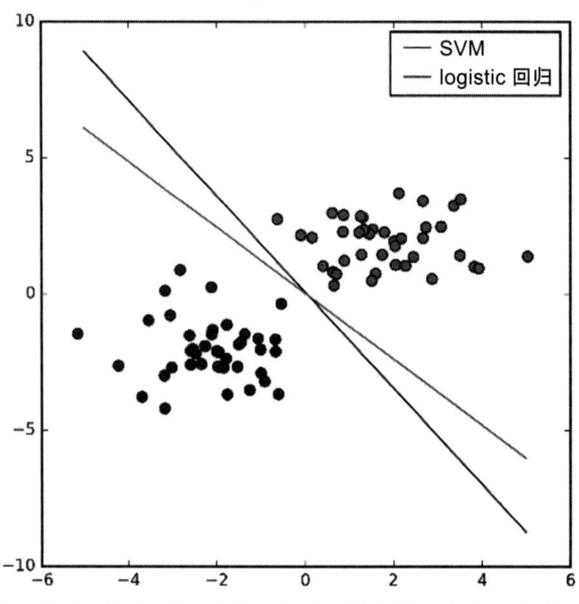

图 11.9　logistic 回归和支持向量机都在点集之间划分了分隔线，但各自根据不同的标准进行了优化

11.4.1　线性支持向量机

这些性质定义了线性支持向量机的优化问题。与其他线 / 平面一样，分隔线 / 平面可以表示为

$$\boldsymbol{w}\cdot x-\boldsymbol{b}=0$$

用输入变量 x 点乘系数向量 $\boldsymbol{w}$。分隔这两个类别点集的通道将由两条平行于此且距离两侧相等的直线定义，即 $\boldsymbol{w}\cdot x-\boldsymbol{b}=1$ 以及 $\boldsymbol{w}\cdot x-\boldsymbol{b}=-1$。

两条直线之间的实际几何间距取决于 $\boldsymbol{w}$，即 $2/\|\boldsymbol{w}\|$。为了直观起见，请考虑二维平面中的斜率：对于水平线，这些线的间距为 2，但如果它们几乎垂直，则可以忽略它们的间距。这个分离通道内一定不能包含点，而且必须将灰点和黑点分开。因此，我们必须增加限制。对于每个灰色（类别 1）点 x_i，我们认为：

$$\boldsymbol{w}\cdot x-\boldsymbol{b}\geqslant 1$$

而每一个黑色点 x_i（类别为 −1），必须满足：

$$w\cdot x-b\leqslant -1$$

如果我们让 $y_i\in[-1,1]$ 表示 x_i 的类别，那么它们可以组合起来产生优化问题：

$$\max\|\boldsymbol{w}\|，\text{其中对于所有}1\leqslant i\leqslant n,\ \text{有}y_i\left(\boldsymbol{w}\cdot x_i-\boldsymbol{b}\right)\geqslant 1$$

这可以用类似于线性规划的技术解决。请注意，通道必须由与其边界接触的点定义。这些向量“支持”了这个通道，这就是支持向量机名字的由来。像 LibLinear 和 LibSVM 这样的高效求解器的优化算法会搜索支持向量的相关小子集，这些子集可能会定义分离通道以找到最宽的通道。

请注意，对于 SVM，还有更通用的优化标准，该标准寻求定义宽通道的行并惩罚（但不禁止）错误分类的点。这种双目标函数（使通道变宽，同时对少数点进行错误分类）可以看作是一种正则化形式，在两个目标之间由一个常数进行权衡。梯度下降搜索可以用来解决这些一般性问题。

11.4.2　非线性支持向量机

支持向量机定义了一个超平面，可以将点从两个类别中分离出来。平面是高维的直线，很容易用线性代数来定义。那么，这种线性方法如何产生非线性决策边界呢？

对于给定的点集，使其具有最大的边距分隔线，必须首先将两种颜色的点线性分隔。但是正如我们已经看到的，情况并非总是如此。考虑图 11.10（左）中的分布情况，上面灰色点集被黑色点集从四周包围。这样的事情怎么会发生？假设我们将旅行目的地划分为一日游或长途旅行，这取决于它们是否距离我们出发位置足够近。每个可能目的地的经纬度将产生与图 11.10（左）结构完全相同的数据。

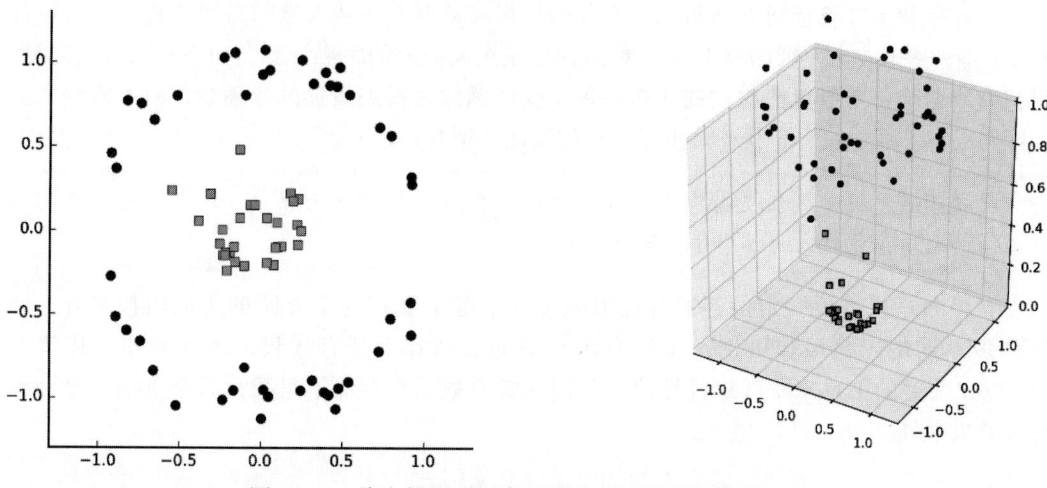

图 11.10　将点投影到更高的维度可以使它们线性分离

一个关键的想法是我们可以将维度 d 上的点投影到一个更高维的空间，在那里将更可能将其分离。对于一维直线上的 n 个灰 / 黑点，只有 $n-1$ 种可能的有趣方法将它们分离，特别是当 $1\leqslant i<n$ 时，在第 i 个和第 $i+1$ 个点之间进行切割。但是在二维空间中，分离方法会激增到 $\binom{n}{2}$ 种，因为当我们增加维度时，划分的自由度变得更高。图 11.10（右）显示了通过 $(x, y)\rightarrow(x, y, x^2+y^2)$ 的变换将这些点放置在抛物面上，并使在原始空间中不可分割的类线性分离成为可能。

如果我们把任意两类点的维数设置得足够高，那么灰点和黑点之间总会存在一条分界线。事实上，如果我们通过一个合理的变换将 n 个点放在 n 个维度中，它们总是可以通过一种非常简单的方式线性分割。仅凭直觉，想想两个点（一个灰色和一个黑色）在两个维度上的特殊情况：显然，一定存在一条线将它们分开。将此分离平面投影到原始空间会产生某种形式的曲线决策边界，因此支持向量机的非线性取决于如何将输入投影到更高维空间。

370

将 d 维中的 n 个点转换为 n 维中的 n 个点的一个不错的方法可能是通过每个点到所有 n 个输入点的距离表示该点。特别地，对于每个点 p_i，可以创建一个向量 $\boldsymbol{v}_i$，使得 $v_{ij}=\mathrm{dist}(i, j)$，表示 p_i 到 p_j 的距离。既然到实际类中点的距离应该比到其他类中点的距离小，那么应将这些距离的向量作为一组强大的特征，用来对任意的新点 q 进行分类。

这个特征空间确实很强大，人们可以通过它很容易地编写一个函数将原始的 $n\times d$ 特征矩阵转换为新的 $n\times n$ 特征矩阵进行分类。这里的问题是空间的大小，因为输入点 n 的数量通常远远大于它们所位于的维度 d。这样的转换只适用于非常小的点集，比如 $n\leqslant 1000$。此外，使用这样高维点的成本应该是比较高，因为现在每一个距离评估所需的时间都与点 n 的数量呈线性关系，而不是 d 维的数据。但还是发生了一些惊人的事情……

11.4.3　核函数

支持向量机的神奇之处在于，这种距离特征矩阵实际上不需要显式计算。实际上，寻找最大边距分隔线所固有的优化只对点与其他点和向量的点积起作用。因此，我们可以想象当在比较中使用关联点时，动态地执行距离扩展的情况。因此，无须预先计算距离矩阵：我们可以根据需要将点从 d 维扩展到 n 维，再进行距离计算，然后将其舍弃。

这将有助于打破空间上的瓶颈，但我们仍将在计算上花费大量的时间。真正令人惊奇的是，有一些函数被称为*核函数*，它们返回的是大向量上的距离计算，而不必构造大向量。用核函数做支持向量机使我们能够在各种非线性函数上找到最佳的分隔线，而不需要太多的额外成本。数学超出了我在这里要讨论的范围，但是：

课后拓展：*核函数使支持向量机有能力将元素从 d 维转换为 n 维，这样就可以将它们分离，而无须花费更多的 d 个步骤进行计算。*

支持向量机需要一定的经验才能有效使用。除了我在这里介绍的距离内核之外，还有许多不同的内核函数可用。每种方法在某些数据集上都有优势，因此需要使用诸如 LibSVM 之类的工具来获得最佳性能。它们在具有数千个点而不是数百万个点的中型数据集上效果最佳。

371

11.5　监督程度

机器学习方法之间具有不可避免的区别，这取决于在收集训练和评估数据时所采用的监督程度和性质。与任何分类法一样，边缘也有一些模糊性，这使得试图准确标记给定系统在做什么和没做什么是无法令人满意的。然而，与任何好的分类法一样，它为你提供了指导思想的框架，并提出了可能带来更好结果的方法。

到目前为止，本章中讨论的方法均假定为我们提供了带有类标签或目标变量的训练数据，而我们的任务仍然是训练分类器或回归系统。但要达到标记数据的目的通常比较困难。你为机器学习算法提供的数据越多，它们的性能就越好，但是注释通常是困难的且成本很高。调节监督程度可提供一种提高“音量”的方法，以便你的分类器可以听到正在发生的事情。

11.5.1 监督学习

监督学习是分类和回归问题的基本范式。给定特征 x_i 的向量，每个向量都有一个相关的类别标签或目标值 y_i。注释 y_i 代表监督，通常从一些手动过程中获得，从而限制了训练数据的潜在数量。

在某些问题中，训练数据的注释来自与世界交互的观察，或者至少是对它的模拟。谷歌的 AlphaGo 程序是第一个击败世界围棋冠军的计算机程序。*位置评估函数*是一个得分函数，它获得一个棋盘上的位置，并通过计算一个数值估计这个位置有多强。虽然 AlphaGo 的位置评估函数是在所有围棋大师公开比赛数据上训练的，但它仍然需要更多的数据。从本质上说，解决办法是通过自我训练来建立一个位置评估器。在调用每片叶子上的评估函数之前，通过搜索——查看前面几步，可以显著增强位置评估。尝试在没有搜索的情况下预测搜索后的得分会产生更强的评估函数。生成这些训练数据只是计算的结果：程序在与自身博弈。

这种从环境中学习的方法叫作*强化学习*。它不能应用于所有方面，但寻找聪明的方法来生成机器注释的训练数据总是值得的。

11.5.2 无监督学习

无监督方法试图通过提供标签（集群）或值（排名）而非任何可信任的标准来查找数据的结构。它们最适合用于探索，使那些人类无法触摸到的数据集变得有意义。 372

所有无监督学习方法之母都是*聚类*，我们在 10.5 节中进行了广泛讨论。请注意，即使没有标签，也可以使用聚类为分类提供训练数据。如果我们假设找到的集群代表真正的现象，那么我们可以使用集群 ID 作为给定集群中所有元素的标签。这些数据现在可以作为训练数据构建一个分类器以预测集群 ID。即使这些概念没有与它相关的名称，预测集群 ID 也会很有用，可以为任何输入记录 q 提供合理的标签。

主题建模

另一类重要的无监督方法是主题建模，通常与在给定词汇表上绘制的文档相关联。文档是反映某些主题而写的，通常是多个主题的混合。这本书分成几章，每一章都是关于一个不同的主题，但它也涉及从棒球到婚礼的主题。但什么是主题呢？通常每个主题都与一组特定的词汇相关联。关于棒球的文章会提到击球、投手、三振、垒和重击。结婚、订婚、新郎、新娘、爱和庆祝则是与婚礼主题相关的词汇。某些单词可以表示多个主题。例如，爱情与网球、歹徒与袭击也可能有关。

一旦有了一组主题 $(t_1,\ldots,t_k)$ 和定义它们的单词，识别与任何给定文档 d 相关联的特定主题的问题就显得相当简单了。我们计算 d 与 t_i 共同出现的单词次数，并在出现的频率足够高时就说明它们是相关的。如果给定一组手工标注主题的文档，那么在每个主题类型中计算每个单词的出现频率似乎是合理的，这可以构建出与每个主题最紧密关联的单词列表。

但这都是非常严格的监督。主题建模是一种无监督的方法，可以在没有标签的情况下从头推断主题和单词列表。我们可以用一个 $w\times d$ 的频率矩阵 $\boldsymbol{F}$ 来表示这些文本，其中 w 是词汇量，d 是文档数，$F[i, j]$ 反映了 i 在文档 j 中出现的次数。假设我们将 $\boldsymbol{F}$ 分解为 $\boldsymbol{F}\approx\boldsymbol{W}\times\boldsymbol{D}$，其中 $\boldsymbol{W}$ 是一个 $w\times t$ 的词汇主题矩阵，$\boldsymbol{D}$ 是一个 $t\times d$ 的主题文档矩阵。$\boldsymbol{W}$ 的第 i 行中最大的元素反映了与单词 w_i 衔接最紧密的主题，而 $\boldsymbol{D}$ 的第 j 列中的最大元素反映了

文档 d_j 中最具代表性的主题。

这样的分解将代表一种完全不受监督的学习形式，但不指定所需的主题数 t。构建这样的近似因式分解似乎很麻烦，但是有多种方法可以尝试这样做。也许主题建模最常用的方法是一种称为潜在 Dirichlet 分配（LDA）的方法，该方法可以生成一组相似的矩阵 $\boldsymbol{W}$ 和 $\boldsymbol{D}$，尽管并非严格由因子分解法生成。

图 11.11 给出了 LDA 实际应用的玩具案例。案例中对一些优秀书籍进行了分析，以了373解它们是如何在三个潜在的主题中串联起来的。LDA 算法以无监督的方式定义这些主题，方法是为每个主题分配每个单词的权重。这里的结果通常是有效的：每个主题的概念都是从它最重要的词（右）中产生的。然后，可以轻松地将每本书中的单词分布划分为三个潜在主题（左）。

文本	T_1	T_2	T_3
The Bible	0.73	0.01	0.26
Data Sci Manual	0.05	0.83	0.12
Who's Bigger?	0.08	0.23	0.69

T_1		T_2		T_3	
主题词	权重	主题词	权重	主题词	权重
God	0.028	CPU	0.021	past	0.013
Jesus	0.012	computer	0.010	history	0.011
pray	0.006	data	0.005	old	0.006
Israel	0.003	program	0.003	war	0.004
Moses	0.001	math	0.002	book	0.002

图 11.11　主题建模（LDA）的插图。这三本书通过其主题分布来表示（左）。每个主题都由一个单词列表表示，并使用权重来衡量其对主题的重要性（右）。文档是由单词组成的：LDA 的神奇之处在于它可以同时以无监督的方式推断主题和单词分配

请注意，这种分解思维方式可以应用于文档之外的任何特征矩阵 $\boldsymbol{F}$。我们之前讨论过的矩阵分解方法，如奇异值分解和主成分分析，同样是无监督的，它们在我们没有提供找到它的线索的情况下，诱导数据集中固有的结构。

11.5.3　半监督学习

半监督学习方法填补了有监督学习与无监督学习之间的空白，这种方法可以将少量标注的训练数据放大。受到“以一己之力完成困难”这句话的启发，我们通常将这种把少量样本转化为更多样本的方法称为*自助法*（bootstrapping）。半监督方法可以将狡猾的行为拟人化，以构建实质性的训练集。

我们假设得到了少量带标签的样本，如点对 (x_i, y_i)，以及大量未知标签的输入数据 x_j。我们可以使用它来分类大量未标注样本，而不是直接从训练集构建模型。也许我们会使用最近邻方法对这些未知量进行分类，或者使用这里讨论过的任何其他方法。但一旦对它们进行分类，我们就假设标签是正确的，并在更大的集合上重新训练。

这种方法得益于可靠的评估集。我们需要确认在自助示例上训练的模型比在开始时训练的模型性能更好。如果标签本身就是垃圾，那么即便添加数十亿个训练样本也是毫无价值的。

还有其他方法可以生成不带注释的训练数据。通常，正面的样本比反面的样本更容易374找到。考虑一下对语法矫正器的训练问题，这意味着它可以将书写的正确部分与格式错误的部分区分开。掌握大量恰当的英语例子是很容易的：凡是在书籍和报纸上发表的东西通常都是没有问题的。但想要找到一篇包含大量语法错误的文章似乎很难。不过，我们可以

观察到，通过随机添加、删除或替换任意单词几乎总是会使文本变得更糟[⊖]。通过将所有已发布的文本标记为正确，将所有随机干扰标记为不正确，我们可以创建所需的任意大的训练集，而无须雇用人员对其进行手工注释。

我们如何评估这样的分类器？为了达到评估的目的，获得足够真实的注释数据通常是可行的，因为评估所需要的数据通常比训练所需要的数据少得多。我们还可以使用分类器对要注释的内容提出建议。对于注释者来说，最有价值的样本是那些我们的分类器犯错误的样本：被标记为不正确类或随机突变的已正式出版的句子，这类样本需要我们手工标注。

11.5.4 特征工程

特征工程是应用领域内的一门精湛工艺，可以让机器学习算法更轻松地完成预期的工作。在这里的分类法中，可以将特征工程视为监督学习的重要部分，其中监督适用于特征向量$\boldsymbol{x}_i$而不是相关的目标注释y_i。

重要的是要确保以正确的方式将特征呈现给模型。对于业余爱好者来说，将特定的应用知识整合到数据中而不是通过数据来进行学习这种方式听起来像是作弊。但是专业人士明白有些东西是不容易学习的，因此最好明确地放在特征集中。

思考一下在拍卖中为艺术品定价的模型。拍卖行通过向中标者收取佣金（去除向艺术品所有者支付的款项之外）来赚钱。不同的拍卖行收取的佣金不同，但它们可能会赚取相当多的利润。由于中标者的总成本在购买价格和佣金之间分配，因此，较高的佣金可能大幅降低拍品的价格，因为高佣金会直接切割竞拍人对拍品的支付能力。

那么，在艺术品定价模型中，如何表示佣金价格呢？我至少可以想到三种不同的方法，其中一些方法可能会带来灾难性的后果：

- *将佣金所占百分比指定为特征*：将拍卖行的抽成（例如10%）表示为特征集中的一列，在线性模型中也许并不可行。竞拍人的报价是税率和最终价格的乘积。它具有乘法效应，而不是累加效应，因此，如果艺术品的价格范围是从100美元到1 000 000美元，那么运用这一方法就没有意义了。

375

- *将包括实际支付的佣金作为一个特征*：骗子……，如果你将最终支付的佣金作为一个特征，就会用拍卖时不知道的数据污染这些特征。事实上，如果对所有的画作都征收10%的税，并且将税金作为一个特征的话，那么一个完美而准确（且完全无用）的模型可以将价格预测为税金的10倍！
- *将回归目标变量设置为已支付的总金额*：由于竞拍者在出价前就知道拍卖行佣金的比率以及附加费，因此已支付的总金额才是正确的目标变量。可以根据此规则将总购买价格的任何给定预测细分为购买价格、佣金和税金。

可以将特征工程视为与数据清洗相关的领域，因此3.3节中讨论的技术均适用于此。其中最重要的一点将在这里结合上下文进行讨论，现在我们已经到了实际构建数据驱动模型的地步：

- *Z得分和归一化*：一般来说，在可比较的数值范围内，服从正态分布的数据会产生最好的特征。若要使范围具有可比性，请通过减去均值并除以标准差将值转换为Z得分，$Z=(x-\mu)/\sigma$。若要使幂律变量变得正常，请将特征集中的x替换为$\log x$。

⊖ 在这一页的某个地方试一试。随机选择一个单词，然后将其标记为红色，并且在它前面加上单词the。与初始的语句相比，原文写得是否明显比你修改后好？

- 估算缺失值：确保数据中没有缺失值，如果有，那就用有意义的猜测或估计替换它们。记录某人的体重等于 −1 可以轻松地将任何一个模型搞乱。最简单的估算方法是用给定列的均值替换每个缺失值，这通常就足够了，但更强大的方法是通过训练一个模型，根据记录中的其他变量预测缺失值。查看 3.3.3 节了解详细信息。
- 降维：回想一下，正则化是一种迫使模型舍弃无关特征以防止过拟合的方法。在拟合模型之前，通过从数据集中删除不相关的特征，可以更有效地预防过拟合。什么时候功能 x 可能与你的模型无关？与目标变量 y 的相关性差，外加缺乏任意可以解释为什么 x 可能影响 y 的定性理由，这两个都是很好的判断指标。

  诸如奇异值分解之类的降维技术是将大型特征向量简化为更强大和简洁表示形式的绝佳方法。其中的好处包括更快的训练时间，更少的过拟合，以及从观测中减少噪声。[376]
- 非线性组合的显式合并：某些乘积或特征变量的比率在上下文中有自然的解释。面积或体积是长度、宽度和高度的乘积，但它不能成为任何线性模型的一部分，除非在特征矩阵中明确构建一列。总的来说，比如运动中的职业得分或工资的总收入，不同年龄段或时间段之间的要素通常是不可比的。但是如果将总数转换成费率（比如每场游戏的点数或每小时的美元数）通常会使函数变得更有意义。

  定义这些产品和比率需要特定领域的信息，并需要在特征工程过程中仔细考虑。相比非线性分类器的自我查找，你更有可能知道正确的组合。

别害羞。一个好模型和一个坏模型之间的区别通常归结于其特征工程的质量。先进的机器学习算法很迷人，但真正影响结果的是前期的数据准备。

11.6 深度学习

出于一些原因，我们在这里研究的机器学习算法并不能很好地扩展到庞大的数据集中。像线性回归这样的模型通常具有相对较少的参数，例如每列只有一个系数，因此不能真正从大量的训练示例中受益。如果数据具有良好的线性拟合，则可以使用较小的数据集确定这些参数。如果没有，那么，实际上你无论如何也找不到它。

深度学习是机器学习中一个令人兴奋的新的发展方向。它基于 20 世纪 80 年代流行的神经网络算法，这种算法在后来已经完全过时了。但是在过去五年中发生了一些事情，突然之间，多层（深度）网络开始通过广泛地执行传统方法来解决计算机视觉和自然语言处理中的经典问题。

究竟为什么会这样，仍然是个谜。这里似乎并没有一个根本的算法突破，使得数据量和计算速度跨越一个阈值，可以利用大量训练数据更有效地处理稀缺资源问题。但是基础架构正在迅速发展以利用这一优势：谷歌的 TensorFlow 等新的开放源代码软件框架可以轻松地为专用处理器指定网络体系结构，这些专用处理器旨在将训练速度提高几个数量级。

与其他方法不同的是，深度学习通常避免使用特征工程。神经网络中的每一层通常将其上一层的输出作为自己的输入，当我们向上移动到网络的顶部时，逐渐产生更高层次的特征。[377] 这有助于定义从原始输入到最终结果的理解层次，实际上，为一个任务设计的网络的倒数第二层通常为相关任务提供有用的高级功能。

为什么神经网络如此成功？没人知道。有迹象表明，对于许多任务而言，并不需要这些网络的全部权重。它们正在做的事情最终将使用不那么难懂的方法来完成。神经网络似乎是通过过拟合来工作的，找到了一种使用数百万个例子来拟合数百万个参数的方法。然而，他们通常设法避免过拟合的最坏行为，也许是通过使用不太精确的方式来编码知识。一个明确存储长文本字符串以按需拆分的系统似乎很脆弱且不适合使用，而以较宽松的方式表示此类短语的系统可能会更灵活、更通用。

这是一个正在迅速发展的领域，以至于使我想严格地将我的讨论保持在理想水平。这些网络的关键特性是什么？它们为什么突然变得如此成功？

课后拓展：尽管深度学习最适合拥有大量训练数据的领域，但深度学习是一项具有技巧的令人兴奋的技术。因此，大多数数据科学模型将继续使用我们在本章前面详细介绍的传统分类和回归算法来构建。

11.6.1 网络和深度

图 11.12 给出了深度学习网络的架构。每个节点 x 代表一个计算单元，该计算单元计算将数值输入到给定的简单函数 $f(x)$ 上得到的结果。现在，也许可以把它看作一个简单的加法器，它把所有的输入相加，然后输出和。每个有向边 (x, y) 将节点 x 的输出连接到网络中较高节点 y 的输入。此外，每个这样的边都有一个相关的乘数系数 $w_{x,y}$。实际传递给 y 的值是 $w_{x,y} \cdot f(x)$，这意味着节点 y 计算了其输入的加权和。

图 11.12 的左列表示一组输入变量，每当我们要求网络进行预测时，这些变量的值都会发生变化。把它当作网络的接口。从这里到下一级的链接将这个输入值传播到所有将使用该值进行计算的节点。右侧是一个或多个输出变量，显示了此计算的最终结果。在这些输入层和输出层之间是节点的隐藏层。给定所有系数的权重、网络结构和输入变量的值后，计算变得很简单：计算网络中最低级别的值，将它们向前传播，然后从下一级别重复进行，直到到达最高级别。 378

学习网络意味着设置系数参数 $w_{x,y}$ 的权重。边越多，我们需要学习的参数越多。原则上，学习意味着分析 (x_i, y_i) 对的训练语料，并调整边缘参数的权重，以便输出节点在输入 x_i 时产生接近 y_i 的结果。

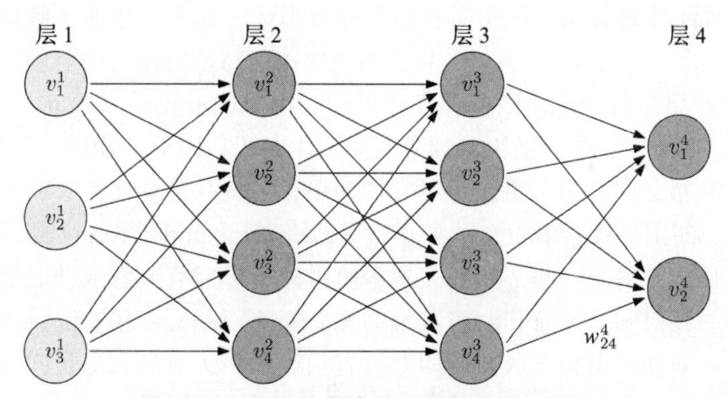

图 11.12 具有隐藏参数层的深度学习网络

网络深度

在某种意义上，网络的深度应该与建模对象相关联的概念层次结构相对应。我们应该拥有的图像是，当我们向上移动网络时，输入被连续地转换、过滤、压缩成越来越好的形状。一般来说，当我们向上移动到更高的层时，节点的数量应该逐渐减少。

我们可以认为每一层都提供了一个抽象层。考虑一个图像的分类问题，可能要确定一张图片上是否包含猫这种动物。从连续的抽象层次来看，图片可以说是由像素、邻域块、边缘、纹理、区域、简单对象、复合对象和场景构成的。这里的论点是，至少 8 个抽象层次可能被图像上的网络识别和使用。在对文本的理解（字符、单词、短语、句子、段落、节、文档）以及任何其他复杂程度相似的伪影中也存在相似的层次结构。

事实上，为特定任务训练的深度学习网络可以产生有价值的通用特征，它将网络中较低层次的输出作为常规分类器的强大特征。例如，Imagenet 是从图像中识别对象的流行网络。一个由 1000 个节点组成的高级层测量图像包含 1000 种不同类型对象的可信度。什么物体发光到什么程度的模式通常对其他任务有用，例如测量图像相似性。

我们并没有对这些层级中的每一层所表示的内容有任何实际的了解，只是将它们连接起来，以便有可能认识到这种复杂性。邻域块是连接像素小组的函数，而区域则由连接的小块组成。在设计此拓扑结构时，我们会有所了解，但是网络会尽其所能进行训练，以尽量减少训练错误或损失。

379 随着网络变得更大、更深，对它们的训练也变得更难。每增加一层就会添加一组新的边权重的参数，这增加了过拟合的风险。随着边缘和观测结果之间的中间层数量的增加，正确地将预测误差的影响归因于边缘权重变得越来越困难。然而，人们已经成功地训练出了具有超过 10 层和数百万个参数的网络，一般来说，识别性能随着网络的复杂程度的增长而提高。

随着深度的增加，网络进行预测的计算成本也越来越高，因为计算的时间与网络中的边沿数量呈线性关系。这并不可怕，特别是当可以在多个内核上并行评估任何给定级别上的所有节点时，可以减少预测时间。训练时间通常是计算瓶颈的真正所在。

非线性

从网络的隐藏层上识别越来越多抽象层次的图像无疑是一个引人注目的图像。不过，网络中的额外层是否真增加了计算能力，让我们做了计算能力不足时做不了的事情？

图 11.13 的例子似乎与此相反。它显示了分别由两层和三层节点构建的附加网络，但两者在所有输入上计算的函数完全相同。这表明，除了减少节点度的工程约束（输入边的数目）外，不需要额外的层。

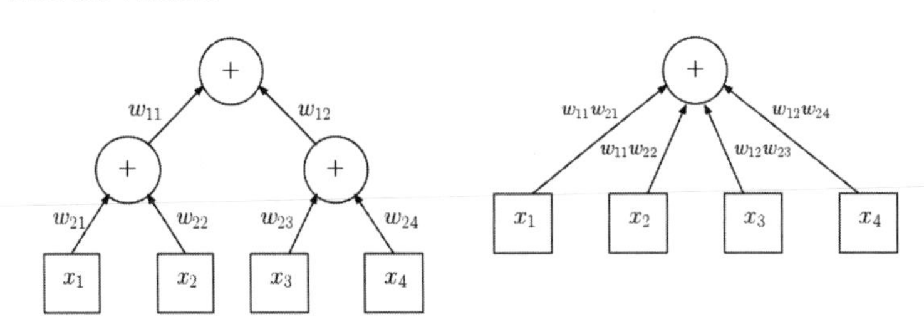

图 11.13　加法网络无法从深度中受益。精确计算的两层网络（左）可以等效为一层网络（右）

它真正表明的是，我们需要更复杂的非线性节点激活函数 $\phi(v)$ 来利用深度。非线性函数的构成方式不可能与构成加法运算的方式相同。这个非线性激活函数 $\phi(v)$ 通常对输入 x 的加权和进行运算，其中：380

$$v_i = \beta + \sum_i w_i x_i$$

这里的 β 是给定节点的常数，也许可以在训练中学习得到。它称为节点的偏差，因为它定义了在没有其他输入的情况下的激活。

计算层 l 的输出值涉及将激活函数 ϕ 应用于层 $l-1$ 的值的加权和，这对性能有着重要

影响。特别地，神经网络评估基本上每层只涉及一个矩阵乘法，其中加权和是通过将一个 $|\boldsymbol{V}_l| \times |\boldsymbol{V}_{l-1}|$ 的权重矩阵 $\boldsymbol{W}$ 乘以一个 $|\boldsymbol{V}_{l-1}| \times 1$ 的输出向量 $\boldsymbol{V}_{l-1}$ 获得的。然后，使用 ϕ 函数作用于 $|\boldsymbol{V}_l| \times 1$ 向量中的每个元素给出该层的输出值。用于矩阵乘法的快速库可以非常高效地执行这个评估计算。

一个有趣的非线性激活函数已经被应用于建筑网络中。如图 11.14 所示，最突出的两项包括 logit 和线性整流函数（ReLU）。

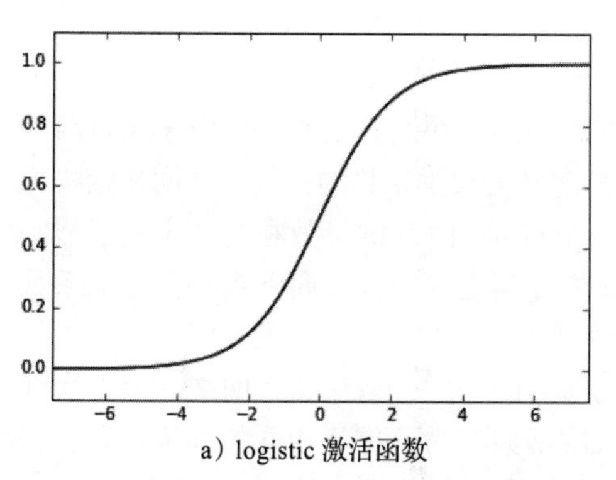

a）logistic 激活函数

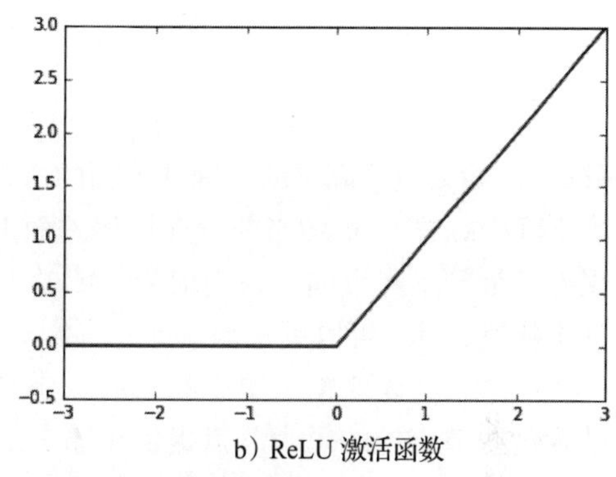

b）ReLU 激活函数

图 11.14　神经网络中节点的 logistic 和 ReLU 激活函数

- logit：我们过往在讨论分类的 logistic 回归时遇到过 logistic 函数或 logit。其中

  $$f(x)=\frac{1}{1+\mathrm{e}^{-x}}$$

  该单元将输出值限制在 [0, 1] 范围内，其中 $f(0)=1/2$。此外，该函数是可微的，因此可以使用反向传播训练生成网络。

- ReLU：电路中的整流器或二极管使电流只能沿一个方向流动。当 x 为正时，其响应函数 $f(x)$ 为线性，而当 x 为负时，其响应函数为零，如图 11.14b 所示。

  381

  $$f(x)=\begin{cases} x & 若x \geqslant 0 \\ 0 & 若x<0 \end{cases}$$

  $x=0$ 处的这种扭结足以消除该函数的线性性，并提供了一种自然的方法来通过将其驱动为负关闭该单元。ReLU 函数仍然是可微的，但是与 logit 的响应却大不相同，logit 单调增加并且在一侧是无限大的。

我并没有真正找到一种可以解释为什么某些函数在某些情况下应该表现得更好的理论。特定的激活函数之所以受欢迎，大概是因为它们在实验中运行良好，如果你觉得网络表现不好，那么可以改变对单元的选择。

一般来说，增加一个隐藏层会对网络带来相当大的影响，而其他层则会遭受收益递减的困扰。该理论表明，没有任何隐藏层的网络具有识别线性可分离类的能力，但是我们转向了神经网络来构建更强大的分类器。

课后拓展：从一个隐藏层开始，其节点数量介于输入层和输出层的数量之间，这样它们被迫学习压缩表示以实现强大的功能。

11.6.2　反向传播

反向传播是神经网络的主要训练方法，通过在大的训练集上逐步拟合大量的参数，取得了令人满意的效果。这很容易让人想起我们在9.4节中介绍的随机梯度下降法。

这就是我们的基本问题。我们得到了一个神经网络，其中每个参数 w_{ij}^l 都有一个初始值，它意味着节点 v_j^{l-1} 的输出在被添加到节点 v_i^l 之前获得的乘数。我们还得到了一个由 n 个输入向量 - 输出值对 (x_a, y_a) 组成的训练集，其中 $1 \leqslant a \leqslant n$。在我们的网络模型中，向量 $\boldsymbol{x}_i$ 表示要分配给输入层 v^1 的值，而 $\boldsymbol{y}_i$ 表示来自输出层 v_l 的期望响应。在 $\boldsymbol{x}_i$ 上评估当前网络将得到输出向量 $\boldsymbol{v}_l$。第 l 层网络的误差 E_l 可以被测量，可能是

$$E_l = \| \boldsymbol{y}_i - \boldsymbol{v}^l \|^2 = \sum_j \left(\phi\left(\beta + \sum_j w_{ij}^l v_{ij}^{l-1} \right) - y_{ij} \right)^2$$

我们希望改进权重系数 w_{ij}^l 的值，以便它们更好地预测 y_i 并使 E_l 最小化。由于来自前一层 v^{l-1} 的输入值是固定的，因此上面的方程将损失 E_l 定义为权重系数的函数。如同在随机梯度下降中一样，w_{ij}^l 的当前值在该误差面上定义了一个点 p，而 E_l 的导数在此点定义了减小误差的最陡下降方向。在当前步长或学习速率定义的方向上沿距离 d 向下走，会生成系数的更新值，其 v_l 可以更好地根据 x_a 预测 y_a。

382

但这只会改变输出层中的系数。要向下移动到前面的一层，请注意，网络的上一次评估为这些节点中的每个节点提供了输出，作为输入的函数。为了重复相同的训练过程，我们需要第 $l-1$ 层中每个节点的目标值，以发挥训练示例中 y_a 的作用。给定 y_a 和新的权重以计算 v^l，我们计算这些层的输出值，这些值可以完美地预测 y_i。有了这些目标，我们就可以在此层上修改系数权重，并继续向后传播，直到到达输入层的网络底部为止。

11.6.3 文字和图形的嵌入

我发现深度学习技术有一种特殊的无监督应用，并且很容易用于几个感兴趣的问题。这样做的附加好处是，不熟悉神经网络的广大读者都可以使用它。*单词嵌入*是单词实际含义或行为的分布式表示。

例如，在100维空间中，每个单词都由一个点表示，因此，具有相似作用的词往往由附近的点表示。图11.15显示了根据文献[PSM14]中单词“GloVe”而给出的几个典型英语单词的五个最近邻，我相信你会同意这样的观点，它们通过关联性捕捉到了每个单词的大量含义。

383

单词嵌入的主要价值是作为一般特征应用于特定的机器学习应用中。让我们重新考虑区分垃圾邮件和有价值的电子邮件的问题。在传统的词袋模型中，每条消息都可以表示为稀疏向量 $\boldsymbol{b}$，其中 $b[i]$ 表示词汇 w_i 在消息中出现的次数。对于英语来说，合理的词汇量 v 是100 000个单词，把 $\boldsymbol{b}$ 变成一个可怕的100 000维的表示形式，不能捕捉到相关术语之间的相似性。由于维数较低，单词向量表示的脆弱性要小得多。

来源	1	2	3	4	5
Apple	iPhone	iPad	apple	MacBook	iPod
apple	apples	blackberry	Apple	iphone	fruit
car	cars	vehicle	automobile	truck	Car
chess	Chess	backgammon	mahjong	checkers	tournaments
dentist	dentists	dental	orthodontist	dentistry	Dentist
dog	dogs	puppy	pet	cat	puppies
Mexico	Puerto	Peru	Guatemala	Colombia	Argentina
red	blue	yellow	purple	orange	pink
running	run	ran	runs	runing	start
write	writing	read	written	tell	Write

图11.15 单词嵌入中的最近邻法捕获到的具有相似类别和含义的术语

我们已经了解了如何使用奇异值分解（SVD）或主成分分析等算法将 $n \times m$ 的特征矩阵 $\boldsymbol{M}$ 压缩为 $n \times k$ 矩阵 $\boldsymbol{M}'$（其中 $k \ll m$），使得 $\boldsymbol{M}'$ 保留了 $\boldsymbol{M}$ 的大部分信息。类似地，我们可以将单词嵌入看作是 $v \times t$ 单词文本关联矩阵 $\boldsymbol{M}$ 的压缩，其中 t 是语料库中文档的数量，$M[i, j]$ 表示单词 i 与文档 j 的相关性。将此矩阵压缩到 $v \times k$ 将产生一种单词嵌入的形式。

也就是说，神经网络是构建单词嵌入的最流行方法。想象一个网络，在这里，输入层接受当前嵌入的 5 个单词 $w_1, \cdots, w_5$，对应于我们文档培训团队的一个特定的 5 个单词短语。该网络的任务可能是从侧面 4 个单词的嵌入中预测中间单词 w_3 的嵌入。通过反向传播，可以调整网络中节点的权重，从而提高这个特定示例的准确率。这里的关键是我们要继续反向传播直到最低层，以便修改实际的输入参数！这些参数表示给定短语中单词的嵌入，因此这一步改进了预测任务的嵌入。在大量的训练示例中重复这一点可以为整个词汇表生成有意义的嵌入。

词嵌入之所以流行的主要原因是 word2vec，它可以在完全无监督的情况下，在千兆字节的文本上快速训练数十万个词汇的嵌入。其中必须设置的最重要参数是所需的维度数 d。如果 d 太小，则嵌入不能自由地完全捕获给定符号的含义。如果 d 太大，则表示将变得笨拙且过拟合。一般来说，最佳点在 50～300 维之间。

图嵌入

假设给定一个在 n 个元素的整个宇宙上定义的 $n \times n$ 的成对相似性矩阵 $\boldsymbol{S}$。只要 $\boldsymbol{S}$ 中 x 和 y 的相似度足够高，就可以通过描述一条边（x，y）来构造相似性图 G 的邻接矩阵。这种大矩阵 $\boldsymbol{G}$ 可以使用奇异值分解（SVD）或主成分分析（PCA）进行压缩，但这在大型网络上被证明是成本巨大的。

诸如 word2vec 之类的程序在根据训练语料库中符号序列构造的表示形式方面表现出色。在新的领域中应用它们的关键是将特定数据集映射到有趣词汇表上的字符串。384 DeepWalk 是一种构建图嵌入的方法，表示每个顶点的点可以使得“相似”的顶点在空间中被紧密地放置在一起。

可以将我们的词汇选择为 ID 从 1 到 n 的不同顶点的集合。但是可以将图形表示为一系列符号的文本是什么？我们可以在网络上构造随机游动算法，从一个任意的顶点开始，反复跳转到一个随机的邻居。可以将这些游动视为顶点词词汇的“句子”。在这些随机游动上运行 word2vec 之后，产生的嵌入在实际应用中被证明非常有效。

DeepWalk 很好地说明了如何使用词嵌入从任何大规模序列语料库中捕获含义，而不管它们是否来自自然语言。在接下来的实战故事中，同样的想法也起着重要的作用。

11.7 实战故事：名字游戏

每当我哥哥需要预订餐馆或在网上下单时，他就会使用 Thor Rabinowitz 这个别名。要想理解这个实战故事，首先要明白它为什么很有趣。

- Thor 是一个古老的北欧神的名字，也是最近的超级英雄人物。世界上有一小部分人叫 Thor，他们中的大多数大概都是挪威人。
- Rabinowitz 是波兰犹太人的姓氏，意为“拉比之子”。世界上只有少数人但并非寥寥无几的人叫 Rabinowitz，特别地，他们没有一个是挪威人。

结果是，从来没有一个人叫这两个单词组合而成的名字，这一事实可以通过在谷歌上搜索“Thor Rabinowitz”来确认。提及这个名字应该会让听众觉得不和谐，因为这两个单词在文化上是不相容的。

Thor Rabinowitz 的幽灵笼罩着这个故事。我的同事 Yifan Hu 曾试图寻找一种方法来证明从可疑计算机登录的用户确实是他们所说的真实身份。如果许多年来都是在纽约登录我的账号，而突然有一天登录地点是尼日利亚，那这个人是我本人还是一个试图窃取我账号的坏人?

“坏人不会知道你的朋友是谁，”Yifan 观察到，“如果我们要求你从一堆假的电子邮件联系人列表中识别你两个朋友的名字，很显然，只有真正的拥有者才知道他们是谁。”

“你怎么得到这些假名?”我问，“也许使用的不是账户联系人中的其他人的名字?”

“不行。”Yifan 说，“如果我们把客户的名字展示给坏人，他们会不高兴的。但我们可以通过挑选名字和姓氏并将它们组合在一起来编造名字。”

385

我反驳说:“但是 Thor Rabinowitz 绝对不会愚弄任何人。”它解释了文化相容的必要性。

我们需要一种方法来表示名字，以捕捉微妙的文化亲和力。他建议可以使用诸如嵌入一个单词这样的方法来完成这项工作，但是我们需要训练文本，以便对这些信息进行编码。

Yifan 排除万难，最终得到了一个包括 200 多万人最重要电子邮件联系人姓名的数据集。具有代表性的个人联系人[⊖]名单可能是：

- Brad Pitt：Angelina Jolie、Jennifer Aniston、George Clooney、Cate Blanchett、Julia Roberts。
- Donald Trump：Mike Pence、Ivanika Trump、Paul Ryan、Vladimir Putin、Mitch McConnell。

我们可以将每个电子邮件联系人列表视为一串名称，然后将这些字符串连接成 200 万行文档中的句子。将其提供给 word2vec 可以训练语料库中出现的每个名字 / 姓氏标记的嵌入。由于像 John 这样的某些名称标记可能会出现在名字或者姓氏中，因此我们创建了单独的符号以区分 John / 1 和 John / 2 的大小写。

Word2vec 很快就完成了这项任务，为具有出色局部性的每个名称标记创建了一个 100 维的向量。与同一性别相关联的名字聚在一起。为什么？因为男性通常比女性有更多的男性朋友，反之亦然。这些相同之处把性别聚集在一起。在每个性别中，我们都可以看到按种族分组的名称聚类：中文名称靠近中文名称，土耳其语名字靠近其他土耳其语的名字。物以类聚的原则在这里也同样适用。

名字时而流行时而过时。我们甚至可以看到按流行程度聚类的名字。我女儿的朋友似乎都叫 Brianna Brittany、Jessica 和 Samantha。这些名字的嵌入在空间中紧密地聚集在一起，因为它们在时间上是聚集在一起的：这些孩子往往与同龄人的交流最多。

我们在姓氏标记上看到了类似的现象。图 11.16 展示了 5000 个最常见姓氏的地图，是通过将我们的 100 维的名称嵌入投影到二维后绘制而成。根据美国人口普查数据，这些名字已经按照其主要种族分类进行了颜色编码。图 11.16 中的切口突出了按文化群体划分区域的同质性。总体而言，嵌入明显将白人、黑人、西班牙裔和亚洲人的名字放置在较大的连续区域中。地图上有两个不同的亚洲地区。图 11.17 给出了这两个区域的插图，表明一个集群由中文名字组成，另一集群由印度名字组成。

386

⊖ 在整个过程中，我们都非常注意保护用户的隐私。电子邮件账户所有者的名称从未包含在数据中，所有不常见的名称都被过滤掉。为了防止任何可能的误解，这里的例子并不是 Brad Pitt 和 Donald Trump 的联系人名单。

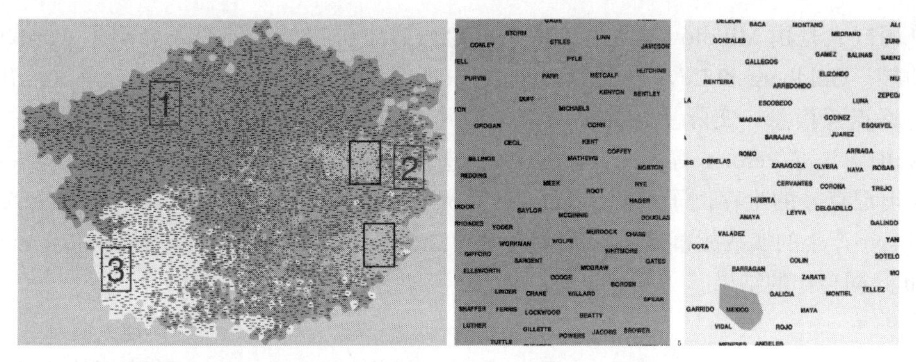

图 11.16 可视化的名字嵌入最常见的 5000 个姓氏从电子邮件联系数据，显示了一个二维投影视图的嵌入（左）。从左到右的插图突出显示英国（中间）和西班牙裔（右）的名字

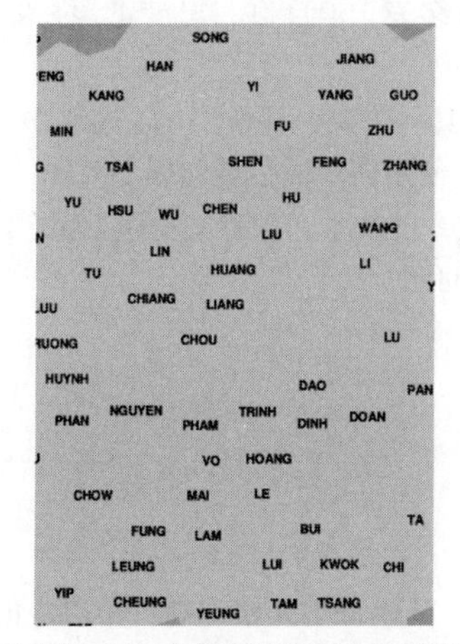

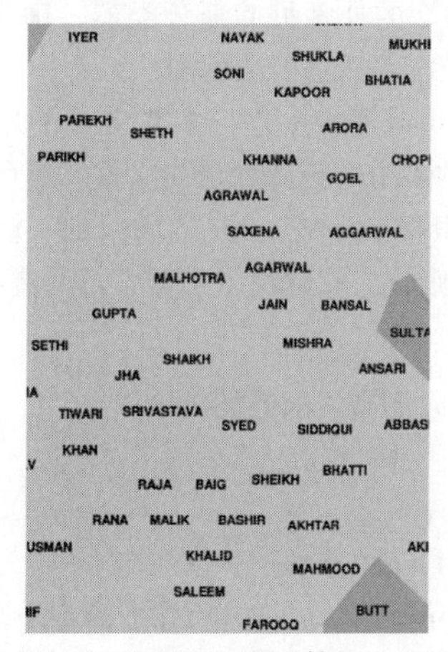

图 11.17 名字空间中两个截然不同的亚洲集群反映了不同的文化群体。左图显示的是中国/南亚名字，右图是印度姓氏的集群

Thor 和 Rabinowitz 这两个名字都很少被人使用，因此与这两个名字相关的名字标记注定会在嵌入空间中相距甚远。但是，由于相同的紧密联系出现在各个联系人列表中，因此在给定人口中流行的名字标记很可能位于同一人口中的姓氏附近。因此，与特定名字标记 x 距离最近的姓氏标记 y 在文化上可能是与 x 兼容的，这使得 xy 成为一个听起来正常的名字。

这个故事的寓意在于，通过单词嵌入可以毫不费力地捕捉隐藏在任何一个符号序列中的结构，而这些符号序列在其中起着重要的作用。像 word2vec 这样的程序非常有趣，而且非常容易使用。尝试使用你拥有的任何有趣的数据集，你会对它所揭示的特性感到惊讶。

11.8 章节注释

Bishop 的 [Bis07] 和 Friedman 等人的 [FHT01] 都对机器学习做了很好的介绍。深度学习是目前机器学习中最令人兴奋的领域，Goodfellow、Bengio 和 Courville 的 [GBC16] 对其有着较为全面的论述。

单词嵌入是由 Mikolov 等人在文献 [MCCD13] 中提出的，同时还介绍了 word2vec 的强大功能。Goldberg 和 Levy 在文献 [LG14] 中证明了 word2vec 可以隐式分解共同出现的单词的逐点互信息。实际上，神经网络模型并不是其工作的基础。这里介绍的图嵌入的 DeepWalk 方法在 Perozzi 等人的 [PaRS14] 中进行了描述。

387

泰坦尼克号的生存例子来源于 Kaggle 竞赛，网址为 https://www.Kaggle.com/c/Titanic。关于假名字产生的实战故事是与雅虎实验室的 Shuchu Han、Yifan Hu、Baris Coskun 和 Liu Meizhu 共同合作的结果。

11.9　练习

分类

11-1　[3] 使用图 11.2 的朴素贝叶斯分类器，确定（多云，温度高，湿度正常）和（晴，温度低，湿度高）两种情况是否适合去海滩。

11-2　[8] 应用朴素贝叶斯技术进行多类文本分类。具体来说，请使用 *The New York Times Developer API* 从报纸的多个部分获取最新文章。然后，使用简单的伯努利模型实现一个分类器，使得该分类器可以根据 *The New York Times* 的一篇文章的文本，预测文章属于哪个部分。

11-3　[3] 什么是正则化？它解决了机器学习的哪些问题？

决策树

11-4　[3] 给出表示以下布尔函数的决策树：

(a) $A \cap \bar{B}$

(b) $A \cup (B \cap C)$

(c) $(A \cap B) \cup (C \cap D)$

388

11-5　[3] 假设已知一个 $n \times d$ 标记的分类数据矩阵，其中每个元素都有一个对应的标签类 A 或类 B。对下面的每个语句给出证明或反例：

(d) 是否存在一个决策树分类器能很好地分离 A 和 B？

(e) 如果 n 个特征向量都是不同的，那么是否总是存在一个决策树分类器可以将 A 和 B 完全分离？

(f) 有没有一个 logistic 回归分类器能很好地区分 A 和 B？

(g) 如果 n 个特征向量都是不同的，那么是否总是存在一个 logistic 回归分类器可以将 A 和 B 完全分离？

11-6　[3] 考虑一个二维 n 个标记点的集合。是否可以用形如“是 $x > c$?”“是 $x < c$?”“是 $y > c$?”“是 $y < c$?”的测试构建有限大小的决策树分类器？哪一种方法能像最近邻分类器一样对每个可能的查询进行分类？

支持向量机

11-7　[3] 给出一个线性时间算法，以在一维中找到最大宽度的分隔线。

11-8　[8] 给出一个 $O(n^{k+1})$ 算法求 k 维中的最大宽度分隔线。

11-9　[3] 假设我们使用支持向量机在给定的 n 个灰点和黑点之间找到一条完美的分隔线。现在假设我们删除所有不支持向量的点，并使用支持向量机找到剩余点的最佳分隔符。这个分隔线可能和以前的不同吗？

神经网络

11-10　[5] 指定网络结构和节点激活函数，使神经网络模型能够实现线性回归。

11-11　[5] 指定网络结构和节点激活函数，使神经网络模型能够实现 logistic 回归。

实施项目

11-12 [5] 查找包含有趣符号序列的数据集：可能是文本、图像中的颜色序列或某个设备的事件日志。使用 word2vec 从中构造符号嵌入，并通过最近邻分析进行探索。嵌入捕获了哪些有趣的结构？

11-13 [5] 用不同的折扣方法进行实验，以估计英语单词的出现频率。特别是，评估短文本书件（1000 字、10 000 字、100 000 字和 1 000 000 字）上的频率在多大程度上反映了大型文本语料库（比如 10 000 000 字）上的频率的程度。

面试问题

11-14 [5] 什么是深度学习？它与传统机器学习有哪些区别？ 389

11-15 [5] 你会在什么时候会使用随机森林或者 SVM，为什么？

11-16 [5] 你认为 50 棵小的决策树比一棵大的决策树更好吗？为什么？

11-17 [8] 你如何设计一个程序识别文档中的剽窃行为？

Kaggle 挑战

11-18 搜索结果与用户的相关性如何？
https://www.kaggle.com/c/crowdflower-search-relevance

11-19 电影评论家喜欢还是不喜欢这部电影？
https://www.kaggle.com/c/sentiment-analysis-on-movie-reviews

11-20 根据传感器数据，确定当前正在使用的家用电器。
https://www.kaggle.com/c/belkin-energy-disaggregation-competition 390

第 12 章

大数据：实现规模

数量的变化也意味着质量的变化。

——Friedrich Engels

我曾经在一个电视节目中接受过采访，被问到数据和大数据的区别。经过一番思考，我给了他们一个我至今仍然会坚持的答案："规模"。

Bupkis 是一个奇妙的意第绪语单词，意思是"太小而无关紧要"。在像"他为此得到了 Bupkis 的报酬"这样的句子中，这是对一笔微不足道的钱的不满。英文白话文中最接近的比喻可能是单词 peanuts。

一般来说，到目前为止我们在这本书中处理的数据量都是 Bupkis 的。人工标注的训练集需要在成百上千个的示例上运行，但是任何必须付钱让人们去创建的东西都很难达到数百万。1.6 节中讨论的几年来纽约所有出租车的记录达到了 8000 万。数据量看起来还不错，但仍然是 Bupkis 的：你可以很容易地将它存储在你的笔记本电脑上，然后扫描文件，在几分钟内将统计数据制成表格。

"大数据"这个流行词也许已经到了有效期，但它假定要对真正庞大的数据集进行分析。"大"意味着随着时间的推移而增加，但我认为数据量的起点要在 1TB 左右。

这并不像听起来那样令人印象深刻。毕竟，在撰写本书时，TB 级磁盘的价格仅为 100 美元，这是 Bupkis 的。但是获取有意义的数据集将需要一些主动性，也许是大型互联网公司内部的访问特权，也许是大量视频资料。有许多组织会定期处理 PB 甚至 EB 级别的数据。

大数据比我们迄今为止考虑的其他项目需要更大规模的基础设施。在机器之间移动大量数据需要足够快的网速和耐心。我们需要摆脱顺序处理，甚至超越多核处理，转移到云服务端机器进行处理。这些计算规模达到了必须考虑鲁棒性的程度，因为几乎可以肯定的是，某些硬件组件在我们得到答案之前会发生故障。

随着数据规模变大，处理数据通常会变得越来越困难。在这一节中，我将试着让你了解与海量数据集相关的一般性问题。理解规模的重要性非常有必要，只有这样你才能为以这种规模运作的数据项目做出贡献。

12.1 大数据是什么

多大才是大？我给你的任何数字在我输入时都会过时，这里是我偶然发现的一些 2016

年的统计数据，主要在 http://www.internetlivestats.com/：

- 推特：每天 6 亿条推文。
- Facebook：每天有 16 亿活跃用户输入 600 兆字节的数据。
- 谷歌：每天有 35 亿个搜索查询。
- Instagram：每天新增 5200 万张照片。
- 苹果：应用程序下载总量 1300 亿次。
- Netflix：每天播放 1.25 亿小时的电视节目和电影。
- 电子邮件：每天发送 2050 亿条信息。

规模很重要：我们可以用这些东西做惊人的事情，但是其他事情也很重要。本节将研究处理大数据的一些技术和概念上的复杂性。

课后拓展：大数据通常由相对较少的列（特征）和大量行（记录）组成。因此，对于给定的问题，使用大数据精确地拟合单个模型通常过犹不及。当针对每个不同用户训练一个个性化定制模型时，价值通常来自拟合许多不同的模型。

12.1.1 作为坏数据的大数据

海量数据集通常不是设计出的结果。在传统的假设驱动的科学中，我们设计一个实验来准确地收集回答特定问题所需的数据。但是大数据通常是一些记录离散事件的日志过程的产物，或者可能是数百万人通过社交媒体进行的分布式贡献。数据科学家通常对收集过程仅有一点点或者根本没有控制权，只有模糊的章程才能将所有的数据比特转化为金钱。 392

考虑从社交媒体平台或在线评论网站上的帖子中挖掘流行观点的任务，大数据可以是一种极好的资源。但它非常容易产生偏见和局限性，因此很难从中得出准确的结论，包括：

- 非代表性参与：任何环境数据源都存在固有的抽样偏差。任何一个特定的社交媒体网站的数据都不能反映出那些根本不使用它的人的观点，你必须小心，不要过度概括这些观点。

  比起沃尔玛的顾客，亚马逊用户购买的书籍远远更多。他们的政治关系和经济地位也不同。如果你分析来自 Instagram（太年轻）、*The New York Times*（太自由）、*Fox News*（太保守）或 *The Wall Street Journal*（太富有）的数据，你都会对世界产生偏见，但却有非常不同的看法。

- 垃圾邮件和机器生成的内容：这些大数据源比不具代表性的更糟糕，因为它们常常被设计成具有故意误导的形式。

  任何一个足以产生大量数据的在线平台，其规模都足以让经济诱因扭曲它。每天都有大量的付费评论员撰写虚假和具有误导性的产品评论。机器人甚至是主要消费者都在生产大量机械书写的推文和长文本：在任何网站上报告的点击率中，相当大一部分来自机械爬虫而不是人。在所有通过网络发送的电子邮件中，90% 都是垃圾邮件：垃圾邮件过滤器的有效性是你看不到更多垃圾邮件的唯一原因。

  垃圾邮件过滤是任何社交媒体分析的数据清洗过程中必不可少的一部分。如果你不删除垃圾邮件，那么它将欺骗你，而不仅仅是误导你。

- 大量冗余：许多人类活动遵循幂律分布，这意味着很小一部分的项目就占整个活动的很大一部分。新闻和社交媒体主要关注 Kardashian 和类似名人的最新失误，用数千篇文章对其进行报道。其中许多几乎是其他文章的复制品。这些文章整体告诉你的信息比其中一篇文章多多少？

这种覆盖率不等的规律意味着我们通过环境源看到的大部得分据都是我们以前见过的。删除这些副本是许多应用程序的重要清洗步骤。任何照片分享网站都会包含数千张帝国大厦的图片，但没有一张是我工作的大楼的图片。用这样的图像训练分类器将为地标识别生成极好的特性，但这对更一般的任务可能有用，也可能没有用。

393

- 时间偏差敏感性：产品因竞争和消费者需求的变化而变化。这些改进通常会改变人们使用这些产品的方式。来自环境数据收集的时间序列可能很好地编码了几种产品 / 界面转换，这使得很难将伪影与信号区分开。

一个臭名昭著的例子是 Google 流感趋势，在过去几年中谷歌已经成功地基于搜索引擎查询来预测流感的暴发。但是随后模型开始表现不佳。其中一个因素是 Google 添加了自动完成机制，可以在搜索过程中建议相关查询。这完全地改变了搜索查询的分布，使得更改之前的时间序列数据无法与后续数据相比。

通过仔细的归一化可以减轻其中的一些影响，但通常是将它们紧密地嵌入数据中以防止有意义的纵向分析。

课后拓展：大数据是我们拥有的数据。好的数据适合我们当前的挑战。如果大数据不能真正回答我们关心的问题，那它就是坏数据。

12.1.2　3 个 V

管理咨询类型已经锁定了大数据的三个 V 的概念，作为解释它的一种手段：规模、多样性和速度。它们为讨论大数据的不同之处提供了基础。这三个 V 是：

- 规模（Volume）：毋庸置疑，大数据大于小数据。其中一个区别是两者的阶级。我们离开了一个可以在电子表格中表示数据或在一台计算机上处理数据的世界。这需要开发更复杂的计算基础架构，并将我们的分析限制在线性时间算法上以提高效率。
- 多样性（Variety）：环境数据收集通常会从矩阵移到大量异构数据，这通常需要特殊的集成技术。

  社交媒体的帖子中可能包含文本、链接、照片和视频。根据我们的任务，所有这些都可能是相关的，但是文本处理需要的技术与网络数据和多媒体完全不同。即使是图像和视频也是完全不同的，不能使用相同的方式进行处理。将这些数据资源合理地集成到单个数据集中进行分析，需要进行大量的思考和努力。

394

- 速度（Velocity）：从环境源收集数据意味着系统处于活跃状态，这说明它始终处于开放状态且始终在收集数据。相比之下，我们迄今所研究的数据集一般都是“死”的，也就是说只用收集一次，然后塞进一个文件中，供日后分析。

实时数据意味着必须构建用于收集、索引、访问和可视化结果的基础设施，通常是通过仪表板系统完成。实时数据意味着消费者希望通过图形、图表和 API 实时访问最新结果。

根据行业的不同，实时访问可能需要在实际事件发生后几秒钟甚至几毫秒内更新数据库的状态。特别是与高频交易相关的金融系统要求立即获取最新信息。你在和另一个人赛跑，你只有赢了才能获利。

数据速度也许是数据科学与经典统计学最本质不同的地方。正是这一点刺激了对先进系统架构的需求，这就要求工程师们使用最新技术进行大规模建设。

管理集有时定义第四个 V ：veracity——一种衡量我们对基础数据信任程度的度量。在这里，我们面临着收集过程中引起的消除垃圾邮件和其他伪影的问题，这超出了正常清洗的范围。

12.2　实战故事：基础设施问题

我应该在 Mikhail 向我扬眉毛的那一刻就意识到他的深刻痛苦。

我的博士生 Mikhail Bautin 也许是我见过的最好的程序员。或者你可能见过他。事实上，他在第十二届国际信息学奥林匹克运动会上以完美的成绩获得了第一名，标志着他成为当年世界上最好的高中级别的程序员。

在这一点上，我们的 Lydia 新闻分析项目具有强大的基础架构，可在一组机器上运行。来自世界各地新闻爬取下来的文本经过规范化，并通过我们为英语编写的自然语言处理（NLP）通道传递，从文本中提取实体及其情感，存储在一个大数据库中。通过一系列 SQL 命令，可以将这些数据提取为一种格式，你可以在网页上显示这些数据，也可以在电子表格中运行这些数据。

我希望我们研究机器翻译在某种程度上保留了可检测的情感。如果是这样，那么它提供了一种简单的方法将我们的情感分析概括为英语以外的语言。将一些第三方语言翻译器带入我们的通道并查看发生了什么将是一件轻而易举的事。

我认为这是一项前沿且重要的研究，事实上，在撰写本书时，我们后续的论文 [BVS08] 已经被引用了 155 次。所以我把这个项目交给了我最优秀的博士研究生，甚至让一名非常能干的硕士研究生来帮助他解决一些技术问题。尽管他没有任何异议地接受了这项任务，但是他的确对我的选择表示惊讶。 395

三周后他走进我的办公室，向我抱怨，我的实验室为数据库新闻分析而开发的基础设施既过时又粗糙的，无法规模化。除非我让他用现代技术从零开始重新做整件事，否则他马上就离开研究生院。他利用这三周的业余时间，从一家世界级对冲基金公司那里获得了一份薪酬可观的工作。

我可以是一个非常通情达理的人，只要事情说得够清楚。是的，他的论文可能就是关于这种基础设施的。他转身立即着手工作。

首先任务是 MYSQL 中央数据库，那里存储了我们所有的新闻和情感参考。这是一个瓶颈。无法跨计算机集群分发。他打算把所有的东西都存储在一个分布式文件系统（HDFS）中，这样就不会有任何瓶颈：读写操作可能会在整个集群中进行。

我们要做的第二件事是采用陪审团方法协调集群中机器的各种任务。这是不可靠的。没有错误恢复机制。他打算使用 Hadoop 将所有后端处理重写为 MapReduce 作业。

第三件事是我们用来表示新闻报道及其注释的特殊文件格式。到处都有例外。我们的解析器经常出于愚蠢的原因而破坏它们。这就是 G-d 发明 XML 的原因，以提供一种严格表达结构化数据的方法，以及有效的现成工具来解析它。任何通过他的代码传递的文本都将首先通过 XML 验证器。他拒绝使用我们的 NLP 分析的疾病缠身的 Perl 脚本，但完全隔离了此代码以至于可以遏制感染。

由于移动部件太多，甚至 Mikhail 也花了一些时间来完善他的基础设施。更换我们的基础设施意味着，直到它完成前，我们不能推进任何其他项目。每当我担心在他准备好之前我们无法完成任何实验分析时，他就会悄悄地提醒我他从基金公司那里得到的长期的薪酬许诺，然后继续做他正在做的事情。

当然，Mikhail 是对的。新的基础设施使我们在实验室里所能做事情的规模增加了 10 倍。停机时间要少得多，而且在电源故障后，争先恐后地恢复数据库已成为过去。他开发的用于规范数据访问的 API 以一种方便和合理的方式支持了我们所有的应用程序分析。他的基础架构在移植到 Amazon Cloud 环境后幸存，每天晚上运行以跟上全球新闻的更新。

这里的课后拓展是基础设施的重要性。这本书的大部分内容都是关于更高层次的概念：396 统计学、机器学习、可视化。而且很容易了解什么是科学，什么是管道。

没有有效的管道系统，文明就无法正常运转。使用现代软件技术构建的干净、高效、可伸缩和可维护的基础结构对于有效的数据科学至关重要。减少技术负担的操作，例如，重构，以及将库 / 工具升级到当前支持的版本并不是没有操作或拖延时间，而是使你更轻松地完成自己真正想做的事情。

12.3 大数据算法

大数据需要高效的算法来处理。在本节中，我们将简要探讨与大数据相关的基本算法问题——渐近复杂性、哈希和流模型，以优化大数据文件中的 I/O 性能。

我在这里没有时间和篇幅全面介绍组合算法的设计和分析。不过，如果你碰巧正在寻找的话，我可以自信地推荐 *The Algorithm Design Manual*[Ski08] 作为一本关于这些问题的优秀书籍。

12.3.1 大 *O* 分析

传统的算法分析基于一个抽象的计算机——称为*随机存取机*或 RAM。在这种模式下：

- 每个简单的操作只需一步。
- 每个记忆操作只需一步。

因此，对算法过程中执行的操作进行计数，就得到了算法的运行时间。一般来说，任何算法执行的操作数都是输入的 n 的函数：n 行的矩阵、n 个字的文本、n 个点的点集。算法分析是估计算法作为 n 的函数所需步数的过程。

对于由 for 循环定义的算法，这种分析相当简单。这些循环嵌套的深度定义了算法的复杂性。从 1 到 n 的单个循环定义线性时间或 $O(n)$ 算法，而两个嵌套循环定义二次时间或 $O(n^2)$ 算法。两个不嵌套的顺序 for 循环仍然是线性的，因为使用 $n+n=2n$ 步而不是 $n \times n = n^2$ 步。

基本循环结构算法的示例包括：

- *寻找点 p 的最近邻点*：我们需要将 p 与给定数组 a 中的所有 n 个点进行比较。p 与点 $a[i]$ 之间的距离计算需要对 d 项做减法和求平方，其中 d 是 p 的维数。循环通过所有 n 个点并跟踪最近点需要 $O(d \cdot n)$ 时间。由于 d 通常很小，可以看作常数，因此 397 这被认为是线性时间算法。
- *集合中最接近的一对点*：我们需要将每一个 $a[i]$ 点与每一个 $a[j]$ 点进行比较，其中 $1 \leqslant i \neq j \leqslant n$。根据上述推理，这需要 $O(d \cdot n^2)$ 时间，它将被视为二次时间算法。

- 矩阵乘法：$x \times y$ 矩阵乘以 $y \times z$ 矩阵，得到 $x \times z$ 矩阵，其中每个 $x \cdot z$ 项是两个 y 长度向量的点积：

```
C = numpy.zeros((x, z))

for i in range(0,x-1):
    for j in range(0, z-1):
        for k in range(0, y-1):
            C[i][j] += A[i][k] * B[k][j]
```

该算法用了 $x \cdot y \cdot z$ 步。如果 $n = \max(x, y, z)$，则这最多需要 $O(n^3)$ 个步骤，将被视为三次算法。

对于由条件 while 循环或递归定义的算法，分析通常需要更加复杂。举例说明非常简洁，包括：

- 添加两个数字：非常简单的操作可能没有条件，例如将两个数字相加。这里没有 n 的实际值，所以这需要固定的常数时间或 $O(1)$。
- 二分搜索：我们试图在包含 n 个项的排序数组 A 中定位给定的搜索关键字 k。想象一下，在电话簿里找一个名字。我们将 k 与中间元素 $A[n/2]$ 进行比较，并决定我们要寻找的是上半部分还是下半部分。我们在 2.4 节中讨论过，减到 1 之前的减半数是 $\log_2(n)$。因此二分搜索在 $O(\log n)$ 时间内运行。
- 合并排序：两个总共有 n 个项目的排序列表可以在线性时间内合并为一个排序列表——首先按排序顺序取出两个头元素中较小的一个，重复这一步骤。合并排序将 n 个元素分成两半，对两半中的元素进行排序，然后将它们合并。减到 1 之前的减半数仍是 $\log_2(n)$（请参阅 2.4 节），合并所有级别的元素会产生一个 $O(n \log n)$ 排序算法。

这是一个非常快速的算法回顾，可能理解起来太快了，但是它确实提供了 6 个不同算法复杂度类的代表。这些复杂度函数定义了一个从最快到最慢的范围，按以下顺序定义：

$$O(1) \ll O(\log n) \ll O(n) \ll O(n \log n) \ll O(n^2) \ll O(n^3)$$

398

课后拓展：运行在大数据集上的算法必须是线性或接近线性的，可能是 $O(\log n)$。当 $n >$ 10 000 时，就不可能考虑二次算法。

12.3.2 哈希

哈希是一种技术，它通常可以将二次型算法转换为线性时间算法，使它们能够处理我们希望处理的数据规模。

在 10.2.4 节中，我们首先讨论了局部敏感哈希（LSH）情境中的哈希函数。哈希函数 h 接受对象 x 并将其映射到特定整数 $h(x)$。关键思想是，只要 $x = y$，就有 $h(x) = h(y)$。因此，我们可以使用 $h(x)$ 作为整数来索引数组，并在同一位置收集所有相似的对象。假设一个设计良好的哈希函数，不同的项通常被映射到不同的位置，但是没有保证。

我们寻求散列的对象通常是较简单元素的序列。例如，文件或文本字符串只是基本字符序列。这些基本组件通常具有自然的数据映射：例如，按照定义，Unicode 之类的字符代码会将符号映射到数字。哈希 x 的第一步是将其表示为此类数字的序列，而不会丢失任何信息。假设 x 的 $n = |S|$ 字符数都是 0 和 $\alpha - 1$ 之间的整数。

将数字向量转换为一个代表数字是哈希函数 $h(x)$ 的工作。一个很好的方法是把向量看作一个 α 基数字，所以

$$h(x)=\sum_{i=0}^{n-1}\alpha^{n-(i+1)}x_i(\bmod m)$$

mod 函数（x mod m）返回 x 除以 m 的余数，因此得到一个介于 0 和 $m-1$ 之间的数字。这个 n 位基数的数字注定是巨大的，因此，取余数将为我们提供一种获得大小适中的代表性代码的方法。这里的原理与赌博用的轮盘赌相同：球绕着轮盘的长路径最终在 m = 38 个槽中的一个槽中结束，由路径长度的剩余部分除以轮盘的周长确定。

这样的哈希函数非常有用。主要应用包括：

- 字典维护：哈希表是一种基于数组的数据结构，使用 $h(x)$ 定义对象 x 的位置，并结合适当的冲突解决方法。在实践中，正确实施此类哈希表可花费恒定时间（或 $O(1)$）搜索时间。

  这比二分搜索要好得多，因此哈希表在实践中被广泛使用。实际上，Python 使用 hood 下面的散列将变量名链接到它们存储的值。哈希也是分布式计算系统（如 MapReduce）背后的基本思想，将在 12.6 节中进行讨论。

399

- 频率计数：分析日志的一个常见任务是将给定事件的频率制成表格，例如字数或页面点击率。最快 / 最简单的方法是建立一个以事件类型为键的哈希表，并为每个新事件增加关联的计数器。如果实现得当，则该算法在分析的事件总数中是线性的。
- 重复删除：一项重要的数据清洗工作是识别数据流中的重复记录并将其删除。也许这些是我们拥有的所有客户的电子邮件地址，希望确保我们仅对每个客户发送一次垃圾邮件。或者，我们可以从大量的文本中构建一种给定语言的完整词汇。基本算法很简单。对于流中的每个项，请检查它是否已在哈希表中。如果没有插入到表中，则忽略它。如果实现得当，那么该算法在分析的事件总数中是线性的。
- 规范化：通常同一个对象可以被多个不同的名称引用。词汇通常不区分大小写，这意味着 The 等同于 the。 确定一种语言的词汇表需要统一其他形式，并将它们映射到单个键。

  构造规范表示的这个过程可以解释为哈希。一般来说，这需要一个特定域的简化函数来从事诸如降为小写、删除空白、停用词删除和缩写扩展等操作。然后可以使用常规哈希函数对这些规范密钥进行哈希处理。
- 加密哈希：通过构造简洁且不可逆的表示，哈希可用于监视和约束人类行为。如何证明输入文件自上次分析后保持不变？在处理文件时为其构造哈希码或校验和，并保存此码以在将来某个时间点进行比较。如果文件没有被更改，它们就相同的，如果发生任何更改，它们几乎肯定是不同的。

假设你想对一个特定的项目进行投标，但是在所有的投标都完成之前，不要透露你将要支付的实际价格。使用哈希函数加密标价，并提交生成的哈希码。在截止日期后，再次发送你的出价，这次没有加密。出现任何怀疑的想法时，都可以对你现在公开的出价解码，并确认该值与你先前提交的哈希码匹配。关键是很难与给定的哈希函数产生冲突，这意味着你不能轻易构造另一个有相同哈希码的消息。否则，可以提交第二条消息，在截止日期之后更改出价。

400

12.3.3　利用存储层次结构

大数据算法通常受到*存储限制或带宽限制*，而不是*计算限制*。这意味着，等待数据到达所需位置的成本超过了通过算法处理数据以获得所需结果的成本。从现代磁盘上读取 1TB 的数据仍然需要半个小时。与复杂的算法相比，实现良好的性能更多地依赖于智能数据管理。

为了便于分析，数据必须存储在计算系统的某处。有几种可能的设备可以安装它，它们在速度、容量和延迟方面有很大的不同。*存储层次结构*的不同级别之间的性能差异如此之大，以至于在 RAM 机器的抽象中我们不能忽略它。确实，从磁盘到高速缓存的访问速度之比与乌龟速度与地球离开速度之比大致相同（10^6）！

存储层次结构的主要级别是：

- *高速缓冲存储器*：现代计算机体系结构具有一个由寄存器和高速缓冲存储器组成的复杂系统，用于存储正在使用的数据的工作副本。其中一些用于预取——在最近访问过的内存位置周围抓取较大的数据块，以备日后需要。缓存大小通常以兆字节为单位，访问时间比主内存快 5 到 100 倍。这种性能使得计算非常有利于利用局部性、在集中的突发中密集地使用特定的数据项，而不是在长时间的计算中间歇性地使用。
- *主内存*：它保存计算的一般状态，并承载和维护大型数据结构。主内存通常以千兆字节为单位，运行速度比磁盘存储快数百到数千倍。在最大程度上，我们需要适合主内存的数据结构，避免虚拟内存的分页行为。
- *另一台机器上的主内存*：局域网上的延迟时间达到低阶毫秒，这使得它通常比磁盘等辅助存储设备更快。这意味着像哈希表这样的分布式数据结构可以在整个机器网络中得到有意义的维护，但是访问时间可能比主内存慢数百倍。
- *磁盘存储*：辅助存储设备以兆字节为单位进行测量，它提供了使大数据变大的容量。诸如旋转磁盘这样的物理设备需要相当长的时间才能将读取头移动到数据所在的位置。一旦到了那里，读取一大块数据就相对较快了。这会激发预取功能，将大块文件复制到内存中，前提是以后需要这些文件。

401

延迟问题通常起到批量折扣的作用，即我们为所访问的第一件商品支付很多费用，但随后又便宜得多。我们需要使用以下技术组织计算以利用此优势：

- *处理流中的文件和数据结构*：无论何时，尽可能按顺序访问文件和数据结构，以利用数据预取（pre-fetching），这一点非常重要。这意味着数组比链接结构更好，因为逻辑上相邻的元素在存储设备的物理位置上彼此靠近。这就要求对要读取一次的数据文件进行完整遍历，然后在继续之前对其进行所有必要的计算。排序数据有许多优点，我们可以跳到相关的适当位置。意识到这种随机访问的成本很高的：要想着扫描全部文件而不是搜索文件。
- *考虑大文件而不是目录*：一个人可以组织一个文档集，使每个文档都在自己的文件中。这对人类来说是合乎逻辑的，但对机器来说却是缓慢的，因为有数百万个小文件。更好的方法是将它们组织在一个大文件中，以便高效地扫描所有样本，而不是要求每个样本都有单独的磁盘访问。
- *简洁地打包数据*：对保存在主存储器中的数据进行解压缩的成本通常要比对较大文件的额外传输成本小得多。这是一个论点，即只要可以就能够简洁地表示大型数据文件。这可能意味着要明确文件压缩方案，采用尽可能小的文件存储空间，以便可以在内存中对这些文件进行扩展。

这确实意味着要对文件格式和数据结构进行设计，使其编码更简洁。思考一下 DNA 序列的表示问题，这是四字母的字母表上的长字符串。每个字母 / 基数可以用 2 位表示，这意味着可以在单个 8 位字节中表示四个基数，而在 64 位字中可以表示 32 个基数。这种数据存储规模的减小可以大幅减少传输时间，因此对数据进行打包和解包的计算工作是值得进行的。

我们之前在 3.1.2 节中曾介绍过文件格式可读性的重要性，并在此坚持这一观点。较小的规模缩减可能不值得失去可读性或降低可解析性；但是将文件大小减半相当于将传输速率加倍，这在大数据环境中可能很重要。

12.3.4　流式和单通道算法

数据不一定能够永远存储。在具有大量更新和活动的应用程序中，可能需要在数据出现时即时计算统计信息，这样我们才可以丢弃原始数据。

402 在流式或单通道算法中，只能有一次机会查看输入的每个元素。我们可以假设有一些内存，但不足以存储大量的个人记录。当看到每个元素时，我们需要决定如何处理它，然后它就消失了。

举个例子，假设我们试图计算一个数字流经过时的均值。这不是一个困难的问题，我们可以保留两个变量：s 表示当前的和，n 表示到目前为止看到的项目数。对于每个新的观测 a_i，将其添加到 s 和增量 n 中。每当有人需要知道流 A 的当前均值 $\mu=\bar{A}$ 时，我们就会报告 s/n 的值。

那么如何计算流的方差或标准差呢？这似乎更难。回想一下：

$$V(A)=\sigma^2=\frac{\sum_{i=1}^{n}(a_i-\bar{A})^2}{n-1}$$

问题在于，只有在到达流的末尾时才能知道序列均值 $\bar{A}$，这时我们丢失了要减去均值的原始元素。

但并非丢失了所有。回想一下，还有一个方差的替代公式，即平方的均值减去均值的平方：

$$V(a)=\left(\frac{1}{n}\sum_{i=1}^{n}(a_i)^2\right)-(\bar{A})^2$$

因此，通过跟踪除 n 和 s 之外的元素的当前平方和，我们拥有计算所需方差的所有数据资源。

在流模型下，许多量无法精确计算。一个例子是寻找一个长序列的中间元素。假设我们没有足够的内存来存储整个流的一半元素。我们可以通过精心设计的元素流使选择删除的第一个元素（无论是什么元素）成为中间值。我们需要同时提供所有数据以解决某些问题。

但是，即使我们不能精确地计算出某些内容，我们通常也可以得出足以进行政府工作的估计。这种类型的重要问题包括：确定流中最频繁出现的项目、不同元素的数量，或者当没有能够确保精确计算的足够的内存时，我们甚至要估计元素频率。

绘制草图涉及使用什么存储方式跟踪序列中一部的分表示。也许这是按值分类项目的频率直方图，或者是迄今为止我们看到的较小值哈希表。我们估计的质量随着必须存储的草图的内存量而增加。随机抽样是构建草图非常有用的工具，也是 12.4 节的重点。

12.4　过滤和抽样

大数据的一个重要好处是，数量足够大，以至于使你可以将大部得分数据丢弃掉。这是非常值得的，能够使你的分析更加清晰容易。 403

我区分了丢弃数据的两种不同方式：过滤和抽样。过滤 . 意味着根据特定的标准选择相关的数据子集。举个例子，假设我们想为美国的一个应用程序构建一个语言模型，且我们想用 Twitter 的数据训练它。英语只占 Twitter 上所有推文的 1/3，因此过滤掉所有其他语言才足以进行有意义的分析。

我们可以把过滤看作一种特殊的清洗形式，删除数据并不是因为它是错误的，而是因为它分散了我们对手头事情的注意力。过滤掉不相关或难以解释的数据需要特定的应用程序知识。英语确实是美国使用的主要语言，因此决定以这种方式过滤数据是完全合理的。

但是过滤也带来了偏见。超过 10% 的美国人讲西班牙语。他们不应该在语言模型中有所体现吗？选择正确的过滤标准以达到我们所寻求的结果是很重要的，也许我们可以根据推文的来源地而不是语言来更好地过滤这些推文。

相反，抽样意味着以任意方式选择适当大小的子集，而不需要特定的领域标准。我们可能希望对良好的相关数据进行子抽样，原因如下：

- 规模适宜的训练数据：简单、鲁棒的模型通常只有很少的参数，因此它们不需要大数据来拟合。以无偏的方式对数据进行二次抽样能够在依然代表整个数据集的情况下使模型达到有效拟合。
- 数据划分：模型构建要求清晰地分离训练、测试和评估数据，通常是以 60%、20% 和 20% 的比例混合数据。对于这个过程的真实性有必要通过非偏见的方式构建这些部分。
- 探索性数据分析和可视化：如电子表格大小的数据集是快速且易于探索的。用一个无偏的样本代表整体，同时保持可理解性。

以高效、公正的方式对 n 个记录进行抽样是一项比最初看起来更微妙的任务。一般有两种方法——确定性方法和随机方法，下面将进行详细介绍。

12.4.1　确定性抽样算法

我们的 straw man 抽样算法采用截断的方式进行抽样，它只需将文件中的前 n 个记录作为所需的样本。这很简单，并且具有可重复的特性，这意味着其他具有完整数据文件的人可以轻松地重构抽样样本。

但是，文件中记录的顺序通常会对语义信息进行编码，这意味着被截断的样本通常包含来自以下因素的细微影响： 404

- 时间偏差：日志文件通常是通过在文件末尾追加新记录来构建的。因此，前 n 个记录将是最早的记录，并且不会反映近期方式的变化。
- 词典偏差：许多文件按主键排序，这意味着前 n 个记录偏向于特定人群。设想一个按姓名排序的人员名册。前 n 个记录可能只包含以 A 开头的名字，这意味着我们可能会从普通人群中对以 A 开头的内容过抽样，而其他内容会出现欠抽样的情况。

- 数字偏差：文件通常按标识号排序，标识号可能是任意定义的。但 ID 号码编码时往往有特定含义。比如按美国社会保险号码对人事记录进行分类的情况。事实上，社保号码前 5 位一般代表出生年份和地点。因此，截断导致样本出现地理和年龄的偏差。

通常，数据文件通过将较小的文件连接在一起来构建，其中一些文件在正面示例中可能比其他文件丰富得多。特别是在一些病理的病例中，记录号可能会完全按照类变量进行编码，这意味着将类 ID 作为特征会出现一个准确但完全无用的分类器。

所以截断通常是个坏主意。比较好的方法是均匀抽样。假设我们试图从给定文件的 n 个记录中抽取 n/m 记录。一种简单的方法是从第 i 条记录开始，其中 i 是介于 1 和 m 之间的某个值，然后从 i 开始抽样第 m 个记录。另一种说法是，如果 $j(\mathrm{mod}\, m)=i$，则输出第 j 条记录。这种均匀抽样提供了一种平衡许多问题的方法：

- 获得所需数量的记录用于我们的样本。
- 通过任何给定文件以及 i 和 m 值，它是可以快速且重复使用的。
- 很容易构造多个不相交的样本。如果我们用不同的偏移量 i 重复这个过程，可以得到一个独立的样本。

Twitter 使用这个方法来管理提供推文访问的 API 服务。每 100 条推文，免费访问级别（spritzer 软管）将分配流量的 1%。根据你愿意支付的费用，专业级别的访问权限将按每 10 条推文甚至更多分配。

这通常优于截断，但仍然存在潜在的周期性时间偏差。如果你对每个日志中的第 m 个记录进行抽样，可能看到的每个项目都将与周二或每晚 11 点的事件相关联。在按数字排序的文件中，可能会遇到相同的低阶数字结尾。以“000”结尾或像“8888”这样的重复数字的电话号码通常是为商业用途而不是住宅而保留的，因此会使样本产生偏差。可以通过强迫 m 是一个足够大的素数使出现这种现象的机会最小化，但是避免抽样偏差的唯一的确定方法是使用随机抽样。

405

12.4.2　随机抽样和流抽样

以概率 p 随机抽样记录会导致没有任何明显偏差的预期 $p \cdot n$ 个项目的选择。典型的随机数生成器从均匀分布中返回一个介于 0 和 1 之间的值。我们可以用抽样概率 p 作为阈值。当我们扫描每个新记录时，产生一个新的随机数 r。当 $r \leqslant p$ 时，我们接受这个记录到样本中，但当 $r > p$ 时，则忽略它。

随机抽样通常是一种合理的方法，但也有一些技术上的怪癖。统计上的差异确保了某些地区或人口统计数据相对于人口的抽样率会过高，但这是以一种公正的方式并在可预见的范围内进行。多个随机样本是不可分离的，没有种子和随机发生器，随机抽样是不可重复的。

因为最终抽样记录的数量取决于随机性，所以我们可能会得到太多或太少的条目。如果我们恰好需要 k 个条目，则可以构造这些条目的随机排列，并在第一个 k 之后截断它。5.5.1 节讨论了构造随机排列的算法。这些操作很简单，但需要大量不规则的数据移动，这对大型文件来说可能是个坏消息。一种更简单的方法是在每个记录中附加一个新的随机数字段，并以此作为主键进行排序。从此排序的文件中获取前 k 条记录等效于随机抽取准确的 k 条记录。

从流中获取固定大小的随机样本是一个更棘手的问题，因为我们直到最后才能存储所有项目。实际上，我们甚至不知道 n 最终会有多大。

为了解决这个问题，我们将在大小为 k 的数组中维护一个统一选择的样本，并在每个新元素从流中到达时开始更新。第 n 个流元素属于样本的概率是 k/n，因此如果随机数 $r \leqslant k/n$，我们会将其插入到数组中。这样做必须将当前元素从表中剔除，并可以通过再次调用随机数生成器来选择是哪个当前数组元素要被从数组中剔除。

12.5 并行

计算机技术已经成熟，这使得按需要让你的应用获取多个处理部件变得越来越可行。微处理器通常有 4 个核心或更多，因此即使在单个机器上也值得考虑并行性。数据中心和云计算的出现使得租用大量的需要的机器变得简单，即使是小型运营商也能利用大型分布式基础设施。 406

多台机器的同时计算有两种不同的方式，即并行计算和分布式计算。这里的区别在于机器紧密耦合在一起的程度，也在于任务是否是 CPU 绑定或内存 /IO 绑定。粗略地说：

- 并行处理发生在一台机器上，涉及多个核和 / 或 CPU，它们通过线程和操作系统资源进行通信。与受贯穿机器的数据移动带来的限制相比，这种紧密耦合的计算通常是中央处理器受限的，更多地受周期数的限制。这种并行处理的重点在于，解决一个特定计算问题的速度要快于按顺序（串行）处理的速度。
- 分布式处理发生在许多机器上，使用网络通信。这里的潜在规模是巨大的，但最适合没有太多沟通的松散耦合工作。通常分布式处理的目标包括在多台机器上共享内存和二次存储等资源，而不是开发多个 CPU。每当从磁盘读取数据的速度成为瓶颈时，我们最好让许多机器同时读取尽可能多的不同磁盘。

在这一节中，我们介绍了并行计算的基本原理，以及两种相对简单的利用方法：数据并行和网格搜索。MapReduce 是大数据分布式计算的主要范式，并将成为 12.6 节的主题。

12.5.1 一、二、多

原始文化没有数字的概念，据说只用“一”“二”“多”这三个词来计数。这实际上是一个思考并行和分布式计算的好方法，因为复杂性随着机器数量的增加而迅速增加：

- 一：试着让你盒子的所有核心都忙起来，但你却在一台计算机上工作。这不是分布式计算。
- 二：也许你将尝试在本地网络上的几台机器之间手动划分工作。这种计算几乎不是分布式的，通常是通过特殊技术来管理的。
- 多：为了利用几十台甚至数百台机器（也许在云中），我们别无选择，只能使用 MapReduce，它可以有效地管理这些资源。 407

复杂性增加了与任务协调的代理数量。思考一下社交聚会规模的变化。出现一种持续的趋势，即随着规模的扩大，协调变得更困难，而且发生意外和灾难性事件的可能性更大，因此必须预料到意外：

- ❑ 一个人：通过个人沟通，时间很容易安排。
- ❑ 大于 2 个人：朋友之间的晚餐需要积极协调。
- ❑ 大于 10 个人：小组会议要求有一名负责人。
- ❑ 大于 100 个人：婚宴需要固定的菜单，因为厨房无法管理菜单的多样性。
- ❑ 大于 1000 个人：在任何社区节日或游行中，绝大多数参加者没有人认识。
- ❑ 大于 10 000 人：任何重大的政治示威后，即使游行是和平的，也有人要在医院过夜了。
- ❑ 大于 100 000 人：在任何大型体育赛事中，一名观众可能会预测在那一天死亡，要么是心脏病发作 [BSC+11]，要么是开车回家时发生的事故。

如果其中一些听起来对你来说不现实，请回忆一下，一个典型的人类生命的长度是 80 年 ×365 天 / 年 =29 200 天。但这也许可以揭示并行计算和分布式计算的一些挑战：

- ❑ 协调：我们如何将工作单元分配给处理器，特别是当我们拥有的工作单元比拥有的工作者更多的时候？我们如何将每个工作者的努力汇总或组合成一个单一的结果？
- ❑ 交流：工作者可以在多大程度上分享部分结果？我们怎么知道所有的工作者什么时候完成了它们的任务？
- ❑ 容错：如果工作者辞职或死亡，我们如何重新分配任务？我们必须防止恶意和系统性攻击吗？还是仅仅是随机的失败？

课后拓展：当我们能够最大限度地减少通信和协调的复杂性，并以较低的失败概率完成任务时，并行计算就是可行的。

408

12.5.2　数据并行

数据并行包括在多个处理器和磁盘之间划分和复制数据，在每一块上运行相同的算法，然后将结果收集在一起，以产生最终结果。假设一台主机将任务分配给其他从属机器，并收集结果。

一个有代表性的任务是从大量的文件集合中聚合统计数据，例如，计算大规模文本语料库中单词出现的频率。每个文件的计数可以独立计算并作为整体的部分结果，合并这些作为结果的计数文件的任务最终很容易由单独一台机器计算完成。它的主要优点是简单，因为所有的计算过程都在运行相同的程序。处理器之间的通信很简单：将文件移动到适当的机器上，开始工作，然后将结果报告给主机。

多核计算最直接的方法涉及数据并行性。数据自然形成由时间、聚类算法或自然类别建立的分区。大多数聚合问题，记录可以任意分割，前提是所有子问题在结束时合并在一起，如图 12.1 所示。

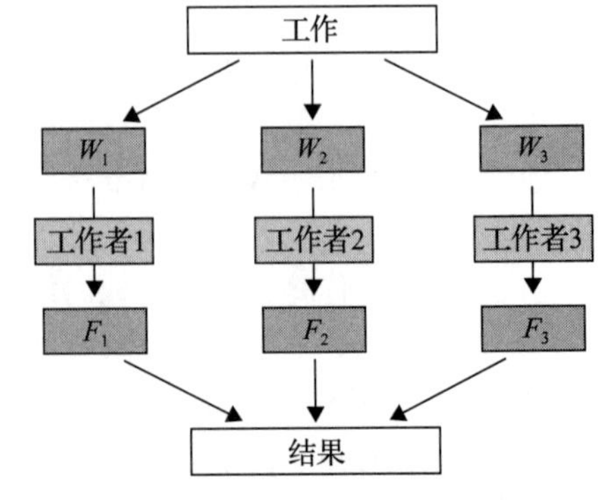

图 12.1　分而治之是分布式计算的算法范式

对于更复杂的问题，需要额外的工作来将这

些运行的结果结合在一起。回顾一下 k 均值聚类算法（10.5.1 节），它有两个步骤：

1. 对于每个点，标注当前哪个集群中心最靠近它。

2. 计算与之相关的点的新质心。

假设点已经分布在多台机器上，第一步要求主机将所有当前中心通知给每台机器，而第二步要求每个从属机器将其分区中点的新质心返回给主机。然后，主机适当地计算这些质心的均值以结束迭代。

12.5.3　网格搜索

第二种利用并行性的方法涉及在同一数据上进行多个独立运行。我们已经看到，许多机器学习方法都会涉及影响最终结果质量的参数，例如，选择合适的集群 k 进行 k 均值聚类。要选取最好的一个就意味着要全部尝试，而每一次运行都可以在不同的机器上同时进行。

*网格搜索*是在训练中寻找正确的元参数。准确地预测随机梯度下降中学习速率或批次规模的变化对最终模型质量的影响，这通常很困难。多个独立的拟合可以并行运行，最后根据评估采取最好的拟合。

由于相互作用，在 k 个不同参数上对空间进行有效搜索是困难的：分别确定的每个参数的最佳值在组合时不一定产生最佳参数集。通常，用户为每个参数 p_i 建立合理的最小值和最大值，以及要测试此参数值 t_i 的数目。每个间隔被分割为由这个 t_i 支配的等距值。然后，我们尝试所有的参数集，可以通过从每个间隔中选择一个值来形成该参数集，在网格搜索中建立网格。

409

我们应该相信网格搜索中最好的模型真的比其他模型好很多吗？通常情况下，存在解释给定测试集上性能微小差异的简单方差，把网格搜索变成挑选使我们的性能听起来最好的数字。如果你有可用的计算资源，可以为模型构建网络搜索，请随时前进，但要认识到试错带来的局限性。

12.5.4　云计算服务

像 AmazonAWS、GoogleCloud 和 Microsoft Azure 这样的平台让为短期（或长期）工作租用大量（或少量）机器变得很容易。它们为你提供了完全恰当的计算资源，当然前提是要付费。

然而，这些服务提供者的成本模型有些复杂。通常根据每台虚拟机涉及的处理器类型、核心数量、主存按小时收费。合理的机器每小时租金在 10～50 美分之间。为了获得千兆 / 月的服务，你需要为长期存储容量付费，根据访问模式，支付不同的费用。此外，你还要支付带宽费用，包括机器之间和网络上的数据传输流量。

现货定价和保留实例可以降低特殊使用模式的小时成本，但需要额外进行说明。在现货定价下，机器会被出价最高的人买走，所以如果别人比你更需要它，那么你的工作将面临被打断的风险。在能够保留实例的情况下，可以先支付一定的订金，这样就能够获得一个较低的小时价格。如果你一年内每天 24 小时都需要一台计算机，这是可行的，但如果某天需要 100 台计算机，就不是这样了。

幸运的是，试用是免费的。所有主要的云提供商都为新用户提供了一定的免费试用时长，这样就可以随意进行安装，看看结果，最后决定他们的要价是否适合你。

12.6 MapReduce

谷歌的 MapReduce 分布式计算范式已经通过 Hadoop 和 Spark 等开源方式实现了广泛410传播。它提供了一个简单的编程模型，有几个好处，包括直接扩展到数百台甚至数千台机器，以及通过冗余实现容错。

编程模型的抽象水平随着时间的推移稳步提高，正如对用户隐藏实施细节的更强大的工具和系统所反映的那样。 如果你在多台计算机规模上进行数据科学的研究，MapReduce 计算可能在后台进行，即使你没有显式地对它进行编程。

一类重要的大型数据科学任务有以下基本结构：

- 迭代大量的数据项，无论是数据记录、文本字符串还是文件目录。
- 从每个数据项中提取感兴趣的东西，无论是特定字段的值、每个单词的频率计数，还是每个文件中存在 / 不存在特定模式。
- 将这些中间结果汇总到所有数据项上，并生成适当的组合结果。

这几类问题的代表包括词频计数、k 均值聚类和 PageRank 计算。所有这些都可以通过简单明了的迭代算法解决，它们的运行次数随输入数据的大小呈线性缩放。但这可能不足以满足大规模输入，其中文件并不自然地适合单个机器的内存。 思考一下网络规模问题，比如数十亿推文上的词频计数，在数亿 Facebook 个人资料上的 k 均值聚类，以及互联网上所有网站的 PageRank。

这里的典型解决办法是分而治之。将输入文件在 m 个不同的机器之间进行分区，并在411每个机器上并行执行计算，然后将结果组合在适当的机器上。原则上，这种解决办法对词频计数是奏效的，因为即使是巨大的文本语料库，最终也会减少为相对较小的具有相关频率计数的不同词汇的文件，这样就可以很容易将其添加在一起产生总计数。

但是考虑 PageRank 计算，其中对于每个节点 v，都需要汇总所有节点 x（其中 x 指向 v）的 Page Rank 排名。我们不可能把图切成单独的部分，使得所有节点 x 的顶点将与 v 在同一台机器上。让事物在正确的位置与它们一起工作是 MapReduce 的核心。

12.6.1 MapReduce 编程

分配此类计算的关键是建立一个有很多存储桶（bucket）的分布式哈希表，其中所有具有相同键的项都映射到同一个存储桶里：

- 单词计数：为了计算一个特定单词 w 在一组文件中出现的总频率，需要收集与 w 相关联的一个单独存储桶中所有文件的频率的计数。在那里，它们可以添加在一起产生最终的总数。
- k 均值聚类：k 均值聚类的关键步骤是更新最接近当前质心 c 点的新质心 c'。在将所有最接近 c 的点 p 散列到与 c 相关联的单个存储桶后，我们可以通过这个存储桶在单次扫描中计算 c'。
- PageRank：顶点 v 的新 PageRand 排名是所有相邻顶点 x 的旧 PageRank 排名之和，其中 (x, v) 是图中的有向边。将 x 的 PageRank 排名散列到存储桶中，用于所有相邻顶点 v 在正确的位置收集所有相关信息，这样我们就可以在一次扫描中更新 PageRank 排名。

这些算法可以通过两个程序员编写的函数来指定——Map（映射）和 Reduce（归约）：

- Map：对每个输入文件进行扫描，根据需要，酌情散列或发出键值对。考虑以下单词计数映射器的伪代码：

```
Map(String docid, String text):
    for each word w in text:
        Emit(w, 1);
```

- Reduce：扫描与特定键 k 关联的值 v 的集合，并相应地进行聚合和处理。单词计数归约器的伪代码是：

412

```
Reduce(String term, Iterator<Int> values):
    int sum = 0;
    for each v in values:
        sum += v;
```

MapReduce 程序的效率依赖于许多因素，但一个重要的目标是保持发出数量最小化。为每个单词发出一个计数会在不同的机器间触发一条消息，而这种通信和关联到存储桶的写操作证明代价很高。映射的东西越多，最终必须归约的东西就越多。

理想的方法是先将特定输入流的计数在本地组合起来，然后只发出每个文件每个不同单词的总数。这可以通过在映射函数中添加额外的逻辑 / 数据结构来完成。另一种想法是在映射阶段之后但在处理器间通信之前，在内存中运行迷你归约器（mini-reducer），作为减少网络流量的优化。我们注意到，对于内存计算的优化是 Spark 相对于 MapReduce 式编程的 Hadoop 的主要性能优势之一。

图 12.2 说明了使用三个映射器和两个归约器进行单词计数的 MapReduce 作业的流程。组合是在本地完成的，因此，输入文件（这里是 doc 和 be）中使用超过一次的每一个单词的计数在发出到归约器之前都被制成了表格。

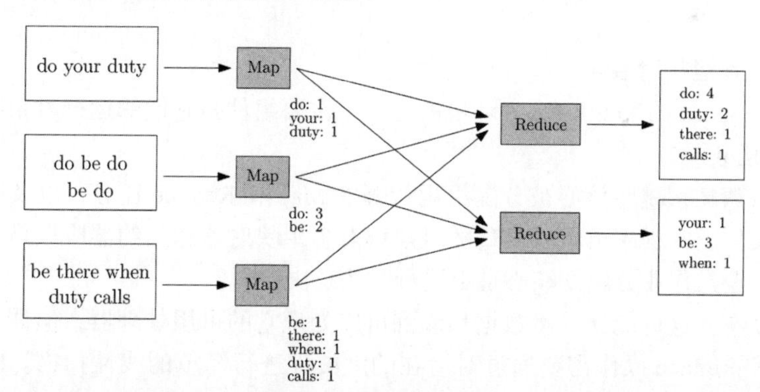

图 12.2　行动中的字数，在映射之前已执行计数组合，以减少映射文件的大小

图 12.2 所示的一个问题是映射偏斜，即分配给每个归约任务的工作量的自然不平衡性。在这个玩具示例中，顶部归约器已分配了映射文件，比其合作伙伴多 33% 的单词和 60% 的计数。对于串行运行时间为 T 的任务，与 n 个处理器的完美并行化将产生 T/n 的运行时间。但是，MapReduce 作业的运行时间由最大和最慢的部分决定。映射器偏斜注定我们变成一个最大的块，通常比平均尺寸大很多。

413

映射器偏斜的一个来源是抽取的运气，即掷 n 枚硬币，我们很少会得到正面和反面的数量完全一样。但一个更严重的问题是，键频率往往呈幂律分布，因此频率最高的键将会控制计数。考虑单词计数问题，并假设单词频率遵循 5.1.5 节中的 Zipf 定律。那么最常出现的单词（the）的频率大于排名在1000～2000之间的1000个单词的总和。不管the最终在哪个存储桶都很可能是最难理解的那一个[⊖]。

12.6.2 MapReduce的工作原理

一切都很好。但是，像Hadoop这样的系统应用如何确保所有映射项都到正确的位置？它如何以容错的方式将工作分配给处理器并同步MapReduce操作？

主要有两个组件：分布式哈希表（或文件系统），以及处理协调和管理资源的运行时系统。下面详细介绍这两个组件。

分布式文件系统

未完成一个作业，大型计算机集合可以贡献它们的内存空间（RAM）和本地磁盘存储，而不仅仅是CPU。分布式文件系统——如Hadoop分布式文件系统（HDFS）可以作为分布式哈希表被实现。在一组机器将其可用内存注册到协调运行时系统之后，每个机器都可以分配一个特定负责的范围内的哈希表。然后，每个进行映射的过程都可以确保将发出的项转发到适当机器上的适当存储桶中。

由于大量项可能被映射到单个存储桶中，我们可以选择将存储桶表示为磁盘文件，并将新项附加到末尾。虽然磁盘访问速度慢，但磁盘吞吐量是合理的，所以通过文件进行线性扫描通常是可管理的。

这种分布式哈希表存在的一个问题是容错：单机崩溃可能会丢失很多的值，从而导致整个计算无效。解决方案是在商用硬件上为实现可靠性复制一切。特别地，运行时系统将在三台不同的机器上复制每项，以尽量减少在硬件故障中丢失数据的可能性。一旦运行时系统感知到机器或磁盘宕机，就可以通过复制这些存储在副本中的丢失数据来恢复文件系统的健康。

414

MapReduce运行时系统

Hadoop或Spark的MapReduce环境的另一个主要组件是它们的运行时系统，这层软件负责管理以下任务：

- 处理器调度：哪些核心被分配给运行哪些Map和Reduce任务，以及被分配到哪些输入文件上？程序员可以通过随时建议有多少映射器和归约器应该是活跃的来提供帮助，但是作业分配到核心是由运行时系统决定的。
- 数据分布：这可能涉及将数据移动到可以处理它的可用处理器，但请记住，典型的Map和Reduce操作需要通过对潜在的大文件进行简单的线性扫描。因此，移动一个文件可能比仅仅在本地执行我们希望的计算更昂贵。

  因此，最好将*进程移动到数据*。运行时系统应该已经对机器上的可用资源和网络的总体布局进行了配置。它可以恰当地决定哪些进程应该运行在哪里。
- 同步：直到有东西被映射到归约器，归约器才能运行，并且直到映射作业结束才能完成。Spark允许更复杂的工作流，超越Map和Reduce的同步轮次。这就是具有同步处理特征的运行时系统。
- 错误和容错：MapReduce的可靠性要求能够从硬件和通信故障中完全恢复。当运行时系统检测到某个工作者故障时，它会试图重新启动计算。当这样做失败时，它

⊖ 这就是在某种语言中大多数高频词被宣告为停用词，并且经常在文本分析中作为被省略特征的一个原因。

会将未完成的任务转移给其他工作者。这一切都是无缝地发生，无须没有程序员参与，这使我们能够将计算扩展到大型机器网络，在这种规模的机器网络中，故障可能会发生，而不是稀少事件。

层层叠叠

像 HDFS 和 Hadoop 这样的系统仅仅是能构建在其他系统上的软件层。虽然 Spark 可以认为是 Hadoop 的竞争对手，但实际上它可以利用 Hadoop 分布式文件系统，并且这样做时通常是最有效的。这些天，我的学生似乎花更少的时间写低层 MapReduce 作业，因为他们使用在更高抽象级别上运行的软件层。

完整的大数据生态系统由许多不同的类组成。一个重要的类是 NoSQL 数据库，它允许在分布式计算机网络上分配结构化数据，使之能将多台机器的 RAM 和磁盘组合在一起。此外，这些系统通常设计成可以根据需要添加额外的机器和资源。这种伸缩性的代价是，它们虽然通常支持比完全 SQL 更简单的查询语言，但对于许多应用程序而言仍然足够丰富。

415

大数据软件生态系统的发展比本书中讨论的基础问题要快得多。你可以通过谷歌搜索和相关的新书来了解最新的技术。

12.7　社会和伦理影响

随着规模的上升，我们所面临的麻烦也会越大。一辆汽车会造成比自行车更严重的事故，一架飞机会比一辆汽车造成更严重的伤亡。

大数据可以为世界做伟大的事，但它也拥有伤害个人和整个社会的力量。在小范围内无害的行为（就像爬取一样）在大范围内会成为知识产权盗窃。以一种过分有利的方式描述模型的准确率在 Power Point 演示中很常见，但当模型支配了信用授权或医疗服务时，它有现实的应用含义。不让访问电子邮件账户是个愚蠢的举动，但如果不得当地保证 1 亿用户的个人数据安全将成为潜在的犯罪。

在本书的结尾，我将简要介绍大数据世界中常见的伦理问题，以帮助你了解公众所担心或应该担心的几类事情：

- *通信和建模的完整性*：数据科学家充当其分析结果与雇主或普通公众间的通道。我们面临很大的诱惑，通过使用各种经过时间检验的技术，使自己的分析结果看起来比实际更强：
  - 我们可以报告一个相关性或精度水平，而不必将其与基准进行比较或报告 p 值。
  - 我们可以在多个实验中挑选，只呈现得到的最好结果，而不是呈现更准确的图片。
  - 我们可以使用可视化技术使信息以模糊的方式呈现，而不是直接揭示信息。

  嵌入在每个模型中的是假设和弱点。一个好的建模者知道他们的模型的局限性：他们知道模型能做什么，以及模型在哪里开始让人感到不太确定。一个诚实的建模者会把他们工作的全貌传达给人们：什么是他们知道的，什么是他们不太确定的。

  利益冲突是数据科学中真正关注的问题。人们通常知道研究之前的“正确答案”是什么，特别是老板最想听到的结果。也许你的结果将被用来影响公众舆论，或者出现在法律或政府当局的证词中。准确报告和传播结果是遵循伦理的数据科学家必不可少的行为。

416

- 透明度和所有权：通常，公司和研究组织会发布数据使用和保存政策，以表明他们在保护客户数据方面值得信任。这种透明度很重要，但事实证明，只要数据的商业价值变得显著，就会发生变化。得到宽恕往往比得到许可更容易。

  用户在多大程度上拥有自己生成的数据？ 所有权意味着他们应该有权看到从他们那里收集了什么信息，并有能力防止今后使用这种资料。这些问题在技术和道德上都会变得困难。一个罪犯是否应该要求从像谷歌这样的搜索引擎中提取所有关于自己犯罪的信息？ 我女儿是否可以要求删除其他人未经她允许而发布的有关她的图像？

  数据错误会传播和伤害个人，通过采用一种机制，它不允许人们访问和理解收集到了有关他们信息。不正确或不完整的财务信息可能会破坏某人的信用评级，而信用机构被迫依法提供每个人的记录，并提供纠正失信的机制。然而，数据来源通常会在合并文件的过程中丢失，因此这些升级不一定会返回到所有由缺陷数据构建的衍生产品中。没有它，你的顾客怎么会发现并修复关于他们的不正确信息？

- 不可纠正的决策和反馈循环：使用模型作为硬筛选标准可能是危险的，特别是在某个领域中，模型只是你真正想要测量的东西的代理。 相关性不是因果关系。 但是，考虑一个模型，它呈现了一个结果，即雇用一个特殊的求职者是有风险的，因为像他这样生活在下层社区的人更有可能被逮捕。如果所有的雇主都使用这种模式思考问题，那么这些人根本就不会被雇用，他们自己的过错会使他们陷入更深的贫困之中。

  这些问题特别隐蔽，因为它们通常是无法被纠正的。该模式的受害者通常没有上诉手段。模型的主人不可能知道他们丢失了什么，也就是说，并没有进一步考虑有多少优秀的候选人被筛选掉。

- 模型驱动的偏差和过滤器：为了最大限度符合每个用户的需求，大数据允许定制产品。谷歌、Facebook 和其他人会分析你的数据，以便向你展示被他们的算法认为的你最想看到的结果。

  但是，这些算法可能包含被可疑训练集训练的机器学习算法中提取的无意偏差。也许与女性相比，搜索引擎会给男性带来更多的工作机会，或者在其他准则上有歧视。

  417

  向你展示你想看到的确切信息可能会阻止你看到你真正需要看到的信息。 这种过滤器可能对我们社会中的政治极化负有一定的责任：你是否看到了对立的观点，还是只是你自己思想的回声？

- 维护大数据集的安全性：大数据为黑客提供了比硬盘上的电子表格更大的目标。我们已经宣布有 1 亿记录的文件是 Bupkis，但是它可能代表 30% 的美国人口的个人数据。这一量级的数据破坏伴随着令人痛苦频率而发生。

  即使每次修改只需要一分钟，让 1 亿人修改密码需要努力 190 年才能完成。但是大多数信息并不能被如此容易地更改：地址、身份证号和账户信息即使不能持续一生，也会持续数年，这使得批量发布数据所造成的损害不可能完全减轻。

  数据科学家有义务充分遵守其组织的安全实践，并查明潜在弱点。他们还有责任通过加密和匿名化来尽量减少安全漏洞的危险。但也许最重要的是避免请求获取你不需要的字段和记录，并且（这绝对是最难做的事情）一旦你的项目需求已经过期，就删除数据。

- 在聚合数据中维护隐私：仅删除名称、地址和身份号码以维护数据集中的隐私是不够的。即使是匿名数据，也可以通过使用正交数据源，以巧妙的方式有效地实现匿名化。回想一下我们在 1.6 节中引入的出租车数据集。它一开始就不包含任何乘客标识符信息。然而，它确实获取了 GPS 坐标，该坐标准确确定了一个特殊的房屋为起点，并以特定的狭长区域接头作为目的地。现在我们很清楚谁去了那次旅行，还很清楚如果那个家伙结婚了，谁可能会对这个信息感兴趣。

  一个相关实验确定了名人乘坐出租车的特定行程，以便了解他们的目的地和小费如何 [Gay14]。利用谷歌找到狗仔队拍摄的那些关于娱乐名人进入出租车以及提取他们乘车时间和到达地点的照片，很容易识别出与该提取内容相关的记录，因为这其中包含了既定的目标。

数据科学中的伦理问题已经很严重，以至于专业组织已经开始在寻求最佳实践方面发挥影响力，包括数据科学学会的 *Data Science Code of Professional Conduct* (http://www.datascienceassn.org/code-of-conduct.html) 和美国统计协会的 *Ethical Guidelines for Statistical Practices* (http://www.amstat.org/about/ethicalguidelines.cfm)。 418

我鼓励你阅读这些文件，以帮助你培养自身的道德意识和职业行为标准。回想一下，人们向数据科学家寻求智慧和主意，胜过代码。尽你所能证明自己值得信任。

12.8 章节注释

关于大数据分析专题的书籍并不少。 Leskovec、Rajarman 和 Ullman 的 [LRU14] 也许是其中最全面的，也是对我们在本书中所讨论的主题进行更深入探讨的一本书。这本书和一些配套视频可在 http://www.mmds.org 上查阅。

我最喜欢的软件技术实践资源通常是 O'Reilly Media 的书籍。 在本章的背景下，我推荐 Hadoop[BK16] 和 Spark[RLOW15] 这两本有关数据分析的书。

O'Neil 的 [O'N16] 对大数据分析的社会危险进行了发人深省的研究，强调不透明模型的滥用依赖于代理数据源，而这些数据源所创建的反馈循环加剧了其试图解决的问题。

磁盘 / 缓存的速度类比乌龟 / 逃生速度要归因于 Michael Bender。

12.9 习题

并行和分布式处理

12-1 [3] 并行处理和分布式处理有什么区别？

12-2 [3]MapReduce 的好处是什么？

12-3 [5] 设计 MapReduce 算法，以获取大的整数文件，并计算：

- 最大的整数。
- 所有整数的均值。
- 输入中不同整数的数目。
- 整数的模式。
- 整数的中位数。

12-4　[3] 当有 10 个归约器或 100 个归约器时，我们会期望映射倾斜是一个更大的问题吗？

12-5　[3] 当我们在发出每个文件之前，将其计数组合在一起时，我们期望映射偏斜的问题会增加还是减少？

12-6　[5] 对于以下每一项，*The Quant Shop* 的预测挑战都是建立可能合理存在的最庞大的数据来源，谁可能拥有它，它对世界的看法可能潜伏着什么样的偏见。

419

（a）世界小姐。

（b）电影总数。

（c）新生儿体重。

（d）艺术品拍卖价格。

（e）白色圣诞节。

（f）足球冠军。

（g）食尸鬼池。

（h）黄金 / 石油价格。

伦理学

12-7　[3] 在保护大数据隐私方面的 5 种切实可行的方法是什么？

12-8　[3] 你认为 Facebook 使用其所掌握的个人数据的可接受的边界是什么？ 举例说明你无法接受的个人数据用途。Facebook 的数据使用协议是否禁止这些用途？

12-9　[3] 举个决策的例子，说明你相信一种算法能做出和人类一样好或更好的决策。而对于什么样的决策任务，你会更相信人类的判断而不是一个算法？ 为什么？

实施项目

12-10　[5] 我们讨论的流抽样方法是否真的从期望的分布中产生均匀的随机样本？实现它们，绘制样本，并通过适当的统计测试运行。

12-11　[5] 建立一个 Hadoop 或 Spark 集群，跨越两台或多台机器。运行一个基本任务，如单词计数。它真的比一台机器上的简单工作运行得更快吗？你需要多少机器 / 得分才能赢？

12-12　[5] 找一个足够大可以访问该数据源的数据源，你可以使用多台机器进行处理。做一些有趣的事情。

访谈问题

12-13　[3] 你对大数据的定义是什么？

12-14　[5] 你处理过的最大数据集是什么？如何处理？结果怎样？

12-15　[8] 关于未来 20 年世界将发生什么做出 5 个预测？

12-16　[5] 举例说明数据科学的最佳做法。

12-17　[5] 你如何发现虚假评论，或虚假 Facebook 账户用于不良目的？

12-18　[5] 在 Map-Reduce 范式下，Map 函数和 Reduce 函数是做什么的？ 组合器和分隔器是做什么的？

12-19　[5] 你认为输入的登录 / 密码最终会消失吗？它们会如何被替换？

420

12-20　[5] 当数据科学家无法从数据集中得出任何结论时，他们应该对老板 / 客户说些什么？

12-21　[3] 什么是哈希表冲突？如何避免？哈希表冲突发生的频率有多高？

Kaggle 挑战

12-22　哪些客户将成为重复买家？

https://www.kaggle.com/c/acquire-valued-shoppers-challenge

12-23　哪些客户应该被发送垃圾邮件？

https://www.kaggle.com/c/springleaf-marketing-response

421
~
422

12-24　应该推荐哪家酒店给特定的旅行者？

https://www.kaggle.com/c/expedia-hotel-recommendations

第 13 章
结　　尾

从开头开始，国王严肃地说，一直走到尽头，然后停下来。

——Lewis Carroll

希望读者至少可以从这本书获得些启发，并对数据的力量感到兴奋。使用这些技能最常见的途径是找到一份相关行业的工作。这是一个崇高的使命，但要知道还有其他的可能性。

13.1　找份工作

数据科学家未来的工作前景非常乐观。麦肯锡全球研究所（McKinsey Global Institute）预计，美国对“深度分析人才”的需求可能比 2018 年的供应量要高 50% 至 60%。就业安置网站 www.glassdoor.com 显示，截至今天，数据科学家的平均工资正好为 113 436 美元。*Harvard Business Review* 强调作为一名数据科学家是“21 世纪最性感的工作”[DP12]。

但是，如果对数据科学家究竟应该是什么样子有一些广泛的共识，所有这些证据就会更有说服力。在我看来，不那么明显的是，以数据科学家正式头衔命名的大量工作工作岗位曾经被称为软件工程师或计算机程序员。但不要惊慌。

公平地说，有几种不同类型的工作与数据科学有关，这与应用知识和技术力量的相对重要性不同。我看到了与数据科学有关的基本职业轨迹：

- 数据科学软件工程：很大一部分高端软件开发职位来自像谷歌、Facebook 和亚马逊这样的大数据公司或者金融领域以数据为中心的公司，如银行和对冲基金。这些工作围绕着建立大规模的软件基础设施来管理数据，通常需要具备必要的技术技能和经验的计算机科学学位。
- 统计学家 / 数据科学家：对训练有素的统计人员而言，尤其是在卫生保健、制造业、商业、教育和政府 / 非营利部门，一直存在着各种各样的就业市场。这个世界将继续增长和繁荣，尽管我对它将需要比过去更强的计算技能表示怀疑。这些以计算为导向的统计分析人员将在数据科学方面得到培训或获得经验，来构建一个更强大的统计基础。
- 定量业务分析师：一大批商业专业人员从事市场营销、销售、广告和管理工作，为基于产品或咨询服务的公司提供基本函数。这些职业需要比前两类更多的业务领域知识，但这些职业越来越多地期望从业人员有量化分析的技能。你可能会被雇用来做市场营销工作，但是你需要具有数据科学 / 分析方面的背景或经验。或者你被雇用来从事人力资源工作，而你被期望能够为工作绩效和满意度制定量化指标。

这本书所涵盖的内容对于所有三个职业轨迹都是必不可少的，但显然你还有更多的东西要学。最容易培养的职业也证明是最快的饱和，所以必须通过课程、项目和实践不断发展你的技能。

13.2 到研究生院去

如果你觉得这本书中提出的想法和方法很有趣，也许你会考虑去研究生院继续深造。如果没有经过高级培训，技术技能会很快老化，而且在进入职场后也很难找到时间进行专业培训。

数据科学的研究生课程正迅速在计算机科学、统计、商业、应用数学等主要专业涌现出来。哪种类型的课程最适合你取决于你本科时所接受的训练和生活经验。根据侧重点不同，数据科学项目所要求的计算和统计背景也大不相同。通常来说，在编程、机器学习和统计学方面，偏技术的研究生课程为未来提供了最好的准备。要注意那些使这些需求最小化的研究生课程的夸张声明。424

这些课程大多是硕士阶段的，但能够做出人生承诺的优秀学生应该考虑攻读博士学位的可能性。在计算机科学、机器学习或统计学方面的研究生学习会包含高级别课程，这些课程建立在你作为一名本科生所学知识的基础上，但更重要的是，你将在自己选择的领域从事全新的和原创的研究。所有合理的美国博士项目将为所有被接收的博士研究生支付学费和报酬，加上足够的津贴，如果生活不奢侈的话，博士生会过得很舒服。

如果你有很强的计算机科学背景和正确的知识技能，我会鼓励你继续学习，最好是来 Stony Brook 和我们一起工作！ 我的小组在大学研究数据科学中的有趣主题，就像你从实战故事中所学到的那样。可以浏览一下 http://www.data-manual.com/gradstudy。

13.3 专业咨询服务

Algorist Technologies 是一家咨询公司，为客户提供数据科学和算法设计方面的短期专家咨询服务。通常情况下，一名 Algorist 顾问需要花费一到三天时间，与客户自身的开发人员进行现场讨论和分析。采用专家现场服务和长期咨询的方式，Algorist 为几家公司和应用程序开发商建立了令人印象深刻的绩效改善记录。

425
访问 www.algorist.com/consulting 以获得更多关于 Algorist 技术公司提供的服务信息。

参考文献

[Abe13] Andrew Abela. *Advanced Presentations by Design: Creating Communication that Drives Action.* Pfeiffer, 2nd edition, 2013.

[Ans73] Francis J Anscombe. Graphs in statistical analysis. *The American Statistician*, 27(1):17–21, 1973.

[Bab11] Charles Babbage. *Passages from the Life of a Philosopher.* Cambridge University Press, 2011.

[Bar10] James Barron. Apple's new device looks like a winner. From 1988. *The New York Times*, January 28, 2010.

[Ben12] Edward A Bender. *An Introduction to Mathematical Modeling.* Courier Corporation, 2012.

[Bis07] Christopher Bishop. *Pattern Recognition and Machine Learning (Information Science and Statistics.* Springer, New York, 2007.

[BK07] Robert M. Bell and Yehuda Koren. Lessons from the Netflix prize challenge. *ACM SIGKDD Explorations Newsletter*, 9(2):75–79, 2007.

[BK16] Benjamin Bengfort and Jenny Kim. *Data Analytics with Hadoop: An Introduction for Data Scientists.* O'Reilly Media, Inc., 2016.

[BP98] Serge Brin and Larry Page. The Anatomy of a Large-Scale Hypertextual Web Search Engine. In *Proc. 7th Int. Conf. on World Wide Web (WWW)*, pages 107–117, 1998.

[Bra99] Ronald Bracewell. *The Fourier Transform and its Applications.* McGraw-Hill, 3rd edition, 1999.

[Bri88] E. Oran Brigham. *The Fast Fourier Transform.* Prentice Hall, Englewood Cliffs NJ, facimile edition, 1988.

[BSC+11] M. Borjesson, L. Serratosa, F. Carre, D. Corrado, J. Drezner, D. Dugmore, H. Heidbuchel, K. Mellwig, N. Panhuyzen-Goedkoop, M. Papadakis, H. Rasmusen, S. Sharma, E. Solberg, F. van Buuren, and A. Pelliccia. Consensus document regarding cardiovascular safety at sports arenas. *European Heart Journal*, 32:2119–2124, 2011.

[BT08] Dimitri Bertsekas and John Tsitsklis. *Introduction to Probability.* Athena Scientific, 2nd edition, 2008.

[BVS08] Mikhail Bautin, Lohit Vijayarenu, and Steven Skiena. International Sentiment Analysis for News and Blogs. In *Proceedings of the International Conference on Weblogs and Social Media*, Seattle, WA, April 2008.

[BWPS10] Mikhail Bautin, Charles B Ward, Akshay Patil, and Steven S Skiena. Access: news and blog analysis for the social sciences. In *Proceedings of the 19th International Conference on World Wide Web*, pages 1229–1232. ACM, 2010.

[CPS+08] J Robert Coleman, Dimitris Papamichail, Steven Skiena, Bruce Futcher, Eckard Wimmer, and Steffen Mueller. Virus attenuation by genome-scale changes in codon pair bias. *Science*, 320(5884):1784–1787, 2008.

[CPS15] Yanqing Chen, Bryan Perozzi, and Steven Skiena. Vector-based similarity measurements for historical figures. In *International Conference on Similarity Search and Applications*, pages 179–190. Springer, 2015.

[dBvKOS00] Mark de Berg, Mark van Kreveld, Mark Overmars, and Otfried Schwarzkopf. *Computational Geometry: Algorithms and Applications.* Springer, 2nd edition, 2000.

[DDKN11] Sebastian Deterding, Dan Dixon, Rilla Khaled, and Lennart Nacke. From game design elements to gamefulness: defining gamification. In *Proceedings of the 15th International Academic MindTrek Conference: Envisioning future media environments*, pages 9–15. ACM, 2011.

[Don15] David Donoho. 50 years of data science. Tukey Centennial Workshop, Princeton NJ, 2015.

[DP12] Thomas H Davenport and DJ Patil. Data scientist. *Harvard Business Review*, 90(5):70–76, 2012.

[EK10] David Easley and Jon Kleinberg. *Networks, Crowds, and Markets: Reasoning about a highly connected world.* Cambridge University Press, 2010.

[ELLS11] Brian Everitt, Sabine Landau, Mmorven Leese, and Daniel Stahl. *Cluster Analysis.* Wiley, 5th edition, 2011.

[ELS93] Peter Eades, X. Lin, and William F. Smyth. A fast and effective heuristic for the feedback arc set problem. *Information Processing Letters*, 47:319–323, 1993.

[FCH+14] Matthew Faulkner, Robert Clayton, Thomas Heaton, K Mani Chandy, Monica Kohler, Julian Bunn, Richard Guy, Annie Liu, Michael Olson, MingHei Cheng, et al. Community sense and response systems: Your phone as quake detector. *Communications of the ACM*, 57(7):66–75, 2014.

[Few09] Stephen Few. *Now You See It: simple visualization techniques for quantitative analysis.* Analytics Press, Oakland CA, 2009.

[FHT01] Jerome Friedman, Trevor Hastie, and Robert Tibshirani. *The Elements of Statistical Learning.* Springer, 2001.

[FPP07] David Freedman, Robert Pisani, and Roger Purves. *Statistics.* WW Norton & Co, New York, 2007.

[Gay14] C. Gayomali. NYC taxi data blunder reveals which celebs don't tip and who frequents strip clubs. http://www.fastcompany.com/3036573/, October 2. 2014.

[GBC16] Ian Goodfellow, Yoshua Bengio, and Aaron Courville. *Deep Learning.* MIT Press, 2016.

[GFH13] Frank R. Giordano, William P. Fox, and Steven B. Horton. *A First Course in Mathematical Modeling.* Nelson Education, 2013.

[Gle96] James Gleick. A bug and a crash: sometimes a bug is more than a nuisance. *The New York Times Magazine*, December 1, 1996.

[GMP+09] Jeremy Ginsberg, Matthew H Mohebbi, Rajan S Patel, Lynnette Brammer, Mark S Smolinski, and Larry Brilliant. Detecting influenza epidemics using search engine query data. *Nature*, 457(7232):1012–1014, 2009.

[Gol16] David Goldenberg. The biggest dinosaur in history may never have existed. FiveThirtyEight, http://fivethirtyeight.com/features/the-biggest-dinosaur-in-history-may-never-have-existed/, January 11, 2016.

[Gru15] Joel Grus. *Data Science from Scratch: First principles with Python.* O'Reilly Media, Inc., 2015.

[GSS07] Namrata Godbole, Manja Srinivasaiah, and Steven Skiena. Large-scale sentiment analysis for news and blogs. *Int. Conf. Weblogs and Social Media*, 7:21, 2007.

[HC88] Diane F Halpern and Stanley Coren. Do right-handers live longer? *Nature*, 333:213, 1988.

[HC91] Diane F Halpern and Stanley Coren. Handedness and life span. *N Engl J Med*, 324(14):998–998, 1991.

[HS10] Yancheng Hong and Steven Skiena. The wisdom of bookies? sentiment analysis vs. the NFL point spread. In *Int. Conf. on Weblogs and Social Media*, 2010.

[Huf10] Darrell Huff. *How to Lie with Statistics.* WW Norton & Company, 2010.

[Ind04] Piotr Indyk. Nearest neighbors in high-dimensional spaces. In J. Goodman and J. O'Rourke, editors, *Handbook of Discrete and Computational Geometry*, pages 877–892. CRC Press, 2004.

[Jam10] Bill James. *The New Bill James Historical Baseball Abstract.* Simon and Schuster, 2010.

[JLSI99] Vic Jennings, Bill Lloyd-Smith, and Duncan Ironmonger. Household size and the Poisson distribution. *J. Australian Population Association*, 16:65–84, 1999.

[Joa02] Thorsten Joachims. Optimizing search engines using clickthrough data. In *Proceedings of the Eighth ACM SIGKDD International Conference on Knowledge Discovery and Data Mining*, pages 133–142. ACM, 2002.

[Joh07] Steven Johnson. *The Ghost Map: The story of London's most terrifying epidemic - and how it changed science, cities, and the modern world.* Riverhead Books, 2007.

[JWHT13] Gareth James, Daniela Witten, Trevor Hastie, and Robert Tibshirani. *An Introduction to Statistical Learning.* Springer-Verlag, sixth edition, 2013.

[Kap12] Karl M Kapp. *The Gamification of Learning and Instruction: Game-based methods and strategies for training and education.* Wiley, 2012.

[KARPS15] Vivek Kulkarni, Rami Al-Rfou, Bryan Perozzi, and Steven Skiena. Statistically significant detection of linguistic change. In *Proceedings of the 24th International Conference on World Wide Web*, pages 625–635. ACM, 2015.

[KCS08] Aniket Kittur, Ed H Chi, and Bongwon Suh. Crowdsourcing user studies with mechanical turk. In *Proceedings of the SIGCHI Conference on Human Factors in Computing Systems*, pages 453–456. ACM, 2008.

[KKK+10] Slava Kisilevich, Milos Krstajic, Daniel Keim, Natalia Andrienko, and Gennady Andrienko. Event-based analysis of people's activities and behavior using flickr and panoramio geotagged photo collections. In *2010 14th International Conference Information Visualisation*, pages 289–296. IEEE, 2010.

[Kle13] Phillip Klein. *Coding the Matrix: Linear Algebra through Computer Science Applications.* Newtonian Press, 2013.

[KSG13] Michal Kosinski, David Stillwell, and Thore Graepel. Private traits and attributes are predictable from digital records of human behavior. *Proc. National Academy of Sciences*, 110(15):5802–5805, 2013.

[KTDS17] Vivek Kulkarni, Yingtao Tian, Parth Dandiwala, and Steven Skiena. Dating documents: A domain independent approach to predict year of authorship. Submitted for publication, 2017.

[Lei07] David J. Leinweber. Stupid data miner tricks: overfitting the S&P 500. *The Journal of Investing*, 16(1):15–22, 2007.

[Lew04] Michael Lewis. *Moneyball: The art of winning an unfair game.* WW Norton & Company, 2004.

[LG14] Omer Levy and Yoav Goldberg. Neural word embedding as implicit matrix factorization. In *Advances in Neural Information Processing Systems*, pages 2177–2185, 2014.

[LKKV14] David Lazer, Ryan Kennedy, Gary King, and Alessandro Vespignani. The parable of Google flu: traps in big data analysis. *Science*, 343(6176):1203–1205, 2014.

[LKS05] Levon Lloyd, Dimitrios Kechagias, and Steven Skiena. Lydia: A system for large-scale news analysis. In *SPIRE*, pages 161–166, 2005.

[LLM15] David Lay, Steven Lay, and Judi McDonald. *Linear Algebra and its Applications.* Pearson, 5th edition, 2015.

[LM12] Amy Langville and Carl Meyer. *Who's #1? The Science of Rating and Ranking.* Princeton Univ. Press, 2012.

[LRU14] Jure Leskovec, Anand Rajaraman, and Jeffrey David Ullman. *Mining of Massive Datasets.* Cambridge University Press, 2014.

[Mal99] Burton Gordon Malkiel. *A Random Walk Down Wall Street: Including a life-cycle guide to personal investing.* WW Norton & Company, 1999.

[MAV+11] J. Michel, Y. Shen A. Aiden, A. Veres, M. Gray, Google Books Team, J. Pickett, D. Hoiberg, D. Clancy, P. Norvig, J. Orwant, S. Pinker, M. Nowak, and E. Aiden. Quantitative analysis of culture using millions of digitized books. *Science*, 331:176–182, 2011.

[MBL+06] Andrew Mehler, Yunfan Bao, Xin Li, Yue Wang, and Steven Skiena. Spatial Analysis of News Sources. In *IEEE Trans. Vis. Comput. Graph.*, volume 12, pages 765–772, 2006.

[MCCD13] Tomas Mikolov, Kai Chen, Greg Corrado, and Jeffrey Dean. Efficient estimation of word representations in vector space. *arXiv preprint arXiv:1301.3781*, 2013.

[McK12] Wes McKinney. *Python for Data Analysis: Data wrangling with Pandas, NumPy, and IPython.* O'Reilly Media, Inc., 2012.

[McM04] Chris McManus. *Right Hand, Left Hand: The origins of asymmetry in brains, bodies, atoms and cultures.* Harvard University Press, 2004.

[MCP+10] Steffen Mueller, J Robert Coleman, Dimitris Papamichail, Charles B Ward, Anjaruwee Nimnual, Bruce Futcher, Steven Skiena, and Eckard Wimmer. Live attenuated influenza virus vaccines by computer-aided rational design. *Nature Biotechnology*, 28(7):723–726, 2010.

[MOR+88] Bartlett W Mel, Stephen M Omohundro, Arch D Robison, Steven S Skiena, Kurt H. Thearling, Luke T. Young, and Stephen Wolfram. Tablet: personal computer of the year 2000. *Communications of the ACM*, 31(6):638–648, 1988.

[NYC15] Anh Nguyen, Jason Yosinski, and Jeff Clune. Deep neural networks are easily fooled: High confidence predictions for unrecognizable images. In *Computer Vision and Pattern Recognition (CVPR), 2015 IEEE Conference on*, pages 427–436. IEEE, 2015.

[O'N16] Cathy O'Neil. *Weapons of Math Destruction: How big data increases inequality and threatens democracy.* Crown Publishing Group, 2016.

[O'R01] Joseph O'Rourke. *Computational Geometry in C.* Cambridge University Press, New York, 2nd edition, 2001.

[Pad15] Sydney Padua. *The Thrilling Adventures of Lovelace and Babbage: The (mostly) true story of the first computer.* Penguin, 2015.

[PaRS14] Bryan Perozzi, Rami al Rfou, and Steven Skiena. Deepwalk: Online learning of social representations. In *Proceedings of the 20th ACM SIGKDD International Conference on Knowledge Discovery and Data Mining*, pages 701–710. ACM, 2014.

[PFTV07] William Press, Brian Flannery, Saul Teukolsky, and William T. Vetterling. *Numerical Recipes: The art of scientific computing.* Cambridge University Press, 3rd edition, 2007.

[PSM14] Jeffrey Pennington, Richard Socher, and Christopher D. Manning. Glove: Global vectors for word representation. In *Empirical Methods in Natural Language Processing (EMNLP)*, pages 1532–1543, 2014.

[RD01] Ed Reingold and Nachum Dershowitz. *Calendrical Calculations: The Millennium Edition.* Cambridge University Press, New York, 2001.

[RLOW15] Sandy Ryza, Uri Laserson, Sean Owen, and Josh Wills. *Advanced Analytics with Spark: Patterns for Learning from Data at Scale.* O'Reilly Media, Inc., 2015.

[Sam05] H. Samet. Multidimensional spatial data structures. In D. Mehta and S. Sahni, editors, *Handbook of Data Structures and Applications*, pages 16:1–16:29. Chapman and Hall/CRC, 2005.

[Sam06] Hanan Samet. *Foundations of Multidimensional and Metric Data Structures.* Morgan Kaufmann, 2006.

[SAMS97] George N Sazaklis, Esther M Arkin, Joseph SB Mitchell, and Steven S Skiena. Geometric decision trees for optical character recognition. In *Proceedings of the 13th Annual Symposium on Computational Geometry*, pages 394–396. ACM, 1997.

[SF12] Gail M. Sullivan and Richard Feinn. Using effect size: or why the p value is not enough. *J. Graduate Medical Education*, 4:279282, 2012.

[Sil12] Nate Silver. *The Signal and the Noise: Why so many predictions fail-but some don't.* Penguin, 2012.

[Ski01] S. Skiena. *Calculated Bets: Computers, Gambling, and Mathematical Modeling to Win.* Cambridge University Press, New York, 2001.

[Ski08] S. Skiena. *The Algorithm Design Manual.* Springer-Verlag, London, second edition, 2008.

[Ski12] Steven Skiena. Redesigning viral genomes. *Computer*, 45(3):0047–53, 2012.

[SMB+99] Arthur G Stephenson, Daniel R Mulville, Frank H Bauer, Greg A Dukeman, Peter Norvig, Lia S LaPiana, Peter J Rutledge, David Folta, and Robert Sackheim. Mars climate orbiter mishap investigation board phase i report. *NASA, Washington, DC*, page 44, 1999.

[SRS+14] Paolo Santi, Giovanni Resta, Michael Szell, Stanislav Sobolevsky, Steven H Strogatz, and Carlo Ratti. Quantifying the benefits of vehicle pooling with shareability networks. *Proceedings of the National Academy of Sciences*, 111(37):13290–13294, 2014.

[SS15] Oleksii Starov and Steven Skiena. GIS technology supports taxi tip prediction. Esri Map Book, 2014 User Conference, July 14-17, San Diego, 2015.

[Str11] Gilbert Strang. *Introduction to Linear Algebra*. Wellesley-Cambridge Press, 2011.

[Sur05] James Surowiecki. *The wisdom of crowds*. Anchor, 2005.

[SW13] Steven S. Skiena and Charles B. Ward. *Who's Bigger?: Where Historical Figures Really Rank*. Cambridge University Press, 2013.

[Tij12] Henk Tijms. *Understanding Probability*. Cambridge University Press, 2012.

[Tuc88] Alan Tucker. *A Unified Introduction to Linear Algebra: Models, methods, and theory*. Macmillan, 1988.

[Tuf83] Edward R Tufte. *The Visual Display of Quantitative Information*. Graphics Press, Cheshire, CT, 1983.

[Tuf90] Edward R Tufte. *Envisioning Information*. Graphics Press, Cheshire, CT, 1990.

[Tuf97] Edward R Tufte. *Visual Explanations*. Graphics Press, Cheshire, CT, 1997.

[VAMM+08] Luis Von Ahn, Benjamin Maurer, Colin McMillen, David Abraham, and Manuel Blum. recaptcha: Human-based character recognition via web security measures. *Science*, 321(5895):1465–1468, 2008.

[Vig15] Tyler Vigen. *Spurious Correlations*. Hatchette Books, 2015.

[Wat16] Thayer Watkins. Arrow's impossibility theorem for aggregating individual preferences into social preferences. http://www.sjsu.edu/faculty/watkins/arrow.htm, 2016.

[Wea82] Warren Weaver. *Lady Luck*. Dover Publications, 1982.

[Wei05] Sanford Weisberg. *Applied linear regression*, volume 528. Wiley, 2005.

[Wes00] Doug West. *Introduction to Graph Theory*. Prentice-Hall, Englewood Cliffs NJ, second edition, 2000.

[Whe13] Charles Wheelan. *Naked Statistics: Stripping the dread from the data*. WW Norton & Company, 2013.

[ZS09] Wenbin Zhang and Steven Skiena. Improving movie gross prediction through news analysis. In *Proceedings of the 2009 IEEE/WIC/ACM International Joint Conference on Web Intelligence and Intelligent Agent Technology-Volume 01*, pages 301–304. IEEE Computer Society, 2009.

[ZS10] Wenbin Zhang and Steven Skiena. Trading strategies to exploit blog and news sentiment. In *Proc. Int. Conf. Weblogs and Social Media (ICWSM)*, 2010.

索　　引

索引中的页码为英文原书页码，与书中页边标注的页码一致。

C

T

推荐阅读

统计学习导论——基于R应用

作者：Gareth James 等 ISBN：978-7-111-49771-4 定价：79.00元

统计反思：用R和Stan例解贝叶斯方法

作者：Richard McElreath ISBN：978-7-111-62491-2 定价：139.00元

计算机时代的统计推断：算法、演化和数据科学

作者：Bradley Efron等 ISBN：978-7-111-62752-4 定价：119.00元

应用预测建模

作者：Max Kuhn 等 ISBN：978-7-111-53342-9 定价：99.00元